Schesky / Kral

Flugzeugtriebwerke

Kolben- und Gasturbinentriebwerke
Aufbau, Wirkungsweise und Betriebsverhalten

RHOMBOS-VERLAG · BERLIN

Bibliografische Information Der Deutschen Bibliothek

Die Deutsche Bibliothek verzeichnet diese Publikation in der Deutschen Nationalbibliografie; detaillierte bibliografische Daten sind im Internet über http://dnb.ddb.de abrufbar

Das Buch ist eine Neubearbeitung des zuletzt im Verlag Transpress Berlin und als Lizenzausgabe im Motorbuchverlag Stuttgart erschienenen Titels „Flugzeugtriebwerke“.

Umschlag: RHOMBOS-VERLAG
Druck: dbusiness GmbH, Berlin, Eberswalde

ISBN 3-930894-95-5

Egon Schesky † / Milosch Kral

Flugzeugtriebwerke

Kolben- und Gasturbinentriebwerke
Aufbau, Wirkungsweise und Betriebsverhalten

RHOMBOS-VERLAG

Die Autoren:

Dr.-Ing. habil. Egon Schesky †, TU-Dresden, Institut für Luftfahrt

Dipl.-Ing. Milosch Kral, Flugkapitän a.D., Fluglehrer

Vorwort

Die Luftfahrt hat in den vergangenen 50 Jahren insbesondere auf den Gebieten der Leistungsfähigkeit, Sicherheit und Wirtschaftlichkeit eine beeindruckende Entwicklung erfahren.

Einen wesentlichen Beitrag dazu haben die Antriebsanlagen geleistet.

Antriebsanlagen für Luftfahrzeuge gehören seit einhundert Jahren zu den Spitzenerzeugnissen des Maschinenbaus, besonders des Wärmekraftmaschinenbaus.

Das betrifft sowohl die Kolbentriebwerke als auch die Strömungsmaschinen wie z.B. Luftschrauben, Verdichter und Turbinen.

In keinem anderen Bereich der Antriebstechnik treten die Anforderungen nach Zuverlässigkeit, hohem Wirkungsgrad und Leistung-Masse-Verhältnis, sowie nach hoher Laufzeit in Kombination, in derartiger Schärfe wie bei Antriebsanlagen für Luftfahrzeuge auf.

Die Besonderheit beim Betrieb von Flugzeugen besteht darüber hinaus darin, dass im Bedarfs- oder Notfall nicht beliebig langsam geflogen geschweige denn angehalten werden kann.

Aus diesem Grunde sind z.B. hochentwickelte Formel 1 - Motoren mit einer Laufzeit von etwa 10 bis 20 Stunden zwischen zwei Ausfällen als Antrieb für Flugzeuge völlig ungeeignet. Es ist mindestens eine um den Faktor 10^3 größere Laufzeit zwischen zwei Ausfällen erforderlich.

Die modernsten Großtriebwerke für Langstreckenverkehrsflugzeuge erreichen gegenwärtig bei Startbetrieb Leistungen in der Größenordnung von 75 MW und bei Reisebetrieb 20 bis 25 MW. Trotz exzellenter Wirkungsgrade liegt der Brennstoffverbrauch bei Startbetrieb bei 12 bis 13 t/h und bei Reisebetrieb mit etwa 4 t/h in einer beeindruckenden Größenordnung besonders auch unter Berücksichtigung des verfügbaren Bedienungspersonals und der notwendigen Betankung bei Langstreckenflügen (nonstop) von mehr als 12 000 km.

Diese Triebwerke stehen mit einem Gesamtwirkungsgrad von 35 - 40 % im Reisebetrieb an der Spitze aller Antriebsanlagen im Verkehrswesen. Damit erreichen moderne mittlere und große Strahlverkehrsflugzeuge bei einem typischen Reiseflugbetriebszustand einen Brennstoffverbrauch von weniger als 3 Liter je 100 Passagierkilometer und bei Betrachtung eines gesamten Mittelstreckenfluges weniger als 4 Liter je 100 Pkm.

Im Zusammenhang damit und unter Berücksichtigung der Tatsache, dass die Luftstraßen keinerlei Infrastrukturflächen beanspruchen und auch die "Anwohner" von Luftstraßen keiner Lärmbelästigung ausgesetzt sind, kann der Luftverkehr mit Fug und Recht als außerordentlich umweltverträglicher Personenbeförderungszweig betrachtet werden.

Bei den Antriebsanlagen für die allgemeine Luftfahrt hat sich dagegen ein erheblicher Stau an „Forschungs- und Entwicklungsbedarf" aufgebaut.

Antriebe für Flugmodelle, Motorsegler, Ultraleichtflugzeuge, Sport- und Reiseflugzeuge, Regionalflugzeuge und Strahlverkehrsflugzeuge erregen deshalb immer wieder das Interesse der Fachleute sowie technisch und besonders verkehrstechnisch interessierter Laien.

Das vorliegende Buch stellt eine Bearbeitung und Erweiterung des 1978 im Transpress-Verlag Berlin und als Lizenzausgabe im Motorbuchverlag Stuttgart erschienenen gleichnamigen Titels dar. Es wendet sich vorwiegend an das Betriebspersonal der Kolben- und Gasturbinentriebwerke als theoretische Ergänzung zu selbst gewonnenen Erfahrungen, an Wartungs- und Instandhaltungspersonal, an betriebswirtschaftliches Personal, an zukünftige Piloten in Flugschulen und Flight Training Organisationen von der PPL- bis zur ATPL- und Hubschrauberausbildung, sowie an Studierende der einschlägigen Fachrichtungen und trägt damit zum besseren Verständnis berufsspezifischer Zusammenhänge in der Luftfahrt bei. Darüber hinaus werden auch technisch interessierte Laien vielfältige Informationen erhalten.

Ein umfangreicher Anhang in Form von Tabellen und Verzeichnissen macht das Buch gleichzeitig zu einem einschlägigen Handbuch und Nachschlagewerk.

Ein besonderer Dank gilt Herrn Dipl.-Ing. Stefan Ebert, TU-Dresden, Institut für Luftfahrt für hilfreiche Anregungen und Hinweise bei der Durchsicht des Manuskripts.

Für die Bereitstellung von Unterlagen und freundliche Genehmigung zum Abdruck verschiedener Bilder und Dia-gramme bedanke ich mich ausdrücklich bei den Firmen:

EUROCOPTER DEUTSCHLAND GmbH, München
Honeywell Aerospace GmbH, Raunheim
mt-propeller Entwicklung GmbH, Atting
MTU Aero Engines GmbH, München
Porsche AG, Stuttgart
Rolls-Royce Deutschland Ltd & KG, Dahlewitz
Rolls-Royce plc, Derby
TEXTRON Lycoming, Williamsport

Leider konnte der Mitautor, Freund, Studienkollege und Fliegerkamerad, Herr Dr.-Ing. habil. Egon Schesky durch seinen plötzlichen Tod, die Herausgabe dieses Buches nicht mehr miterleben.

Ich habe mich dennoch bemüht, in seinem Sinne, die Arbeiten am Buch zu Ende zu führen.

Kleinmachnow, im Herbst 2002 Dipl.-Ing. Milosch Kral

Inhaltsverzeichnis

Formelzeichen

A	Fläche
	Konstante
a	Schallgeschwindigkeit
B	stündlicher Brennstoffverbrauch
	Konstante
b	spezifischer Brennstoffverbrauch
C	Konstante
c	Geschwindigkeit
	spezifische Wärme
	Federkonstante
D	Durchmesser
	Druckamplitude
	Konstante
d	Durchmesser
E	Energie
	Elastizitätsmodul
e	Exzentrizität
F	Kraft
F	Frequenz
G	Schubmodul
g	Erdbeschleunigung
H	Höhe
	Heizwert
	Luftschraubensteigung
I	absolute Enthalpie
i	spezifische Enthalpie
	Übersetzungsverhältnis
J	Joule
	Fortschrittsgrad
K	Konstante
k	dimensionslose Luftschraubenkennzahl
L	Lagerkraft
	Länge
l	Länge
M	Masse
	Machzahl
	Moment
m	Masse
	Brennstoff-Luft-Verhältnis
$\dot{m}$	zeitlicher Massendurchsatz
N	Normalkraft
	Drehzahl
n	Drehzahl
P	Leistung
PN	Leistungszahl
p	spezifische Leistung
	Druck
Q	Wärmemenge
q	spezifische Wärmemenge
R	Gaskonstante
	Radius
	Radialkraft
r	Radius
S	Schub
	absolute Enthropie
s	spezifischer Schub
	spezifische Entropie
	Weg
T	Temperatur
	Tangentialkraft
t	Zeit
	Temperatur
U	Umfangsgeschwindigkeit
u	Umfangsgeschwindigkeit
	bezogener Weg
V	Volumen
	Hubvolumen
v	Geschwindigkeit
V	spezifisches Volumen
W	Arbeit
w	spezifische Arbeit
	Relativgeschwindigkeit
x	bezogener Weg
y	bezogener Weg
z	bezogener Weg
	Zylinderzahl
	Zähnezahl
α	Kurbelwinkel
	Anstellwinkel
	Koeffizient
β	Schubstangenwinkel
	Einstellwinkel
	Koeffizient
	Umlenkwinkel
γ	Winkel
δ	Verlagerungswinkel
	Dehnung
ε	Verdichtungsverhältnis
	relative Zapfenverlagerung
ζ	Verlustzahl

η	Wirkungsgrad
	dynamische Viskosität
Θ	Massenträgheitsmoment
κ	Adiabatenexponent
Λ	By-pass-Verhältnis
λ	Luftverhältnis
	Schubstangenverhältnis
	Fortschrittszahl
μ	Reibungskoeffizient
ν	kinematische Viskosität
p	Druckverlustbeiwert
π	Druckverhältnis
ρ	spezifische Masse
δ	Spannung
τ	Temperatur Verhältnis
	Schubspannung
$\varnothing$	relative Luftfeuchtigkeit
	Geschwindigkeitsbeiwert Fortschrittswinkel
χ	Energieaustauschkoeffizient
Ψ	Ausflussfunktion
	Druckziffer (Strömungsumlenkung)
	relatives Lagerspiel
Ω	Erregerfrequenz
ω	Winkelgeschwindigkeit

Indizes bzw. Abkürzungen

A	Aktion
	Auftrieb
	Auslegungspunkt
	Axialkolben (pumpe)
	Bezug auf eine Fläche
AH	Auslegungshöhe
Anl	Anlass
Aö	Auslass öffnet
As	Auslass schließt
AV	Auslegungsgeschwindigkeit
AW	Auslasswinkel
a	Austritt
	Ausschlag
	äußere Größe
ä	äquivalent
ab	abgeführt
äT	äußerer Totpunkt
ax	axial
B	Brennstoff
Beschl	Beschleunigung
BK	Brennkammer
BS	Brennstoff
BTÄ	Bleitetraäthyl
C	Bezug auf den Kompressionsraum
c	Kompressionsraum eines Zylinders
D	Diffusor
	Dampf
d	Drehung
E	Eingangsteil
Ent	Entspannung
Eö	Einlass öffnet
Es	Einlass schließt
ETL	Einstromtriebwerk
EW	Einlasswinkel
e	Eintritt
	effektiv
erf	erforderlich
err	Erreger
entn	Entnahme
F	Kraft
	Fan (Bläser)
FF	Fuel Flow
G	Gas
Gl	Gleichung
ges	gesamt
H	Gesamthubvolumen
	Höhe
	horizontal
	Steigung
HD	Hochdruck
h	Zylinderhubvolumen
INA	Internationale Normatmosphäre
i	innere Größe
ind	indizierte Größe
is	isentrop
iT	innerer Totpunkt
K	Kolben
KW	Kurbelwelle
	Kurbelwinkel
KL	Kühlluft
KTW	Kolbentriebwerk
krit	kritisch
L	Luft
	Lader
	Länge
LL	Leerlauf
LS	Luftschraube
M	Masse
	Bezug auf Masse oder Moment
MD	Mitteldruck
m	Mittel
$\dot{m}$	Bezug auf Massendurchsatz
max	Maximum
mech	mechanisch
min	Minimum
NB	Nachbrenner
ND	Niederdruck
nenn	Bezug auf Nennzustand
OZ	Oktanzahl
opt	Optimum
osz	oszillierend
P	Bezug auf Leistung
Pl	Pleuel
PTL	Propellerturbinentriebwerk
R	Rotor
	Rest
	Reaktion
RTW	Raketentriebwerk
rad	radial
red	reduziert

rot	rotierend
S	Stator
	Bezug auf Schub
SD	Schubdüse
SS	Schmierstoff
St	Stufe
T	Turbine
TL	Turbinenluftstrahltriebwerk
TW	Triebwerk
tats	tatsächlich
th	thermisch
	theoretisch
Umk	Umkehr
u	unterer Wert
	Umsetzung
	Umfang
V	Verdichter
Verd	Verdichtung
v	vertikal
v	Bezug auf Volumendurchsatz
verf	verfügbar
vorh	vorhanden
W	Welle
	Widerstand
WE	Wassereinspritzung
x	Ordnungszahl
Z	Zahnrad (pumpe)
ZTL	Zweistromtriebwerk
z	zentrifugal
	Zylinder
zu	zugeführt
I	Bezug auf Innenkreis (Innenstrom)
	Ordnungszahl
II	Bezug auf Außenkreis (Außenstrom)
	Ordnungszahl

1 Einführung

1.1 Aufgabe und Einteilung der Flugzeugantriebe

Luftfahrzeuge werden von Wärmekraftmaschinen angetrieben, von denen die chemische Energie des Brennstoffes in mechanische Leistung umgewandelt wird. Die Antriebsanlage erzeugt aufgrund einer Impulsänderung eine Vortriebskraft zur Überwindung folgender *Widerstände:*

- Rollwiderstand
  (Widerstandskraft, die am rollenden Flugzeug an den Rädern angreift),
- Beschleunigungswiderstand
  (Trägheitskraft entsprechend dem NEWTONschen Grundprinzip $F = m \cdot dv / dt$),
- Steigungswiderstand
  (Schwerkraftkomponente in Abhängigkeit vom Flugbahnlängsneigungswinkel beim Steigflug oder auf ansteigender Rollbahn),
- Luftwiderstand.
  (Beim Flugzeug ist die *Schubkraft der Antriebsanlage* im stationären Horizontalflug gleich dem Luftwiderstand.)

Hubschrauber müssen nicht nur zum Heben beim Start, sondern zusätzlich zum Tragen im Horizontal- oder im Schwebeflug eine wesentliche Vertikalkraft aufbringen.

Bei Verkehrsflugzeugen ist oftmals eine Möglichkeit zur *Schubumkehr* vorgesehen, um die Ausrollstrecke zu verkürzen und die Radbremsen zu entlasten.

Das Produkt aus Schubkraft und momentaner Geschwindigkeit des Flugzeuges ist die *äußere Leistung* der Antriebsanlage. Sie ist eine wichtige Größe, um die Eignung für einen bestimmten Geschwindigkeitsbereich beurteilen zu können.

Ein Teil der Triebwerkleistung deckt den *Bordenergiebedarf* für:

- Klimatisierung (Druck- und Temperaturhaltung in der Kabine),
- Enteisung,
- elektrische, pneumatische und hydraulische Hilfsanlagen.

Die Arbeitsweise jeder Flugzeugantriebsanlage ist dadurch gekennzeichnet, dass pro Zeiteinheit eine Luftmasse $\dot{m}_L$ erfasst und ihr ein Geschwindigkeitszuwachs (c-v) erteilt wird.

$$F = \dot{m}_L (c - v) \qquad (1/1)$$

Diese zeitliche *Impulsänderung* F kann aus zwei Teilen bestehen:

- Impulsänderung des Luftstroms mit Hilfe einer Luftschraube,
- Impulsänderung des im Triebwerk durchgesetzten Luftstroms.

Entsprechend dieser Aufteilung unterscheidet man zwei *Antriebsarten:*

- *Luftschraubenantriebe* und
- *Strahlantriebe.*

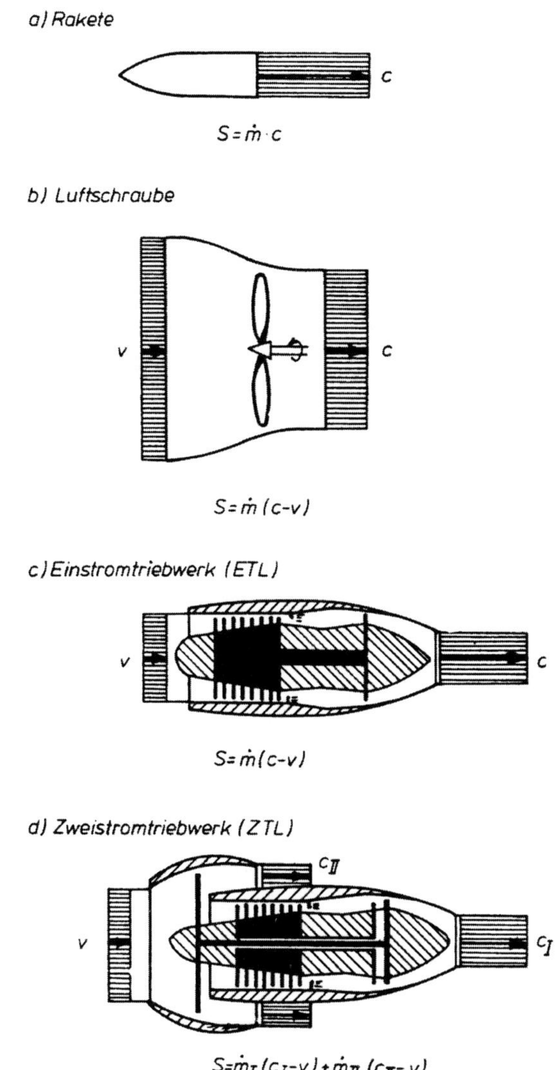

Bild 1/1: Grundsätzliche Möglichkeiten der Schuberzeugung

Während bei der ersten Gruppe beide Arten der Impulsänderung auftreten, ist bei der zweiten nur der letztgenannte Anteil vorhanden. Wird die Luft- oder Tragschraube von einem Kolbenmotor angetrieben, so ist der zweite Anteil der Impulsänderung vernachlässigbar klein. Er beträgt dagegen bis zu 10 %, wenn zum Antrieb der Luftschraube eine Gasturbine verwendet wird.

Die Übersicht im Bild 1/2 enthält Verbrennungskraftmaschinen, die für den Flugzeugantrieb genutzt werden. Bild 1/3 zeigt eine grundsätzliche Möglichkeit zur Einteilung der Flugzeugantriebe.

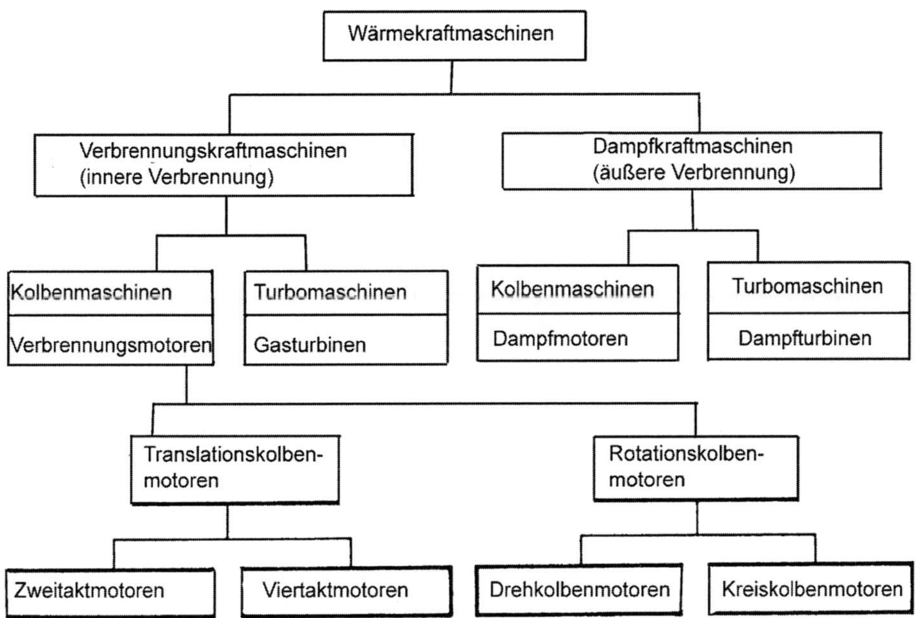

Bild 1/2: Einteilung der Wärmekraftmaschinen

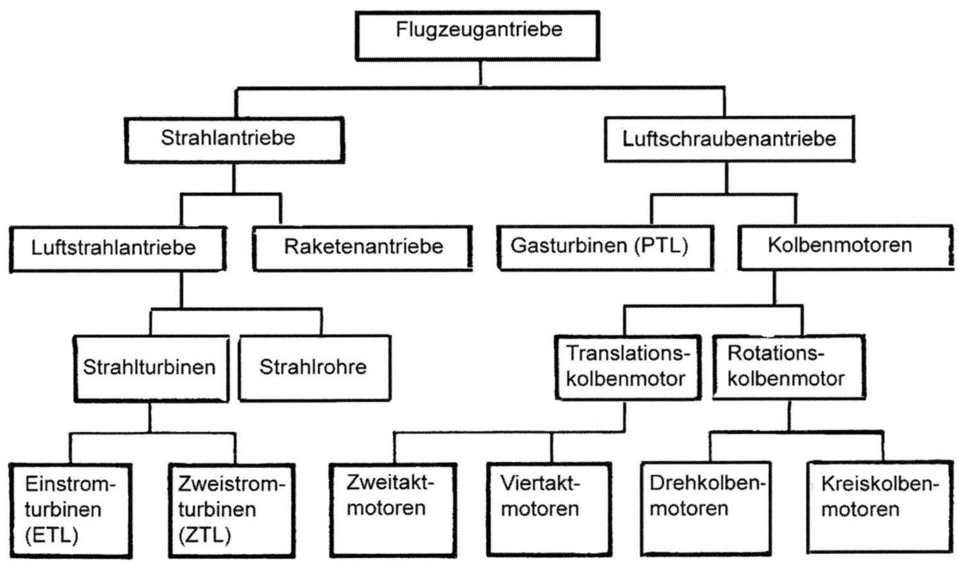

Bild 1/3: Einteilung der Flugzeugantriebe

1.2 Historische Entwicklung der Flugzeugantriebe

Im 19. Jahrhundert sind vielfältige Versuche unternommen worden, um Ballone, Luftschiffe und Flugzeuge mit Elektromotoren oder Dampfmaschinen anzutreiben. Die Ursachen für das Scheitern waren

- zu geringe Leistungsfähigkeit,
- große Masse und
- mangelhafte Zuverlässigkeit der Kraftmaschine,
- unzureichende Kapazität des Energiespeichers (Akku).

Erst der *4-Takt-Motor*, der 1876 von *OTTO* und *LANGEN* gebaut und in der Folge zu einer mehrzylindrigen, schnelllaufenden und relativ leichten, zuverlässigen und wirtschaftlichen Antriebsmaschine weiterentwickelt wurde, eröffnete am Anfang des 20. Jahrhunderts die Möglichkeit des Motorfluges.

Daten des Triebwerkes, das die Gebrüder *WRIGHT* im Jahre 1903 für ihren ersten Motorflug benutzten:

Leistungs-Masse-Verhältnis:	≈	0,1 kW/kg
Gesamtleistung:	≈	9 kW (12 PS)
Hubvolumen:		3, 5 dm^3
Drehzahl:		850 U/min
Zylinderanzahl:		4
Arbeitsverfahren:		4-Takt-Verfahren
Arbeitsprinzip:		OTTO-Prinzip

Zu Beginn des I. Weltkrieges verwendete man vorwiegend 6-Zylinder-Reihenmotoren mit Leistungen um 100 kW und Leistungs-Masse-Verhältnissen von ungefähr 0,4 kW/kg. Nachdem sich das Motorflugzeug dabei als vielseitig verwendbarer Waffenträger erwiesen hatte, begann in den USA und in Mittel- und Westeuropa eine stürmische Entwicklung der Kolbentriebwerke. Es wurden umfangreiche finanzielle Mittel für die Entwicklung und Produktion leistungsfähiger militärischer Flugzeugtriebwerke aufgewendet.

So erklärt sich der bedeutende technische Fortschritt auf diesem Gebiet, der 1940 durch ein Leistungs-Masse-Verhältnis von etwa 1,2 kW/kg und eine absolute Triebwerkleistung von ungefähr 1 000 kW gekennzeichnet war.

Intensive Grundlagenforschungen in allen Bereichen der technischen Wissenschaften und insbesondere die Anwendung von Hochaufladung, neuen Werkstoffen und Fertigungsverfahren steigerten diese Parameter in den nächsten zehn Jahren auf folgende Höchstwerte:

Leistungs-Masse-Verhältnis:	1, 5 kW/kg
Gesamtleistung:	2500kW
maximale äußere Leistung:	2 000 kW
innerer Wirkungsgrad:	32 %
Gesamtwirkungsgrad:	25 %

Damit waren die Möglichkeiten der großen Kolbentriebwerke ausgeschöpft. Ihre Leistungsgrenzen zeichneten sich bereits Mitte der 30er Jahre ab. In Deutschland wurde deshalb ein neuartiger Flugzeugantrieb entwickelt, produziert und noch 1944 mit dem Flugzeug Me-262 zum Gefechtseinsatz gebracht.

Dem war bereits am 27. 8.1939 der Erstflug eines rein strahlgetriebenen Flugzeuges, der He-178, vorausgegangen.

Daten des ersten in Serie gefertigten *Einstrom-Turbinentriebwerkes* (ETL) JUMO 004 für das Flugzeug Me-262:

- spezifische äußere Leistung: 1,9 kW/kg
- maximale äußere Leistung: 1 750 kW
- innerer Wirkungsgrad: 15 %
- Gesamtwirkungsgrad: 6 - 8 %

Das Triebwerk war mit seiner spezifischen Leistung den Kolbenmotoren von 1950 noch nahezu um das Doppelte überlegen. Diese Triebwerkgattung wurde zunächst für die Militärluftfahrt und etwa ab 1952 auch für die Zivilluftfahrt weiterentwickelt.

Tabelle 1/1: Entwicklung der Daten und Kennwerte von ZTL

	1960	1970	1980	2000	Einheit
spezifische äußere Leistung	2,0 - 2, 5	3, 5 - 4, 0	4, 0 - 4,5	5,0 - 5,9	kW/kg
äußere Leistung	5 000	12 000	16 000	35 000	kW
innerer Wirkungsgrad	30 - 35	40 - 45	43 - 47	47 - 49	%
Gesamtwirkungsgrad	20 - 25	25 - 30	30 - 35	36 - 37	%
äußerer Wirkungsgrad	60 - 65	70 - 75	72 - 77	75 - 78	%

Entwicklungsstand der im Jahre 1960 für den zivilen Luftverkehr eingesetzten ETL-Triebwerke:
spezifische äußere Leistung: 10 kW/kg
maximale äußere Leistung: 20 000 kW
innerer Wirkungsgrad: 25 - 30 %
Gesamtwirkungsgrad: 15 - 20 %

Große Fortschritte der Metallurgie und der Konstruktion von Turbomaschinen ermöglichten es, die Turbineneintrittstemperatur, das Druckverhältnis des Verdichters und die Einzelwirkungsgrade zu erhöhen. Im Interesse des äußeren Wirkungsgrades war das *Zweistromtriebwerk (ZTL)* notwendig geworden. Das By-pass-Verhältnis (vgl. Kapitel 5.2) war zunächst mit 0,4 - 1 relativ niedrig. Es beträgt gegenwärtig ungefähr 8 - 10 bei großen ZTL.

In der Zeit von 1945 bis 1965 entstanden die ersten *Propellerturbinentriebwerke (PTL)*. Sie geben ihre Leistung überwiegend als Wellenleistung an die Luftschraube ab. Mit ihnen war eine mehr als doppelt so große innere Leistung (vgl. Kapitel 5.2) wie mit den größten Kolbentriebwerken und ein deutlich höherer äußerer Wirkungsgrad als mit ETL und ZTL möglich.

Die Geschwindigkeitsgrenze der PTL wird vom Luftschraubenwirkungsgrad bestimmt, der oberhalb 700 km/h Fluggeschwindigkeit relativ stark absinkt. Bezüglich der Leistung gab es konstruktive Schwierigkeiten mit den Luftschraubengetrieben.

Kennwerte der größten PTL:

spezifische Leistung:	≈	6,3 kW/kg	(4,5 kW/kg unter Berücksichtigung der Luftschraubenmasse)
Startleistung:		10 440 kW	
innerer Wirkungsgrad:	≈	36 %	

Bild 1/4: Eines der ersten Überschalltriebwerke Bristol Siddeley/SNECMA Olympus 593 (CONCORDE) auf dem Prüfstand

Hauptanwendungsgebiete des PTL und des Wellenleistungstriebwerkes allgemein sind gegenwärtig das Fracht -und Zubringerflugzeug sowie der Hubschrauber.

Die Antriebe für *Überschallflugzeuge* kennzeichnen erneut einen Qualitätssprung. Bei Reisegeschwindigkeiten um M = 2, 2 haben sie die folgenden Kennwerte:

spezifische Leistung	12 kW/kg
äußere Leistung	35 000 kW
innerer Wirkungsgrad	50 %

Staustrahltriebwerke:

spezifische Leistung	200 kW/kg
äußere Leistung	40000 kW

Im Verlauf der fast 100-jährigen Entwicklung der Flugzeugtriebwerke gab es erhebliche Fortschritte, die insgesamt zu einer beträchtlichen Steigerung der Betriebsparameter führten:

spezifische Leistung	2000-fach
äußere Leistung	4500-fach
Gesamtwirkungsgrad	5-fach
Verhältnis von Stirnfläche zu äußerer Leistung	1000-fach

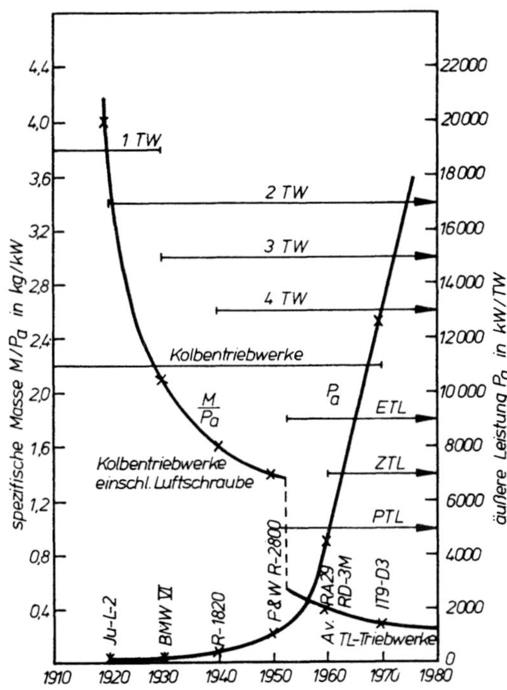

Bild 1/5: Entwicklung der äußeren Leistung und der spezifischen Masse großer Triebwerke für den Verkehrsflug

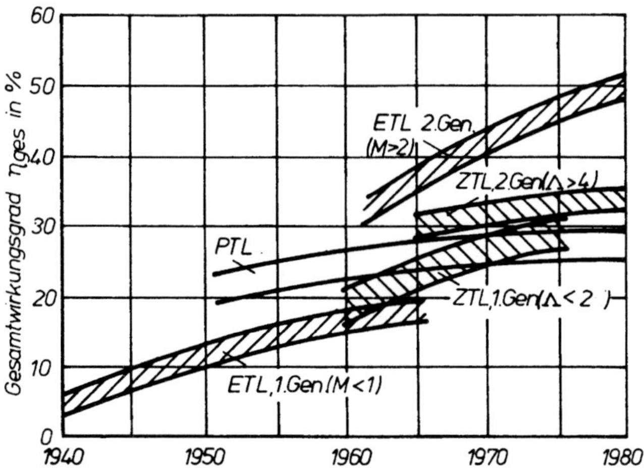

Bild 1/6: *Entwicklung des Gesamtwirkungsgrades der Gasturbinentriebwerke (Λ = By-pass-Verhältnis, vergl. Gl.5/2); spezifische Masse einschließlich Luftschraube, soweit vorhanden)*

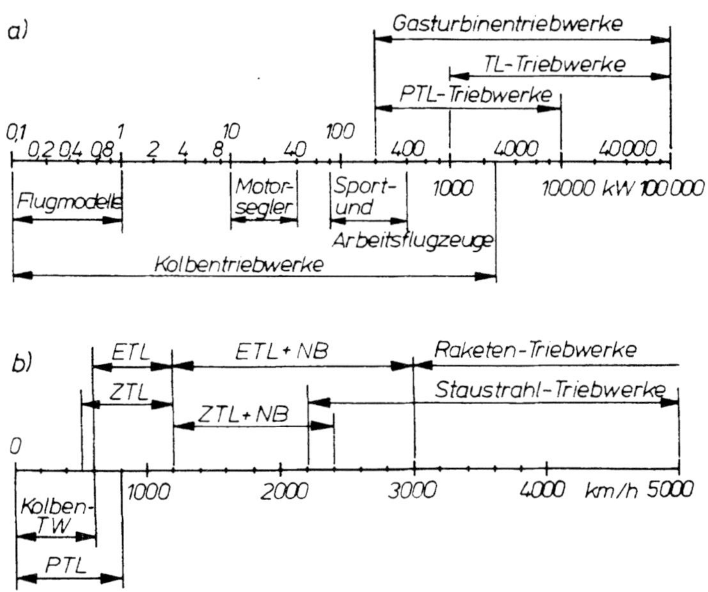

Bild 1/7: *Einsatzbereiche für Flugzeugtriebwerke*
a) bezüglich der inneren Leistung,
b) bezüglich der Fluggeschwindigkeit

1.3 Anforderungen an Flugzeugantriebe

Die Anforderungen an Flugzeugantriebe sind je nach Einsatzzweck und Einsatzbedingungen differenziert. Einheitliche Forderungen für alle Anwendungsgebiete:

- hohe Sicherheit und Zuverlässigkeit in allen Betriebszuständen, da bei Ausfall der Antriebsanlage nicht nur großer finanzieller und materieller Schaden entstehen kann, sondern weil in jedem Fall Menschenleben ernsthaft gefährdet sind,
- hohe Verdichter- und Turbinenwirkungsgrade (z.B. Minimierung der Schaufelspiele an den Hochdruckverdichtern und Turbinen durch Kühlluftzufuhr zu den Gehäusen)
- geringe Einbaumasse bzw. große spezifische Leistung (Antriebsleistung im Verhältnis zu Konstruktionsmasse oder Stirnfläche),
- kleiner zusätzlicher Luftwiderstand durch den Triebwerkeinbau,
- kurze Ansprechzeiten für Schuberhöhung beim Durchstarten des Flugzeuges,
- geringe Umweltbelästigung durch Lärm und Abgase.

Zuverlässigkeit und spezifische Leistung der Flugzeugtriebwerke haben im Vergleich mit anderen im Verkehrswesen eingesetzten Antriebsanlagen einen außerordentlich hohen Entwicklungsstand erreicht.

Für Langstreckenflugzeuge spielt der *Gesamtwirkungsgrad* der Antriebsanlage eine große Rolle. Er beeinflusst Reichweite, Zuladung und Betriebskosten des Flugzeuges wesentlich. Eine Verbesserung von 32 auf 33 % bedeutet bei einem einzigen 7200-km-Flug eines Langstreckenflugzeuges der 300-t-Klasse ungefähr 2500 kg Brennstoffeinsparung. Die Nutzmasse kann um den gleichen Betrag erhöht werden, soweit die maximale Leertankmasse nicht überschritten wird.Flugzeuge dieser Kategorie erreichen gegenwärtig einen Brennstoffverbrauch von ungefähr 20 Gramm pro Sitzplatz und Kilometer.

Kampfjets benötigen eine hohe Leistungsreserve, die zwar nur eine kurze Zeit, aber für Alarmstarts und für Abfangmanöver besonders schnell verfügbar sein muss. Die Triebwerke sollen ein besonders günstiges Teillastverhalten, gutes Startverhalten und geringe Beschleunigungszeiten haben. Außerdem soll der spezifische Luftbedarf (Luftdurchsatz bezogen auf die Leistung bzw. auf den Schub) möglichst gering sein, da er Stirnfläche und Konstruktionsmasse wesentlich beeinflusst.

Arbeitsflugzeuge der Land- und Forstwirtschaft benötigen robuste und wegen der häufigen Leistungsänderung schnell reagierende Antriebsanlagen. Sie benötigen weiterhin wegen des Staubgehaltes der Luft in Bodennähe Triebwerke, die nur einen relativ geringen Luftbedarf haben. Aus diesen Gründen sind Gasturbinen insbesondere in der Form des Turbinenluftstrahltriebwerkes als Antrieb wenig geeignet.

Für *Flugzeuge der allgemeinen Luftfahrt* sollten Triebwerke mit besonders geringen Anforderungen bezüglich Bedienung, Wartung und Brennstoffqualität verwendet werden. Weiterhin muss die Forderung nach hoher Lebensdauer und niedrigem Anschaffungspreis im Verhältnis zur Leistung genannt werden.

Entsprechend den vielfältigen Anforderungen haben sich für die unterschiedlichen Gattungen der Antriebsanlagen bestimmte Einsatzgebiete und Geschwindigkeitsbereiche als günstig erwiesen.

- Bei Arbeits- und Sportflugzeugen sowie kleineren Reiseflugzeugen mit Reisefluggeschwindigkeiten bis ungefähr 300 km/h dominiert das Kolbentriebwerk in Zusammenarbeit mit starrer oder Verstellluftschraube.

- Für größere Reise- und Verkehrsflugzeuge mit Reisefluggeschwindigkeiten von 300 - 650 km/h wird hauptsächlich das Zweiwellen-PTL in Zusammenarbeit mit automatischen Verstellluftschrauben angewendet.
- Für Hubschrauber, deren Anwendungsbereich sich in den vorangegangenen 50 Jahren sowohl im zivilen als auch im militärischen Bereich ständig vergrößert hat, werden besonders leichte und gut regelbare Triebwerke benötigt.
  Eine hohe spezifische Leistung (bezogen auf die Konstruktionsmasse) ist deshalb notwendig, weil der erforderliche Leistungsaufwand pro DekaNewton Auftrieb beim Hubschrauber wesentlich größer ist als beim Starrflügler. Eine gute Regelbarkeit ist erforderlich, weil die spezifischen Einsatzaufgaben des Hubschraubers nur mit einer Vielzahl von genau steuerbaren Flugmanövern lösbar sind.
  Kleine Hubschrauber mit einer erforderlichen Antriebsleistung bis etwa 500 kW werden teilweise noch mit ein bis zwei Kolbentriebwerken ausgerüstet. Insgesamt hat sich jedoch bei Hubschraubern, auch bei kleinen Antriebsleistungen, die Gasturbine als Wellenleistungsantrieb mit mechanisch vom Gaserzeuger getrennter Nutzleistungsturbine durchgesetzt.
  Es werden gegenwärtig Triebwerke in einem Wellenleistungsbereich von 200 - 10 700 kW eingesetzt.
- Gleichzeitig beginnt bereits der Einsatz des ZTL mit relativ niedrigem By-pass-Verhältnis (bis 5)auch bei Reise- und Geschäftsflugzeugen sowie Kurzstreckenverkehrsflugzeugen in einem Geschwindigkeitsbereich von 500 - 800 km/h.
- Für Langstreckenverkehrs- und Frachtflugzeuge hat sich das große ZTL mit hohem By-pass-Verhältnis (bis 9) und einem Reisegeschwindigkeitsbereich von 750 - 950 km/h allgemein durchgesetzt.

1.4 Besonderheiten des Luftverkehrs

Der Betrieb von Flugzeugen unterscheidet sich in wesentlichen Bereichen grundsätzlich vom Betrieb von Straßen-und Schienenfahrzeugen:

- Flugzeuge können im Bedarfsfall/Notfall nicht beliebig langsam fliegen oder gar anhalten
- Flugzeuge haben eine wesentlich höhere Reisegeschwindigkeit im Vergleich mit Landfahrzeugen
- Flugzeuge haben während ihres Betriebes sechs Freiheitsgrade
- Flugzeuge bewältigen nonstop große Entfernungen (bis zu 15 000 km)
- Flugzeuge werden mit höherer Auslastung und geringerem Umwegfaktor betrieben
- Flugzeuge müssen auf einer begrenzten Startbahnlänge auf eine Abhebegeschwindigkeit beschleunigt werden und
- Flugzeuge benötigen für die Personenbeförderung im Vergleich mit anderen Verkehrssystemen einen ungleich höheren Zusatzaufwand in Form von Druckhalteanlagen, Klimaanlagen, Ver- und Entsorgung, Not- und Rettungseinrichtungen und Kabinenpersonal.

Neben der hohen Beförderungsgeschwindigkeit und der Bewegung in der dritten Dimension ist für den Luftverkehr kennzeichnend, dass die für eine beabsichtigte Flugweite erforderliche Betankung ab einer bestimmten Flugweite die mögliche kommerzielle Zuladung beeinflusst und dass bei abnehmender Flugmasse (infolge des Brennstoffverbrauches während des Fluges) die optimale Fluggeschwindigkeit abnimmt und/oder die optimale Flughöhe zunimmt.

1.4.1 Bewegungswiderstände und Antriebsleistung

✦ *Bewegungswiderstände*

Im Land- und Luftverkehr gibt es, den physikalischen Bedingungen entsprechend, zwei grundsätzliche Arten von Bewegungswiderständen (vom Steigungswiderstand abgesehen).

a) *gewichtskraftabhängiger Widerstand*
Landverkehr: Rollwiderstand, Luftverkehr: induzierter Widerstand

b) *form- und geschwindigkeitsabhängiger Widerstand*
Land- und Luftverkehr: Luftwiderstand

c) *Gesamtwiderstand* ist im Land- und Luftverkehr die Summe aus a) und b)

Bei genauerer Betrachtung des induzierten Widerstandes ist im Luftverkehr zu berücksichtigen, dass die Gesamtauftriebskraft am Tragflügel aus Stabilitätsgründen um einen bestimmten Betrag größer ist als die Gewichtskraft . Für die Berücksichtigung dieser Zusatzkraft ist es notwendig, dass die Flugzeugpolare für die entsprechende Machzahl und Konfiguration vorliegt.

Insgesamt ist festzustellen, dass der spezifische gewichtsabhängige Widerstand bei modernen Verkehrsflugzeugen 5 bis 8 mal so groß ist wie im Schienenverkehr. Bei Straßenfahrzeugen ergeben sich ähnliche Werte.

Bei Betrachtung des form- und geschwindigkeitsabhängigen Widerstandes (Luftwiderstand) ist zu beachten, dass die Widerstandsbeiwerte für Land- und Luftverkehr nicht miteinander vergleichbar sind. Im Landverkehr dient die Stirnfläche (Schattenfläche) des Fahrzeuges und im Luftverkehr die Tragflügelfläche als Bezugsgröße für den jeweiligen Staudruck. Die unten dargestellten Werte sind normiert (bezogen auf die jeweilige Gewichtskraft) und deshalb miteinander vergleichbar.

Strahlverkehrsflugzeuge haben demzufolge trotz exzellenter aerodynamischer Formgebung wegen der hohen Geschwindigkeit einen um das 10 bis 20fach größeren spezifischen Widerstand im Vergleich mit Schienenfahrzeugen I (120 km/h). Beim Vergleich mit Schienenfahrzeugen II (250 km/h) ist der Widerstand bei Strahlverkehrsflugzeugen immer noch 5 bis 8 mal so groß. Daraus ergibt sich, dass der spezifische Gesamtwiderstand bei Strahlverkehrsflugzeugen 7- 16 mal so groß ist wie bei Schienenfahrzeugen I bzw. 5-7 mal so groß bei Schienenfahrzeugen II.

✦ *Spezifische Bewegungswiderstände in % der Gewichtskraft[1)] der Fahrzeuge*

Gewichtskraftabhängige Widerstände:		
Straßenfahrzeuge:	1,5 - 2,5	Rollwiderstände
Schienenfahrzeuge:	0,3 - 0,5	Rollwiderstände
Strahlverkehrsflugzeuge:	1,5 - 2,5	induzierte Widerstände
Motorflugzeuge:	3 - 5	„
Segelflugzeuge:	1,5 - 2,5	„

Luftwiderstände:		
Straßenfahrzeuge:	4 - 5	Pkw bei 120 km/h
Schienenfahrzeuge I:	0,3 - 0,5	bei ca. 120 km/h
Schienenfahrzeuge II:	0,8 - 1,0	bei ca. 250 km/h
Strahlverkehrsflugzeuge:	5 - 6	bei ca. 875 km/h [2)]
Motorflugzeuge:	7 - 10	bei ca. 200 km/h
Segelflugzeuge:	2 - 3	bei ca. 120 km/h

Gesamtwiderstände:	
Straßenfahrzeuge:	5,5 - 7,5
Schienenfahrzeuge I:	0,5 - 1,0
Schienenfahrzeuge II:	1,2 - 1,5
Strahlverkehrsflugzeuge:	7 - 8
Motorflugzeuge:	10 - 15
Segelflugzeuge:	3,5 - 5,0

Anmerkung:

1) 1% entspricht 10 N Widerstand je kN Gewichtskraft
2) entspricht M = 0,82 in FL 350

✦ *Antriebsleistungen*

Im Luftverkehr unterscheidet man drei verschiedene Leistungsangaben:

- *Äußere Leistung* (in der älteren Literatur: Vortriebsleistung) ist das Produkt aus Gesamtwiderstand und Geschwindigkeit bei einem bestimmten Betriebszustand des Flugzeuges.
- *Innere Leistung* (Leistung der Antriebsmaschine bei einem bestimmten Betriebszustand) ist der Quotient aus äußerer Leistung und äußerem Wirkungsgrad (Übertragungswirkungsgrad). Der äußere Wirkungsgrad beträgt bei modernen Strahlverkehrsflugzeugen mit Hochbypasstriebwerken etwa 72 bis 78 % bei einem typischen Reisebetriebszustand.
- *Installierte Leistung* ist die maximale Leistung der Antriebsmaschine. Sie richtet sich nach verschiedenen Gesichtspunkten wie z.B. Beschleunigungsfähigkeit, Höchstgeschwindigkeit, Steigfähigkeit des Flugzeuges bei einer gegebenen Geschwindigkeit.

✦ *Spezifische Antriebsleistungen je kN[1] Gewichtskraft der Fahrzeuge*

Äußere Leistung:			
Straßenfahrzeuge:	2,0 - 2,5	kW	(Pkw bei ca. 120 km/h)
Schienenfahrzeuge I:	0,2 - 0,3	kW	(bei ca. 120 km/h)
Schienenfahrzeuge II:	0,8 - 1,0	kW	(bei ca. 250 km/h)
Strahlverkehrsflugzeuge:	17 - 20	kW	(bei ca. 875 km/h)
Motorflugzeuge:	5,5 - 8,5	kW	(bei ca. 200 km/h)
Segelflugzeuge:	1,2 - 1,7	kW	(bei ca. 120 km/h)

Innere Leistung:			
Straßenfahrzeuge:	2,5 - 3,0	kW	
Schienenfahrzeuge I:	0,3 - 0,4	kW	(Dieseltraktion)
Schienenfahrzeuge II:	0,9 - 1,1	kW	(E-Traktion)
Strahlverkehrsflugzeuge:	24 - 27	kW[2]	
Motorflugzeuge:	7,5 - 12	kW	

Installierte Leistung:		
Straßenfahrzeuge:	4 - 5	kW
Schienenfahrzeuge I:	0,7 - 0,8	kW
Schienenfahrzeuge II:	1,2 - 1,3	kW
Strahlverkehrsflugzeuge:	50 - 60	kW[3]
Motorflugzeuge:	10 - 15	kW[3]

Anmerkung:
1) 1 kN entspricht 102 kg
2) entspricht Ma = 0,82 in FL 350
3) bezogen auf MTOW

Es fällt auf, dass alle drei angegeben Leistungen bei modernen Strahlverkehrsflugzeugen um ein Vielfaches größer sind als im Landverkehr. Bei der äußeren Leistung im Vergleich mit den Schienenfahrzeugen I beträgt der Faktor etwa 100, bei der inneren Leistung etwa 80 bis 90 sowie bei der installierten Leistung etwa 70 bis 80. Die Antriebsanlagen der modernen Strahlverkehrsflugzeuge haben jedoch bezüglich ihrer Betriebsbedingungen bei Reiseflug einen erheblichen Vorteil gegenüber den Antriebsanlagen der Landfahrzeuge.
Während die Antriebsanlagen der Landfahrzeuge in einem typischen Reisebetriebszustand im sehr niedrigen Teillastbetrieb (meistens unter 50%) arbeiten, beträgt dieser Wert bei Strahlverkehrsflugzeugen in Reiseflughöhe etwa 75 bis 80% der in dieser Höhe möglichen Leistung, etwa 15 bis 20% des Standschubes am Boden. Damit sind im Vergleich mit Landfahrzeugen bessere Bedingungen für einen hohen Wirkungsgrad gegeben.
Die innere Leistung moderner, großer Zweistromtriebwerke erreicht bei Reiseflug Werte von bis zu 20 000 kW.
Die installierte Leistung bei modernen Großraumflugzeugen in zweimotoriger Ausführung erreicht beeindruckende Werte von bis zu 150 000 kW bei einer Abflugmasse von bis zu 300 t und 500 Plätzen in der Einklassenbestuhlung .

1.4.2 Ressourcenbeanspruchung

Vom Verkehrswesen werden insbesondere die Naturressourcen Brennstoffe, Werkstoffe und Infrastrukturflächen in Anspruch genommen. Die auf der Erde vorhandenen Vorräte dieser Ressourcen sind begrenzt und im Wesentlichen bekannt. Aus diesem Grunde sind alle Bereiche des gesellschaftlichen Lebens - nicht nur das Verkehrswesen - dringend gehalten, mit diesen (begrenzten) Ressourcen außerordentlich sorgsam umzugehen, d.h., sie mit dem größtmöglichen Effekt einzusetzen und jedwede Verschwendung kategorisch zu vermeiden.
Im Gegensatz zum Brennstoff besteht bei Werkstoffen und Infrastrukturflächen eine begrenzte Möglichkeit zur Mehrfachnutzung.

✦ *Energieverbrauch / CO_2-Emissionen*

Der Luftverkehr ist auf noch nicht absehbare Zeit auf flüssige (fossile) Brennstoffe für den Betrieb der Flugzeuge angewiesen. Deshalb ist er in ganz besonderer Weise gehalten, mit Brennstoffen äußerst sorgsam umzugehen, ungeachtet der betriebstechnischen Zwänge, die unter anderem darin bestehen, dass der Luftverkehr, insbesondere im Langstreckenbereich, im Gegensatz z.B.zur Eisenbahn einen großen Energieaufwand für den Energietransport hat.

Begrenzte Startbahnlängen, hohe Bewegungswiderstände und Fluggeschwindigkeiten bedingen im Luftverkehr im Vergleich zum Landverkehr sehr hohe Antriebsleistungen. Dennoch ist es im Verlaufe der vergangenen 50 Jahre gelungen, im Luftverkehr solche spezifischen (je Person und Kilometer) Primärenergieverbräuche zu erreichen, die mit denen des Landverkehrs vergleichbar sind.

In der Energiewirtschaft wird zwischen *Primärenergie* (Steinkohle, Braunkohle, Erdgas, Erdöl) und *Sekundärenergie*/Gebrauchsenergie (Elektroenergie, Benzin, Diesel, Kerosin) unterschieden.

Während bei der Elektroenergie - z.B. im Schienenverkehr - ein Umwandlungswirkungsgrad von Primär- in Sekundärenergie von etwa 0,35 zu berücksichtigen ist, beträgt dieser Wirkungsgrad bei der Erzeugung der flüssigen Sekundärenergieträger aus Erdöl mindestens 0,95.

Ein modernes, großes, zweimotoriges Strahlverkehrsflugzeug, erreicht z.Zt. bei einem typischen Reiseflugbetriebszustand einen spezifischen Sekundärenergieverbrauch in der 2-Klassen-Bestuhlung von 18,7 Gramm je Sitzplatz und Kilometer. Bei einem typischen Sitzladefaktor von 0,75 entspricht das einem Verbrauch von etwa 3,1 Liter Kerosin je Passagier und je 100 km, frachtbedingter Verbrauch nicht berücksichtigt. Dem entspricht eine spezifische „CO_2-Produktion“ des Flugzeuges von etwa 80 g je Passagier und Kilometer. Um die primärenergiebezogenen Werte zu erhalten, sind die angegeben Werte um etwa 5% zu vergrößern. (Siehe auch Abschnitt 5.20.2)

1.5 Aerodynamisch-energetische Beurteilung von Flugzeugen

1.5.1 Vorbemerkungen

Bevor eine Luftverkehrsgesellschaft neue Flugzeuge beschafft, sind umfangreiche und gründliche Analysen der technischen, betriebstechnischen und betriebswirtschaftlichen Einsatzbedingungen erforderlich. Diese Analysen beziehen sich nicht allein auf das Flugzeug sondern auch auf die Flughäfen, das Streckennetz, die Luftverkehrsgesellschaft und die Flugsicherung. Im Mittelpunkt steht jedoch erfahrungsgemäß zunächst das Flugzeug. Dabei sind die betriebstechnischen Eigenschaften als Bindeglied zwischen den reinen technischen Daten und den betriebswirtschaftlichen Kennwerten des Flugzeuges von besonderer Bedeutung. Die aerodynamische und energetische Beurteilung des Flugzeuges nimmt in diesem Zusammenhang eine zentrale Stellung ein.

Das bezieht sich sowohl auf die Ermittlung diesbezüglicher Kennwerte als auch auf ihre Flugzeit- oder Flugstreckenabhängigkeit. Im Folgenden sollen deshalb die aerodynamische und energetische Beurteilung eines Flugzeuges näher betrachtet werden.

1.5.2 Klassische aerodynamische Beurteilung

Seit den Arbeiten von Otto Lilienthal (1848-1896) ist es mit Hilfe der nach ihm benannten Darstellung, der „Lilienthal - Polaren“, möglich die aerodynamische Qualität K eines Flugzeugs in Abhängigkeit von Konfiguration, Anstellwinkel und Flugmachzahl (bei schnelleren Flugzeugen) darzustellen.

Die aerodynamische Qualität $K = c_A/c_W$ bei Starrflüglern für einen typischen Betriebszustand bewegt sich in dem sehr großen Bereich von 5 - 50!

Für ein aerodynamisch schlecht gestaltetes Mehrzweckflugzeug der Klasse E (bis 2000 kg) mit 1200 kg Flugmasse bedeutet die aerodynamische Qualität von 5 einen Widerstand von 2,35 kN, während ein Hochleistungssegelflugzeug mit 600 kg Flugmasse bei einer aerodynamischen Qualität von 50 einen Widerstand von 0,1177 kN aufweist.

Für die äußere Leistung bei einer Fluggeschwindigkeit von 150 km/h ergibt sich im ersten Fall ein Wert von 98 kW und im Falle des Segelflugzeugs ein Wert von 4,9 kW.

Gegenwärtige moderne Strahlverkehrsflugzeuge erreichen im Flugmachzahlbereich von 0,76 - 0,83 Bestwerte der aerodynamischen Qualität im Bereich von 15 - 22. Das bedeutet für ein modernes, großes Strahlverkehrsflugzeug mit einer aktuellen Flugmasse von 190 t bei einer Flugmachzahl von 0,82 mit K = 20 eine äußere Leistung von etwa 22,7 MW.

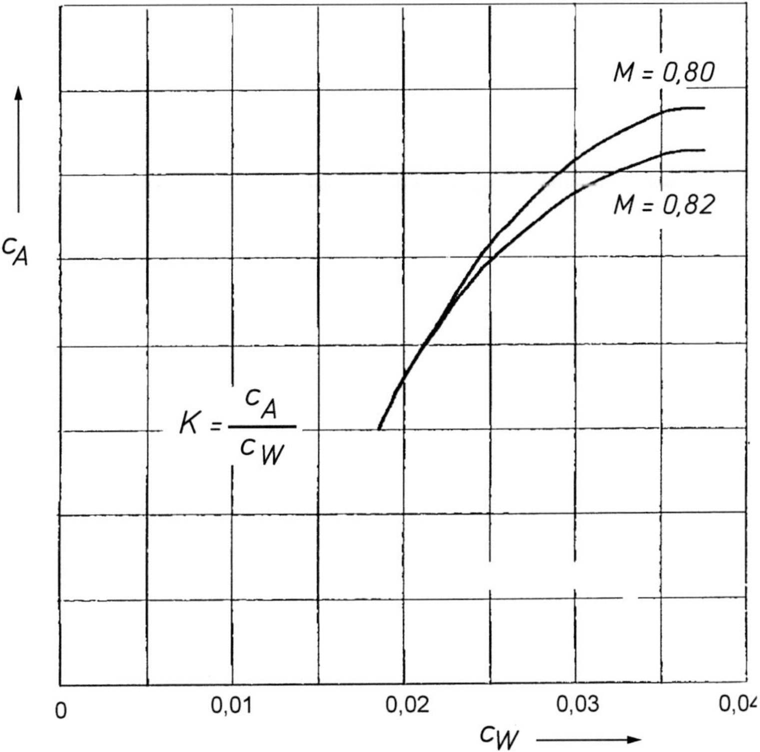

Bild 1/8: Lilienthalpolare eines modernen zweimotorigen Großraumlangstreckenflugzeuges in Reisekonfiguration (FL 350)

Zum Vergleich die spezifischen äußeren Leistungen in der angegebenen Reihenfolge in kW je kN Gewichtskraft:

8,32 kW/kN	(Mehrzweckflugzeug Klasse E)
0,832 kW/kN	(Hochleistungssegelflugzeug)
12,15 kW/kN	(modernes Großraumflugzeug)

Beim Betrieb klassischer Strahlverkehrsflugzeuge versucht man den optimalen Anstellwinkel (maximale aerodynamische Qualität) im Verlaufe eines Fluges dadurch zu erhalten, dass mit fortschreitender Flugzeit (Flugstrecke) langsamer oder/und höher geflogen wird. Diese Betriebstechnik ist insbesondere bei Mittel- und Langstreckenflügen (3000 - 12000 km), wenn möglich, unverzichtbar. Der für den Reiseflug benutzte Höhenbereich liegt in der Regel zwischen FL290 und FL410 (8850 - 12500m).

1.5.3 Klassische energetische Beurteilung

Als Ausgangswert für die klassische energetische Beurteilung eines Flugzeuges dient der stündliche Brennstoffverbrauch eines Triebwerkes oder des gesamten Flugzeuges bei einem definierten Reisebetriebszustand.

Für moderne Strahlverkehrsflugzeuge hat sich dabei ein Referenzpunkt mit folgenden Werten bewährt:

Flugmasse:	90% von MTOW
Flugmachzahl:	0,82 = 875 km/h
Flughöhe:	FL 350, INA-Bedingungen
unterer Heizwert des Brennstoffes:	11,94 kWh/kg = $43 \cdot 10^6$ Nm/kg
Erdbeschleunigung:	9,81 m/s^2

Wenn ein modernes großes Zweistromtriebwerk unter den o.g. Bedingungen eine Schubkraft von 50 kN abgibt und dabei 2900 kg Brennstoff pro Stunde verbraucht, erzeugt es eine äußere Leistung von 12 153 kW bei einem Gesamtwirkungsgrad von 35%. Mit einem angenommenen äußeren Wirkungsgrad von 0,75 erhält man einen Triebwerkswirkungsgrad von 47%.

Mit dem hier aufgezeigten Verfahrensweg ist anhand des Zahlenbeispiels eine grobe energetische Beurteilung der Antriebsanlagen moderner Strahlverkehrsflugzeuge möglich.

Bei der energetischen Beurteilung von Luftschraubenflugzeugen ist lediglich der o.g. äußere Wirkungsgrad durch den Gesamtwirkungsgrad der Luftschraube zu ersetzen, der für moderne Luftschrauben mit Gasturbinenantrieb im Reiseflug in der Größenordnung von 75 - 80% liegt.

Bezogen auf eine angebotene Tonne Nutzmasse ergibt sich bei einem typischen Reisebetriebszustand bei einem modernen Strahlverkehrsflugzeug ein Brennstoffverbrauch von etwa 130 - 170 Gramm Brennstoff je Kilometer und bei modernen PTL-Flugzeugen (meist kleine Flugzeuge mit einer Abflugmasse von bis zu 20t) ein Wert von 200 bis 250 Gramm Brennstoff je Tonne Nutzmasse und Kilometer.

1.5.4 Aerodynamisch-energetische Beurteilung

„Mit einem guten Triebwerk bringt man jedes Flugzeug zum Fliegen." Dieser Slogan unterstreicht die Notwendigkeit, sowohl eine Einzelbewertung von Flugzeugzelle und Antriebsanlage als auch eine aerodynamisch-energetische Gesamtbeurteilung des Flugzeuges vorzunehmen.

Letztere ist bisher nicht üblich und soll deshalb hier kurz dargestellt werden.

Für einen typischen stationären Horizontalflug ergibt sich der erforderliche Auftrieb näherungsweise aus der Gewichtskraft des Flugzeuges.

Daraus erhält man den *erforderlichen Auftriebsbeiwert:*

$$c_A = \frac{m \cdot g}{q \cdot A_{TF}} \qquad (2)$$

Aus der Lilienthalpolaren ist der zugehörige Widerstandsbeiwert C_W zu entnehmen und mit dessen Hilfe der Gesamtwiderstand zu ermitteln:

$$W = c_W \cdot q \cdot A_{TF} \qquad (3)$$

Für den stationären Horizontalflug gilt näherungsweise mit (n = Anzahl der Triebwerke)

$$W = n \cdot S \tag{4}$$

Aus einer Leistungsbilanz der Antriebsanlage (zugeführte Wärmeleistung multipliziert mit dem Gesamtwirkungsgrad ist gleich der äußeren Leistung) erhält man

$$\eta_{ges} = \frac{n \cdot S \cdot v}{\dot{m}_B \cdot H_u} \tag{5}$$

Wenn man $n \cdot S = \dfrac{m \cdot g}{K}$ in Gl. (5) einsetzt ergibt sich:

$$K \cdot \eta_{ges} = \frac{m \cdot g \cdot v}{\dot{m}_B \cdot H_u} \tag{6}$$

Mit $K \cdot \eta_{ges}$ erhält man eine dimensionslose Zahl, die sowohl die aerodynamische Qualität des Flugzeuges, als auch den Gesamtwirkungsgrad der Antriebsanlage enthält und deshalb als *GÜTEZAHL* des Flugzeuges bezeichnet werden soll.

Diese „*Gütezahl*“ des Flugzeuges bewegt sich bei modernen Verkehrsflugzeugen z.Zt. zwischen 3 und 7 und bei Sport- und Reiseflugzeugen zwischen 1 und 4, jeweils für einen typischen Reisebetriebszustand. Die Gütezahl ist deswegen sehr anschaulich und gut zu beurteilen. Die Größen Flugmasse m und stündlicher Brennstoffverbrauch $\dot{m}_B$, häufig auch die Fluggeschwindigkeit v sind bei Betrachtung eines Gesamtfluges zeit- bzw. streckenabhängig. Bei differentieller - allerdings sehr aufwendiger - Betrachtungsweise kann somit auch die Gütezahl zeit- bzw. streckenabhängig für ein bestimmtes Flugzeug und einen bestimmten Flug ermittelt werden.

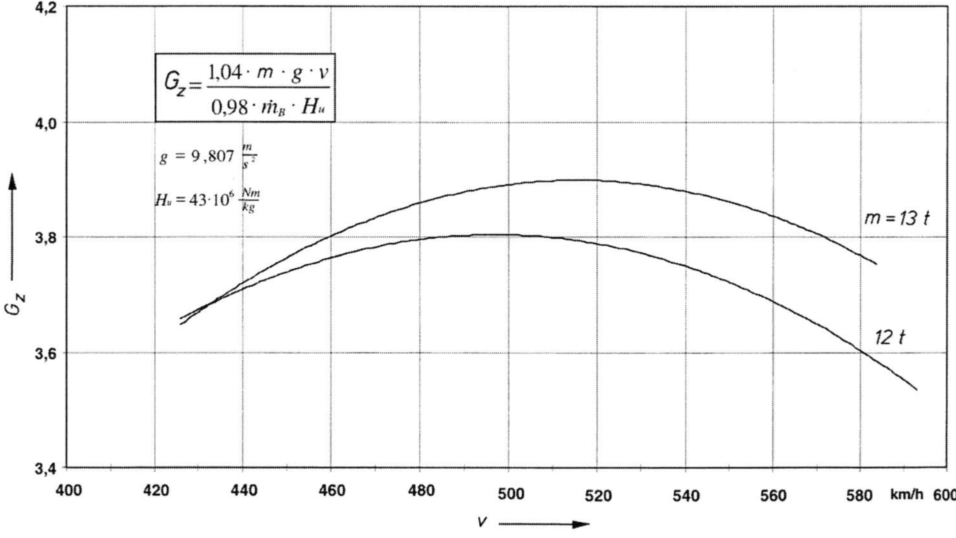

Bild 1/9: Typischer Verlauf der Gütezahl in Abhängigkeit von der Geschwindigkeit für ein PTL-Regionalflugzeug.

Bei der bisherigen Betrachtungsweise wird unterstellt, dass Auftrieb gleich Gewichtskraft ist und, dass der Brennstoffverbrauch des Flugzeuges ausschließlich für die Schuberzeugung aufgewandt wird. Beide Annahmen treffen jedoch nur näherungsweise zu.

Die erforderliche Auftriebskraft ist um die aus Stabilitätsgründen am Höhenleitwerk notwendige Abtriebskraft größer. Damit vergrößern sich Widerstandskraft, erforderliche Antriebskraft und Brennstoffverbrauch der Triebwerke.

Die Auswirkungen auf die Größe der Gütezahl sind vernachlässigbar, da sowohl im Zähler der Gleichung (6) die Auftriebskraft als auch im Nenner der Brennstoffverbrauch um etwa den gleichen Betrag wachsen. Geringfügige Auswirkungen auf die aerodynamische Qualität, je nach Lage des Betriebspunktes auf der Polaren, sind möglich.

Der von der Antriebsanlage eines Flugzeuges beanspruchte Brennstoff dient vorrangig der Schubkrafterzeugung. Ein kleiner Anteil davon ist jedoch für die *Bordversorgung* erforderlich (2 bis 3% des stündlichen Gesamtverbrauches des Flugzeuges).

Für die energetische Beurteilung der Antriebsanlage ist dieser kleine Anteil von dem für die Flugplanung in den Flughandbüchern angegebenen stündlichen Verbrauch abzuziehen. Dadurch verbessert sich der in Gl. (5) angegebene wichtige Triebwerkskennwert „Gesamtwirkungsgrad“.

Sofern für die Bestimmung der erforderlichen Schubkraft für die Ermittlung der Widerstandskraft die Abtriebskraft am Höhenleitwerk (etwa 3 bis 5% der Gewichtskraft des Flugzeuges) einbezogen wurde, kommt es dadurch zu einer weiteren Verbesserung des Gesamtwirkungsgrades. Dies hängt insbesondere von der aktuellen Schwerpunktlage des Flugzeuges ab.

Da der Bordenergiebedarf weder von der aerodynamischen Qualität K noch vom Gesamtwirkungsgrad der Antriebsanlage abhängt, ist bei der Ermittlung der Gütezahl der Bordenergiebedarf vom stündlichen Brennstoffverbrauch (Handbuch) abzuziehen, dadurch kommt es auch zu einer geringfügigen Verbesserung der Gütezahl um etwa 2 %.

Bei modernen Verkehrsflugzeugen kann man davon ausgehen, dass etwa bis maximal 10% des stündlichen Verbrauches bei Reiseflug für die Bordversorgung und die Längsstabilität aufgewendet werden. Das sind bei einem modernen 2-motorigen Großraumflugzeug immerhin etwa 300 bis 350 kg/h oder 0,9 bis 1,0 kg je Sitzplatz und Flugstunde.

2 Thermodynamik der Flugzeugantriebe

2.1 Energieumwandlung und Kenngrößen

Flugzeugtriebwerke erzeugen mechanische Energie (bei Wellenleistungstriebwerken) oder kinetische Energie (bei Strahltriebwerken) durch Umsetzung der im Brennstoff gebundenen chemischen Energie. Beide Energiearten können dann zur Schuberzeugung genutzt werden.

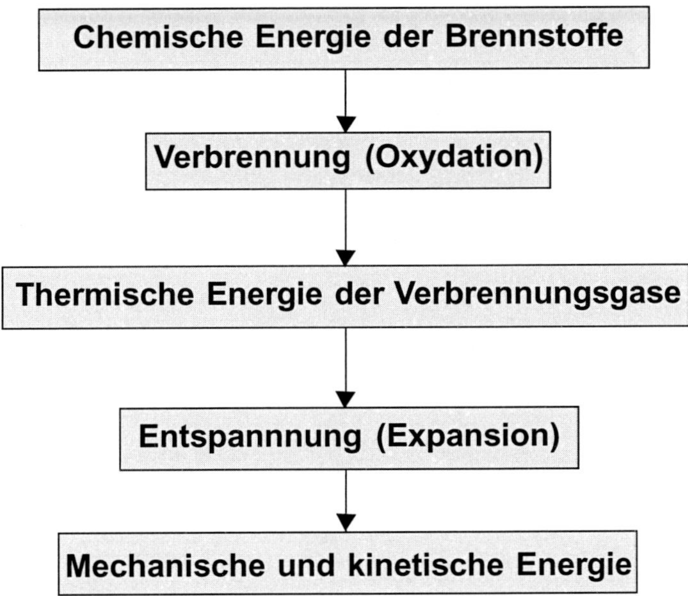

Bild 2/1: *Verlauf der Energieumformung*

Die Realisierung dieser Umwandlungskette erfolgt

- in einem Kolbenmotor, dessen Arbeitsverfahren dadurch gekennzeichnet ist, dass die einzelnen Phasen nacheinander und im gleichen Raum (Arbeitszylinder) ablaufen, oder
- in einem Gasturbinentriebwerk, dessen Arbeitsverfahren dadurch gekennzeichnet ist, dass die einzelnen Phasen gleichzeitig und in verschiedenen Baugruppen (Verdichter, Brennkammer, Turbine, Schubdüse) ablaufen.

Bei den Vorgängen im Kolbenmotor sind die auftretenden Strömungsgeschwindigkeiten und die an einem Arbeitszyklus beteiligten Gasmassen relativ klein (kleiner als 5 Gramm), so dass ihre kinetische Energie in jedem Fall vernachlässigt werden kann. Im Gasturbinenwerk sind pro Zeiteinheit wesentlich größere Gasmassen beteiligt.

Die auftretenden Strömungsgeschwindigkeiten liegen mit Ausnahme in der Brennkammer über 100 m/s. Deshalb darf die kinetische Energie des Arbeitsmediums nicht mehr vernachlässigt werden.

Die Aufgabe der Thermodynamik von Kreisprozessen für Flugzeugtriebwerke besteht darin, anhand theoretischer Luftprozesse bei verschiedenen Prozessführungen die Abhängigkeit der Luft- und Brennstoffausnutzung von den einzelnen Prozessgrößen zu untersuchen, um für den jeweiligen Einsatzzweck die günstigste Variante auswählen zu können.

Bei den realen Prozessen bestehen die Schwierigkeit und der Hauptaufwand darin, entsprechend der Gaszusammensetzung und dem Bereich der Temperaturänderung die wahren spezifischen Wärmen und die wahre mittlere Gaskonstante zu bestimmen. Für reine Luft gelten die Werte $c_p = 1000$ Nm/(kg·K), $R = 287$ Nm/(kg·K) und $\kappa = 1{,}4$.

Eine gute *Luftausnutzung* ist mit Rücksicht auf die Konstruktionsmasse und das Konstruktionsvolumen notwendig, eine hohe *Brennstoffausnutzung* mit Rücksicht auf den Wirkungsgrad. Zwischen diesen beiden wichtigen Kenngrößen ist in der Praxis ein Kompromiss zu schließen.

Der aus der Physik bekannte *CARNOT*-Prozess, der bei vorgegebenen Temperaturgrenzen die höchste Brennstoffausnutzung ermöglicht, ist in der Praxis nicht realisierbar, da erstens die Luftausnutzung so schlecht ist, dass kein Selbstlauf der Maschine möglich wäre und zweitens die auftretenden Höchstdrücke so groß sind, dass die Konstruktion sehr schwer und störanfällig sein würde. Für Flugzeugkolbentriebwerke hat sich als der technisch günstigste Kompromiss der *OTTO*-Prozess und für Flugzeuggasturbinen der *JOULE*-Prozess erwiesen. Bei der Analyse der Kreisprozesse und Einflussgrößen haben sich dimensionslose *Kenngrößen* bewährt, die auch hier im folgenden eingeführt und benutzt werden sollen.

Verdichtungsverhältnis: $\varepsilon = \dfrac{\text{spezifisches Volumen bei Verdichtungsbeginn}}{\text{spezifisches Volumen bei Verdichtungsende}}$

Entspannungsverhältnis ist analog definiert

Druckverhältnis: $\pi = \dfrac{\text{Maximaldruck des Prozesses}}{\text{Minimaldruck des Prozesses}}$

Temperaturverhältnis: $\tau = \dfrac{\text{Maximaltemperatur des Prozesses}}{\text{Minimaltemperatur des Prozesses}}$

Adiabatenexponent: $\kappa = \dfrac{\text{spezifische Wärme bei konstantem Druck}}{\text{spezifische Wärme bei konstantem Volumen}}$

Arbeitsverhältnis: $\lambda_{th} = \dfrac{\text{Entspannungsarbeit}}{\text{Verdichtungsarbeit}}$

theoretischer Wirkungsgrad: $\eta_{th} = \dfrac{\text{in Arbeit umgewandelte Wärmemenge}}{\text{zugeführte Wärmemenge}}$

Machzahl: $M = \dfrac{\text{Strömungsgeschwindigkeit}}{\text{örtliche Schallgeschwindigkeit}}$

Neben diesen grundlegenden Definitionen gibt es eine Vielzahl weiterer dimensionsloser und dimensionsbehafteter Kenngrößen, die an den entsprechenden Stellen eingeführt und erläutert werden. Tabelle 2/1 zeigt den möglichen Bereich der wichtigsten Kennwerte für Flugzeugtriebwerke. Die relativ großen Bereiche für den JOULE-Prozess ergeben sich aus den sehr unterschiedlichen Betriebsbedingungen bei Start in Meereshöhe und z.B. bei Überschallflug in 15 bis 20 km Höhe.

Tabelle 2/1 Bereiche der wichtigsten thermodynamischen Kennwerte des OTTO- und

	OTTO-Prozess	JOULE-Prozess
Verdichtungsverhältnis	6 - 9	5 - 30
Druckverhältnis	40 - 70	8 - 100
Temperaturverhältnis	7 - 8	3,5 - 7,5

2.2 OTTO-Prozess

Der theoretische OTTO-Prozess (Bild 2/2) dient als Vergleichsprozess für die Beurteilung der Luft- und Brennstoffausnutzung bei Kolbentriebwerken, die gegenwärtig fast ausschließlich nach dem OTTO-Prinzip arbeiten.
Der Prozess besteht aus:

- *adiabater Verdichtung* der angesaugten Luft von (1) nach (2),
- *isochorer Wärmezufuhr* von (2) nach (3),
- *adiaibater Expansion* von (3) nach (4) und
- *isochorer Wärmeabfuhr* von (4) nach (1).

Wegen der isochoren Wärmezu- und -abfuhr wird diese Prozessführung häufig auch als *Gleichraum-Prozess* bezeichnet. Die im p-v-Diagramm von dem Linienzug der Zustandsänderungen eingeschlossene Fläche ist proportional der pro Arbeitsspiel erzeugten Arbeit bzw. dem abgegebenen Drehmoment.
Die Höhe eines dem p-v-Diagramm flächengleichen Rechteckes mit der Grundlinie (v_1-v_2) entspricht dem *Mitteldruck des Prozesses.* Der Mitteldruck eines Kolbenmaschinenprozesses ist ein wichtiger Kennwert, der die Leistung direkt beeinflusst. Er kann aus folgender Beziehung bestimmt werden:

$$p_{mth} = \frac{q_{zu} - q_{ab}}{v_1 - v_2} \tag{2/1}$$

Der *theoretische Mitteldruck* eines nichtaufgeladenen OTTO-Prozesses liegt in der Größenordnung von 11 daN/cm². Er ist ein Maß für die Ausnutzung der vom Motor angesaugten Verbrennungsluft. Bei Annahme eines Liefergrades (Verhältnis der tatsächlich pro Arbeitsspiel angesaugten Luftmasse zur theoretisch möglichen Luftmasse) von 1 ergibt sich unter INA-Bedingungen für H = 0 eine theoretische Ausnutzung der Verbrennungsluft (spezifische Leistung) von 900 kW pro kg/s.
Je höher die Luftausnutzung, um so leichter und kleiner ist das Triebwerk bei einer gegebenen Leistung. Zur Umformung der Gl. (2/1) benutzt man einige thermodynamische Zusammenhänge und Substitutionen:

$$q_{zu} = c_v (T_3 - T_1) \tag{2/2}$$

$$q_{ab} = c_v (T_4 - T_1) \tag{2/3}$$

$$x = \frac{|q_{ab}|}{c_v \cdot T_1} \tag{2/4}$$

$$y = \frac{q_{zu}}{c_v \cdot T_1} \tag{2/5}$$

$$p \cdot v^{\kappa} = \text{konstant} \tag{2/6}$$

$$p \cdot v = R \cdot T \tag{2/7}$$

$$\varepsilon = v_1/v_2 = v_4/v_3 = v_1/v_3 \tag{2/8}$$

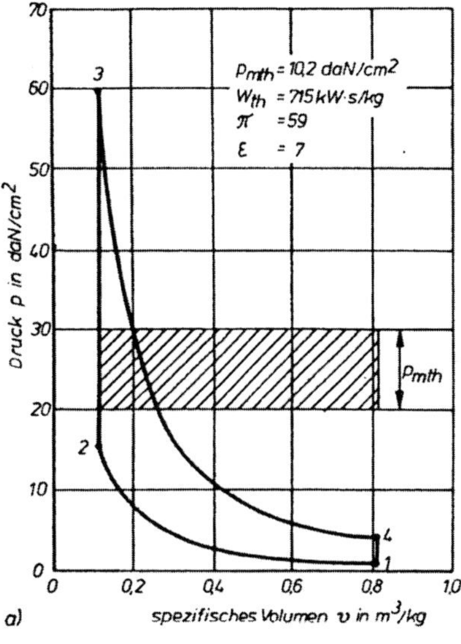

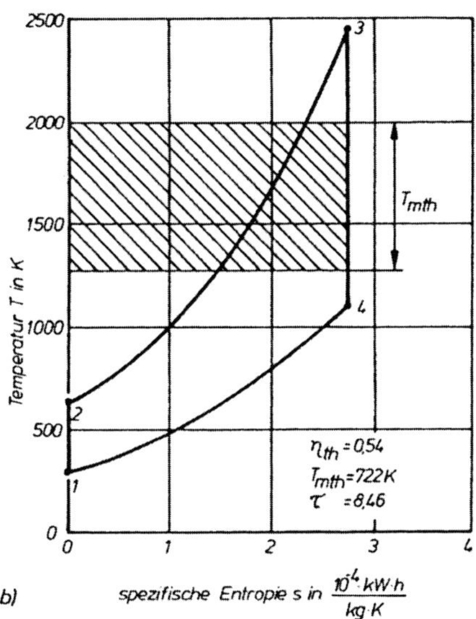

Bild 2/2: OTTO-Prozess a) p-v Diagramm, b) T-s Diagramm

Der *theoretische Mitteldruck* des OTTO-Prozesses kann mit Hilfe dieser Abkürzungen in der folgenden Form geschrieben werden:

$$p_{mth} = \frac{p_1}{\kappa - 1} \cdot \frac{\varepsilon}{\varepsilon - 1} \cdot (y - x) \tag{2/9}$$

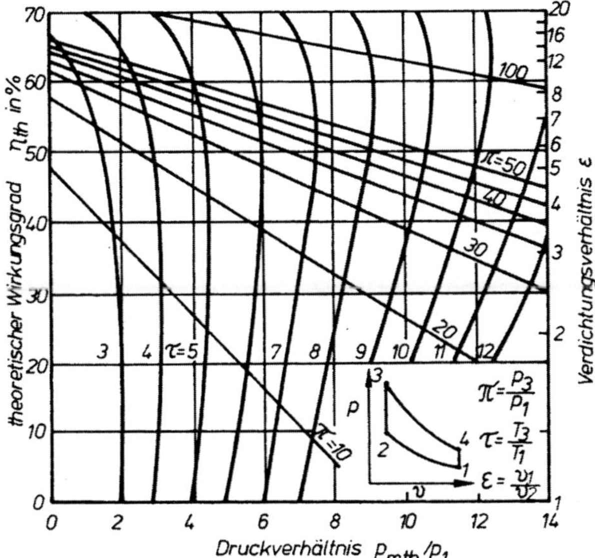

Bild 2/3: Charakteristik des OTTO-Prozesses

Der zweite wichtige Kennwert eines Kreisprozesses ist sein *thermischer oder theoretischer Wirkungsgrad.* Er stellt das Verhältnis von Nutzen und Aufwand dar und gibt den Anteil der mit dem Brennstoff zugeführten Energie an, der bei vorgegebener Prozessführung und vorgegebenen äußeren Bedingungen theoretisch (maximal) in mechanische Arbeit umgewandelt werden kann. Er ist also ein Kennwert der Brennstoffausnutzung.

Theoretischer Wirkungsgrad des OTTO-Prozesses:

$$\eta_{th} = \frac{q_{zu} - |q_{ab}|}{q_{zu}} = \frac{c_v(T_3 - T_2) - c_v(T_4 - T_1)}{c_v(T_3 - T_2)} \tag{2/10}$$

Bild 2/4: Theoretischer Wirkungsgrad des OTTO- und des JOULE-Prozesses für K = l, 4

Nach arithmetischen Umformungen mit den Gl. (2/6), (2/7) und (2/8) erhält man die bekannte Beziehung:

$$\eta_{th} = 1 - \frac{1}{\varepsilon^{\kappa-1}} \tag{2/11}$$

Daraus ergibt sich, dass der *theoretische Wirkungsgrad* des OTTO-Prozesses ausschließlich vom Verdichtungsverhältnis abhängt. Er kann deshalb sehr einfach und anschaulich in einem η_{th} - ε - Koordinatensystem dargestellt werden (Bild 2/4). Durch Ausnutzung des Druckgefälles p_5-p_2 in einer Abgasturbine können Wirkungsgrad und Leistung des Prozesses erhöht werden.

2.3 JOULE-Prozess

2.3.1 Theoretischer und indizierter JOULE-Prozess

Der theoretische JOULE-Prozess (Bild 2/5) dient als Vergleichsprozess für die Beurteilung der Luft- und Brennstoffausnutzung bei Flugzeuggasturbinen.

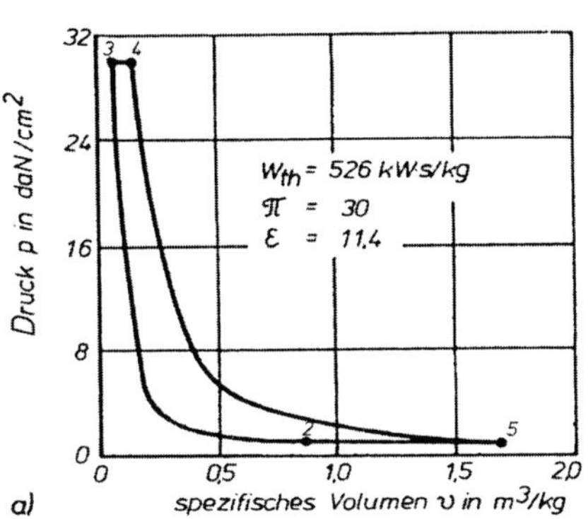

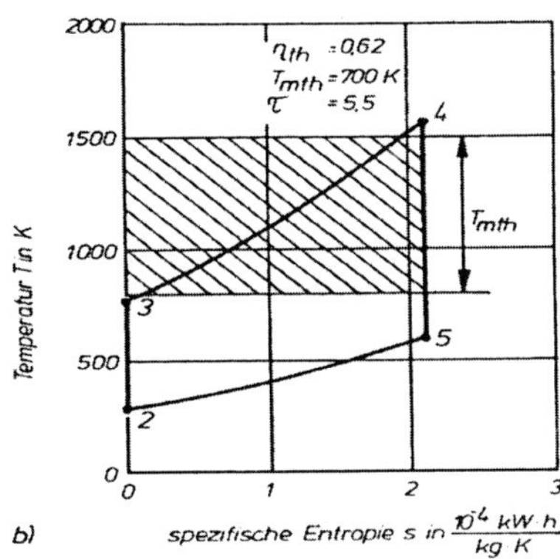

Bild 2/5: JOULE-Prozess a) p-v-Diagramm, b) T-s Diagramm

Der Prozess besteht aus

- *adiabater Verdichtung* der angesaugten Luft von (2) nach (3),
- *isobarer Wärmezufuhr* in der Brennkammer von (3) nach (4),
- *adiabater Expansion* in Turbine und Schubdüse von (4) nach (5) und
- *isobarer Wärmeabfuhr* von (5) nach (2).

Wegen der isobaren Wärmezu- und -abfuhr wird dieser Prozess häufig auch mit *Gleichdruckprozess* bezeichnet.

Die im p-v - Diagramm von dem Linienzug der Zustandsänderungen eingeschlossene Fläche kennzeichnet die pro kg Luft erzeugte Arbeit w bzw. die auf den Luftdurchsatz von 1 kg/s bezogene spezifische Leistung: $P_{\dot{m}th}$

$$w = q_{zu} - |q_{ab}| \tag{2/12}$$

Die theoretische spezifische Arbeit eines modernen Gasturbinentriebwerkes bei hoher Unterschallreisegeschwindigkeit beträgt etwa 60000 daN·m/kg. Dem entspricht eine spezifische Leistung von 600 kW pro kg/s.

Diese Werte sind ein Maß für die Ausnutzung der vom Triebwerk für den heißen Strom benötigten Gesamtluftmasse.

Je höher die Luftausnutzung, um so leichter und kleiner ist das Triebwerk bei einer gegebenen Leistung bzw. bei einem gegebenen Schub.

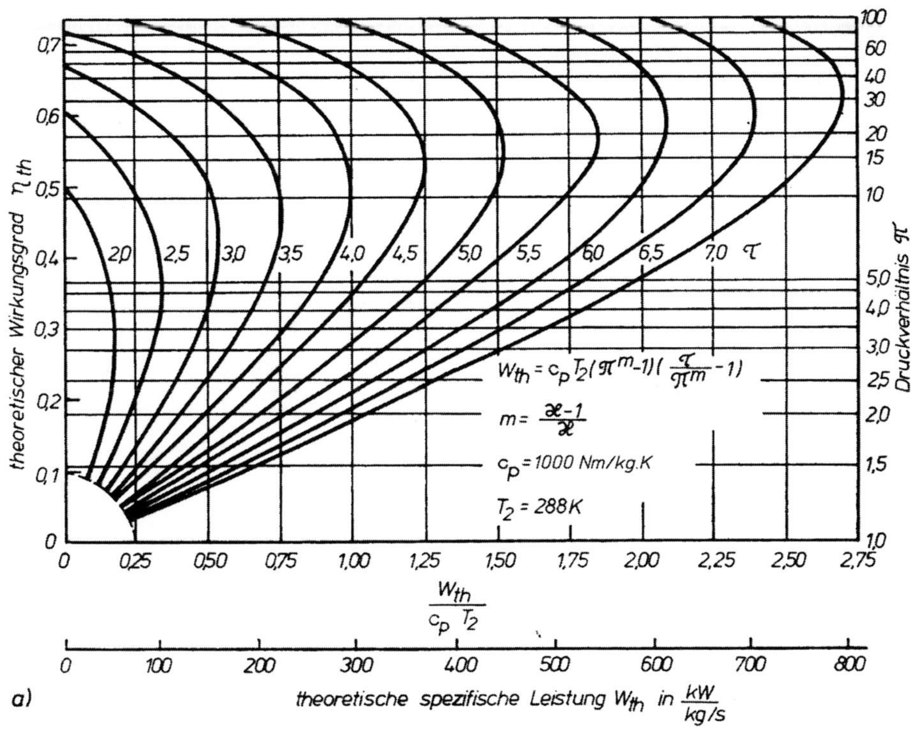

a)

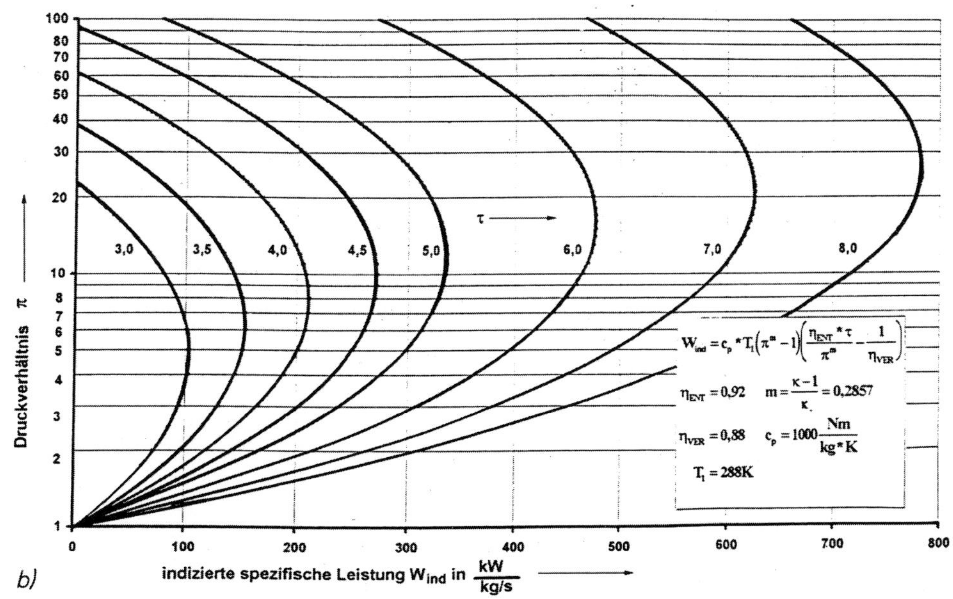

b)

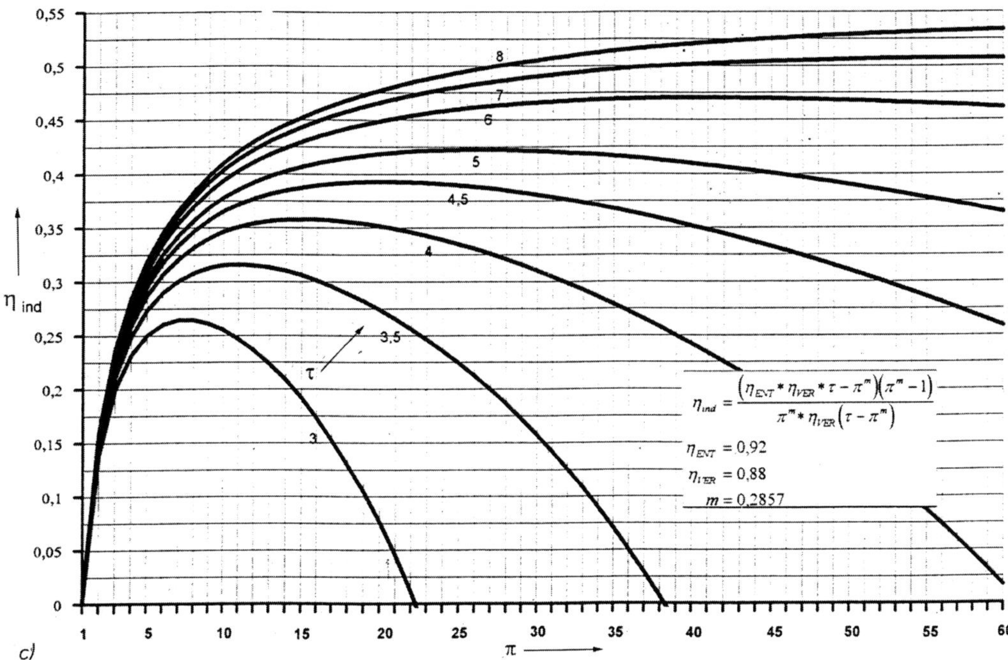

Bild 2/6: Charakteristik des JOULE-Prozesses
a) theoretischer Prozess, b) und c) indizierter Prozess

Zur Umformung der Gl. (2/12) benötigt man die Gl. (2/7) und einige weitere Zusammenhänge:

$$q_{ZU} = c_p\,(T_4 - T_3) \tag{2/13}$$

$$q_{ab} = c_p\,(T_5 - T_2) \tag{2/14}$$

$$R = c_p - c_V \tag{2/15}$$

$$\pi = p_3 / p_2 \tag{2/16}$$

$$\tau = T_4 / T_2 \tag{2/17}$$

Das Ergebnis ist eine Gleichung für die *theoretische spezifische Arbeit des JOULE-Prozesses:*

$$p_{ith} = c_p \cdot T_2 \left(\pi^{\frac{\kappa-1}{\kappa}} - 1 \right) \left(\tau \cdot \pi^{\frac{1-\kappa}{\kappa}} - 1 \right) \tag{2/18}$$

Der *theoretische Wirkungsgrad* des JOULE -Prozesses hat die gleiche Bedeutung und Definition wie beim OTTO-Prozess:

$$\eta_{th} = \frac{q_{zu} - |q_{ab}|}{q_{zu}} = \frac{c_p(T_4 - T_3) - c_p(T_5 - T_2)}{c_p(T_4 - T_3)} \tag{2/19}$$

Gl. (2/19) wird z.B. mit den folgenden Beziehungen arithmetisch umgeformt:

$$T_5/T_2 = T_4/T_3 \tag{2/20}$$

$$T_3/T_2 = T_4/T_5 = \pi^{\frac{(\kappa-1)}{\kappa}} \tag{2/21}$$

Die endgültige Gleichung lautet mit $\frac{\kappa - 1}{\kappa} = m$

$$\eta_{th} = 1 - \frac{1}{\pi^m} \tag{2/22}$$

Gl. (2/22) macht deutlich, dass der *theoretische Wirkungsgrad* des JOULE-Prozesses ausschließlich vom Druckverhältnis abhängt. Er kann deshalb sehr einfach und anschaulich in einem η_{th} - π Koordinatensystem dargestellt werden (Bild 2/4).

Da für den JOULE-Prozess zusätzlich noch die Beziehung $\pi = \varepsilon$ zutrifft, ist die Kurve des theoretischen Wirkungsgrades $n_{th} = f(\varepsilon)$ im Bild 2/4 für den OTTO- und für den JOULE-Prozess gültig.

Dagegen gilt $n_{th} = f(\pi)$ nur für den JOULE-Prozess.

✦ *Diskussion der Kennwerte der Luft- und Brennstoffausnutzung:*

Mit wachsendem Druckverhältnis wird der theoretische Wirkungsgrad des JOULE-Prozesses größer und würde bei $\pi = \infty$ den Wert $\eta_{th} = 1$ erreichen.

Die spezifische Leistung wächst bei vorgegebenem Druckverhältnis mit größer werdendem Temperaturverhältnis ebenfalls und würde bei $\tau = \infty$ den Wert ∞ erreichen.

Anders verhält sich der Einfluss des Druckverhältnisses π auf die spezifische Leistung. Bei vorgegebenem Temperatur-Verhältnis (vorgegebener Turbineneintrittstemperatur) wächst zunächst die spezifische Arbeit mit vergrößertem Druckverhältnis, um dann bei Überschreiten des optimalen Druckverhältnisses wieder kleiner zu werden. Mit wachsendem Temperaturverhältnis steigt auch das optimale Druckverhältnis (Tabelle 2/2).

Unter diesem Gesichtspunkt gibt es für eine vorgegebene maximale Turbineneintrittstemperatur nur ein Druckverhältnis, bei dem die gewünschte Leistung bei kleinstem Luftbedarf realisiert werden kann. Nur dieses Druckverhältnis ermöglicht die geringsten Abmessungen der Maschine und damit auch die geringste Eigenmasse. Damit liegt auch der theoretische Wirkungsgrad fest. Nach diesen Grundsätzen werden Triebwerke für geringe Reichweite (z. B. Kampfjets) konzipiert.

Bei Triebwerken für Flugzeuge mit großer Reichweite spielt der Kennwert der Brennstoffausnutzung, der Wirkungsgrad eine größere Rolle. Es wird ein Druckverhältnis gewählt, das größer als das optimale ist. Damit verschlechtert sich die spezifische Leistung geringfügig, und das Triebwerk wird etwas schwerer. Durch den höheren Wirkungsgrad überwiegt jedoch die Bedeutung der auf längeren Flugstrecken eingesparten Brennstoffmasse.

Tabelle 2/2: Thermodynamische Kennwerte des JOULE-Prozesses für vier Temperaturverhältnisse

τ	T_4	t_4	π_{opt}	η_{th}	$P_{\dot{m}\,th}$ für $T_2 = 288$ K
4	1152 K	879 °C	11,3	0,50	288 kW/kg/s
5	1440 K	1167 °C	16,7	0,55	440 kW/kg/s
6	1728 K	1 455 °C	23,0	0,59	605 kW/kg/s
7	2016 K	1743 °C	30,3	0,64	795 kW/kg/s

Wird bei einem bestimmten Temperaturverhältnis die maximal zulässige Turbineneintrittstemperatur bereits während der Verdichtung erreicht, so ergibt sich für diesen Fall das maximal mögliche Druckverhältnis und damit auch der maximal mögliche theoretische Wirkungsgrad. Praktisch ist dieser Prozess unbrauchbar, da seine spezifische Arbeit und damit auch seine spezifische Leistung zu Null werden (linke Abszisse von Bild 2/6).

Bei Berücksichtigung von Einzelwirkungsgraden, z.B. der Verdichtung und Entspannung, verschlechtern sich die Werte der Luft- und Brennstoffausnutzung, und das optimale Druckverhältnis für ein bestimmtes Temperaturverhältnis wird kleiner (Tabellen 2/2 und 2/3).

✦ *Indizierter Wirkungsgrad:*

$$\eta_{ind} = \frac{\left(\eta_{Ent} \cdot \eta_{Verd} \cdot \tau - \pi^{\frac{(\kappa-1)}{\kappa}}\right) \cdot \left(\pi^{\frac{(\kappa-1)}{\kappa}} - 1\right)}{\pi^{\frac{(\kappa-1)}{\kappa}} \cdot \left[\eta_{Verd} \cdot (\tau - 1) - \left(\pi^{\frac{(\kappa-1)}{\kappa}} - 1\right)\right]} = \frac{\left(\eta_{Ent} \cdot \eta_{Verd} \cdot \tau - \pi^{m}\right)\left(\pi^{m} - 1\right)}{\eta_{Verd} \cdot \pi^{m}\left(\tau - \pi^{m}\right)} \tag{2/23}$$

Das Produkt aus indiziertem und mechanischem Wirkungsgrad ist als *innerer Wirkungsgrad* bekannt.

✦ *Indizierte spezifische Leistung:*

$$p_{\dot{m}\,ind} = c_p \cdot T_2 \cdot \left(\pi^{\frac{(\kappa-1)}{\kappa}} - 1\right) \cdot \left(\eta_{Ent} \cdot \frac{\tau}{\pi^{\frac{(\kappa-1)}{\kappa}}} - \frac{1}{\eta_{Verd}}\right) \tag{2/24}$$

Tabelle 2/3: Indizierte thermodynamische Kennwerte des JOULE-Prozesses für vier Temperaturverhältnisse

τ	π_{opt}	η_{ind}	$P_{\dot{m}\ ind}$
4	6,4	0,29	175 kW/ kg/s
5	9.4	0,35	290 kW/ kg/s
6	12,9	0,40	419 kW/ kg/s
7	20,1	0,45	630 kW/ kg/s

$\eta_{Ent} = 0{,}9$, $\eta_{Verd} = 0{,}8$
$c_p = 1{,}00$ kJ/kg · K, $T_2 = 288$ K

Der thermische Wirkungsgrad des JOULE-Prozesses kann durch die sogenannte *Abgasverwertung* verbessert werden, indem ein Teil der im Abgas enthaltenen Wärme in einem Wärmetauscher an die aus dem Verdichter austretende Luft übertragen wird. Dadurch kann die Brennstoffzufuhr zur Brennkammer um den entsprechenden Betrag verringert werden. Dieses Verfahren ist um so wirkungsvoller, je höher die Turbineneintrittstemperatur und je niedriger das Druckverhältnis ist. Bild 2/7 zeigt die theoretisch für den Wärmetauscher zur Verfügung stehende Temperaturdifferenz ΔT′.

Praktisch nutzbar ist nur die kleinere Temperaturdifferenz ΔT″. Es wird bei großen stationären Anlagen und bei Schiffsanlagen sehr häufig angewendet.

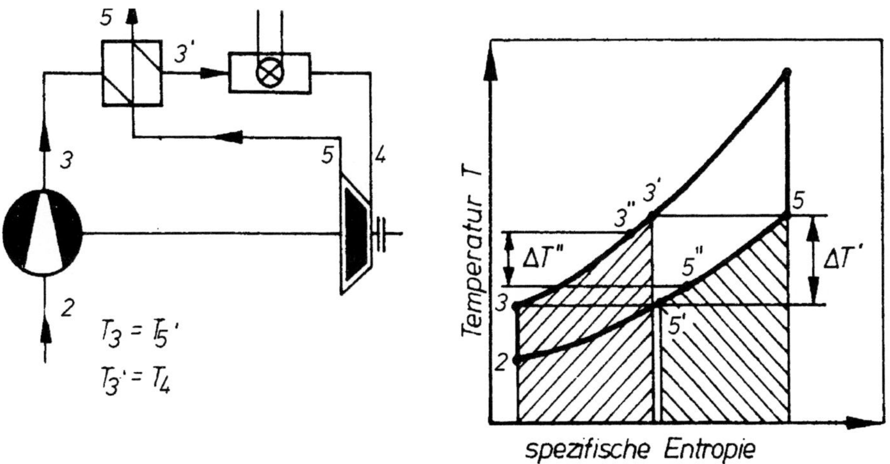

Bild 2/7: Schaltschema und Diagramm eines JOULE-Prozesses mit Wärmerückgewinn

✦ *Theoretischer Wirkungsgrad* dieser Schaltung:

$$\eta'_{th} = \frac{q_{zu} - |q_{ab}|}{q_{zu}} = \frac{c_p(T_4 - T_{3'}) - c_p(T_{5'} - T_2)}{c_p(T_4 - T_{3'})} \qquad (2/25)$$

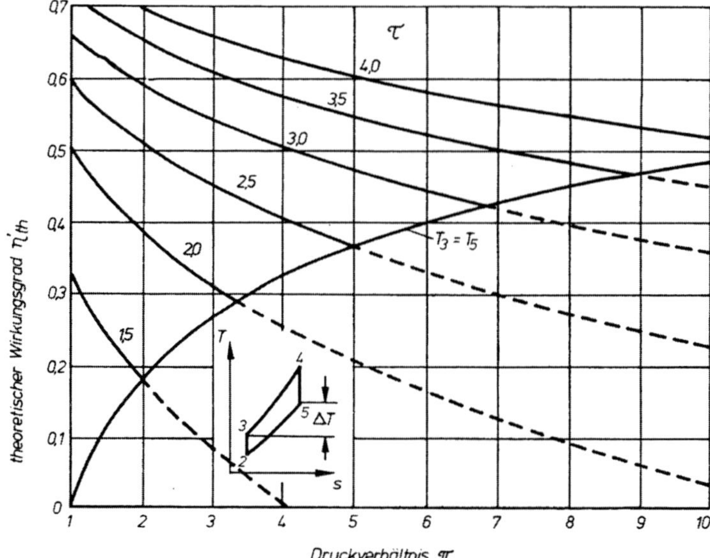

Bild 2/8: Charakteristik des JOULE-Prozesses mit Wärmerückgewinn

Nach Umformungen ist:

$$\eta'_{th} = 1 - \frac{\pi^{\frac{(\kappa-1)}{\kappa}}}{\tau} \qquad (2/26)$$

Auf den theoretischen Kennwert der Luftausnutzung hat der Wärmerückgewinn keinen Einfluss. Praktisch wird aber durch die zusätzlichen Druckverluste die spezifische Leistung geringer. Die Linie $T_3 = T_5$ stellt die Grenzkurve für eine theoretisch sinnvolle Anwendung des Wärmeaustausches dar. Unterhalb der Grenzkurve wäre $T_3 > T_5$. Es würde im Wärmetauscher zu einer technisch sinnlosen Aufheizung des Abgases durch die verdichtete Luft kommen.

Bei Flugzeugtriebwerken sind neue Wärmetauscher-Triebwerkskonzepte, sog. *rekuperative Triebwerke,* in Vorbereitung , mit deren Einsatz etwa ab 2020 zu rechnen ist. Unter der Bezeichnung EULER (European Ultra Low Emission Recuperator-Engine) sind Triebwerke mit einer Zwischenkühlung im Verdichter und einem Wärmetauscher hinter der Niederdruckturbine vorgesehen.

Eine weitere Verbesserung des thermischen Wirkungsgrades kann durch eine zusätzliche Zwischenkühlung der Luft im Verdichter erreicht werden.

Dieses kombinierte System hat erhebliche Vorteile gegenüber dem Kreisprozess nur mit Wärmetauscher, da sich durch die Zwischenkühlung der Leistungsbedarf des Verdichters und die Verdichterendtemperatur verringert.

Eine Zwischenkühlung der verdichteten Luft ist bei bisherigen Flugzeugtriebwerken nicht realisiert worden. Abmessungen und Gewicht sowie eventuelle Zusatzwiderstände bei Luft-Luft-Wärmetauschern waren bisher wegen des hohen Massendurchsatzes und des dabei notwendigen geringen Druckverlustes unvertretbar groß.

Da Zwischenkühler und Abgaswärmetauscher auch zusätzliche Kosten bedeutet, ist die Integration dieser Bauteile eine neue technologische Herausforderung.

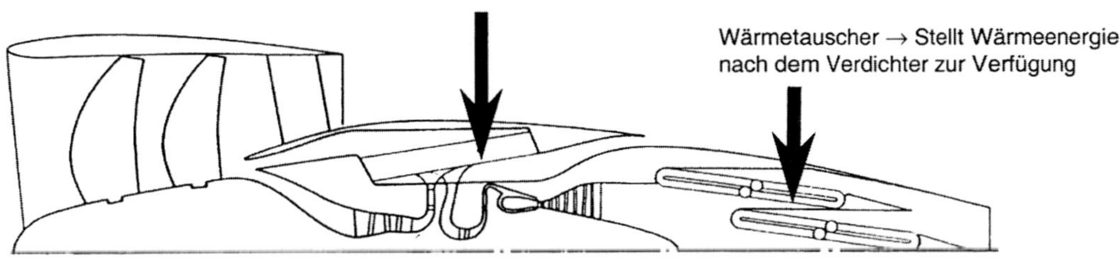

Bild 2/9: Leitkonzept Wärmetauscher-Triebwerk (EULER) nach MTU Aero Engines, München

2.3.2 Gasturbinenprozess mit Nachverbrennung

Von der Enthalpiedifferenz h_4 — h_5 (proportional T_4 — T_5), die vor der Turbine zur Verfügung steht (Bild 2/5), muss ein Betrag h_3 $-h_2$ zum Antrieb des Verdichters verwendet werden. Der verbleibende Rest soll möglichst groß sein Diese restliche Enthalpiedifferenz liefert die eigentliche Nutzleistung

- entweder durch Entspannung in einer weiteren Turbinenstufe, deren Wellenleistung eine Luftschraube antreibt,
- oder durch Beschleunigung der durchgesetzten Gasmasse in der Schubdüse, um eine möglichst große Impulsdifferenz hervorzurufen und einen großen Schub zu erzeugen.

Mit Vergrößerung der Turbineneintrittstemperatur vergrößert sich auch der Enthalpierest, da der Leistungsbedarf des Verdichters davon nicht beeinflusst wird. Der Temperaturerhöhung vor der Turbine sind jedoch durch die hohe mechanische und thermische Beanspruchung des Turbinenmaterials Grenzen gesetzt.

Demgegenüber kann bei Brennstoffzufuhr zwischen Turbine und Schubdüse die Temperatur des Arbeitsgases wesentlich über der Turbineneintrittstemperatur T_4 liegen, weil hinter dieser Stelle keine schnell rotierenden Teile mit dem heißen Gasstrom beaufschlagt werden.

Auf diese Weise ist es möglich durch isobare Wärmezufuhr von (5) nach (6) in der Nachbrennkammer das für die Schubdüse zur Verfügung stehende Enthalpiegefälle erheblich zu vergrößern (Bild 2/10).

Proportional zum Enthalpiegefälle erhöht sich der Schub. Der Wirkungsgrad sinkt jedoch, weil die Verbrennung im Nachbrenner bei sehr geringem Druck abläuft.

Bei ZTL mit Strahlmischung ist die Nachverbrennung eine besonders wirkungsvolle Methode zur Schuberhöhung, weil bei dieser Bauart der Sauerstoffüberschuss vor der Schubdüse größer ist, als bei der Einstrombauart.

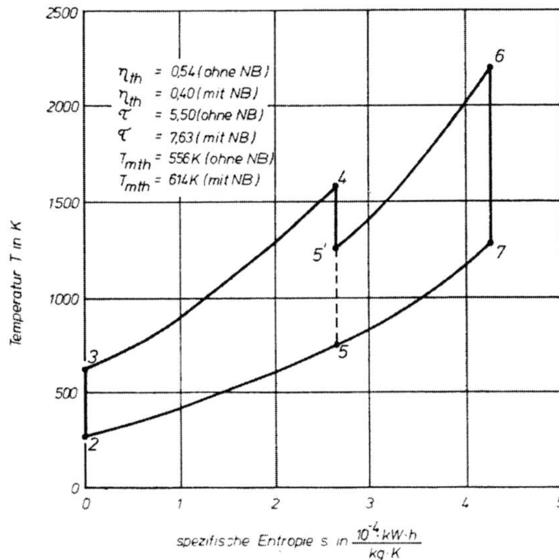

Bild 2/10: *JOULE-Prozess mit Nachverbrennung*

2.3.3 Gasturbinenprozess mit Wasser- oder Wasser-Methanol-Einspritzung

Obwohl bei modernen Triebwerken nicht mehr angewandt, besteht eine Möglichkeit zur kurzzeitigen Schub- bzw. Leistungserhöhung beim Start unter hohen Umgebungstemperaturen und hoch gelegenen Flugplätzen in der Wassereinspritzung bzw. Wasser-Methanol-Einspritzung.

Die Einspritzung kann sowohl am Verdichtereintritt als auch in die Brennkammer erfolgen.

Die am Verdichtereintritt eingespritzte Flüssigkeit verdampft wegen der hohen Temperatur der verdichteten Luft.

Dabei wird der Luft die Wärme entzogen, die zur Erhitzung und Verdampfung der eingespritzten Flüssigkeitsmenge erforderlich ist.

- Durch die Innenkühlung verringert sich der Polytropenexponent der Verdichtung.
- Die Verdichteraustrittstemperatur wird kleiner.
- Der Verdichterenddruck und damit der Eintrittsdruck in die Turbine und die Schubdüse steigen.
- Der Massendurchsatz wächst um den Betrag der eingespritzten Menge.
- Der absolute Schub des Triebwerkes wächst wegen höherer Ausströmgeschwindigkeit und wegen höheren Massendurchsatzes.

Um die Turbineneintrittstemperatur bei Wassereinspritzung zu halten, ist es notwendig, die Brennstoffzufuhr zu vergrößern.

Häufig wird als Kühlflüssigkeit auch ein *Wasser-Methanol-Gemisch* verwendet. In diesem Fall muss die Brennstoffzufuhr zur Brennkammer nicht vergrößert werden, da das Methanol als Energieträger für die Verbrennung in der Brennkammer zur Verfügung steht und damit den Energiebedarf zur Erhitzung und Verdampfung des Wassers deckt.

Bei PTL und ZTL Triebwerken wäre für eine Schuberhöhung von etwa 20 % ein Wasserdurchsatz notwendig, der 2,2 bis 2,4 mal so groß wäre wie der Brennstoffdurchsatz. Das würde z.B. bei einem Flugzeug mit 400 kN Startschub einen Wasserverbrauch von mehr als 5 000 kg pro Start bedeuten.

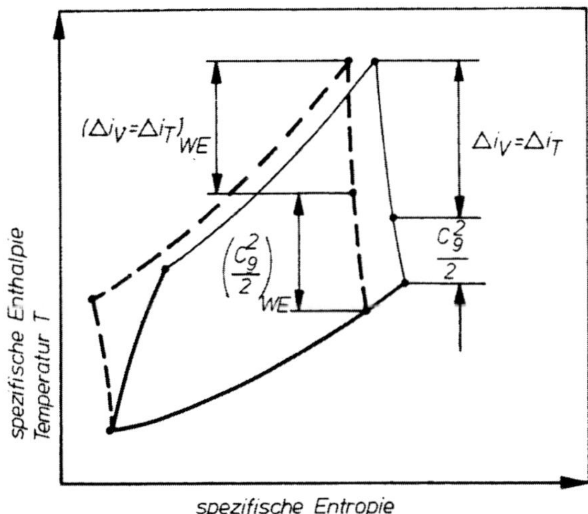

Bild 2/11: Diagramm des JOULE- Prozesses mit Wassereinspritzung in den Verdichter

Die Entnahme von Kabinenluft aus dem Verdichter ist während der Zeit der Einspritzung nicht möglich. Der spezifische Brennstoffverbrauch steigt dabei um weniger als 5 %.

Die Wassereinspritzung in die Brennkammer verursacht durch Verdampfung:

- Druckanstieg und Temperaturabsenkung.
- Der Druckanstieg bewirkt eine Verringerung des Luftdurchsatzes durch den Verdichter, (die unter Umständen zum Pumpen des Verdichters führen kann).
- Vergrößerung des Massendurchsatzes durch Turbine und Schubdüse, verbunden mit einer Vergrößerung der Schubdüsenaustrittsgeschwindigkeit.
- Der größere Massendurchsatz (Einspritzmengen sind wesentlich größer als bei Verdichtereinspritzung) und die größere Schubdüsenaustrittsgeschwindigkeit (größeres Druckverhältnis an der Schubdüse und größere spezifische Wärme des Abgases) führen zur Schuberhöhung des Triebwerkes.
- Vergrößerung des Luftmassendurchsatzes durch mögliche Drehzahlerhöhung

Die Verringerung der Turbineneintrittstemperatur wird durch eine zusätzliche Brennstoffzufuhr oder durch Einspritzung eines *Wasser-Methanol-Gemisches* verhindert. Der Vorteil dieses Verfahrens liegt darin, dass durch die Wassereinspritzung keine Vereisungsgefahr entsteht. Die Nachteile bestehen in dem hohen Wasserverbrauch, der Gefahr der instabilen Arbeit des Verdichters und schließlich im relativ hohen technischen Aufwand.

2.4 Gasdynamische Grundlagen

2.4.1 Gesamtparameter

Bei der Arbeit von Flugzeuggasturbinen spielen *gasdynamische Vorgänge* eine bedeutende Rolle. Unter gasdynamischen Vorgängen versteht man Zustandsänderungen unter wesentlicher Beteiligung der kinetischen Energie.

Um eine einheitliche Vergleichsbasis für die Zustandsgrößen eines strömenden Gases zu erhalten, bestimmt man die Parameter der auf die Geschwindigkeit Null verlustlos abgebremsten Strömung, auch *Gesamtparameter* genannt (jeweils mit* bezeichnet).

Ausgangsbeziehung für diese Betrachtungen ist die Gleichung für die spezifische (auf 1 kg Gasmasse bezogene) *Gesamtenthalpie,* die sich aus der Summe der spezifischen Enthalpie und der spezifischen kinetischen Energie ergibt:

$$h^* = h + c^2/2 \qquad (2/27)$$

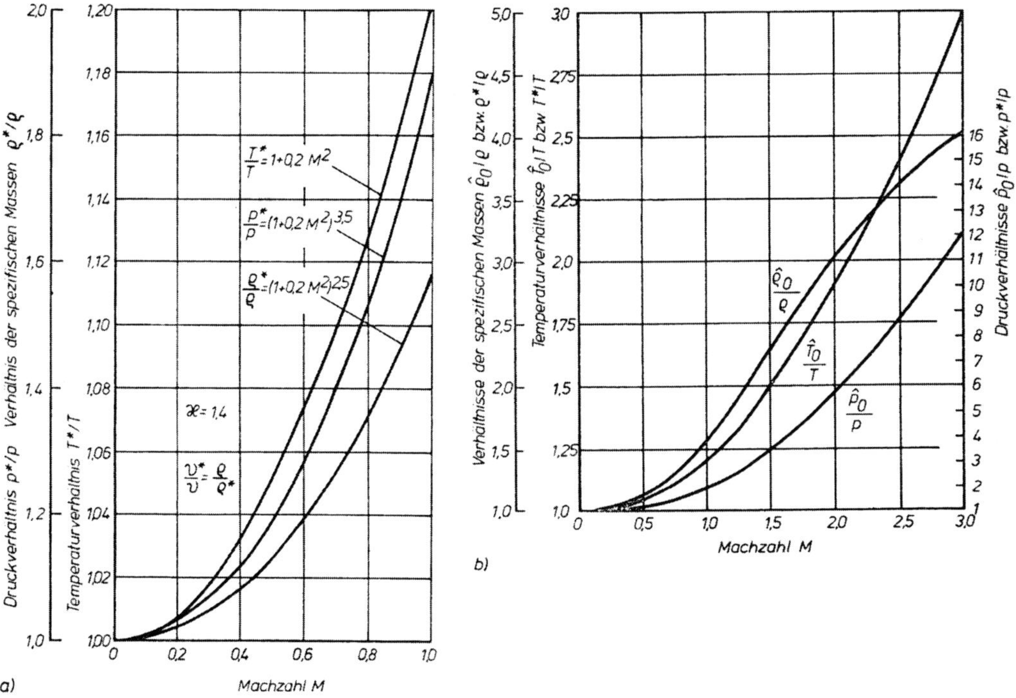

Bild 2/13: Gesamtparameter für vollständige Abbremsung reiner Luft in Abhängigkeit von der Machzahl unter Berücksichtigung der Kompressibilität
a) für den Bereich der Unterschallströmung
b) für Strömungsgeschwindigkeiten, die einer Machzahl zwischen 0 und 3 entsprechen, bei Berücksichtigung der Stoßverluste für einen senkrechten Stoß bei Überschallströmung

Durch die Einführung der thermo- und aerodynamischen Zusammenhänge $h = c_p \cdot T$, $c_p = \frac{\kappa \cdot R}{(\kappa - 1)}$, $a = \sqrt{\kappa \cdot R \cdot T}$ und $M = \frac{c}{a}$ erhält man folgende Beziehungen für die *Gesamttemperatur*:

$$T^* = T + \frac{(\kappa - 1)}{R} \cdot \frac{c^2}{2} \tag{2/28}$$

$$T^* = T\left(1 + \frac{(\kappa - 1)}{2} \cdot \frac{c^2}{a^2}\right) = T\left(1 + \frac{(\kappa - 1)}{2} \cdot M^2\right) \tag{2/29}$$

Das bedeutet z. B., dass in 11 km Höhe die Luft von -56, 5 °C um 35, 1 °C auf -21, 4 °C erwärmt wird, wenn sie beim Auftreffen auf die Tragflügelnase eines mit 955 km/h (M = 0, 9) fliegenden Flugzeuges bis zur Geschwindigkeit Null relativ zum Flugzeug abgebremst wird.

Den *Gesamtdruck* erhält man aus der Beziehung

$$\frac{p^*}{p} = \left(\frac{T^*}{T}\right)^{\frac{\kappa}{(\kappa-1)}}$$ für einen isentropen Vorgang:

$$p^* = p\left(\frac{T^*}{T}\right)^{\frac{\kappa}{(\kappa-1)}} = p\left(1 + \frac{(\kappa - 1)}{2} \cdot M^2\right)^{\frac{\kappa}{(\kappa-1)}} \tag{2/30}$$

In dem vorher genannten Beispiel würde sich der Druck von 226,2 hPa auf 382,5 hPa erhöhen. Die *Dichte* bei vollständiger Abbremsung erhält man aus der allgemeinen Gasgleichung

$p^* = q^* \cdot R \cdot T^*$:

$$\rho^* = \rho\left(1 + \frac{(\kappa - 1)}{2} \cdot M^2\right)^{\frac{1}{\kappa-1}} \tag{2/31}$$

Für das Beispiel (H = 11 km, M = 0,9) würde sich die Dichte der Luft von 0,364 kg/m³ auf 0,53 kg/m³ erhöhen.

Die Gleichungen (2/27) bis (2/29) sind nur anwendbar für M< 1.

Bei Überschallströmungsgeschwindigkeiten ergeben sich je nach den vorhandenen Bedingungen kompliziertere Zusammenhänge. Daher sind die genannten Beziehungen unter Berücksichtigung der Verlustbeiwerte nur für die Vorgänge in Einlaufdiffusoren bei Unterschallgeschwindigkeiten anwendbar.

In der dargestellten Form sind sie streng gültig für eine reibungsfreie, adiabate Strömung ohne Zu-und Abfuhr mechanischer Arbeit.

Es ist für Flugzeuggasturbinen zweckmäßig, zusammen mit der Berechnung von „p-v"- und „T-s"-Diagrammen stets auch die Gesamtparameter zu bestimmen, weil im Vergleich zu

Kolbentriebwerken die Strömungsgeschwindigkeiten relativ hoch sind. Entsprechend den Festlegungen im Kapitel 2.1 sind auch hier analoge dimensionslose Kennwerte π^*, τ^* und ε^* zu bilden.

2.4.2 Düsenströmung

Die Düse, im Zusammenhang mit Strahltriebwerken besser als Schubdüse bezeichnet, wandelt Wärmeenergie in kinetische Energie um, indem sie die durchgesetzte Gasmasse beschleunigt.

Die gasdynamischen Vorgänge in der Schubdüse können mit guter Näherung als adiabat (ohne Wärmezu- und -abfuhr von bzw. nach außen) angesehen werden. Ein Austausch von mechanischer Arbeit erfolgt ebenfalls nicht. Durch die Arbeit des Verdichters und durch die Brennstoffzufuhr werden die Turbinenausgangs-bzw. Schubdüseneingangsparameter p_e^* und T_e^* konstant gehalten.

Aus einer Bilanz der spezifischen Energie am Schubdüsenein- und -austritt erhält man für einen bestimmten Außendruck p_a bzw. für eine bestimmte Austrittstemperatur T_a die theoretische *Düsenaustrittsgeschwindigkeit* c_9.

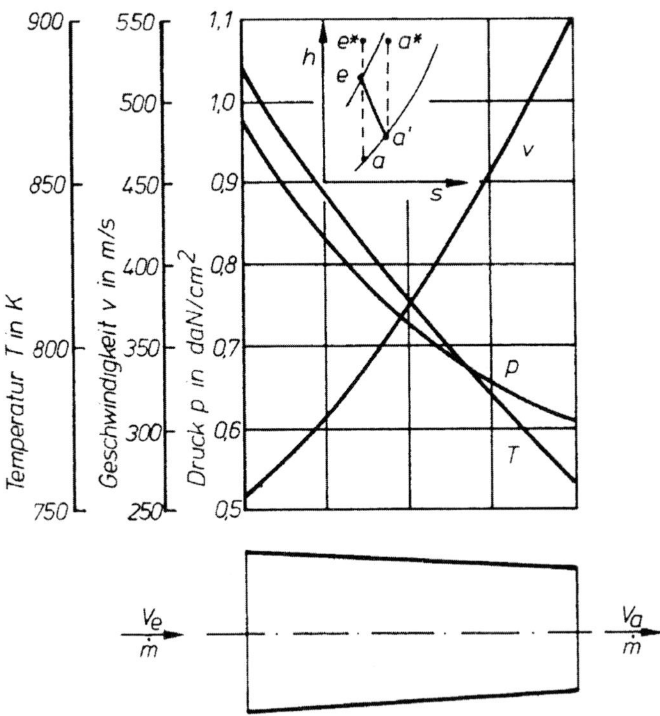

Bild 2/14: Luftparameter eines Entspannungsvorganges in der einfachen Schubdüse

Bei Flugtriebwerken ist es üblich, die Schubdüseneingangswerte durch den Index 5 und die Ausgangswerte durch den Index 9 zu kennzeichnen:

$$h_5^* = h_9 + \frac{c_9^*}{2} \qquad (2/32)$$

$$c_9 = \sqrt{2\left(h_5^* - h_9\right)} = \sqrt{2 \cdot c_p \left(T_5^* - T_9\right)} \tag{2/33}$$

Durch die Einführung der thermodynamischen Zusammenhänge

$$c_p = \frac{\kappa \cdot R}{(\kappa - 1)} \quad \text{und} \quad \frac{T_9}{T_5^*} = \left(\frac{p_9}{p_5^*}\right)^{\frac{\kappa-1}{\kappa}}$$

erhält man nach einigen algebraischen Umformungen die Gleichung von SAINT-VENANT und WANTZEL (1839):

$$c_9 = \sqrt{\frac{2\kappa}{(\kappa - 1)} \cdot R \cdot T_5^* \left[1 - \left(\frac{p_9}{p_5^*}\right)^{\frac{\kappa-1}{\kappa}}\right]} \tag{2/34}$$

Die theoretische Ausströmgeschwindigkeit ergibt sich also als Wurzel aus der doppelten Expansionsarbeit bei adiabater Ausdehnung.

Mit Gl. (2/32) ist der Zusammenhang zwischen den Zustandsgrößen p_5*und T_5*am Schubdüseneingang, dem an der Schubdüse vorhandenen Druckverhältnis p_9 / p_5* sowie den Stoffgrößen κ und R einerseits und der theoretischen Ausströmgeschwindigkeit c_9 andererseits hergestellt.

(Im Gegensatz zu den Kreisprozessen, bei denen das Druckverhältnis stets als P_{max}/P_{min} bezeichnet und damit größer als 1 wird, ist es bei der Betrachtung der Düsenströmung üblich, das Druckverhältnis als Ausgangsdruck zu Eingangsdruck und daher stets kleiner als 1 zu definieren).

In einer sich nur verengenden Schubdüse kann im Austrittsquerschnitt maximal Schallgeschwindigkeit auftreten In diesem Falle ist es üblich, alle Parameter des engsten Querschnittes durch den Zusatz „kritisch' zu kennzeichnen:

$$a_9 = c_{9\,krit} = \sqrt{\kappa \cdot R \cdot T_{9\,krit}} = \sqrt{\frac{2\kappa}{(\kappa - 1)} \cdot R\left(T_5^* - T_{9\,krit}\right)} \tag{2/35}$$

Aus dieser Beziehung erhält man durch algebraische Umformung die kritische Temperatur im Schubdüsenendquerschnitt in Abhängigkeit von der Gesamteintrittstemperatur T_5*und dem Adiabatenexponent κ:

$$T_{9\,krit} = \frac{2}{(\kappa + 1)} \cdot T_5^* \tag{2/36}$$

Die speziellen thermodynamischen Zusammenhänge ergeben weitere benötigte Gleichungen:

$$p_{9\,krit} = \left(\frac{2}{\kappa + 1}\right)^{\frac{\kappa}{\kappa-1}} \cdot p_5^* \tag{2/37}$$

$$\rho_{9\,krit} = \left(\frac{2}{\kappa + 1}\right)^{\frac{1}{\kappa-1}} \cdot \rho_5^* \tag{2/38}$$

$$c_{9\,\text{krit}} = \sqrt{\frac{2\kappa}{\kappa+1} \cdot R \cdot T_5^*} \tag{2/39}$$

Für eine sich nur verengende Schubdüse berechnet man in Meeresspiegelhöhe unter INA-Bedingungen (1013 hPa, 288 K) mit den Düseneintrittsparametern $T_5^* = 1\,000$ K und $p_5^* = 2$ daN/cm² sowie den Stoffwerten für Abgas $\kappa = 1{,}33$ und R = 287 N·m/(kg ·K) folgende Zahlenwerte:

$p_{9\,\text{krit}}$ = 0,54·2 daN/cm² = 1,08 daN/cm² > p_9
$T_{9\,\text{krit}}$ = 0,858·1000 K = 858 K 585 °C
$C_{9\,\text{krit}}$ = $\sqrt{327 \cdot 648 \text{ m}^2/\text{s}^2}$ = 572 m/s

Da $p_{9\,\text{krit}} > P_9$ wird im Endquerschnitt der Schubdüse der Außendruck von p_9 = 1 013 hPa nicht erreicht. Man spricht von einer *unvollständigen Entspannung.*

Für jedes Schubdüsendruckverhältnis $(p_9/p_5^*) > (P_{9\,\text{krit}}/p_5^*) > 0{,}54$ (für κ = 1,33) herrscht im Düsenendquerschnitt Außendruck.

So ergibt sich entsprechend Gl. (2/34) für das Beispiel (p_5^* = 2 daN/cm², T_5^* = 1 000 K) eine theoretische Düsenaustrittsgeschwindigkeit von c_9 = 605 m/s bei vollständiger Entspannung auf 1013 hPa.

Entspannung in ein Vakuum führt zur theoretisch größten Ausströmgeschwindigkeit c_9 = 1521m/s. (Quotient p_9/p_5^* in Gl. (2/34) wird Null).

Eine *unvollständige Entspannung* (Druck im Austrittsquerschnitt ist größer als der Außendruck) ist mit Schubverlusten gegenüber der vollständigen Umwandlung des freien Wärmegefälles in kinetische Energie verbunden.

Bild 2/14 zeigt den Verlauf der Entspannung anhand des h-s-Diagramms und den Verlauf der Luftparameter entlang der Achse von Verbindungsrohr und Schubdüse. Düsen dieser Art finden u. a. Anwendung in den Turbinenleitapparaten.

Steht am Schubdüseneingang ein Enthalpiegefälle zur Verfügung, das bei *vollständiger Entspannung* eine wesentlich höhere Austrittsgeschwindigkeit als die Schallgeschwindigkeit zulässt, so muss die starre konvergente Schubdüse durch eine LAVAL-Düse (mit Erweiterungsteil) ersetzt werden, um das freie Wärmegefälle weitgehend vollständig und verlustarm in kinetische Energie umzusetzen.

Eine derartig optimal angepasste Schubdüse erzielt die theoretische Ausströmgeschwindigkeit von c_9 = 605 m/s.

Eine *LAVAL-Düse* gewährleistet nur dann die optimale Energieumsetzung, wenn die Flächen des engsten und des Austrittsquerschnittes genau auf die Betriebsbedingungen abgestimmt sind. Nur dann können die Strömungsgeschwindigkeiten im engsten Querschnitt stets die Schallgeschwindigkeit und die Drücke im Austrittsquerschnitt stets den Umgebungsdruck erreichen.

Da die Betriebsbedingungen sehr unterschiedlich sind (Flughöhe beeinflusst Außendruck und Eingangstemperatur, Fluggeschwindigkeit beeinflusst Eingangsdruck, Laststufe beeinflusst Eingangstemperatur), müssen LAVAL-Düsen in Flugzeugtriebwerken verstellbar sein.

Verstellmechanismen und komplizierte Regeleinrichtungen rechtfertigen diesen erheblichen Aufwand aber nur bei Triebwerken mit Nachverbrennung für Überschallflug.

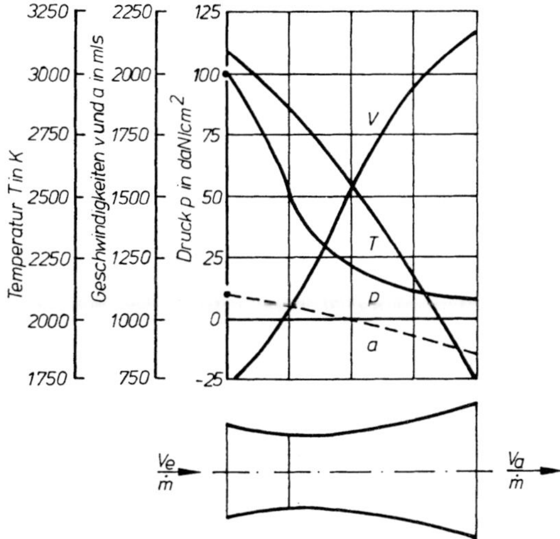

Bild 2/15: Luftparameter eines Entspannungsvorganges in einer optimal angepassten LAVAL-Düse

Wenn bei der Entspannung in einer LAVAL-Düse die Schallgeschwindigkeit im engsten Querschnitt nicht erreicht wird, dann wirkt der sich erweiternde Teil als normaler Diffusor.

Die Strömungsgeschwindigkeit wird entgegen der eigentlichen Aufgabe der Düse wieder verringert. Die erforderliche Querschnittsfläche A für einen bestimmten Massendurchsatz $\dot{m}$ ergibt sich bei Düsenströmungen aus der Kontinuitatsbeziehung $\dot{m} = c \cdot \rho \cdot A$:

$$A = \frac{\dot{m}}{c \cdot \rho} \tag{2/40}$$

Wenn in Gl. (2/40) die Geschwindigkeit c durch Gl. (2/34) und die spezifische Masse durch die allgemeine Gasgleichung $p/\rho = R \cdot T$ ersetzt werden, erhält man den Düsenaustrittsquerschnitt A_9.

$$A_9 = \frac{\dot{m}}{\psi(\pi_{SD})} \cdot \frac{1}{\sqrt{2 \cdot R \cdot T_9}} \tag{2/41}$$

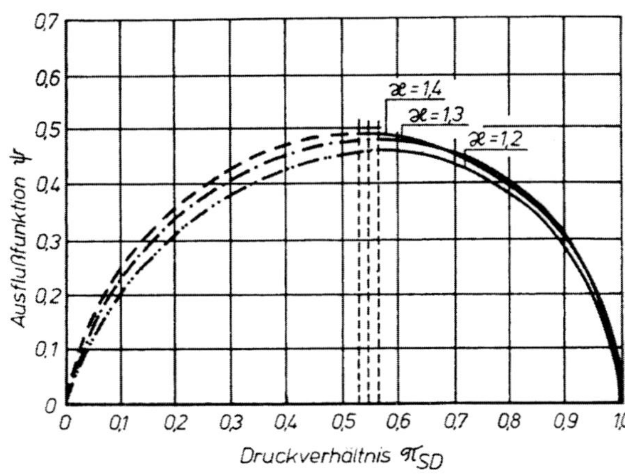

Bild 2/16: Ausflussfunktion einer Schubdüse in Abhängigkeit vom Druckverhältnis

Die gasdynamische Funktion $\psi = f(\pi_{SD}, \kappa) = f\left(\frac{p_9}{p_5^*}, \kappa\right)$ wird *Ausflussfunktion* genannt:

$$\psi = \sqrt{\frac{\kappa}{\kappa - 1}} \cdot \sqrt{\left(\frac{p_9}{p_5^*}\right)^{(2/\kappa)} - \left(\frac{p_9}{p_5^*}\right)^{(\kappa+1)/\kappa}} \tag{2/42}$$

Die Ausflussfunktion erreicht ihr Maximum bei dem für das jeweilige κ gültigen kritischen Druckverhältnis.

2.4.3 Verluste in einfachen Eingangsteilen und Schubdüsen

Die Verdichtungs- und Entspannungsvorgänge in Eingangsteilen und Schubdüsen der Flugzeugtriebwerke sind verlustbehaftet. Der tatsächliche Vorgang verläuft in Richtung wachsender Entropie und weicht von der isentropen Zustandsänderung mehr oder weniger stark ab.

Die Verluste im Eingangsteil werden durch einen Druckverlustbeiwert angegeben. Er stellt das Verhältnis zwischen den Gesamtdrücken am Diffusorausgang und am Diffusoreingang dar.

Weitere *Diffusorkennwerte* sind Wirkungsgrad, Druckverhältnis und Gesamtdruckverhältnis:

Druckverlustbeiwert

$$\xi_D^* = \frac{p_a^*}{p_e^*} \tag{2/43}$$

Wirkungsgrad

$$\eta_D = \frac{h_a - h_e}{h_a' - h_e} \tag{2/44}$$

Druckverhältnis

$$\pi_D = \frac{p_a}{p_e} \tag{2/45}$$

Gesamtdruckverhältnis

$$\pi_D^* = \frac{p_a^*}{p_e} \tag{2/46}$$

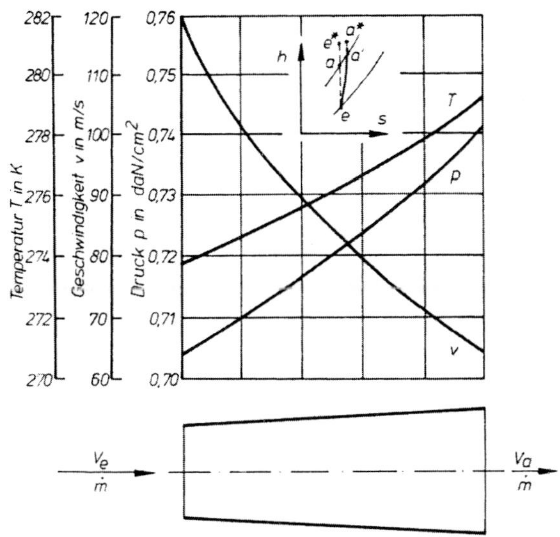

Bild 2/17: *Luftparameter bei Verdichtung in einem Unterschalldiffusor*

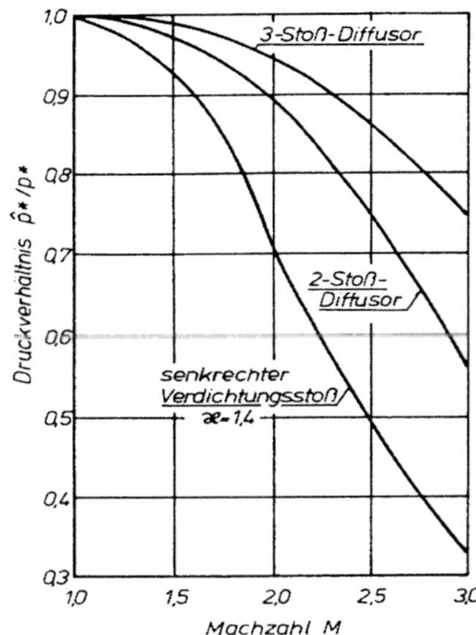

Bild 2/18: *Druckverlustbeiwert für Abbremsung einer Überschallströmung in Abhängigkeit von der Machzahl*

Bei *Überschalldiffusoren* hängen Druckverlustbeiwert und Gesamtdruckverhältnis von der Diffusorkonstruktion, Flugmachzahl und Flughöhe ab.

Wirkungsgrad

$$\eta_{SD} = \frac{h_e^* - h_a'}{h_e^* - h_a} \tag{2/47}$$

Geschwindigkeitsbeiwert

$$\varphi_{SD} = \frac{c_a'}{c_a} = \sqrt{\eta_{SD}} \tag{2/48}$$

Verlustzahl

$$\zeta_{SD} = \frac{h_a' - h_a}{h_e^* - h_a} = 1 - \varphi_{SD}^2 \tag{2/49}$$

Eingangsteile und Schubdüsen sind verhältnismäßig einfache Baugruppen mit relativ hohen Wirkungsgraden. Die genaue Analyse der Arbeitsprozesse erfordert jedoch großen experimentellen und theoretischen Aufwand.

Bedeutung dieser Baugruppen und notwendiger Aufwand für Entwicklung, Konstruktion, Fertigung, Regelung sowie Wartung steigen mit wachsender Fluggeschwindigkeit rasch an.

Flugzeuge die für Überschallgeschwindigkeiten ausgelegt sind, benötigen komplizierte, verstellbare Eingangsteile und Schubdüsen mit aufwendigen Steuerungs- und Sicherheitseinrichtungen.

3 Reduktion von Triebwerkparametern auf andere Umgebungszustände

3.1 Einfluss der Umgebungsluft

Druck, Temperatur und Feuchtigkeit der Umgebungsluft beeinflussen Leistung, Brennstoffverbrauch, Drehzahl, Luftdurchsatz und Abgastemperatur der luftatmenden Triebwerke.

Der Zustand der Umgebungsluft ändert sich mit den geographischen Bedingungen, mit der Tages-und Jahreszeit und besonders mit der Flughöhe.

Um für den Vergleich verschiedener Betriebsbedingungen eine einheitliche Basis zu haben, wurden die Parameter der Atmosphäre in Abhängigkeit von der Höhe in der *Internationalen Normatmosphäre* festgelegt (ISO 2533).

Anfangswerte für die Höhe H = 0 (mittleres Meeresniveau): T_0 = 288,15 K, p_0 = 101,325 kPa, ρ_0 = 1,2250 kg/m³, relative Feuchte φ = 0 %, Sauerstoffgehalt = 20,95 Volumen-%, Schallgeschwindigkeit a_0 = 340,29 m/s.

Von der *NASA* (Glenn Research Center) wurde nach Messungen der Erdatmosphäre z.B. folgendes Modell der Erdatmosphäre erstellt:

Für H < 11 000 m:

$$t_H = 15{,}04 - 0{,}00649 \cdot H$$
$$p_H = 1012{,}9 \cdot ((t_H + 273{,}1)/\,288{,}08)^{5{,}256}$$
$$\rho = p_H / (2{,}869 \cdot (t_H + 273{,}1))$$

Für 11 000 m < H < 25 000 m :

$$t_H = -56{,}46\ °C$$
$$p_H = 22{,}65 \cdot e^{(1{,}73 - 0{,}000157 \cdot H)}$$
$$\rho = p_H / (2{,}869 \cdot (t_H + 273{,}1))$$

H in m, t in °C, p in hPa, ρ in kg/m³.

Die *Triebwerkleistung* steigt beispielsweise,

- wenn die spezifische Verdichtungsarbeit aufgrund fallender Temperatur der Umgebungsluft sinkt oder
- wenn der Luftdurchsatz aufgrund wachsender spezifischer Masse der Umgebungsluft größer wird.

In den Kapiteln 3.2 und 3.3 werden Reduktionsgleichungen angegeben, um Betriebsparameter von beliebigen Prüfstandsbedingungen auf Normalwerte umrechnen zu können oder um die für Normalbedingungen bekannten Werte auf unterschiedliche Flughöhen (für die Geschwindigkeit Null) zu reduzieren.

3.2 Reduktion wichtiger Betriebsgrößen bei Kolbentriebwerken

Die Umrechnung der Betriebskennwerte auf andere Parameter ist bei Kolbentriebwerken schwieriger als bei Gasturbinen. Die Ursache liegt darin, dass nur die indizierte Leistung von der Umgebungsluft beeinflusst wird.

Die Reibungsverluste, die anteilmäßig um ein Vielfaches größer sind als bei Gasturbinentriebwerken, bleiben jedoch nahezu konstant. Die abgegebene Wellenleistung ist die Differenz zwischen indizierter Leistung und Reibleistung.

Da mit wachsender Flughöhe die indizierte Leistung für eine bestimmte Drosselhebelstellung abnimmt, die Reibleistung jedoch etwa konstant bleibt, wird der mechanische Wirkungsgrad mit zunehmender Flughöhe kleiner. Außerdem verringert sich der mechanische Wirkungsgrad mit wachsender Drehzahl.

Es hat sich herausgestellt, dass empirische Beziehungen für bestimmte Triebwerkskategorien diese Verhältnisse oft besser widerspiegeln als der theoretisch gefundene Zusammenhang.

Reduktionsgleichungen für die Leistung P_e:

$$P_e = \frac{p_{e0}}{\eta_{m0}}\left[\frac{\rho}{\rho_0} - (1-\eta_{m0})\right] \tag{3/1}$$

$$P_e = P_{e0}\cdot\frac{p}{p_0}\sqrt{\frac{T_0}{T}} = P_{e0}\cdot\frac{\rho}{\rho_0}\cdot\sqrt{\frac{T}{T_0}} \tag{3/2}$$

$$P_e = P_{e0}\left[\frac{\rho}{\rho_0} - \frac{\left(1-\frac{\rho}{\rho_0}\right)}{7{,}55}\right] \tag{3/3}$$

Neuere Gleichungen zur Reduktion der *Leistung* P_e und des *Brennstoffverbrauches* b_e :

$$P_e = \alpha\cdot P_{e0} \tag{3/4}$$

$$b_e = \beta\cdot b_{e0} \tag{3/5}$$

$$\alpha = K + 0{,}7(K-1)\cdot\left(\frac{1}{\eta_{m0}} - 1\right) \tag{3/6}$$

$$\beta = \frac{K}{\alpha} \tag{3/7}$$

$$K = \left(\frac{T_0}{T}\right)^{0,75}\cdot\frac{p - \varphi\cdot p_D}{p_0 - \varphi_0\cdot p_{D0}} \tag{3/8}$$

Bedeutung der eingeführten Symbole:
p – Außenluftdruck, φ - relative Luftfeuchtigkeit, p_D - Sättigungsdruck des Wasserdampfes

Die Werte für α wurden für bestimmte mechanische Wirkungsgrade η_m und Luftfeuchtigkeit φ in Abhängigkeit von Druck p und Temperatur T tabelliert. Für mechanisch aufgeladene Kolbentriebwerke gelten kompliziertere Zusammenhänge.

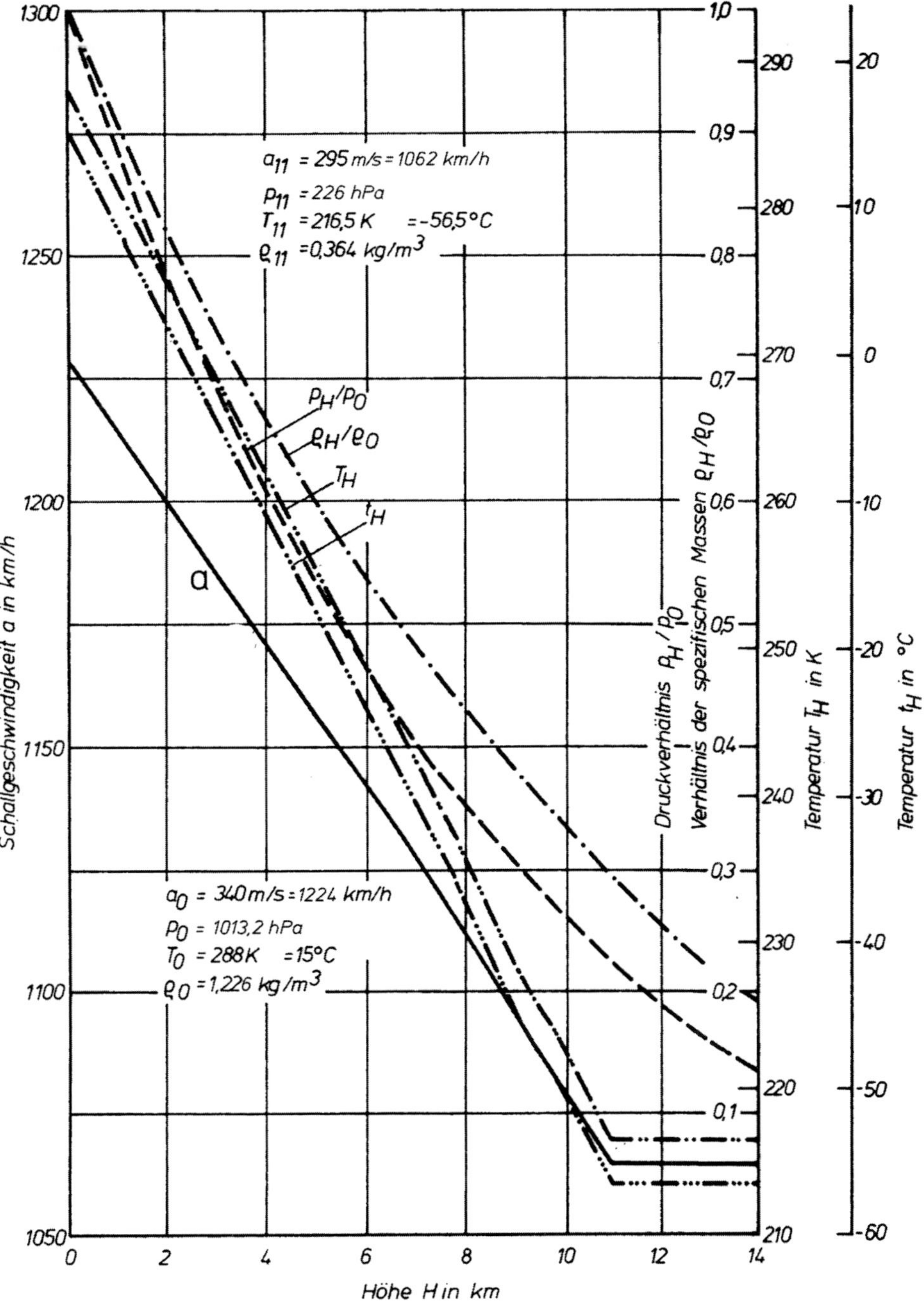

Bild 3/1: Abhängigkeit der Luftparameter von der Höhe (Internationale Normatmosphäre)

3.3 Reduktion wichtiger Betriebsgrößen bei Gasturbinentriebwerken

Bei Gasturbinentriebwerken sind die mechanischen Verluste anteilmäßig wesentlich geringer als bei Kolbentriebwerken. Die Reduktion wichtiger Betriebsgrößen (Drehzahl, Schub, Leistung, spezifischer Brennstoffverbrauch, Abgastemperatur) ist deshalb einfacher.

Schub, Leistung, spezifischer Brennstoffverbrauch und Abgastemperatur werden bei konstanter Brennstoffzufuhr und Schubdüsenstellung außer vom Zustand der Umgebungsluft noch von der Triebwerksdrehzahl und der Flugmachzahl bestimmt.

Eine experimentelle Ermittlung der Kennlinienfelder ist auf Höhenprüfständen auch bei Turbinentriebwerken, obwohl sehr kostspielig wegen des hohen Luftdurchsatzes, möglich. Die notwendigen Regelungs- und Klimatisierungsanlagen derartiger Prüfstände sind außerordentlich aufwendig. Mit Hilfe der geometrischen und dynamischen Ähnlichkeit der Strömung lassen sich aber für Gasturbinen allgemeingültige Umrechnungsgleichungen angeben, von denen die Verhältnisse genügend genau widergespiegelt werden.

Drehzahl

$$n_0 = n \cdot \sqrt{\frac{T_0}{T}} \qquad (3/9)$$

Luftdurchsatz

$$\dot{m}_{L0} = \dot{m}_L \cdot \frac{p_0}{p} \cdot \sqrt{\frac{T}{T_0}} \qquad (3/10)$$

Brennstoffdurchsatz

$$\dot{m}_{B0} = m_B \cdot \frac{p_0}{p} \cdot \sqrt{\frac{T_0}{T}} \qquad (3/11)$$

Abgastemperatur

$$T_{G0} = T_G \frac{T_0}{T} \qquad (3/12)$$

Die bei Ansauglufttemperatur T auf einem Prüfstand gemessene Drehzahl n entspricht der Drehzahl n_0 bei der Temperatur $T_0 = 288$ K für geometrisch ähnliche Strömungszustände an den Schaufelprofilen. Der unter den Ansaugluftbedingungen p und T gemessene Luftdurchsatz $\dot{m}_L$ mit der Drehzahl n entspricht dem Luftdurchsatz $\dot{m}_{L0}$ bei der Drehzahl n und den Ansaugluftparametern p und T. Analoge Betrachtungen gelten für Brennstoffdurchsatz und Abgastemperatur.

Umrechnungsgleichungen für *Turbinenstrahltriebwerke* unter der Bedingung konstanter Schubdüsenaustrittsgeschwindigkeit:

Schub

$$S_0 = S \cdot \frac{p_0}{p} \cdot \sqrt{\frac{T}{T_0}} \qquad (3/13)$$

spezifischer Brennstoffverbrauch

$$b_0 = b \cdot \frac{T_0}{T} \tag{3/14}$$

Umrechnungsgleichungen für *Propellerturbinenstrahltriebwerke:*

Wellenleistung

$$P_{W0} = P_W \cdot \frac{p_0}{p} \cdot \sqrt{\frac{T_0}{T}} \tag{3/15}$$

äquivalente Leistung

$$P_{Wä0} = P_W \cdot \frac{p_0}{p} \cdot \sqrt{\frac{T_0}{T}} + S_R \cdot \frac{p_0}{p} \cdot \sqrt{\frac{T}{T_0}} \cdot \frac{v}{\eta_{LS}} \tag{3/16}$$

äquivalenter spezifischer Brennstoffverbrauch

$$b_{ä0} = \frac{\dot{m}_B}{P_W + \frac{S_R \cdot v}{\eta_{LS}} \cdot \frac{T}{T_0}} \tag{3/17}$$

Mit den Gl. (3/10) bis (3/17) kann man nicht nur Messwerte unter beliebigen Außenbedingungen auf Normbedingungen reduzieren, sondern auch den Druck- und Temperatureinfluss auf die Parameter von Gasturbinentriebwerken innerhalb eines bestimmten Bereiches ermitteln, wenn die Werte für Normbedingungen bekannt sind.

4 Kolbentriebwerke

4.1 Arbeitsweise und Konzeption

Trotz großer Fortschritte im Bau von Gasturbinentriebwerken haben Kolbentriebwerke folgende sichere Anwendungsgebiete:

- kleine Sport- und Reiseflugzeuge der allgemeinen Luftfahrt
- Arbeitsflugzeuge für Landwirtschaft und im Such- und Rettungswesen.

Als Bauarten gibt es Reihen-, Boxer-, V-,W-, X- und Sternanordnung der Zylinder.

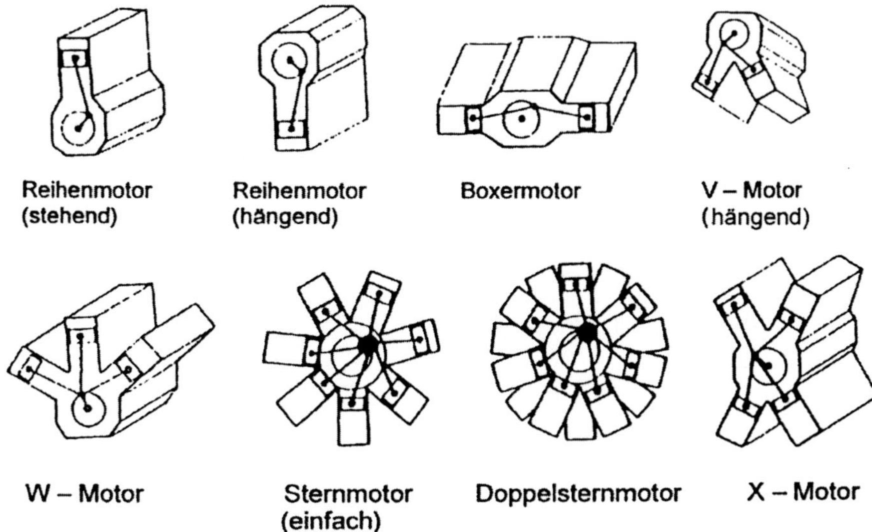

Bild 4/1: *Anordnung der Zylinder*

Die Triebwerke können als Vergasermotoren oder als Einspritzmotoren, auch mit Aufladung, ausgelegt sein. Sehr häufig existieren von einem Baumuster beide Varianten mit entsprechend unterschiedlicher Leistung und unterschiedlichem Brennstoffverbrauch.

Neben dem Hubkolbenmotor werden in geringem Umfang auch Rotationskolbenmotoren, speziell Kreiskolbenmotoren der Bauart WANKEL, im Leichtflugzeugbau verwendet. Die gegenwärtig eingesetzten Kolbentriebwerke arbeiten nach dem OTTO-Prinzip und mit wenigen Ausnahmen nach dem 4-Takt-Verfahren. (Alle Angaben des Kapitels 4 beziehen sich nicht auf die Hochleistungskolbentriebwerke der 40er Jahre des 20.Jh., sondern auf gegenwärtig eingesetzte kleine Triebwerke.)

Der Leistungsbereich derartiger Triebwerke beträgt 80 bis 500 kW (Zylinderzahl zwischen 4 und 9, Zylindervolumen zwischen l und 2 dm^3). Motorsegler haben Leistungen von 20 bis 60 kW.

Für die *Aufladung* werden kleine, von der Kurbelwelle über Zahnräder angetriebene Radialverdichter verwendet, die etwa mit siebenfacher Kurbelwellendrehzahl laufen oder Abgasturbolader verwendet. Die maximalen Ladedrücke liegen meist unter 1360 hPa (40 inch Hg), in Einzelfällen erreichen sie 1650 hPa (48 inch Hg).

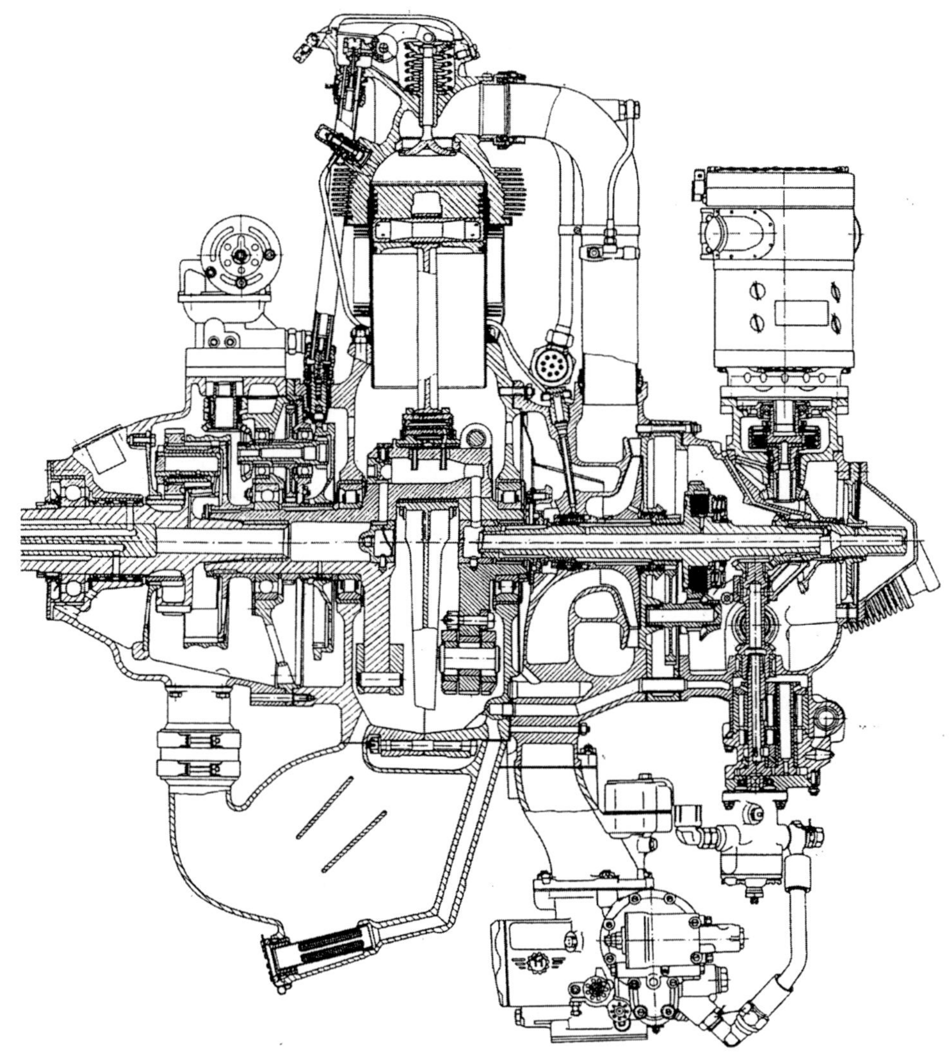

Bild 4/2: Längsschnitt durch den 9-Zylinder-Sternmotor AI-14 RF

Die *Startleistungsdrehzahlen* bewegen sich zwischen 2 200 und 3 200 U/min, in Einzelfällen bis 4 400 U/min.

Verdichtungsverhältnisse werden mit 6 bis 8 und in Einzelfällen bis 9 angegeben. (Das Verdichtunsverhältnis errechnet sich aus Hubraum plus Brennraum geteilt durch den Brennraum).

Der Antrieb der *starren Luftschraube* erfolgt normalerweise direkt und mit Kurbelwellendrehzahl ohne Zwischengetriebe. *Verstellbare Luftschrauben* werden meistens über Zahnräder angetrieben. Die *Übersetzungsverhältnisse* (Drehzahl der treibenden zur Drehzahl der getriebenen Welle) sind i = 1,3-2,0.

Zum *Anlassen* werden meist elektrische oder Druckluftanlasser benutzt. Für die Erzeugung der Zündspannung kommen in der Regel meist zwei unabhängig voneinander arbeitende Zündmagnete in Frage.

Weitere Hilfsaggregate sind:

- Anlassmotor (auch gekoppelt mit Generator),
- Generator
- Kompressor,
- Brennstoff- und Schmierstoffpumpen sowie
- Drehzahlregler bei Verwendung von *Constant-speed*-Luftschrauben.

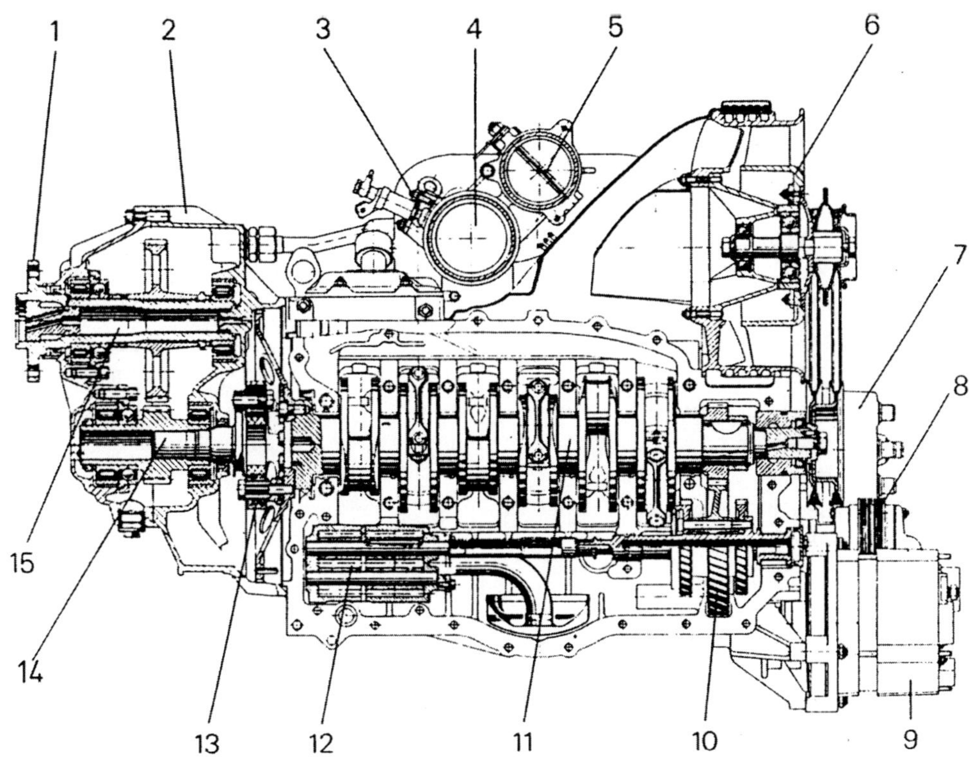

1 = LS-Flansch, 2 = Getriebe, 3 = Kaltstartventil, 4 = Ansaugsystem, 5 = Drosselklappe, 6 = Kühlluftgebläse, 7 = Zündverteiler, 8 = Luftpumpe, 9 = Generator, 10 = Geräteantrieb, 11 = Kurbelwelle, 12 = SS-Pumpe, 13 = Kupplung, 14 = Getriebeeingangswelle, 15 = LS-Welle

Bild 4/3: Schnittbild des Porsche-Flugmotors PFM 3200

4.2 Gehäuseteile

Zu den Gehäuseteilen eines Flugmotors (Bild 4/4) gehören:

- Kurbelgehäuse mit
- Kurbelwellenlagerung
- Schmierstoffsammler und
- Befestigungsflanschen für Hilfsaggregate,
- Arbeitszylinder mit Zylinderköpfen sowie
- Getriebe- und Ladergehäuse.

Während die *Kurbel-, Getriebe- und Ladergehäuse* ausschließlich aus Leichtmetalllegierungen hergestellt sind, werden die Zylinder vorwiegend aus Stahl bzw. Stahlguss und die *Zylinderköpfe* im Gießverfahren aus Leichtmetall gefertigt.

Neben der Forderung nach geringer Eigenmasse wird für das *Kurbelgehäuse* eine besonders hohe Formsteifigkeit mit Rücksicht auf die Kurbelwellenlagerung verlangt, für die man bei Sternmotoren ausschließlich Wälzlager, bei Reihenmotoren Wälz- oder Gleitlager und bei Boxermotoren Gleitlager verwendet.

Es gibt mindestens ein Lager mehr als Kröpfungen der Kurbelwelle vorhanden sind. Derzeit dominieren Gleitlager.

Die *Arbeitszylinder* bei den in Frage kommenden *luftgekühlten* kleinen Triebwerken sind einzelstehend.

Ihre technische und technologische Reife bestimmt zusammen mit der *Kurbelwellenlagerung* die Laufzeit und Zuverlässigkeit des gesamten Triebwerkes.

Ungünstige Schmierungsverhältnisse durch unterschiedliche Temperaturen, Kräfte, Gleitgeschwindigkeiten und Bewegungsrichtungen des Kolbens verschlechtern die Arbeitsbedingungen der Zylinder. Deshalb bildet die *Zylinder-Kolben-Gruppe* die *Hauptverschleißpaarung* eines Kolbentriebwerkes. Die Zylinder sind mit Stiftschrauben auf dem Kurbelgehäuse befestigt.

Der *Zylinderkopf* schließt den Arbeitsraum des Motors ab. Der Zylinderkopf enthält:

- Brennraum, Kanäle für Ansaugluft, Abgas und Kühlluftführungen,
- Ventilführungen,
- zwei Zündkerzen und eventuell
- je ein Einspritzventil oder –düse, Primerdüse und Druckluftventil,
- Anschlussflansche für
  - Ansaug- und Abgasleitungen,
  - Kühlluftleitbleche und
  - Kipphebellagerungen.

Die Befestigung des Zylinderkopfes erfolgt entweder durch Ankerschrauben oder bei Boxer- und Sternmotoren häufig durch eine spezielle Schraubverbindung.

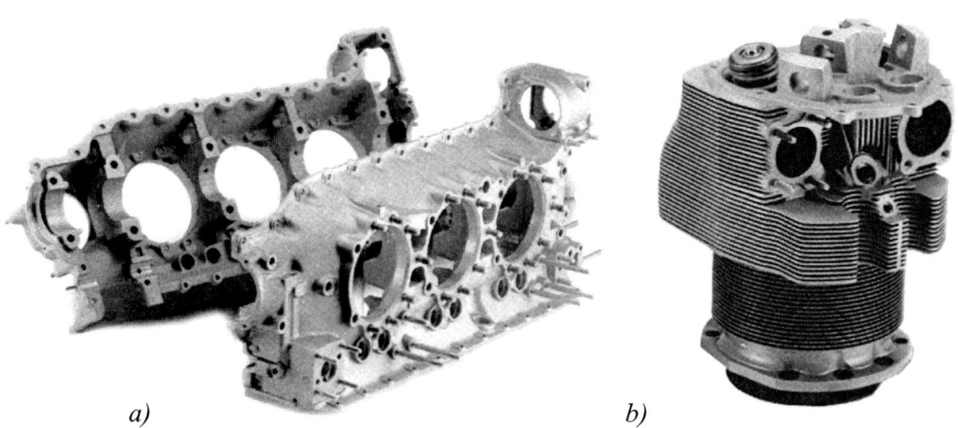

Bild 4/4: Teile eines Flugmotors (Boxer)
a) Kurbelgehäuse
b) Zylinder

Bei kompliziertem Aufbau ist der Zylinderkopf außerordentlich hohen thermischen und mechanischen Beanspruchungen ausgesetzt. Ursachen sind die für eine gute Abdichtung notwendigen Anpresskräfte zwischen Zylinder und Zylinderkopf, die hohen Zünddrucke und die erheblichen Temperaturdifferenzen zwischen Ansaug- und Abgasführung bei unterschiedlichen Laststufen.

Diese Beanspruchungen können durch
- sachgemäße Bedienung (Drehzahl, Belastung und Kühlung) und
- sorgfältige Wartung (korrekte Zünd-, Gemischbildner- und Steuerungseinstellung) wesentlich beeinflusst werden

4.3 Kurbeltriebwerk

Bestandteile des Kurbeltriebwerkes sind
- Kurbelwelle,
- Pleuelstangen und
- Kolben.

Sie haben die Aufgabe, hin- und hergehende Bewegungen und Kräfte der Kolben in eine Drehbewegung und ein Drehmoment umzuwandeln. Drehbewegungen und Drehmomente lassen sich einfacher übertragen und umformen als geradlinige Bewegungen und Kräfte.
Das Kurbeltriebwerk ist außerordentlich hohen mechanischen (insbesondere dynamischen) Beanspruchungen ausgesetzt.

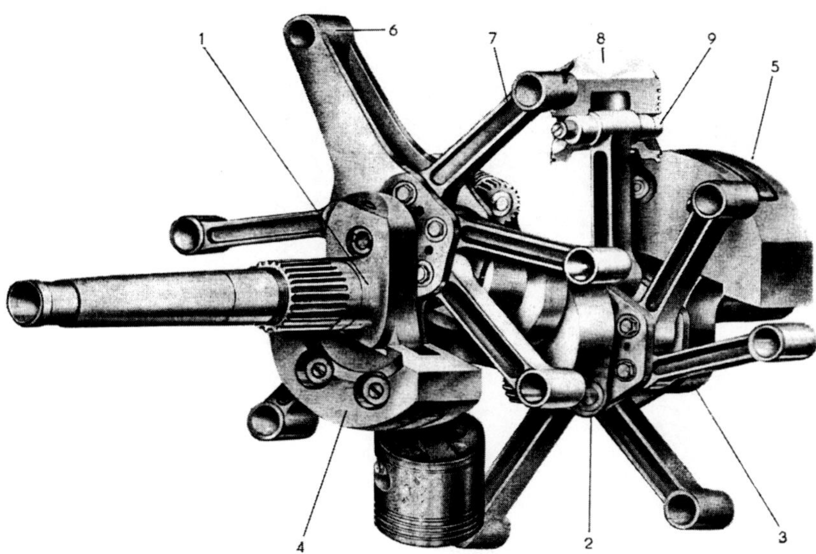

1 = Kurbelwellenvorderteil, 2 = Kurbelwellenmittelteil, 3 = Kurbelwellenhinterteil, 4 = vordere Ausgleichsmasse, 5 = hintere Ausgleichsmasse, 6 = Hauptpleuel, 7 = Nebenpleuel, 8 = Kolben, 9 = Kolbenbolzen

Bild 4/5: Kurbeltriebwerk eines 14-Zylinder-Doppelsternmotors

4.3.1 Kolben

Der *Kolben* gehört zu den höchstbeanspruchten Bauteilen des Verbrennungsmotors. Er ist mechanischen, thermischen und korrosiven Beanspruchungen gleichzeitig ausgesetzt.

Durch die Gaskräfte bei einem Zünddruck 50 daN/cm^2 wird jeder Kolben z.B. eines Triebwerkes pro Arbeitsspiel mit 4320 daN und einer kurzzeitig wirkenden Temperatur von ungefähr 2 000 °C belastet.

Zusätzlich bewirkt die Startleistungsdrehzahl = 2 750 U/min im äußeren Totpunkt eine Beschleunigung von 6225 m/s^2 (635fache Erdbeschleunigung).

Im Verlaufe von 500 Stunden Betriebszeit ergeben sich durch die Gaskräfte bei Zünddruck etwa $40 \cdot 10^6$ Belastungen für jeden Kolben.

Bei Konstruktion und Fertigung des Kolbens sind besonders die Probleme, Festigkeit, Wärmeleitung, Wärmedehnung, Verschleißverhalten und Schmierung zu beachten.

Flugmotorkolben werden aus speziellen Leichtmetalllegierungen im Druckgussverfahren gefertigt und anschließend besonderen Wärmebehandlungs- und Fertigungsmethoden unterworfen.

Zum Kolben gehören:

- Kolbenbolzen und
- Kolbenringe.

Bild 4/6: Flugmotorkolben

Der *Kolbenbolzen* stellt die bewegliche Verbindung zwischen Kolben und Pleuelstange her. Er ist aus hochwertigem einsatzgehärtetem Stahl hergestellt und im Pleuelauge in einem Nadellager oder einer Bronzebuchse gelagert.

Kolbenringe werden unterteilt in Verdichtungsringe und Ölabstreifringe oder Schmierstoffringe.

Flugmotorenkolben besitzen meist 3 Verdichtungs- und 1 bis 2 Ölabstreifringe. Die Verdichtungsringe dienen zur Abdichtung des Arbeitsraums. Ihre Anpresskraft wird beim Arbeits- und Verdichtungstakt durch den Gasdruck erhöht.

Die Ölabstreifringe sorgen für den richtigen Schmierstofffilm auf der Zylinderlauffläche. Sie verhindern, dass übermäßig viel Schmierstoff in den Verbrennungsraum gelangt.

Wenn bei der Montage die Ölabstreifringe falsch eingebaut werden, so dass sie das Schmieröl zum Zylinderkopf befördern, wo es verbrennt, kann der Ölverbrauch des Triebwerkes das 5fache des normalen Wertes betragen.

Alle Kolbenringe übertragen die Wärme vom Kolben an die Zylinderwand. Ein festgebrannter, gebrochener oder fehlender Kolbenring kann demzufolge die Ursache für Überhitzung des Kolbens und nachfolgende Zerstörung sein.

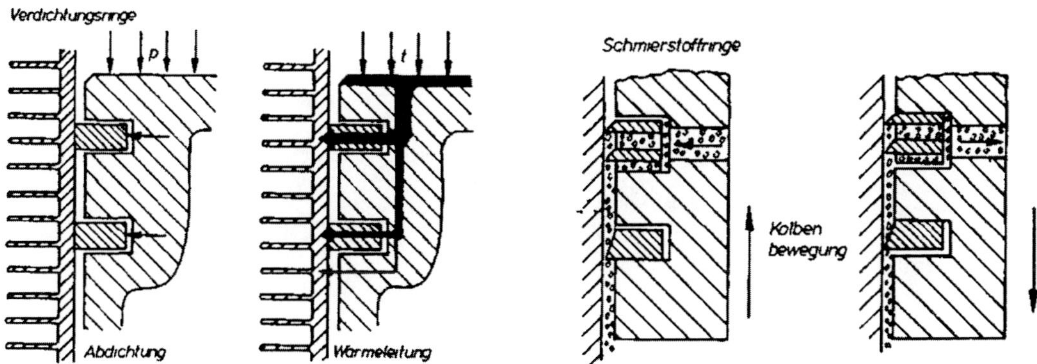

Bild 4/7: *Funktionsweise der Kolbenringe*

4.3.2 Pleuel

Die *Pleuelstange*, auch Pleuel genannt, ist das Verbindungselement zwischen Kolben und Kurbelwelle. Die Pleuelstangen von Flugmotoren besitzen ein allseitig bearbeitetes Doppel-T-Profil. Sie sind entweder aus Leichtmetalllegierungen oder aus Stahl im Schmiede- oder Pressverfahren hergestellt.

Eine wichtige konstruktive Kenngröße ist das *Pleuelstangenverhältnis* λ, der Quotient aus Kurbelradius und Pleuellänge. Dieses Verhältnis bestimmt unter anderem die Bauhöhe eines Triebwerkes und ist bei Flugmotoren im Vergleich zu anderen Kolbenmotoren relativ groß.

Hauptpleuel: λ = 0,25 - 0,28 (Sternmotoren), λ = 0,30 - 0,32 (Reihenmotoren)
Nebenpleuel: λ = 0,30 - 0,35 (Stern- und V-Motoren)

Bei *Sternmotoren* ist zwischen Haupt- und Nebenpleuel zu unterscheiden. Jeder Stern enthält ein Hauptpleuel, das auf dem Kurbelzapfen gelagert ist. Die übrigen Nebenpleuel sind am Hauptpleuel angelenkt. (Bild 4/5).

Durch die unterschiedlichen Anlenkwinkel der Nebenpleuel und durch die unterschiedliche Länge zwischen Haupt- und Nebenpleuel ergeben sich geringfügige unterschiedliche Bewegungsgesetze, Hubvolumen, Totpunktlagen und Verdichtungsverhältnisse für die einzelnen Kolben bzw. Zylinder.

Für Pleuelkopf und Pleuelfuß werden Gleit- oder Wälzlager verwendet. Die Gleitlagerung ist weiter verbreitet.

Die Schmierung im Pleuelfuß erfolgt mit Drucköl von der Kurbelwelle und im Pleuelkopf durch Spritzöl oder bei sehr hoch belasteter Lagerung ebenfalls durch Drucköl über eine Längsbohrung vom Pleuelfuß.

4.3.3 Kurbelwelle

Die *Kurbelwelle* ist das Endglied der Getriebekette zur Umwandlung der hin- und hergehenden Bewegung der Kolben in eine Drehbewegung. Die im Zylinder erzeugten Gaskräfte überlagern sich mit den Massenkräften und werden über die Pleuel auf die Kurbelwelle übertragen.

Bild 4/8 Kurbelwelle eines 4-Zylinder-Boxermotors

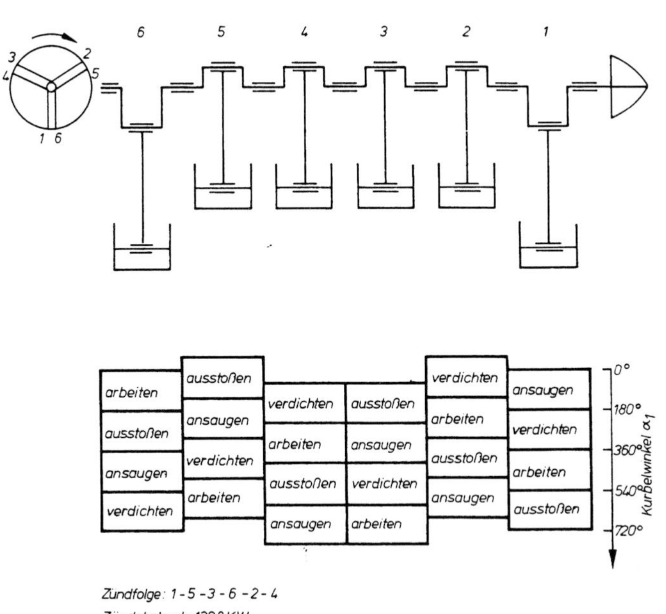

Bild 4/9: Kurbelwelle und Arbeitsfolge eines 6-Zylinder -Reihenmotors

Es ergeben sich hohe, komplizierte Biege- und Torsionsbeanspruchungen. Bei *kritischen Drehzahlen* kommt eine Schwingungsbelastung hinzu, die um das 10fache größer sein kann als die Belastung durch Gas- und Massenkräfte. Um derartige Beanspruchungen zu vermeiden, ist die Einhaltung der in den Betriebsvorschriften festgelegten Drehzahlen unbedingt erforderlich.

Jede Kurbelwelle hat je nach Zylinderanordnung, Zylinderzahl und Arbeitsverfahren des Triebwerkes eine ganz bestimmte Form. Die Kurbelversetzungen werden so gewählt, dass der Drehwinkel der Kurbelwelle zwischen zwei Zündungen stets gleich ist, damit der Motor einen möglichst gleichmäßigen Lauf hat. In Verbindung mit der Kurbelversetzung und der Reihenfolge der Ventilbetätigungen ist die Zündfolge des Motors unveränderlich festgelegt.

Aus Gründen der Gewichtsersparnis sind Kurbel- und Wellenzapfen hohlgebohrt. Sie werden sorgfältig ausgewuchtet und erfahren eine besondere Oberflächen und Wärmebehandlung. Kurbelwellen der Sternmotoren bestehen aus zusammengebauten Einzelteilen.

4.3.4 Kinematik des Kurbeltriebes

Unter Kinematik des Kurbeltriebs versteht man die Ermittlung und Darstellung von

- *Kolbenweg*,
- *Kolbengeschwindigkeit* und
- *Kolbenbeschleunigung* als Funktion des Kurbelwinkels.

Bei einem zentrischen Kurbeltriebwerk schneiden sich Kurbelwellen- und Zylinderachse. Exzentrische Kurbeltriebwerke und Nebenpleuelanlenkungen ergeben kompliziertere Bewegungsgesetze.

Kolbenweg-, Kolbengeschwindigkeit-und Kolbenbeschleunigungsverlauf werden benötigt zur:

- Überprüfung der Kolbenstellung in der Nähe des äußeren Totpunktes, um Kollisionen mit den Ventilen zu vermeiden,
- Bestimmung der momentanen Gasgeschwindigkeiten in den Ansaugorganen,
- Bestimmung des Massenkraftverlaufes an den oszillierenden Teilen für die Untersuchung der Materialbeanspruchung und des Massen-und Momentenausgleiches.

Als *Nullpunkt für den Kurbelwinkel* wird einheitlich die ä. T.-Stellung (gestreckte Lage des Kurbeltriebwerkes) bei Ansaugbeginn festgelegt. Man kann den Kolbenweg s als Funktion vom Kurbelwinkel α und vom Schubstangenwinkel β aufschreiben:

$$s = r\,(1 - \cos\alpha) + \ell\,(1 - \cos\beta) \qquad (4/1)$$

Durch Substitution des Schubstangenverhältnisses A = r/ℓ, des Sinussatzes $\sin\beta = \lambda \cdot \sin\alpha$, des Pythagorassatzes $\cos\beta = 1 - \lambda^2 \cdot \sin^2\alpha$ erhält man eine in der Praxis gut anwendbare Beziehung für den *Kolbenweg* s in Abhängigkeit vom Kurbelwinkel α:

$$s = \left[(1 - \cos\alpha) + \frac{\lambda}{4}(1 - \cos 2\alpha)\right] \qquad (4/2)$$

Die *Kolbengeschwindigkeit* $\dot{s} = f(\alpha)$ erhält man aus $(ds/d\alpha) \cdot (d\alpha/dt)$. Wegen $\alpha = \omega \cdot t$ ist $d\alpha/dt = \omega$.

$$\dot{s} = r \cdot \omega\left(\sin\alpha + \frac{\lambda}{2} \cdot \sin 2\alpha\right) \qquad (4/3)$$

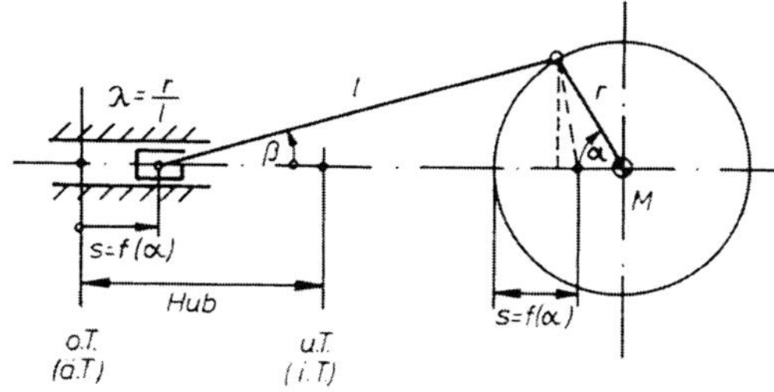

Bild 4/10: *Schema eines zentrischen Kolbentriebes*

Die *Kolbenbe*schleunigung $\ddot{s} = f(\alpha)$ ist das Ergebnis einer nochmaligen Differentiation $(d\dot{s}/dt) \cdot (d\alpha / dt)$:

$$\ddot{s} = r \cdot \omega^2 \cdot (\cos\alpha + \lambda \cdot \cos 2\alpha) \qquad (4/4)$$

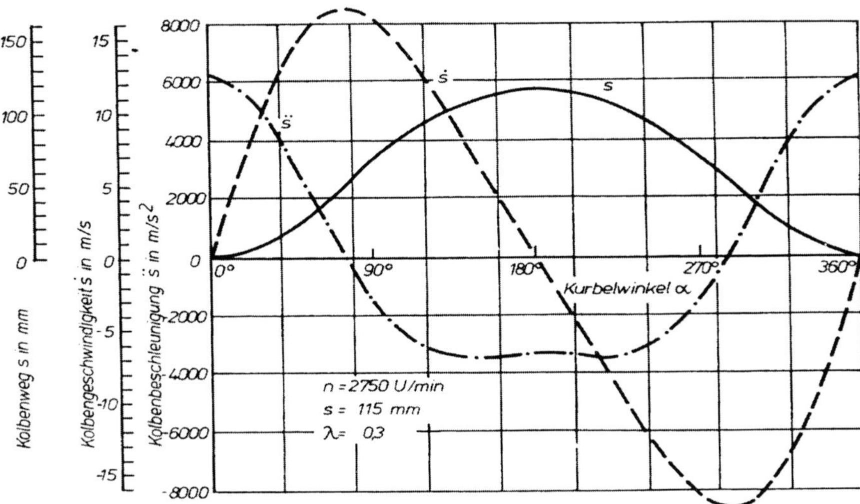

Bild 4/11: *Kinematische Größen des Kolbens in einem 6-Zylinder-Reihenmotor bei Startleistungsdrehzahl*

Die Gleichungen (4/2) bis (4/4) sind Näherungsgleichungen, deren Resultate mit wachsendem Schubstangenverhältnis ungenauer werden. Für die hier in Frage kommenden maximalen Schubstangenverhältnisse $\gamma = 0{,}35$ ist die Abweichung gegenüber dem korrekten Wert kleiner als 1 %. Zur Ermittlung dieser kinematischen Größen gibt es außerdem verschiedene grafische Verfahren.

Bemerkenswert ist, dass die Kolbenbeschleunigung wegen des endlichen Schubstangenverhältnisses im inneren Totpunkt wesentlich kleiner bleibt als im äußeren Totpunkt.

4.3.5 Kräfte am Kurbeltrieb

Die am Kurbeltriebwerk (Kolben, Pleuel und Kurbelwelle) angreifenden Kräfte entstehen aus

- Gasdruck im Arbeitszylinder und
- Massenkräften infolge von
  - Geschwindigkeitsänderungen (am Kolben) oder
  - Richtungsänderungen am Kurbelzapfen (Zentrifugalkräfte).

Diese Kräfte überlagern sich und rufen in den verschiedenen Bauteilen unterschiedliche Wirkungen hervor. Sie sind alle in Größe und Richtung vom Kurbelwinkel α abhängig. Von besonderer Bedeutung sind:

- Normalkraft auf die Zylinderwand (beeinflusst den Zylinderverschleiß wesentlich),
- Massenkraft am Kolben (bestimmt die Gleichförmigkeit des Triebwerklaufes),
- Tangentialkraft am Kurbelzapfen (Einzelharmonische wirken als Drehschwingungserregung des Systems Kurbelwelle — Luftschraube),
- Summe aller am Kurbelzapfen angreifenden Kräfte (bestimmen die Pleuel- und KW-Lagerbelastung).

Da die Gaskräfte bei 4-Takt-Motoren mit zwei Kurbelwellenumdrehungen bzw. 4 π oder 720° periodisch sind, die Massenkräfte jedoch stets mit 2 π oder 360°, ist es zweckmäßig, beide getrennt zu behandeln.

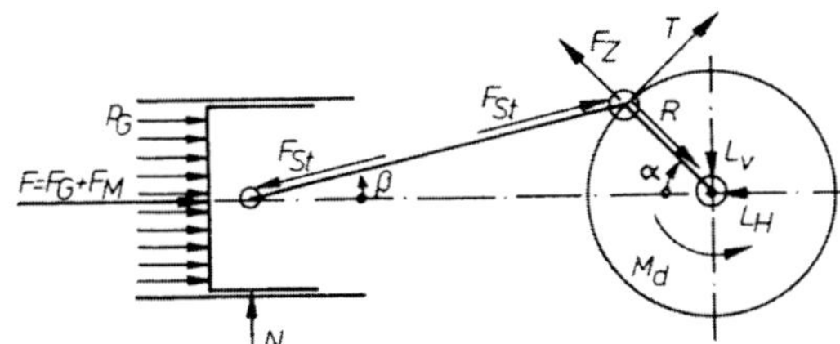

Bild 4/12: Kräfte am Kurbeltriebwerk eines 1-Zylinder-Motors

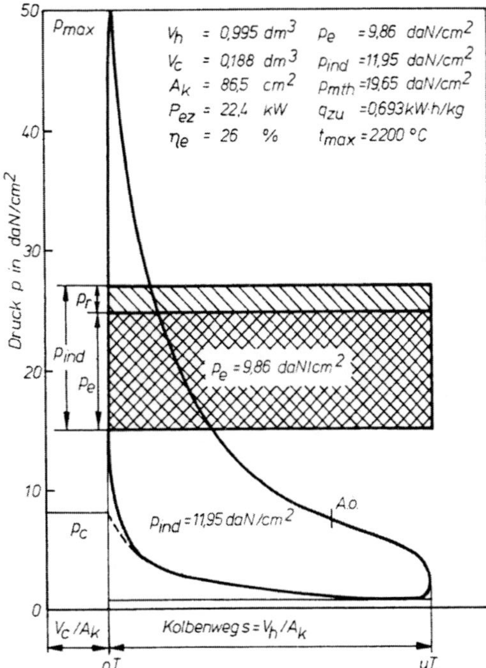

Bild 4/13: Indikator- oder Gaskraftdiagramm eines nicht aufgeladenen Flugmotors

Aus dem Indikator- oder Gasdruckdiagramm (Bild 4/13) erhält man den *Gaskraftverlauf am Kolben* in Abhängigkeit vom Kurbelwinkel im allgemeinen für den Betriebszustand „Höchstleistung“:

$$F_G = p_G \cdot A_K \tag{4/5}$$

Damit ist es möglich, den für die Drehschwingungserregung und für den Drehmomentverlauf wichtigen *Tangentialkraftverlauf* der Gaskräfte zu ermitteln:

$$T_G = \frac{F_G \cdot \sin(\alpha + \beta)}{\cos\beta} \tag{4/6}$$

4.3.6 Ausgleich von Massenkräften und -momenten

In jeder Maschine mit oszillierenden oder rotierenden Teilen treten Trägheitskräfte auf, die den beschleunigten Massen und der Beschleunigung proportional sind. Sie werden im Gegensatz zu den Gaskräften, die als innere Kräfte anzusehen sind, nach außen wirksam. Es handelt sich um periodische Kräfte, die von der Triebwerkaufhängung auf Rumpf, Tragflügel und Leitwerk übertragen werden und bei bestimmten Drehzahlen zu unerwünschten und unangenehmen Schwingungen führen.

Sie können die Flugsicherheit gefährden und den Verschleiß sowie die Betriebssicherheit von Instrumenten und Ausrüstungen ungünstig beeinflussen.

Für Kolbentriebwerke in Reihenanordnung sind die Massenkräfte der oszillierenden Teile von besonderer Bedeutung.

Aus dem Satz von der Erhaltung des Gesamtimpulses unter der Bedingung, dass keine äußeren Kräfte wirken, ergibt sich die Schlussfolgerung:

Wenn im Arbeitszylinder eines Motors der Kolben durch die Gaskräfte im äußeren Totpunkt beschleunigt wird, so erfährt das Motorgehäuse eine entgegengerichtete Beschleunigung, die um das Verhältnis der beiden Massen kleiner ist.

Diese Beschleunigung verursacht eine Bewegung des Triebwerkgehäuses, die in den elastischen Aufhängepunkten abgefangen werden muss. Die dort entstehenden Kräfte haben einen harmonischen (sinus- oder cosinus-förmigen) Verlauf und sind entweder mit einer oder mit der 2-fachen Kurbelwellendrehzahl periodisch. Sie werden dementsprechend als *Massenkräfte* I. und II. Ordnung bezeichnet:

$$F_M = F_{MI} + F_{MII} = -m_{osz} \cdot r \cdot \varpi^2 \cdot \cos\alpha - \lambda \cdot m_{osz} \cdot r\,\varpi^2 \cdot \cos 2\alpha \tag{4/7}$$

Es existieren auch Massenkräfte höherer Ordnungen. Sie sind jedoch für die Praxis ohne Bedeutung.

Sobald die Wirkungslinie der Massenkräfte nicht durch den Schwerpunkt des Triebwerkes geht, werden periodische Drehmomente erzeugt, die das Triebwerk um eine senkrecht auf der Zylinderebene stehende Schwerpunktachse zu kippen versuchen.

Diese periodischen Drehungen bewirken ebenfalls geringe Bewegungen und demzufolge mehr oder weniger große Kräfte in den elastischen Aufhängepunkten der Flugzeugzelle.

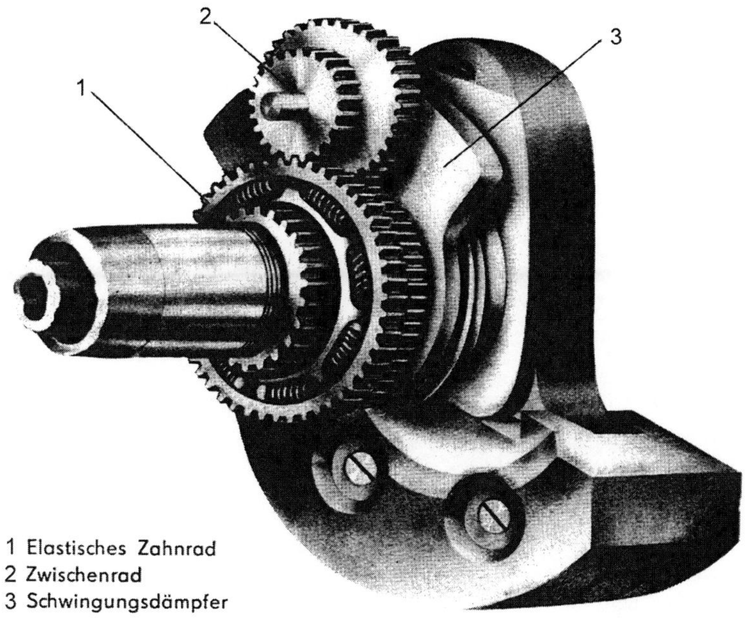

Bild 4/14: *Konstruktiver Aufbau einer Kurbelwange mit Pendeltilger*

4.3.7 Kritische Drehzahlen

Kritische Drehzahlen bei Kolbentriebwerken sind solche Drehzahlen, bei denen es zur Resonanz zwischen drehzahlabhängigen Erregerkräften oder Erregermomenten und den Eigenfrequenzen bestimmter Bauteile/ Baugruppen des Flugzeuges oder des Triebwerkes selbst kommt.

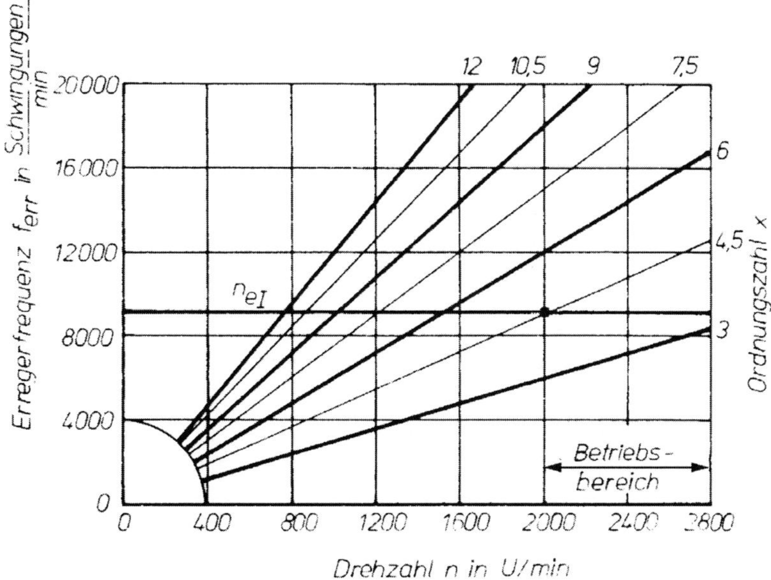

Bild 4/15: *Resonanzdrehzahlen I. Grades*

Die wesentlichen Möglichkeiten sind:

- Schwingungen des Triebwerkes in seiner Aufhängung aufgrund unausgeglichener Massenkräfte oder Massenmomente,
- Drehschwingungen des Systems Kurbelwelle -Luftschraube infolge der periodischen Tangentialkräfte an den Kurbelzapfen.

Das Kurbeltriebwerk stellt zusammen mit der Luftschraube ein drehschwingungsfähiges kompliziertes System dar. Von praktischer Bedeutung ist vor allem die Grundfrequenz, d. h. die Schwingungsform mit nur einem Schwingungsknoten. Die dazugehörende Eigenfrequenz ist unabhängig von der Drehzahl. Die Frequenz der Einzelharmonischen des Tangentialkraftverlaufes, die als Erregerkräfte an den Kurbelkröpfungen angreifen, hängt dagegen linear von der Drehzahl ab. (Bild 4/14)

Die *Ordnungszahl x* ist ein Maß für die Steigung dieser Geraden. Gleichzeitig stellt sie das Verhältnis der Drehschwingungseigenfrequenz zur Winkelgeschwindigkeit der Kurbelwellendrehzahl dar oder gibt die Anzahl der harmonischen Erregerschwingungen pro Kurbelwellenumdrehung an.

Die Schnittpunkte zwischen der zur Drehzahlachse parallelen Geraden der Eigenfrequenz I. Grades und den Nullpunktstrahlen der verschiedenen Ordnungszahlen bezeichnen die drehschwingungs-kritischen Drehzahlen verschiedener Ordnung der Eigenfrequenz I. Grades.

Besondere Bedeutung haben

- die *Resonanzstellen* der kleinsten Ordnungszahlen, da sie zu den größten Erregerkräften gehören und
- die sogenannten „*Hauptharmonischen*".

Hauptharmonische sind diejenigen Drehzahlen, bei denen die Erregerkräfte der bestimmten Ordnung an allen Einzelkröpfungen in gleicher Phase schwingen, sich also addieren. Hauptharmonische sind im Bild 4/15 durch stärkere Linien dargestellt.

Aus dem Diagramm ist ersichtlich, dass die niedrigste und einzige kritische Drehzahl im Bereich für den Flugbetrieb (2 000 - 2 800 U/min) die Ordnungszahl 4,5 hat. Bei dieser Drehzahl sind sowohl am Boden als auch im Flug erhebliche Drehschwingungsausschläge an dem Wellenende zu erwarten, das der Luftschraube gegenüber liegt.

Auswirkungen der Drehschwingungsausschläge bei Resonanzdrehzahl sind:

- hohe Drehwechselbeanspruchung im Schwingungsknoten, d.h. in der Luftschraubenwelle, und
- hoher Zahnradverschleiß in den Geräteantrieben, die der Luftschraube gegenüberliegen.

Bei Sternmotoren ist die Drehschwingungseigenfrequenz aufgrund des großen Massenträgheitsmomentes der Kurbelkröpfung häufig so niedrig, dass Hauptkritische mit Ordnungszahlen unter 6 in den Flugdrehzahlbereich fallen. Hier müssen besondere konstruktive Maßnahmen zur Schwingungsdämpfung, zur Schwingungstilgung oder zur Verlagerung der Eigenfrequenz getroffen werden.

Meistens wird der Pendeltilger, auch SARAZIN-Pendel genannt, angewendet. Das ist eine an der Kurbelwange pendelnd aufgehängte Masse, deren Eigenfrequenz im Gegensatz zu einem normalen Pendel nicht konstant, sondern drehzahlabhängig ist. Damit kann ein bestimmter Sektor von Ordnungszahlen resonanzfrei gehalten werden. Außerdem gleicht diese Pendelmasse die rotierenden Massen des Kurbelzapfens aus.

4.4 Steuerung

4.4.1 Aufgabe, Arten, Arbeitsweise

Die *Steuerung* eines Kolbentriebwerkes hat die Aufgabe, den Ladungswechsel so zu steuern, dass in einem möglichst großen Drehzahlbereich eine hohe Leistung bei niedrigem Brennstoffverbrauch erzeugt wird.
Unter *Ladungswechsel* versteht man das Ausstoßen der Verbrennungsgase aus den Arbeitszylindern und das Füllen der Zylinder mit frischem Brennstoff-Luft-Gemisch.

Die Steuerung soll wartungsarm sein und zuverlässig arbeiten. Es gibt drei verschiedene Grundarten:

- Ventilsteuerung für das Viertaktverfahren,
- Steuerung durch den Arbeitskolben für das Zweitaktverfahren,
- Schiebersteuerung für das Viertakt- und Zweitaktverfahren.

Daneben existieren verschiedenartige Kombinationen dieser drei Varianten. Bei Kolbentriebwerken des gegenwärtig interessierenden Leistungsbereiches ist ausschließlich die konventionelle Ventilsteuerung vorhanden (Bild 4/5).
Man bevorzugt:

- bei Reihenmotoren die am Zylinderkopf gelagerte Nockenwelle mit Ventilbetätigung über Kipphebel
- bei Boxermotoren die im Kurbelgehäuse gelagerte Nockenwelle mit Ventilbetätigung über Stößel und Kipphebel
- bei Sternmotoren die im Kurbelgehäuse gelagerte Nockenscheibe mit Ventilbetätigung über Stößel und Kipphebel.

Die Ventile befinden sich ausschließlich im Zylinderkopf. Jeder Zylinder hat ein Einlass- und ein Auslassventil. Das Einlassventil hat im Interesse einer guten Zylinderfüllung den größeren Durchmesser. Das Auslassventil ist ein thermisch außerordentlich hoch beanspruchtes Bauteil. Deshalb wird sein hohler Schaft zur besseren Wärmeableitung mit Natrium gefüllt.

Das Öffnen der Ventile geschieht zwangsläufig entsprechend der Nockenform und der Stellung der Nockenscheibe oder der Nockenwelle. Das Schließen wird durch die Ventilfedern bewirkt, die als Schraubenfedern ausgelegt sind. Für ein Ventil werden häufig zwei Federn verwendet, deren Federkraft so groß sein muss, dass beim Schließen der Kipphebel oder Stößel dem Nocken kraftschlüssig folgt. Das ist jedoch nur bis zu einer bestimmten Höchstdrehzahl gewährleistet. Beim Überschreiten dieser Drehzahl kommt es zu erhöhtem Verschleiß der Steuerungselemente, zu Störungen der Funktion oder zum Bruch einzelner Teile vorwiegend durch kurzzeitiges Abheben des Stößels von der Nockenbahn zu Beginn des Schließens des Ventils.

Der Antrieb der Nockenwelle oder der Nockenscheibe erfolgt bei Kolbentriebwerken ausschließlich über Zahnräder von der Kurbelwelle. Das Übersetzungsverhältnis ist bei 4-Takt-Reihenmotoren stets i = 2. Für Sternmotoren ist es je nach Zylinderzahl, Nockenzahl und Drehrichtung unterschiedlich. Siehe Tabelle 4/1.

Bei einem 9-Zylinder-Sternmotor mit 4 Nocken pro Nockenbahn (die Nockenscheibe hat üblicherweise für Einlass- und Auslassventile je eine Nockenbahn) und mit gegenläufiger Drehrichtung von Kurbelwelle und Nockenscheibe beträgt der Wert i=8. Das bedeutet, dass bei 8 Kurbelwellenumdrehungen, also bei 4 Arbeitsspielen in jedem Zylinder, die Nockenscheibe eine Umdrehung ausgeführt hat.

Tabelle 4/1: Antrieb Sternmotor

	Kurbelwelle und Nockenwelle drehen			
	Gleiche Drehrichtung		Entgegengesetzte Drehrichtung	
Zylinderzahl	Nockenzahl	i	Nockenzahl	i
5	3	6	2	4
7	4	8	3	6
9	5	10	4	8

Alle Bauelemente der Steuerung sind aus speziellem Material durch sorgfältige Bearbeitung hergestellt. Die Einzelteile erfahren eine gründliche Kontrolle und differenzierte Wärmebehandlung. Der gesamte Steuerungsmechanismus ist bezüglich seiner Wärmedehnungseigenschaften, seiner Betriebssicherheit und Schmierung besonders erprobt und sorgfältig gefertigt.

4.4.2 Steuerdiagramm und Ventileinstellung

Damit das *Arbeitsspiel des Triebwerkes* optimal ablaufen kann, müssen Ein- und Auslassventile bei genau vorgeschriebenen Kolbenstellungen von den Steuernocken geöffnet und durch die Ventilfedern wieder geschlossen werden.

Die graphische Darstellung der entsprechenden Zeitpunkte „Beginn des Öffnens“ und „Ende des Schließens“ sowie der jeweils dazwischen liegenden Winkelbereiche „Einlasswinkel“ und „Auslasswinkel“ nennt man Steuerdiagramm.

Zum *Steuerdiagramm* eines kleinen Reihentriebwerkes gehören z.B. folgende Angaben:

Einlass öffnet	Eö 25° KW vor ä. T. („äußerer Totpunkt“)
Einlass schließt	Es 65° KW nach i. T. („innerer Totpunkt“)
Einlasswinkel	α_E = 270° KW (Ventilspiel = 0,25 mm im kalten Zustand)
Auslass öffnet	Aö 65° KW vor i. T.
Auslass schließt	As 25° KW nach ä. T.
Auslasswinkel	α_A = 270° KW (Ventilspiel = 0,40 mm im kalten Zustand)

Die *Öffnungs- und Schließzeitpunkte* der Ventile liegen nicht in den Totpunkten. Der Grund für diese konstruktive Auslegung soll anhand der Einlasssteuerzeiten erläutert werden.

Da es nicht möglich ist, ein Ventil in unendlich kurzer Zeit zu öffnen, muss das Einlassventil schon 25° KW vor ä. T. mit diesem Vorgang beginnen, damit ein genügend großer Einlassquerschnitt vorhanden ist, wenn der Kolben im äußeren Totpunkt sofort mit dem Ansaugen einer möglichst großen Menge Brennstoff-Luft-Gemisch beginnen soll.

Bezüglich des Schließzeitpunktes könnte die Vorstellung bestehen, dass der Kolben zwischen innerem Totpunkt und 65° KW nach i. T. einen Teil des angesaugten Brennstoff-Luft-Gemisches wieder durch das Einlassventil zurückschieben müsste. Weil aber das Gemisch während des Ansaugtaktes Strömungsgeschwindigkeiten um 100 m/s erreicht, hat es eine beachtliche kinetische

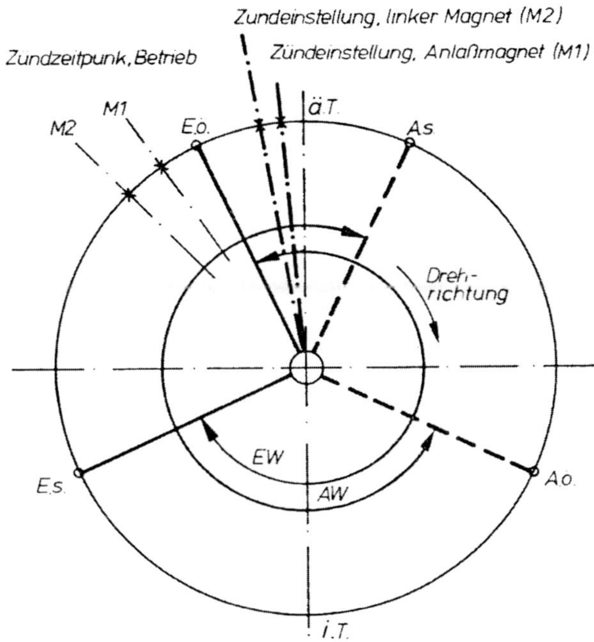

Bild 4/16: *Graphische Darstellung eines Steuerdiagramms und Zündeinstellung eines kleinen Reihenflugmotors*

Energie und strömt aufgrund der Massenträgheit selbst dann noch in den Zylinder, wenn der Kolben bereits die entgegengesetzte Bewegung ausführt. (Ventilüberschneidung)

Von wesentlicher Bedeutung für eine ordnungsgemäße Arbeit der Steuerung ist bei Motoren das Spiel im Übertragungsmechanismus. Es wird zwischen Kipphebel oder Stößelstange und Ventilschaft, deshalb „*Ventilspiel*“, für den kalten Zustand festgelegt und verändert sich:

- in Abhängigkeit von der Temperatur (Wärmedehnungen) und
- infolge des natürlichen Verschleißes

Das Triebwerk erreicht nur dann optimale Betriebswerte (Leistung, Verbrauch, Zuverlässigkeit, Lebensdauer), wenn Steuerzeiten und Ventilspiel den vorgeschriebenen erprobten Werten entsprechen.

Zu geringes Spiel am Auslassventil führt zu einer Vergrößerung des Auslasswinkels gegenüber dem Optimalwert. Es kann sogar der Fall eintreten, dass bei sehr hohen Temperaturen das Ventil nicht mehr vollständig schließt. Leistungsabfall, Brandgefahr und Zerstörung des überhitzten Ventiltellers sind die Folge.

Bei Reihenmotoren mit am Zylinderkopf gelagerter Nockenwelle verkleinert sich das Ventilspiel des Auslassventils mit wachsender Temperatur, und das Spiel des Einlassventils vergrößert sich. Zu großes Spiel des Einlassventils verkleinert den Einlasswinkel gegenüber der Optimaleinstellung und führt durch schlechtere Füllung zum Leistungsabfall des Triebwerkes.

Der *automatische Ventilspielausgleich* (mechanisch oder hydraulisch herbeigeführter Längenausgleich) hat sich inzwischen bei Reihen und Boxermotoren durchgesetzt. Der Wartungsaufwand wurde dadurch wesentlich reduziert.

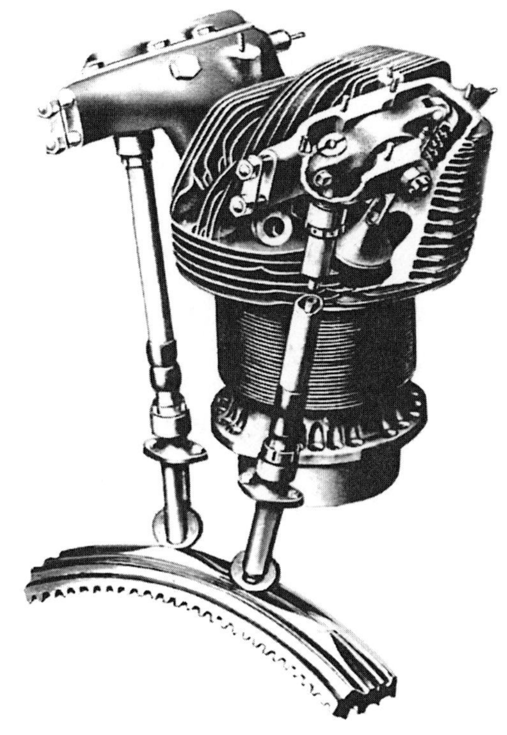

Bild 4/17: *Ventilsteuerung eines Sternmotors*

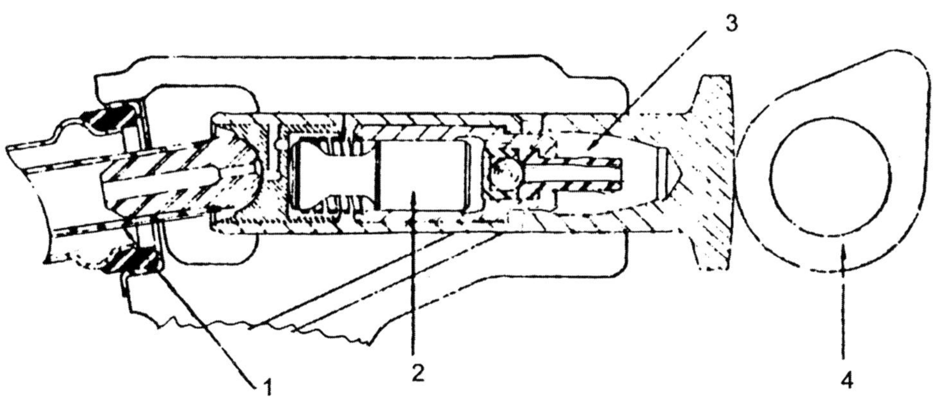

1 = Stößel, 2 = Tauchkolben, 3 = SS-Zufuhr, 4 = Nockenwelle

Bild 4/18: *Beispiel einer hydraulischen Ventilspieleinstellung*

4.5 Lagerungen

Die Art der Lagerungen und ihre konstruktive Gestaltung sind vielfältig. Es werden Gleit- und Wälzlager, Radial- und Axiallager verwendet.

Die Schwierigkeit besteht bei Kolbentriebwerken darin, dass trotz verschiedener Lagerarten, trotz unterschiedlicher Drehzahlen und Temperaturen, trotz wechselnder Belastungen und Richtungsänderungen der Gleitgeschwindigkeit (Zylinder-Kolben-Paarung) nur eine Schmierstoffsorte zur Verfügung steht.

Die wichtigsten und am höchsten beanspruchten Lagerungen in Kolbentriebwerken sind die *Kurbelwellen-* und *Pleuellager*.

Es handelt sich hier um sogenannte instationär belastete Lager. Selbst bei konstanter Drehzahl und Leistung sind Größe, Richtung und Winkelgeschwindigkeit ihrer Beanspruchung zeitlich veränderlich.

Daraus ergibt sich eine unregelmäßige radiale Bewegung der Welle sowie eine Veränderung von Lage und Größe des geringsten Abstandes zwischen Welle und Lager.

Der Wert $\varepsilon = 1$ bedeutet, dass Lager und Welle nicht mehr durch eine Schmierstoffschicht getrennt sind, sondern sich berühren.

Der im Verlauf eines Arbeitszyklus auftretende kleinste Schmierspalt sollte möglichst groß sein, um einen direkten Kontakt der Bearbeitungsrauhigkeiten zwischen Lager und Welle zu vermeiden.

Solange beide durch eine genügend dicke Schmierstoffschicht voneinander getrennt sind, bleiben Reibung, Wärmeentwicklung und Verschleiß gering. Die Betriebssicherheit des Lagers ist gewährleistet.

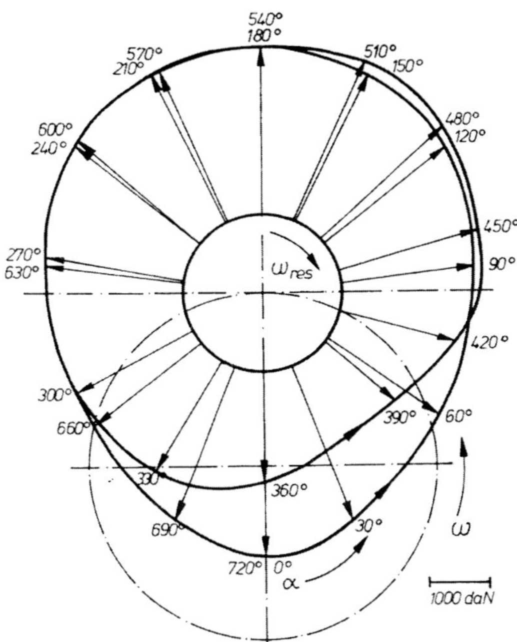

Bild 4/19: Belastung des Pleuellagers (n=3500 U/min, Vollast)

Größe und Lage des engsten Schmierspaltes werden durch konstruktive Größen und Betriebsparameter beeinflusst. Die Abhängigkeit von den beiden wichtigsten Einflussgrößen *Lagerspiel* und *Schmierstoffviskosität* ist im Bild 4/20 dargestellt. Aus dem Diagramm wird ersichtlich, dass mit wachsendem relativen Lagerspiel ψ und mit abnehmender Schmierstoffviskosität der engste Schmierspalt kleiner wird. Dadurch verschlechtern sich die Betriebsbedingungen für das Lager.

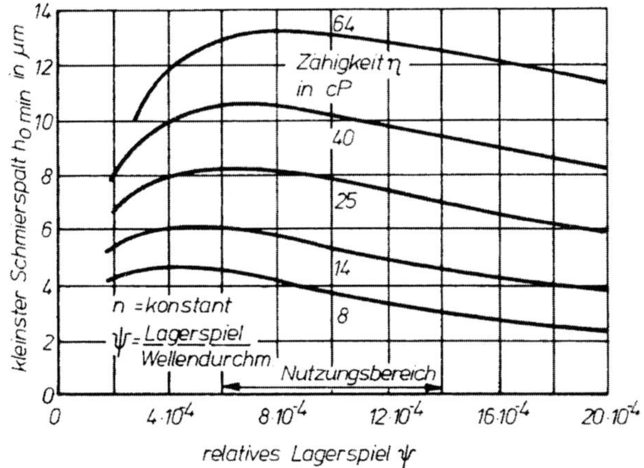

Bild 4/20: *Abhängigkeit des kleinsten Schmierspaltes vom Lagerspiel im Gleitlager und von der Schmierstoffviskosität (1 cP = 1 mPa·s = 1 mN·s/m²)*

Die Lagerspiele vergrößern sich im Verlauf der Betriebszeit aufgrund des unvermeidbaren natürlichen Verschleißes. Es ist daher zu empfehlen, bei älteren Triebwerken die Schmierstofftemperaturen im unteren Bereich des zulässigen Intervalls zu halten, um durch höhere Schmierstoffviskosität diesen Nachteil einzuschränken.

Der Einfluss der Drehzahl auf die Arbeitsbedingungen und den engsten Schmierspalt des Lagers ist komplizierter, da aufgrund der Massenkräfte im Triebwerk und wegen der Kennlinie bei starren Luftschrauben die Drehzahl und die Triebwerkbelastung nicht unabhängig voneinander veränderlich sind.

Für Triebwerke mit *Verstellluftschraube* gilt aber grundsätzlich, dass sich die Betriebsbedingungen der Gleitlager für konstante Belastung (konstanter Ladedruck) mit wachsender Drehzahl verbessern, weil der engste Schmierspalt größer wird. Bei derartigen Triebwerken ist es also günstiger (insbesondere gegen Ende der Nutzungsfrist), eine bestimmte Leistung bei höherer Drehzahl und geringerem Ladedruck zu benutzen als bei niedriger Drehzahl und hohem Ladedruck. Letztere Einstellung gewährleistet allerdings einen geringeren Brennstoffverbrauch.

Bei Kolbenflugmotoren mit *Wälzlagerung* werden insgesamt 8 - 12 % der erzeugten Leistung in Reibungswärme umgewandelt, mit *Gleitlagerung* sind es 10 - 15 %. Die vom Schmierstoff abzuführende Wärmemenge beträgt im ersten Fall 1, 5 - 2 % und im zweiten Fall 2 - 2,5 % der zugeführten Brennstoffenergie.

Die Größe der Reibungswärme richtet sich u. a. nach der Anzahl der Lager. Sie ist bei Sternmotoren geringer als bei Reihenmotoren. In Gleitlagern mit mittleren Lagerdrücken von 100 - 120 daN/cm² werden Schmierstofftemperaturen von 100 - 120 °C erreicht (Reibungszahlen ungefähr 0,1, Gleitgeschwindigkeiten 10 - 12 m/s).

Gesichtspunkte für zuverlässige Funktion und lange Grenznutzungsdauer der Lagerung sind optimale Anpassung von Schmiermittel, Wellen- und Lagermaterial, sorgfältige Konstruktion und Bearbeitung sowie sachkundige Bedienung und Wartung

4.6 Luftschraubengetriebe

Zur Drehmoment- und Drehzahlwandlung in Flugmotoren werden Zahnradgetriebe eingesetzt, die folgende Baugruppen und Nebenaggregate antreiben:

- Ventilsteuerung,
- Zündmagnete und Generatoren,
- Schmierstoff- und Brennstoffpumpen,
- Kompressoren,
- Regler,
- Luftschrauben und Lader.

Kolbenmotoren erreichen um so höhere spezifische Leistungen (bezogen auf die Masse oder auf das Hubvolumen und damit auf die Stirnfläche) je höher Ladedruck und Drehzahl sind.

Im Laufe der Entwicklung sind diese beiden Größen daher ständig angestiegen. Damit erhöhte sich die Luftschraubendrehzahl, und der Luftschraubendurchmesser musste für gleiche Leistung verringert werden. Der Wirkungsgrad verschlechterte sich.

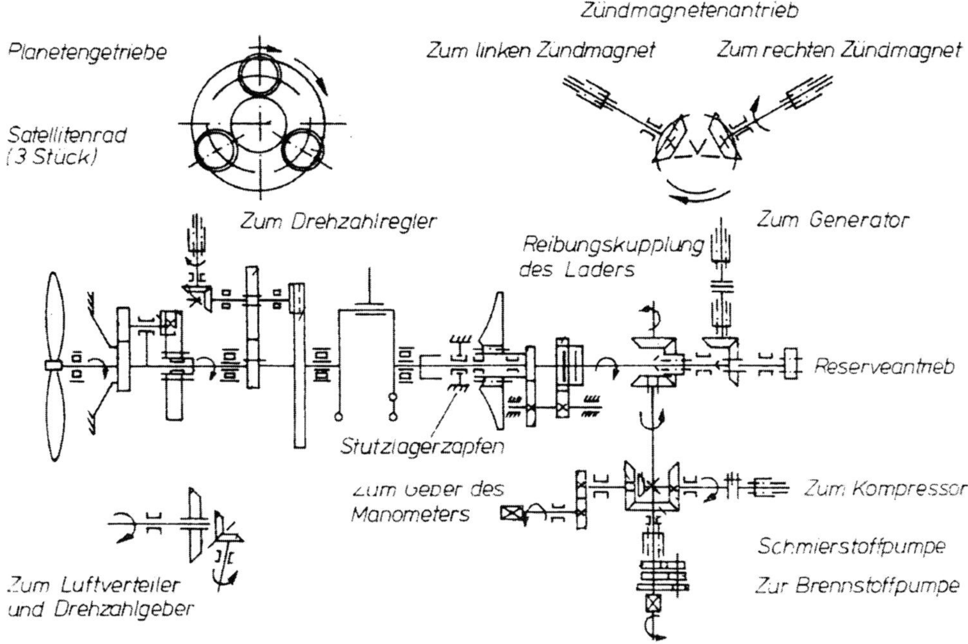

Bild 4/21: Getriebeschema eines kleinen 9-Zylinder-Sternmotors

Um die durch Drehzahlvergrößerung erreichte Mehrleistung des Triebwerkes nicht durch Wirkungsgradabfall der Luftschraube wieder einzubüßen, ist es in bestimmten Fällen erforderlich, zwischen Triebwerk und Luftschraube ein Zahnradgetriebe mit festem Übersetzungsverhältnis anzuordnen.

Damit werden zwar die Massen von Triebwerk und Luftschraube größer, dennoch hat sich diese Konzeption bei Leistungen über 150 kW allgemein durchgesetzt. Häufig kam es aufgrund wiederholter Leistungssteigerungen eines bestimmten Triebwerktyps durch Ladedruck- oder Drehzahlerhöhung zu Laufzeitverkürzungen des vorhandenen Getriebes oder zu Ausfällen.

Luftschraubengetriebe werden bei Reihenmotoren meistens als einstufige Stirnradgetriebe und bei Sternmotoren als gleichachsige Umlaufgetriebe ausgelegt. An Boxermotoren werden beide Bauweisen verwendet.

Oft sind Luftschraubengetriebe mit besonderen Schwingungsdämpfern ausgerüstet.

Große Triebwerke haben Drehmomentmesseinrichtungen, die eine direkte Überwachung der Triebwerksbelastung gestatten. (Siehe auch 5.10.3)

Die Übersetzungsverhältnisse der Luftschraubengetriebe kleiner Kolbentriebwerke liegen in der Größenordnung von 1,3 bis 2,0 (Kurbelwellendrehzahl ist um den Faktor l, 3 bis 2 größer als die Luftschraubendrehzahl).

Mit der Kurbelwelle TW ist das innenverzahnte Glockenrad (1) starr verbunden. Es greift in ein außenverzahntes Planetenrad (2), das auf dem Steg (3) gelagert ist. Das mit dem Zahnrad (2) verbundene Stirnrad (4) rollt auf dem im Gehäuse befestigten Sonnenrad (5) ab und nimmt dabei den mit der Luftschraubenwelle LS verbundenen Steg (3) mit. Das Übersetzungsverhältnis i ergibt sich aus dem Quotienten der Winkelgeschwindigkeiten (Drehzahlen) von Kurbelwelle und Luftschraubenwelle oder aus dem Verhältnis der Umfangsgeschwindigkeiten von Glockenrad und Steg bezogen auf den gleichen Radius.

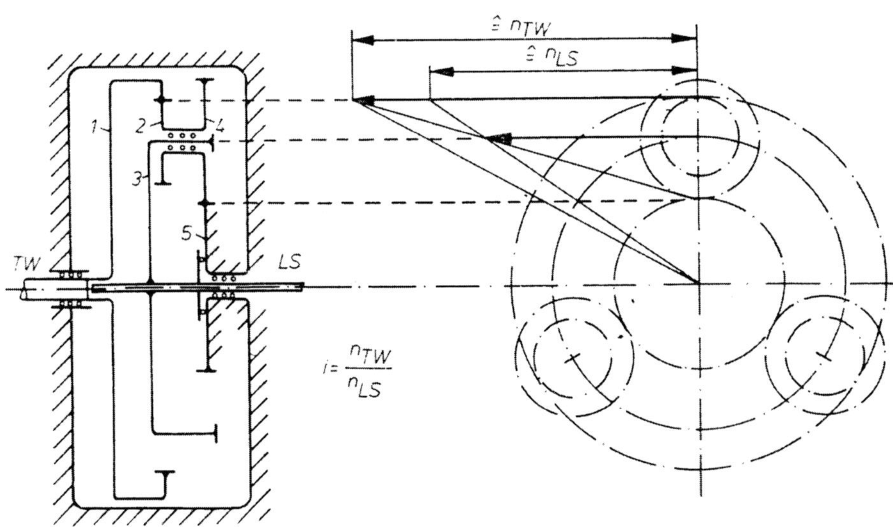

1 = Glockenrad, 2 u. 4 = Planetenräder, 3 = Steg, 5 = Sonnenrad/Gehäuse

Bild 4/22: Schema und Geschwindigkeitsplan eines Planetengetriebes

4.7 Lader und Ladergetriebe

4.7.1 Mechanische Lader und Betriebskennfeld

Zur *Vergrößerung der Startleistung* können kleine Kolbentriebwerke häufig mit einem einstufigen, mechanisch von der Kurbelwelle angetriebenen Radialverdichter (*Lader*) ausgerüstet werden (Bild 4/21). Sie arbeiten ohne besondere Kühler und mit einer einfachen Saugdrosselregelung. Bei Vergasertriebwerken liegen sie in Strömungsrichtung gesehen hinter dem Vergaser.

Aus Gründen der Masse- und Raumeinsparung ist es notwendig, dass der Rotor mit relativ hoher Drehzahl läuft (15 000 - 20 000 U/min bei Umfangsgeschwindigkeiten von 130 - 200 m/s). Unter diesen Bedingungen ergeben sich *Druckverhältnisse* von 1,05 bis 1,25 und Förderströme bis zu 0,3 kg/s. Der erreichte Wirkungsgrad im ungedrosselten Zustand liegt in der Größenordnung von 0,5 bis 0, 7.

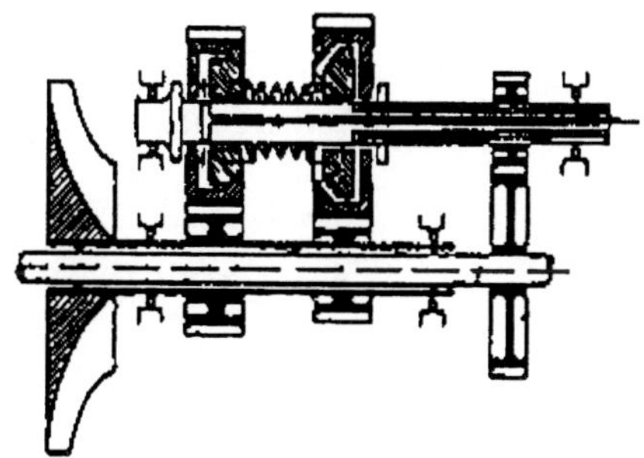

Bild 4/23: Einflutiger Radiallader mit Zweigang – Stirnradgetriebe

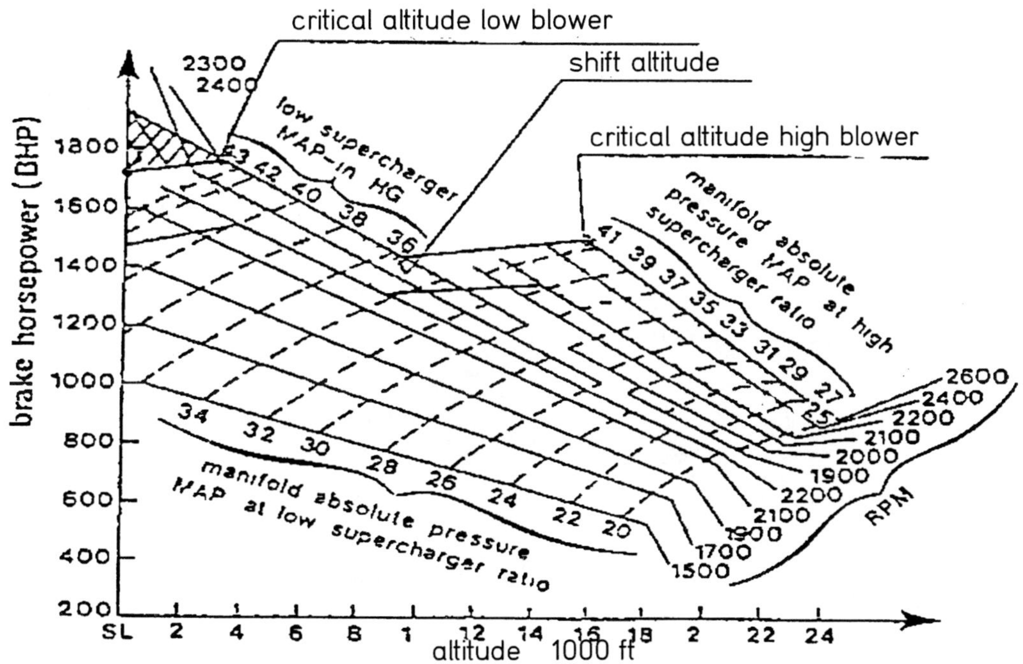

Bild 4/24: Höhenverhalten eines mechanisch angetriebenen zweigängigen Radialladers

Die *erforderliche Antriebsleistung* übersteigt aufgrund der niedrigen Ladedrücke und des kleinen Förderstroms nur selten 5 % der Wellenleistung des Triebwerkes. Die Leistungssteigerung des Triebwerkes durch Aufladung ist größer als die erforderliche Antriebsleistung des Laders.

Zur Drehmomentübertragung zwischen Kurbelwelle und Lader werden bei großen Kolbentriebwerken meist 2-stufige -Stirnrad- als auch Umlaufgetriebe mit Übersetzungsverhältnissen von 1:10 bis l:7 verwendet (Zweistufige Ladergetriebe: Low – und High-Blower).
Die Getriebe enthalten häufig schwingungsdämpfende und federnde Übertragungselemente.

Bei einem aufgeladenen Motor darf in Seehöhe die Drosselklappe oft nicht bis zum Anschlag geöffnet werden, um eine Überlastung des Triebwerks zu vermeiden. Mit zunehmender Flughöhe kann durch weiteres Öffnen der Drosselklappe der *Ladedruck* (Manifold Air Pressure- *MAP*) konstant gehalten werden bis die Drosselklappe voll geöffnet ist.
Diese Flughöhe wird als *Volldruckhöhe* (critical altitude) bezeichnet (Bild 4/24).

4.7.2 Abgas-Turbolader und Betriebskennfeld

Die Energie der Abgase wird zum Antrieb einer Radialturbine und damit des Laders genutzt. Die Drehzahl des Laders ist abhängig von der Stellung des Abblaseventils (Bild 4/25).
Das *Abblaseventil (Waste Gate)* wird bei neueren Turboladern von einem Regler in Abhängigkeit von der Luftdichte vor der Drosselklappe und dem Differenzdruck an der Drosselklappe über Öldruck geregelt. Damit wird ein nahezu *konstanter Ladedruck* bis zu einer bestimmten Flughöhe erreicht d.h. das Abblaseventil ist völlig geschlossen.
Das Abblaseventil dient auch der Drehzahlbegrenzung des Laders. Bei Überschreitung einer maximal zulässigen Drehzahl öffnet das Abblaseventil federbelastet.
Ein Motor mit Abgasturbolader soll im Normalfall nach der Landung nicht sofort abgestellt werden, um

- Wärmestau zu vermeiden
- Drehzahlreduzierung zu ermöglichen
- Und eine Abkühlung des Turboladers zu erreichen

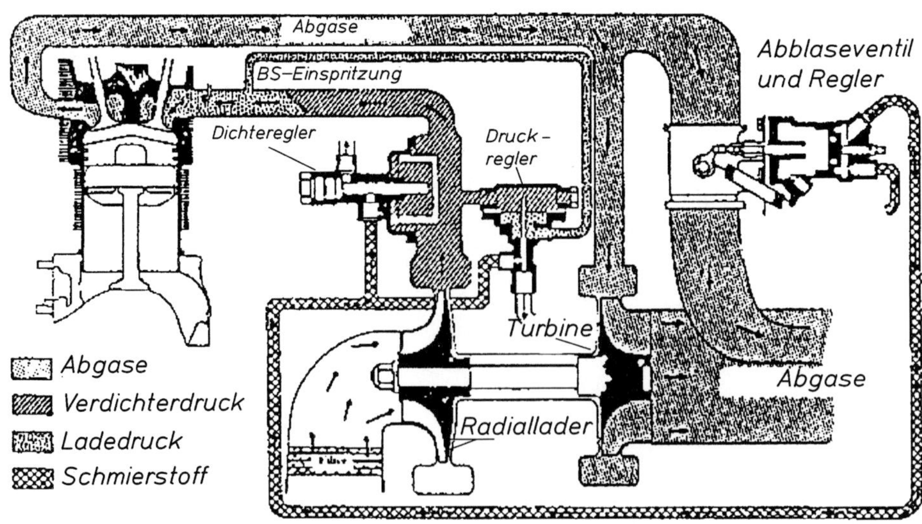

Bild 4/25: Funktionsweise eines Abgasturboladers

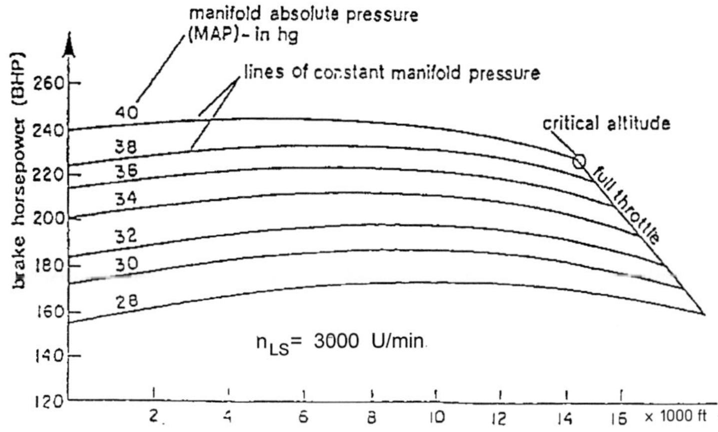

Bild 4/26: Höhenverhalten eines Abgasturboladers

4.8 Daten und Kennwerte

Daten und Kennwerte dienen zur Beurteilung und zum Vergleich der Triebwerke:

- Unter *Daten* versteht man absolute Größen.
  Sie erlauben nur Beurteilung und Vergleich von Triebwerken gleicher Konzeption und Größe.
- *Kennwerte* sind bezogene (spezifische) Größen, die einen Vergleich unterschiedlicher Triebwerke ermöglichen.

Tabelle 4/2: Wichtige Daten und Kennwerte von Kolbentriebwerken

Daten		Kennwerte	
Bezeichnung	Maßeinheiten	Bezeichnung	Maßeinheiten
Leistung	kW	Leistung-Masse-Verhältnis	kW/kg
		Leistung-Stirnflächen-Verhältnis	kW/m^2
		Leistung-Hubvolumen-Verhältnis	kW/dm^3
Drehmoment	daN·m, Nm,	effektiver Mitteldruck	daN/cm^2, bar
Drehzahl	U/min	mittlere Kolbengeschwindigkeit	m/s
Masse	kg	Masse-Lelstungs-Verhältnis	kg/kW
Hubvolumen	cm^3, dm^3, (l)	Hubvolumen-Leistungs-VerhältnIs	cm^3/kW
		Hubvolumen-Masse-Verhältnis	cm^3/kg
Stirnfläche	m^2	Stirnflächen-Leistungs-Verhältnis	m^2/kW
Bauvolumen	m^3	Bauvolumen-Leistungs-Verhältnis	m^3/kW
Brennstoffverbrauch	dm^3/h, kg/h	spezifischer Brennstoffverbrauch	kg/kWh
Schmierstoffverbrauch	dm^3/h, kg/h	spezifischer Schmierstoffverbrauch	kg/kWh
Ladedruck	(daN/cm^2), hPa, bar, in Hg		
Laufzeit	h		
		Wirkungsgrad Verdichtungsverhältnis Hub-Bohrungs-Verhältnis	

4.8.1 Leistung, Drehmoment und Drehzahl

Leistung P, Drehmoment Md und Drehzahl n gehören zu den wichtigsten technischen Daten eines Kolbentriebwerkes und stehen in einem physikalischen Zusammenhang:

$$P = M_d \cdot \omega ; \quad P = \frac{M \cdot n}{9549} \tag{4/10}$$

M in Nm, n in U/min, P in kW

Die *Winkelgeschwindigkeit* ω in l/s ergibt sich aus der Kurbelwellendrehzahl n_{KW} in U/min:

$$w_{KW} = 0{,}1047 \cdot n_{KW} \tag{4/11}$$

Leistung und *Drehmoment* eines Kolbentriebwerkes werden für bestimmte Drehzahlen und Drosselklappenstellungen bzw. Ladedrücke auf dem Prüfstand ermittelt.

Die *effektive Leistung* P_e der Kolbentriebwerke, die nach dem 4-Takt-Verfahren arbeiten, errechnet man aus folgender Beziehung:

$$P_e = \frac{1}{4\pi} \cdot p_e \cdot v_H \cdot \omega_{KW} ; \quad P_e = \frac{M_d \cdot n}{9549} \tag{4/12}$$

M_d in Nm, n in U/min, P_e in kW

Bei 2-Takt-Motoren wird die 4 in der obigen Gleichung durch eine 2 ersetzt.

Der effektive mittlere Arbeitsdruck p_e (auch „Mitteldruck") ist ein gedachter, konstanter Druck, der während des Arbeitstaktes im Zylinder die gleiche Arbeit verrichtet wie der tatsächliche, zeitlich veränderliche Druck. Anschaulich kann der mittlere Arbeitsdruck als Höhe eines dem Indikatordiagramm flächengleichen Rechteckes mit der Hublänge als Grundlinie dargestellt werden (vgl. Bild 4/13).

Beispiel: Der effektive Mitteldruck eines kleinen nichtaufgeladenen Kolbentriebwerkes mit 5, 97 dm^3 Hubvolumen beträgt 9,67 daN/cm^2 bei n_{KW} = 2 750 U/min.
Wie groß ist die Leistung? Mit Gl. (4/10) und (4/11) erhält man:

P_e = 1/12,56·9,67·5970·0,1047·2750daN·cm/s
P_e = 132,35·10^4daN· cm/s = 132,35 kW.

Zur Bestimmung der *spezifischen Leistung* wird stets die Startleistung verwendet.

Das *Leistungs-Masse-Verhältnis* kleiner Kolbentriebwerke mit ungefähr 200 kW Startleistung liegt bei 1 kW/kg.

Das *Leistungs-Stirnflächen-Verhältnis* beträgt je nach Ladedruck und Drehzahl 200 kW/m^2 bis 500 kW/m^2.

Das *Leistungs-Hubvolumen-Verhältnis* ist je nach Größe von Ladedruck und Drehzahl 20 - 35 kW/dm^3, in Einzelfällen 50 kW/dm^3.

Mit wachsender Triebwerksgröße, wachsender Drehzahl und wachsendem Ladedruck werden alle genannten Leistungskennwerte größer und damit günstiger.

Häufig verringern sich mit wachsender Drehzahl die Zuverlässigkeit, Laufzeit und der Wirkungsgrad eines Triebwerkes.

Im Gegensatz zu Fahrzeugen sind bei Flugzeugtriebwerken bestimmte *Leistungsstufen* bezüglich Kurbelwellendrehzahl und Drosselklappenstellung bzw. Ladedruck vom Hersteller festgelegt, zum Beispiel:

Startleistung	(120 %}	maximal 5 Minuten
Nennleistung	($\approx$ 100 %)	maximal 30 % der Gesamtlaufzeit
Dauerleistung	($\approx$ 75 %)	
Reiseleistung	($\approx$ 60 %)	maximale Reichweite
Sparflugleistung	($\approx$ 50 %)	maximale Flugdauer

Der Leistungsbereich zwischen 10 und 25 % wird für Rollmanöver benötigt.

Das *Drehmoment* M_d an der Kurbelwelle eines Triebwerkes ist dem *effektiven Mitteldruck* p_e und dem *Hubvolumen* V_H proportional.

Da der *effektive Mitteldruck* als Kennwert unabhängig von der Größe des Triebwerkes ist, wird er in der Praxis häufiger als das Drehmoment benutzt.

4-Takt-Motoren: $$p_e = 4\pi \cdot \frac{M_d}{V_H} \qquad (4/13)$$

2-Takt-Motoren: $$p_e = 2\pi \cdot \frac{M_d}{V_H} \qquad (4/14)$$

Der *effektive Mitteldruck* wird von der Qualität der Gemischbildung und Verbrennung, vom Luftverhältnis (vgl. Kapitel 4. 9. 2), von der Zündeinstellung und insbesondere von der spezifischen Masse des Brennstoff-Luft-Gemisches, das in die Zylinder gelangt, beeinflusst. Diese spezifische Masse wird in erster Linie durch den Druck vor den Einlassventilen bestimmt.

Bild 4/27 a zeigt die Abhängigkeit des mittleren Arbeitsdruckes vom Ladedruck bei voll geöffneter Drosselklappe. Für einzelne Triebwerke können jedoch entsprechend der Drehzahl, des Luftverhältnisses und der Qualität von Ladungswechsel und Verbrennung wesentliche Abweichungen auftreten. Bei einem Außendruck von 1013 hPa ist ohne Aufladung etwa mit einem Druck von 933 - 987 hPa (27,5 - 29,1 inch Hg) bei voll geöffneter Drosselklappe vor dem Einlassventil zu rechnen.

Die *Vergrößerung des effektiven Mitteldruckes* durch Erhöhung des Ladedruckes ist eine bewährte Methode zur Leistungssteigerung vorhandener Triebwerke, ohne die Drehzahl zu vergrößern. Das ist möglich durch Veränderungen am Lader oder durch Verkleinerung des Übersetzungsverhältnisses zwischen Kurbelwelle und Lader (z. B. von 1 : 7 auf 1 : 7,5).

Die Drehzahl der Kurbelwelle eines Triebwerkes ist nicht nur eine wichtige Betriebs- und Überwachungsgröße, sondern auch eine wichtige technische Auslegungsgröße.

Aus Drehzahl n und Kolbenweg s ergibt sich die *mittlere Kolbengeschwindigkeit:*

$$c_{mK} = 2 \cdot s \cdot n \qquad (4/15)$$

Dieser Kennwert beeinflusst das Leistungs-Hubvolumen-Verhältnis, den Verschleiß, die Lebensdauer und die Zuverlässigkeit eines Triebwerkes.

Während mit steigender mittlerer Kolbengeschwindigkeit (Drehzahl) auch spezifische Leistung

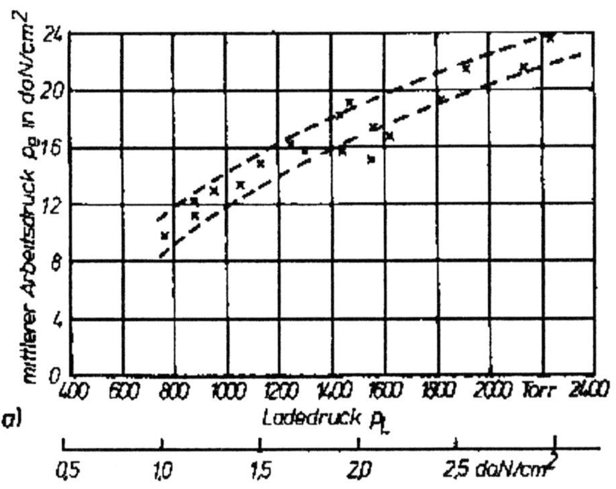

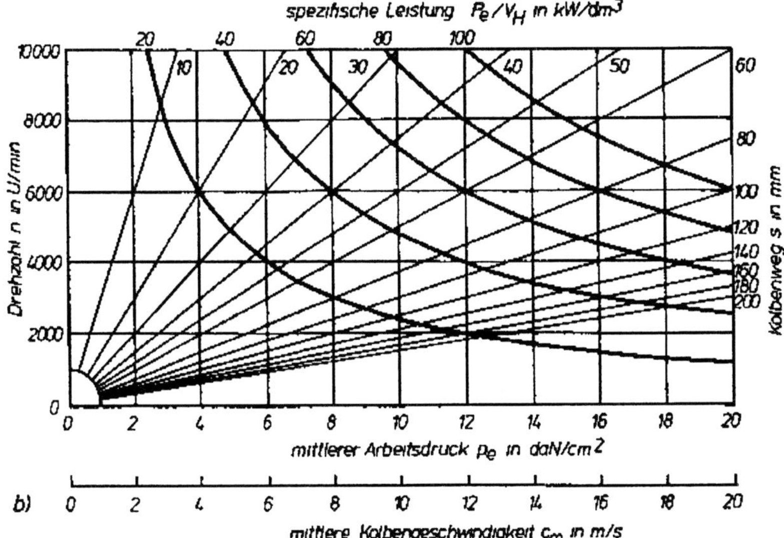

Bild 4/27: *Motorenkennwerte*
a) Mittlerer Arbeitsdruck in Abhängigkeit vom Ladedruck
b) Zusammenhang zwischen Drehzahl, Mitteldruck und spezifischer Leistung sowie zwischen Drehzahl, Kolbenweg und mittlerer Kolbengeschwindigkeit

und Verschleiß anwachsen, werden Lebensdauer und Zuverlässigkeit kleiner.

Die mittleren Kolbengeschwindigkeiten werden für die Startdrehzahl angegeben und liegen in der Größenordnung 10 bis 12 m/s, in Einzelfällen bis 13 m/s.

4.8.2 Möglichkeiten und Grenzen der Leistungssteigerung

Es bestehen mehrere Möglichkeiten, den spezifischen Luftmassendurchsatz in einem Kolbentriebwerk zu erhöhen und damit eine Leistungssteigerung zu erreichen:

- *Drehzahlerhöhung*
  Begrenzung durch maximal zulässige mittlere Kolbengeschwindigkeiten (13 m/s), Füllungsgrad der Zylinder verschlechtert sich. Mit zunehmender Kurbelwellendrehzahl verschlechtert sich der Luftschraubenwirkungsgrad und damit der äußere Wirkungsgrad (bei TW ohne LS-Untersetzungsgetriebe).
- *Vergrößerung des Hubvolumens und der Zylinderzahl*
  Begrenzung durch das anwachsende Masse-Leistungs-Verhältnis und des Stirnflächen-Leistungsverhältnisses (z.B. Sternmotore). Zunehmende Probleme der Zylinderkühlung und der unvollständigen Brennstoffverbrennung.
- *Aufladung des Motors*
  Vorverdichtung der Luft vor den Einlassventilen durch entsprechende Lader. Der Grad der Aufladung ist begrenzt durch die Klopffestigkeit des Brennstoffes.
- *Wasser-Methanol-Einspritzung*
  Anwendung zur Erhöhung der Startleistung. Durch eine intensive Innenkühlung in den Zylindern wird eine höhere Aufladung des Motors bei Startleistung ermöglicht.

4.8.3 Masse, Stirnfläche und Hubvolumen

Das *Masse-Leistungs-Verhältnis* und das *Leistungs-Stirnflächen-Verhältnis* sind wichtige Kennwerte von Flugzeugtriebwerken.
Zu ihrer Bestimmung werden die Trockenmasse des Triebwerkes (ohne Luftschraube), seine Startleistung und seine Stirnfläche ohne Berücksichtigung der Verkleidungen benutzt. Die Größenordnungen wurden im vorhergehenden Kapitel angegeben. Bei gleichem technologischen Stand von Entwicklung, Fertigung und Metallurgie kann angenommen werden, dass mit abnehmender spezifischer Masse auch die Laufzeit eines Triebwerkmusters kleiner wird.
Das Hubvolumen spielt bei Flugzeugtriebwerken nur eine untergeordnete Rolle, da es die ständigen Kosten nicht unmittelbar beeinflusst, wie das z.B. bei Kfz-Motoren über die Steuer der Fall ist. Es beeinflusst nur mittelbar Stirnfläche und Masse des Triebwerkes. Die spezifische Leistung, bezogen auf das Hubvolumen, kann deshalb im Interesse der Zuverlässigkeit relativ klein gehalten werden (20 - 35 kW/dm^3 gegenüber 35 - 50 kW/dm^3 bei Pkw-Motoren).

4.8.4 Brennstoffverbrauch und Gesamtwirkungsgrad

Die Kennwerte des Brenn- und Schmierstoffverbrauches sind bei den Kolbentriebwerken des betrachteten Leistungsbereiches neben den Kennwerten der Störanfälligkeit, des Wartungsaufwandes und der Laufzeit von wesentlicher Bedeutung.

Der *spezifische Brennstoffverbrauch* bei Startleistung ist mit etwa 0,35 - 0,45 kg/kWh relativ hoch. Bei Reiseleistung werden ungefähr 0,30 kg/kWh benötigt, das entspricht einem effektiven Wirkungsgrad des Triebwerkes von etwa 28 bis 29 % in Abhängigkeit vom Heizwert des Brennstoffes.

Um den *Gesamtwirkungsgrad* einer Flugzeugantriebsanlage (Kolbentriebwerk und Luftschraube) zu erhalten, ist der effektive Wirkungsgrad des Triebwerkes mit dem Luftschraubenwirkungsgrad für die jeweilige Fluggeschwindigkeit und Drehzahl zu multiplizieren.

$$\eta_{ges} = \eta_{eff} \cdot \eta_{LS}$$

Für kleine Flugzeuge ergeben sich bei Reiseflug 17 - 20 % als Gesamtwirkungsgrad.

$$\eta_{eff} = \eta_{th} \cdot \eta_{m} \cdot \eta_{g} \cdot \eta_{vol}$$

η_{th} = *Thermischer Wirkungsgrad* (Kennwert der BS-Ausnutzung ≈ 0,35)
η_{m} = *mechanischer Wirkunsgrad*
η_{g} = *Gütegrad* (Kennwert der Abweichung vom idealen Motor)
η_{Vol} = *Volumetrischer Wirkungsgrad* (Liefergrad)
(0,9 - 0,95 nicht aufgeladen, 1,1 - 1,5 aufgeladen)

4.9 Brennstoffanlage und Brennstoff

4.9.1 Aufgabe, Aufbau und Arbeitsweise

Die Brennstoffanlage hat die Aufgabe, den Brennstoff aufzunehmen und dem Triebwerk in der richtigen Form und Menge sowie zum richtigen Zeitpunkt zur Verfügung zu stellen. Bild 4/31 zeigt den schematischen Aufbau der Brennstoffanlage eines Kleinflugzeuges.

Zur *Brennstoffanlage* gehören: Regler, Messwertgeber, Anzeigeinstrumente, Rohrleitungen, Absperrventile, Tanks, Filter, Förderpumpen, Vergaser bzw. Einspritzpumpe.

Der Brennstoff wird von einer Förderpumpe aus den Tanks über einen Filter zum Vergaser bzw. zur Einspritzpumpe gefördert. Hier erfolgt die richtige Dosierung entsprechend der angesaugten Luftmasse und der erforderlichen Betriebsstufe des Triebwerkes. Der Brennstoff wird zerstäubt, um die Verdampfung zu begünstigen, und intensiv mit Luft vermischt den Arbeitszylindern zugeführt.

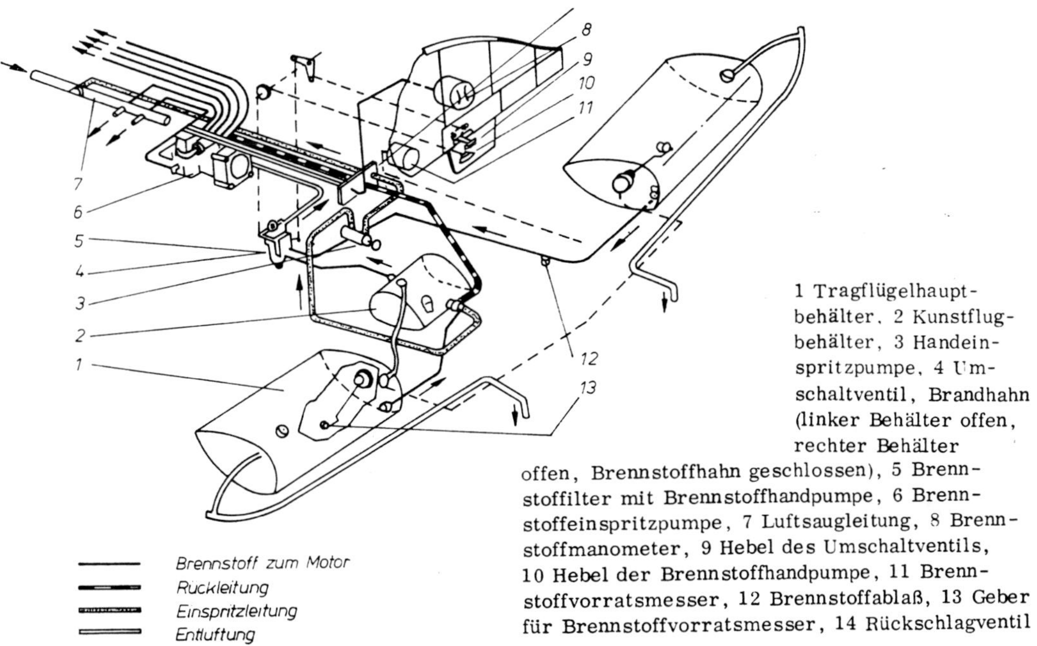

Bild 4/28: Brennstoffanlage eines Flugzeuges der Allgemeinen Luftfahrt

4.9.2 Brennstoff-Luft-Verhältnis und Mischungsverhältnisse

Entsprechend der chemischen Zusammensetzung der Luft und des Brennstoffes muss zwischen beiden ein bestimmtes Verhältnis hergestellt werden, um eine hohe Triebwerksleistung oder eine gute Brennstoffausnutzung zu gewährleisten.

Das *Luftverhältnis* λ ist das Verhältnis der tatsächlich pro kg Brennstoff angesaugten Luftmenge zur theoretisch für die vollständige Verbrennung notwendigen Luftmenge pro kg Brennstoff.

$$\lambda = \frac{m_L}{m_{Lo}} \qquad (4/16)$$

Bei Brennstoffen für Kolbentriebwerke beträgt die *theoretisch notwendige Luftmenge* m_{Lo}= 14 - 15 kg Luft pro kg Brennstoff (je nach Brennstoffsorte und Brennstoffzusammensetzung).

Der mögliche Bereich für das Luftverhältnis ist durch die *Zündgrenzen* gegeben und liegt bei Kolbentriebwerken zwischen 0,7 und 1,3 (dem entspricht ein Anteil von 1 bis 7 Vol.- % Brennstoffdampf im Ansauggemisch).

Bei einer Gemischzusammensetzung mit $\lambda < 1$ spricht man von *reichem (fettem) Gemisch* bzw. Luftmangel, bei $\lambda > 1$ *von armem (magerem) Gemisch* bzw. Luftüberschuss.

Tabelle 4/3: Mischungsverhältnisse

Luftverhältnis λ	0,67	0,83	1	1,1 - 1,2
Fuel/Air (in USA angewendet)	0,1	0,08	≈ 0,067	≈ 0,06
	Reich (Automatisch reich)	etwas reich *BPP*	wird nicht verwendet *CCM*	Arm *BEP* Reiseleistung (Automatisch/ manuell arm)

Aufgrund des nicht vollständig homogenen Gemisches wird bei einer bestimmten Drehzahl und einem bestimmten Ladedruck die maximale Leistung bei vollständiger Luftausnutzung (Luftmangel, $\lambda \approx 0{,}8 - 0{,}9$ im *BPP* -Best Power Point) erreicht. Dadurch verlässt ein Teil des Brennstoffes die Zylinder unverbrannt. Dieser Bereich sollte nur bis 70 % der Maximalleistung angewendet werden.

Als *Startleistung* wird häufig aus Sicherheitsgründen eine Leistungseinstellung unter dem *BEP* bei einem Luftverhältnis von $\lambda \approx 0{,}7 - 0{,}8$ für hohe Leistungsbereiche über 70 % der Maximalleistung angewendet. Der unverbrannte Brennstoffrest dient dabei der inneren Kühlung der Zylinder und verhindert eine Überhitzung des Motors. Der spezifische Verbrauch ist entsprechend hoch.

Eine Leistungseinstellung mit einem Luftverhältnis $\lambda = 1$ (*CCM* –Chemical Correct Mixture, stöchiometrisches Gemisch) soll vermieden werden, um zu hohe Zylinderkopftemperaturen zu verhindern.

Der geringste spezifische Verbrauch wird bei vollständiger Verbrennung des Brennstoffes (Luftüberschuss, $\lambda \approx 1{,}1 - 1{,}2$ im *BEP* -Best Economic Point) erzielt. Dieser Bereich wird für Sparflug- und Reiseleistungsstufen gewählt.

Aufgrund ungünstiger Zünd- und Verbrennungsbedingungen sinkt die Leistung trotz weiter ansteigenden Verbrauches bei $\lambda < 0{,}8$ wieder ab, desgleichen steigt der Verbrauch bei $\lambda > 1{,}2$ trotz weiter absinkender Leistung wieder an.

Es wird kein Betrieb über max. EGT hinaus in Richtung weiterer Verarmung empfohlen!

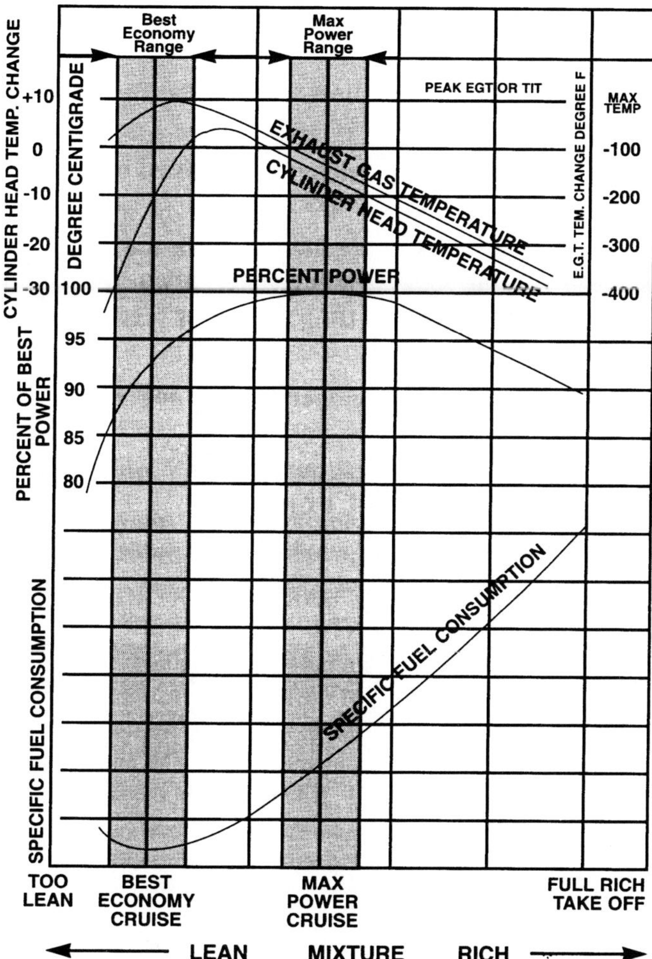

Bild 4/29: *Einfluss der Gemischzusammensetzung (Luftverhältnis) auf Leistung, spezifischen Brennstoffverbrauch, Abgastemperatur und Zylinderkopftemperatur eines TEXTRON Lycoming Motors (Drehzahl und Ladedruck = konstant)*

Tritt an einem arbeitenden Motor mit verarmten Gemisch eine Störung wie Leistungsabfall, unruhiger Lauf usw. auf, dann muss der Gemischhebel sofort auf reich gestellt werden, da der Verbrennungsablauf mit reichem Gemisch besser, wenn auch mit höherem Brennstoffverbrauch erfolgt.

Die manuelle Gemischregelung sollte grundsätzlich nur nach den Vorschriften des Triebwerkherstellers erfolgen. Im Bodenbetrieb sollte generell das Gemisch verarmt werden, um ein Verrußen der Zündkerzen möglichst zu vermeiden.

4.9.3 Gemischbildner - Vergaser

Der *Vergaser* ist ein relativ einfaches, verschleiß- und wartungsarmes sowie funktionssicheres Gerät zur Herstellung des vom Triebwerk benötigten Brennstoff-Luft-Gemisches. Entsprechend der Leistungsstufe des Triebwerkes bestimmt er die Gemischzusammensetzung durch Dosierung und Zerstäubung des Brennstoffes.

Weiterhin regelt der Vergaser die je Arbeitsspiel in die Zylinder gelangende Gemischmenge und damit das Drehmoment. Häufig sind Vorrichtungen zur Gemischabmagerung (Höhenkorrektur), Vorwärmung und Beschleunigung vorhanden. Durch die Einschnürung des Luftstroms im Lufttrichter erhöht sich die Strömungsgeschwindigkeit.

Dabei verringert sich der Druck am Austrittsrohr des Brennstoffes gegenüber dem Schwimmergehäuse bzw. Außendruck. Die aus dem Zerstäuber austretende Brennstoff menge ist proportional dieser Druckdifferenz, folglich auch der Strömungsgeschwindigkeit im Lufttrichter und damit der angesaugten Luftmenge.

Es ist auf den *Höhenkorrektor* hinzuweisen, der bei einigen Typen manuell bedient wird, teilweise jedoch auch automatisch arbeitet.

Mit wachsender Flughöhe verringert sich die spezifische Masse der Luft. Bei gleicher Triebwerksdrehzahl und Drosselklappenstellung ergibt sich bei gleichem Volumendurchsatz ein geringerer Massendurchsatz der Luft.

Da sich die spezifische Masse des Brennstoffes mit der Höhe nicht verändert, kommt es ohne besondere Korrektureinrichtungen zur Gemischanreicherung, die zur Verschlechterung des Wirkungsgrades und eventuell zu Zündaussetzern durch Unterschreiten der Zündgrenze führt (vgl. Bild 4/29).

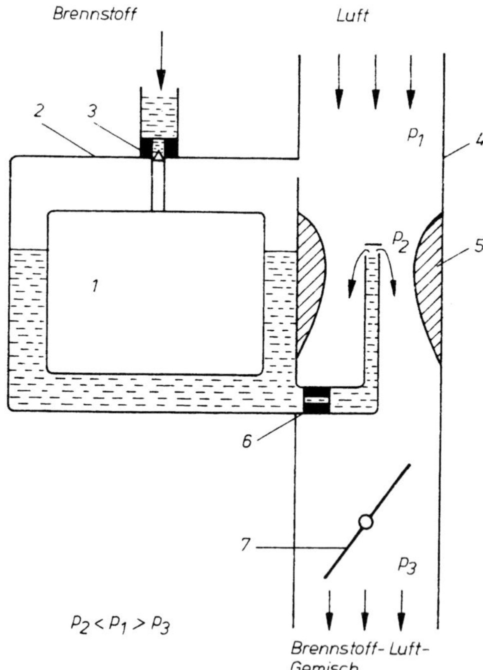

1 Schwimmer
2 Schwimmergehäuse
3 Schwimmerventil
4 Ansaugrohr
5 Lufttrichter
6 Hauptdüse
7 Drosselklappe

Bild 4/30: Aufbau und Arbeitsweise eines einfachen Vergasers (schematisch)

Der im Bild 4/31 dargestellte automatische Gemischregler (Höhenkorrektor) bewirkt bei abnehmendem Luftdruck über eine barometrische Dose zunehmende Brennstoffdrosselung. Auf diese Weise wird auch der unterschiedliche Tagesdruck in Bodennähe automatisch zur Korrektur der Gemischzusammensetzung berücksichtigt.

Von Hand bediente Höhenkorrektoren werden entsprechend den Bedienungsvorschriften meistens erst in Höhen oberhalb 1.000 m betätigt.

Sie ermöglichen also nur grobe Korrekturen, gestatten im Bedarfsfall jedoch eine willkürliche Gemischverarmung in jeder Höhe und damit eine Verringerung des Brennstoffverbrauches.

Ein Nachteil des Vergaserbetriebs bei OTTO-Motoren besteht darin, dass mit nur einem Vergaser für mehrere Zylinder, die Gemischverteilung für die einzelnen Zylinder eines Triebwerkes mit $\lambda = 0{,}85$ bis $\lambda = 1{,}05$ unterschiedlich ist.

Entsprechend Bild 4/29 erreicht dadurch das gesamte Triebwerk nicht seine maximale Startleistung.

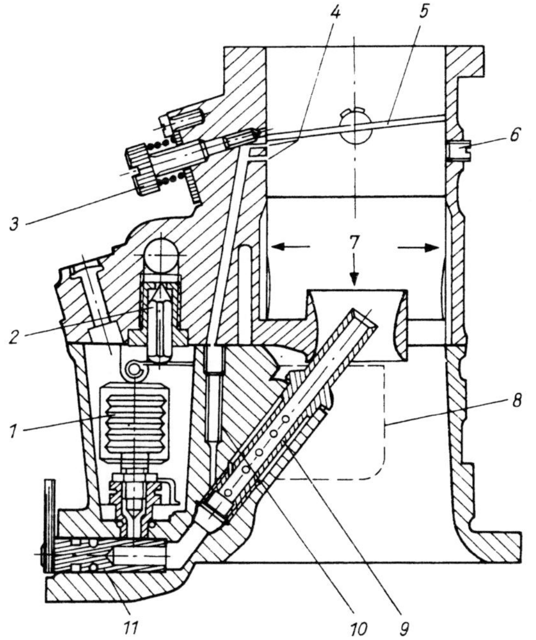

1 automatischer Gemischregler
2 Schwimmernadelventil
3 Leerlaufgemisch-Einstellschraube
4 Übergangsbohrungen
5 Drosselklappe
6 Anschluss für Gemischtemperaturgeber
7 Venturirohr,
8 Schwimmer
9 Mischrohr
10 Leerlaufrohr
11 Brennstoffabschaltung

Bild 4/31: Hauptvergaser eines Flugmotors

Im Reiseflug kann dagegen nur soweit abgemagert werden, dass der Zylinder, der das ärmste Gemisch erhält, noch sicher arbeitet. Andere Zylinder erhalten dann zu reiches Gemisch. Das gesamte Triebwerk erreicht nicht seinen minimal möglichen spezifischen Brennstoffverbrauch.

Vergaser sind, soweit es sich nicht um spezielle Konstruktionen handelt, gegenüber extremen Lageänderungen (z. B. im Kunstflug) empfindlich. Ansprech- und Beschleunigungszeiten des Vergasermotors sind größer als die des Einspritzmotors.

4.9.4 Mechanische Einspritzanlagen

Mechanische Einspritzanlagen spritzen den Brennstoff mit Niederdruck kontinuierlich in den Ansaugkrümmer, kontinuierlich oder intermittierend vor die Einlassventile jedes Zylinders oder mit Hochdruck direkt in den Brennraum.

Zu den *Vorteilen* (je nach Ausführung) gegenüber dem gleichen, mit einem Vergaser ausgerüsteten Triebwerk zählen:

- gleichmäßigere Beanspruchung der Zylinder,
- höhere Startleistung (8 - 12 %),
- geringerer spezifischer Verbrauch (3 - 5 %),
- geringere Klopfneigung,
- die Ansprechzeit bei Beschleunigung beträgt nur etwa 1/10 der Zeit bei Vergaserbetrieb,
- Lageunempfindlichkeit,
- keine Ansaugdrosselung (durch Verwirbelungseinbauten im Vergaser),
- keine Ansaugrohrheizung,
- keine Vergaservereisung.

Zu den *Nachteilen* (je nach Ausführung) gegenüber dem gleichen, mit einem Vergaser ausgerüsteten Triebwerk zählen:

- höherer konstruktiver Aufwand
- höherer Preis
- höhere Qualifikation des Wartungspersonals
- höhere Masse

✦ *Varianten:*
Beim *Einspritzvergaser* (z.B. System Stromberg) wird der Unterdruck im Venturirohr des Ansaugsystems nicht zum Absaugen des Brennstoffes wie im herkömmlichen Vergaser genutzt, sondern über Membranen zur Dosierung der Brennstoff menge. Der Brennstoffdruck wird durch die Brennstoffförderpumpe erzeugt. Der Brennstoff wird über eine Düse hinter der Drosselklappe kontinuierlich in den Ansaugkrümmer eingespritzt. Die Höhenanpassung erfolgt über eine barometrische Dose.

Die vor allem an Boxermotoren angewandte *kontinuierliche Niederdruck-Einspritzung* (z.B. System Bendix) ist relativ einfach aufgebaut. Die Druckdifferenz zwischen Staudruck (vor dem Venturi) und Venturidruck dient ebenfalls über Membranen zur Dosierung des Brennstoffes, dessen Druck die Brennstoffförderpumpe erzeugt. Der Brennstoff gelangt weiter in ein separates Brennstoffverteilerventil, welches ihn auf die vor den Einlassventilen befindlichen Einspritzdüsen verteilt. Die Einspritzdüsen sind belüftet, um durch zusätzliche Luftzufuhr eine bessere Zerstäubung des Brennstoffes sowie beim Abstellen ein Nachlaufen zu vermeiden.

Die *intermittierende Niederdruck-Einspritzung* kann mit einer speziellen Einspritzpumpe realisiert werden. Sie enthält:

- die Brennstoffförderpumpe,
- eine Schmierstoffrückförderpumpe und
- die automatische Brennstoffdosierungsvorrichtung mit der Möglichkeit zur manuellen Vorgabe eines Sollwertes für die Gemischzusammensetzung.

Die (derzeit nicht verwendete) *Hochdruck-Benzin-Direkteinspritzung* arbeitet mit einem Druck von ca. 50 bar und spritzt den Brennstoff während des Ansaughubes in den Brennraum. Die Einspritzpumpe ist sehr aufwendig und ähnelt im Aufbau Diesel-Reiheneinspritzpumpen.

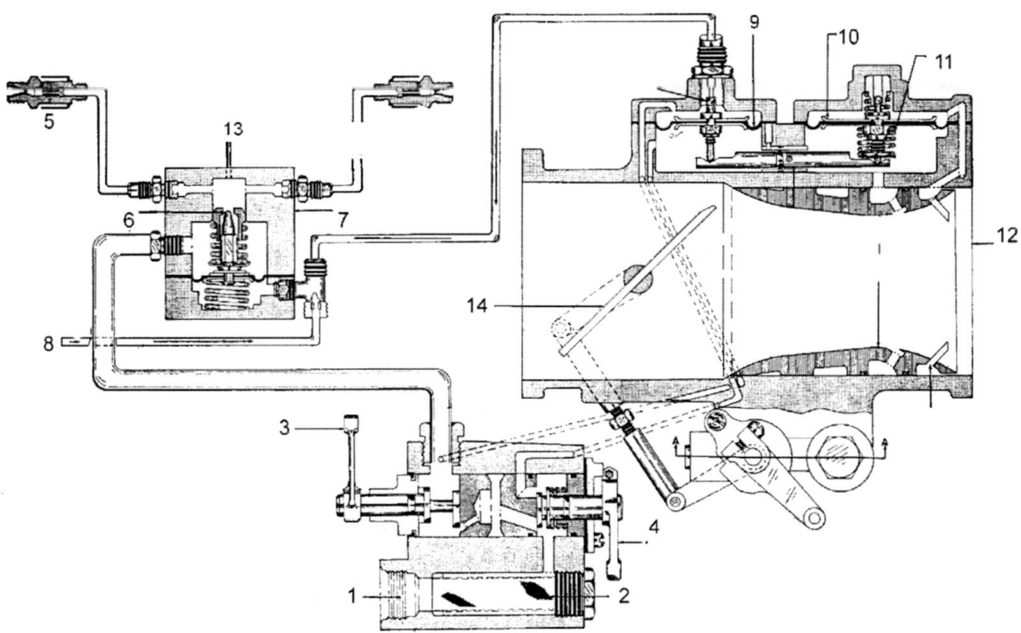

1 BS-Einlass
2 BS-Filter
3 Leerlaufventilhebel
4 Gemischregler- und Leerlaufabschalthebel
5 Austrittsdüse (eine je Zylinder)
6 Verteilerventil
7 Verteiler
8 BS-Rückfluss
9 BS-Membrane
10 Luft-Membrane
11 Leerlauffeder
12 Lufteinlass
13 BS-Durchfluss

Bild 4/32: Brennstoffeinspritzanlage, System BENDIX für Saugmotore

4.9.5 Elektronisch gesteuerte Einspritzanlagen – FADEC

Analog zu Gasturbinentriebwerken werden auch an Kolbentriebwerken moderne elektronische Motormanagement-Systeme (FADEC, Full Authority Digital Engine Control) eingesetzt.

Dieses steuert die Einspritz- und Zündanlage sowie den Luftschraubenregler und gewährleistet z.B. die optimale Anpassung des Zündzeitpunktes an die Gemischzusammensetzung (mageres Gemisch erfordert zum Ausgleich der geringeren Verbrennungsgeschwindigkeit größere Vorzündwinkel).

Es besteht die Möglichkeit, eine Klopfregelung zu integrieren. Bei 2-motorigen Flugzeugen ist eine Luftschraubensynchronisation möglich. Das System ist redundant mit mindestens zwei automatisch umschaltenden Kanälen ausgeführt.

✦ *Vorteile:*
- einfache Bedienung von Motor und Luftschraube durch Einhebelbedienung
- deutliche Brennstoffeinsparung
- verringerter Wartungsaufwand durch Selbstdiagnose
- Problemloser Kaltstart
- Erhöhte Zuverlässigkeit und Sicherheit

✦ *Nachteile:*
- höhere Anschaffungskosten
- zweiter Generator oder Batterie für Notbetrieb erforderlich

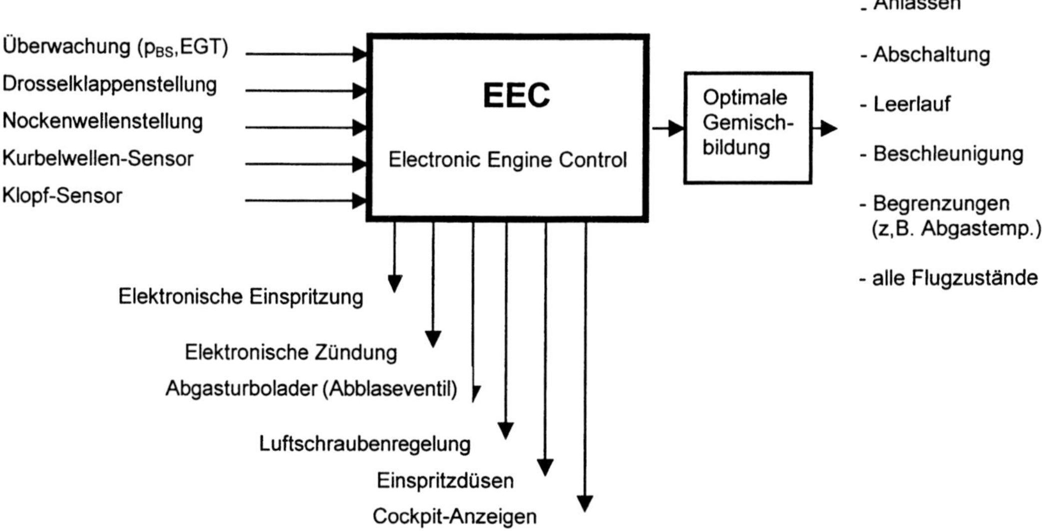

Bild 4/33: Beispiel für eine elektronische Kolbenmotorregelung (FADEC)

4.9.6 Brennstoffe und Klopfverhalten

Für Flugzeugkolbentriebwerke (OTTO-Prinzip) kommen nur flüssige Brennstoffe mit hoher *Zündträgheit* (Selbstzündungstemperatur, Klopffestigkeit) in Frage. Es werden deshalb meist spezielle Flugbenzine (Aviation Gasoline – *AVGAS* verwendet, deren Eigenschaften in bestimmten Normen festgelegt werden (z. B. ASTM – D 910).

AVGAS 100 LL ist ein Sonderbrennstoff, der ausschließlich für den Einsatz in Kolbentriebwerken der Allgemeinen Luftfahrt hergestellt wird. Die *Siedekurve* zeigt bei 60 °C eine verdampfte Menge von ≈ 10 % und bei ≈ 160 °C von ≈ 95 %. Der Brennstoff besteht vorwiegend aus leichtsiedenden Anteilen der Erdöldestillation. Eine typische Zusammensetzung ist ≈70% Alkylat, ≈15% Isopentan, ≈15% Toluol sowie < 1% genau definierte Additive (Avgas 100LL). Sein *spezifischer Heizwert* (in Verbrennungsprodukten tritt sog. Verbrennungswasser dampfförmig auf) beträgt etwa 12 kWh/kg. (Weitere Brennstoffdaten siehe Anhang 11)

Das wichtigste Qualitätsmerkmal ist die *Klopffestigkeit*. Sie ist proportional der zwischen 450 °C und 530 °C liegende Selbstzündungstemperatur, die möglichst hoch sein soll, damit es nicht zu unkontrollierten Selbstzündungen beim Verdichtungstakt kommt. Die Klopffestigkeit eines Brennstoffes, angegeben durch die Oktanzahl oder Leistungszahl, wird mit Hilfe spezieller Prüfmotoren bei genormten Bedingungen bestimmt. (ASTM – D2700, ASTM – D2699)

Die *Oktanzahl (OZ)* eines Ottobrennstoffes kennzeichnet seine Klopffestigkeit und entspricht dem prozentualen Anteil an Isooktan (C_8H_{18}) in einer Vergleichsmischung aus Normalheptan ($C_7\,H_{16}$) und Isooktan, die gleiche Klopfeigenschaften hat wie der jeweilige Brennstoff.
Die Klopffestigkeit von reinem Isooktan wurde willkürlich mit 100 festgelegt Mit einer derartigen Vergleichsmischung ist die Bestimmung der Oktanzahl bis zum Wert 100 möglich.
Oktanzahlen über 100 werden durch Beimengung von Tetraethylblei erreicht und heißen *Leistungszahl* (Performance Number – PN).
Die Leistungszahl kann auch kleiner als 100 sein. Sie gibt dann die Klopffestigkeit in einem bestimmten Testverfahren an und kann über die Gleichung PN = 2800/(128-OZ) in die Oktanzahl umgerechnet werden (s. Abb. 4/34).
Bleitetraethyl, das in Mengen von 0,05 bis 0,12% den Kraftstoffen beigegeben wird, dient in Form feinstpulverisierten Bleies als Wärmespeicher und trägt dazu bei, dass die Gastemperatur vor der Flammfront unter der Selbstzündungstemperatur bleibt. Da Blei sehr giftig ist, sind beim Umgang mit Flugbenzinen entsprechende Vorschriften einzuhalten.
Flugbrennstoffe mit Oktanzahlen größer als 100 werden für Kolbentriebwerke häufig durch zwei Zahlen gekennzeichnet z.B. 100/130 Die erste bedeutet, dass der Brennstoff nach der F-3-Methode bei armem Gemisch mindestens eine Oktanzahl von 100 und nach der F-4-Methode mindestens ein PN von 130 haben muss. Anstelle der F3-Methode wird derzeit die auch bei Autobenzin (MOGAS) übliche Motor – Methode nach ASTM – D2700 angewendet.
Der relativ hohe Anteil von Bleiverbindungen im AVGAS, der die Klopffestigkeit des Brennstoffes sichert, schließt eine Abgasnachbehandlung etwa mittels Katalysatoren aus. Daraus resultieren auch Umweltprobleme durch Blei-, Dioxin- und Furanemission.

Das *Klopfen* ist für Kolbentriebwerke, insbesondere für die Kurbelwellenlagerung, ein gefährlicher Betriebszustand. Es tritt vorwiegend bei niedrigen Drehzahlen im Zusammenhang mit hohem Ladedruck bzw. großer Drosselklappenöffnung auf. In die Kennlinienfelder der Triebwerke wird gelegentlich die Klopfgrenze für eine bestimmte Brennstoffsorte eingezeichnet (vgl. Kapitel 4.14).

Klopfende Verbrennung entsteht durch unkontrollierte Zündherde während des Verdichtungstaktes. Ihre Ursachen sind ungenügende Zündträgheit des Brennstoffes, zu hohe Betriebstemperatur oder Oberflächenzündung durch Ablagerungen. Es kommt zu einer mehrfachen Erhöhung der Verbrennungsgeschwindigkeit im Zylinder, die wiederum einen außerordentlich großen Druckanstieg und eine Vergrößerung des Spitzendruckes um mehr als das Doppelte nach sich zieht. Das Druckmaximum wandert vor den äußeren Totpunkt.

Die starken Druckschwingungen zerstören die isolierende Grenzschicht im Zylinder und ermöglichen einen intensiven Wärmeübergang vom Arbeitsgas an das Material. Die Folgen sind Leistungsabfall, *Triebwerküberhitzung* und außerordentlich hohe mechanische und thermische Beanspruchungen der Triebwerksteile, die zur Zerstörung von Kolben und Lager führen können.

Bei Wartung und Bedienung des Triebwerkes ist sorgfältig darüber zu wachen, dass die Bedienungsvorschriften eingehalten werden:

- Mindestklopffestigkeit des Brennstoffes,
- richtige Grundeinstellung der Zündung,
- Gemischzusammensetzung entsprechend dem jeweiligen Betriebszustand.

F3 und F4 sind sowohl für OZ/PN über und unter 100 anwendbar.

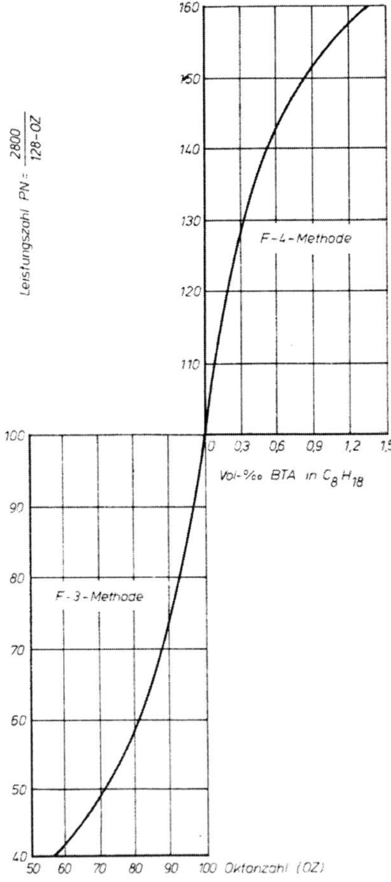

Bild 4/34: Leistungszahl des Brennstoffes für OTTO-Motoren in Abhängigkeit von Oktanzahl und Bleitetraäthylgehalt

4.9.7 Wassergehalt, Eisbildung, Farbkennzeichnung und MOGAS

Brennstoffe sind hygroskopisch und dadurch sind Wasseranteile immer im Flugbenzin enthalten. In Abhängigkeit von der Brennstofftemperatur und entsprechend der Sättigungskurve ist Wasser entweder in *gelöster Form* oder als *freies* (ungelöstes Wasser) im Brennstoff enthalten.

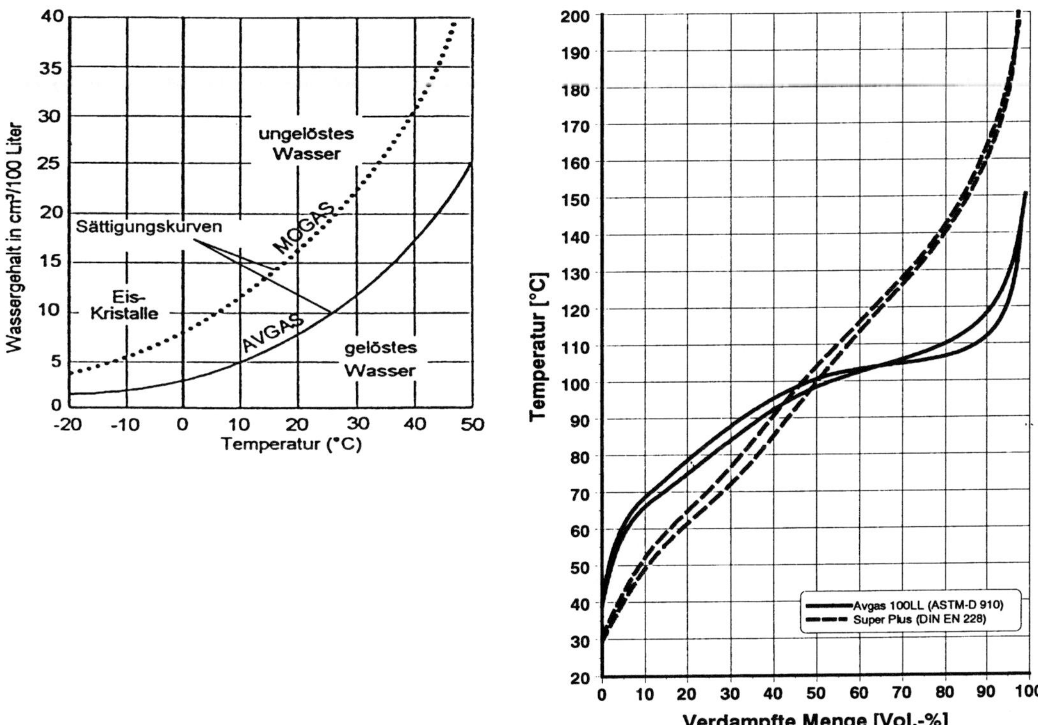

Bild 4/35: Vergleich der Sättigung und des Siedeverlaufes von AVGAS und MOGAS

Die Gefahr von Motorstörungen durch *Dampfblasenbildung – Kavitation* in Leitungen mit hohen Strömungsgeschwindigkeiten (statischer Druck nimmt ab) wird größer mit zunehmender Flughöhe und/oder steigender Brennstofftemperatur.

Farbkennzeichnung			
Brennstoff	100 LL	100	115 (Militär)
OZ/PN	100/130	100/130	115/145
Farbe	blau	grün	violett

MOGAS

Eine Reihe von Luftfahrzeugen darf mit Autobenzin betrieben werden. Dadurch ergeben sich folgende Vorteile:

- geringere Brennstoffkosten
- keine Emission von Blei- und Chlorverbindungen
- keine Bleiablagerungen im Brennraum, an Zündkerzen oder im Abgassystem

MOGAS und *AVGAS* unterscheiden sich wesentlich in ihren Eigenschaften und in ihrer Zusammensetzung, da sie für unterschiedliche Einsatzzwecke hergestellt werden. AVGAS hat eine relativ konstante Zusammensetzung der Komponenten mit geringer Additivierung, verfügt über eine hohe Lagerstabilität und wird nur in wenigen Raffinerien mit hohen Kosten hergestellt.

Dagegen weist MOGAS eine stark schwankende Zusammensetzung je nach Rohware und Raffineriestruktur auf und kann preiswerter und variabel in den verschiedensten Betrieben hergestellt werden. Durch Additivierung ist ein Ausgleich von Mängeln im Basisbrennstoff (Rohbenzin) möglich. Der schnelle Umschlag an den Straßentankstellen erfordert eine geringere Lagerstabilität. Die in Normen festgelegten Anforderungen an MOGAS werden relativ häufig geändert. Auf Grund des höheren Aromatengehaltes im MOGAS liegt dessen Dichte meist über der von AVGAS.

MOGAS darf nur in dafür zugelassenen Flugmotoren verwendet werden, da es:

- eine geringere Klopffestigkeit hat, die außerdem bei längerer Lagerung weiter abnehmen kann.
- einen anderen Siedeverlauf mit ungünstigem höheren Siedeende (210°C bei Mogas, 170°C bei AVGAS) hat.
- durch höheren Dampfdruck leichter flüchtig ist, was zu Dampfblasenbildung führen kann.
- wasseranziehende Alkohole enthalten kann, die ebenso die Bildung von Eiskristallen im Brennstoff begünstigen (höherer Kristallisationspunkt) wie die Gefahr der Phasentrennung in eine nichtbrennbare alkoholreiche wässrige Phase und eine alkoholarme Phase der Kohlenwasserstoffverbindungen.
- durch die andere chemische Zusammensetzung zu Werkstoffunverträglichkeiten kommen kann.

AVGAS 82UL nach ASTM-D 6227 ist eine speziell für den Einsatz in der Luftfahrt entwickelte MOGAS-Sorte, bei der einige der obengenannten Probleme minimiert werden. Es darf ebenfalls nur in den dafür zugelassenen Luftfahrzeugen verwendet werden.

Alternative Brennstoffe können beispielsweise auf Alkoholen (z.B. AGE-85) oder Ether (Methyltertiärbutyl-Ether, Ethyltertiärbutyl-Ether) basieren. AGE-85 besteht aus 80 - 90 Vol. % Ethanol, 10 - 20 Vol.-% Pentan und 0,5 - 1,0 Vol.-% Biodiesel und wird regional begrenzt, besonders für Agrarflugzeuge eingesetzt (geringe Modifikation des Triebwerkes notwendig).

4.10 Schmierstoffanlage und Schmierstoffe

4.10.1 Aufgabe, Aufbau und Arbeitsweise

Aufgaben des *Schmierstoffes:*

- Reibung und dadurch Verschleiß und Eigenverluste verringern,
- Reibungswärme von den Lagerstellen abführen,
- Abrieb aus den Lagern spülen,
- eventuell entstandene Verbrennungsrückstände auflösen,
- innerer Korrosionsschutz,
- Abdichtung zwischen Kolben und Zylinderwand,
- Steuer- und Schaltfunktionen (z. B. in der Einspritzpumpe oder bei der Luftschraubenverstellung).

Aufgaben der *Schmierstoffanlage:*

- notwendige Schmierstoffmenge aufnehmen,
- Schmierstoff kühlen und reinigen,
- Schmierstellen und Servomechanismen mit der richtigen Schmierstoffmenge und dem erforderlichen Schmierstoffdruck versorgen,
- von den Lagerstellen ablaufenden Schmierstoff sammeln und in den Behälter zurückpumpen.

Bauteile der Schmierstoffanlage sind:

- Behälter,
- Pumpen,
- Kühler,
- Filter,
- Leitungen,
- Messwertgeber und Anzeigeinstrumente für Temperaturen und Drücke,
- in Einzelfällen verschiedene Sondereinrichtungen (z. B. die Signalisation von Metallspänen im Filter oder Einrichtungen für die Schmierstoffverdünnung zur Verbesserung des Startverhaltens bei niedrigen Außentemperaturen),
- Regeleinrichtungen für Temperatur und Druck.

Die *Nass-Sumpf-Schmierung* findet in Boxermotoren Anwendung. Für Kunstflug ist diese Art der Schmierung nur nach besonderen Anpassungen geeignet. Lycoming-Motore haben z.B. dazu schwerkraftbeaufschlagte Umschaltventile im Schmierstoffkreislauf installiert.

Sternmotore und Reihenmotore (hängende Zylinder) sind mit sogenannten *Trockensumpf - Schmierungen* ausgelegt. Sie sind lageunempfindlich und bei entsprechenden Änderungen am Schmierstofftank auch voll kunstflugtauglich.

Die Arbeitsbedingungen einer Schmierstoffanlage sind außerordentlich schwierig, da das Triebwerk mit unterschiedlichen Drehzahlen und Belastungen betrieben wird. Daraus resultieren unterschiedliche Kräfte und Gleitgeschwindigkeiten in den Lagern. Außerdem ist die Art der Schmierstellen, die alle mit dem gleichen Schmierstoff versorgt werden müssen, sehr unterschiedlich.

Neben Gleit- und Wälzlagern müssen hin- und hergehende Bauelemente mit Umkehrung der Bewegungsrichtung (Kolben, Ventilschaft), Zahnräder und Steuernocken geschmiert werden.

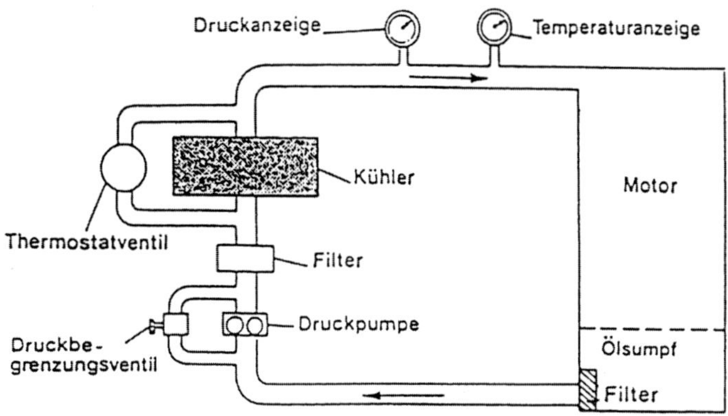

Bild 4/36: Schematische Darstellung einer Nasssumpf-Umlaufschmierung

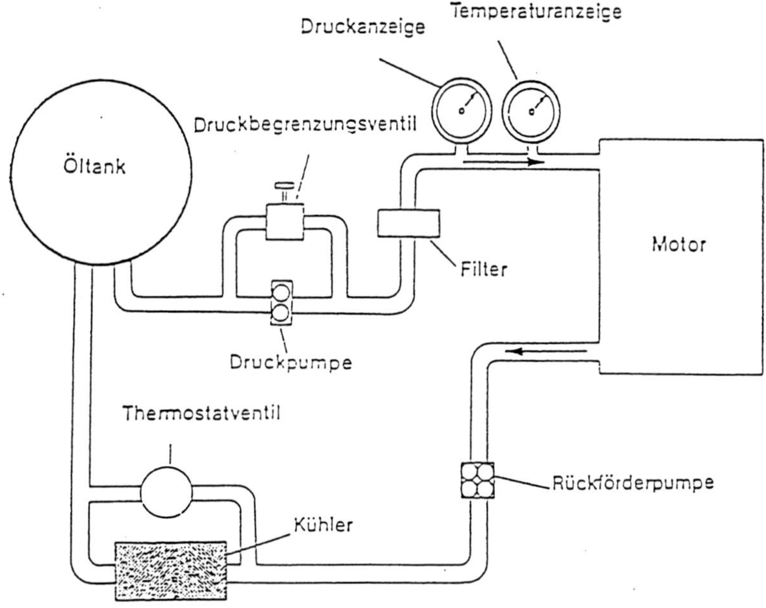

Bild 4/37: Schematische Darstellung einer Trockensumpf-Umlaufschmierung

4.10.2 Bauteile der Schmierstoffanlage

Schmierstoffbehälter der betrachteten Triebwerke haben einen Rauminhalt von 70 - 100 cm^3 pro kW Startleistung. Sie enthalten einen Einfüllstutzen mit Messstab, eine Entlüftungsleitung, eine Rückölleitung und eine Saugleitung mit Siebfilter. Für kunstflugtaugliche Flugzeuge sind Sondereinrichtungen erforderlich. Die *Hauptfilter* sind fast immer als Plattenspaltfilter ausgelegt. Sie gewährleisten die Beseitigung von Verunreinigungen mit Korngrößen über 0,1 mm.

Als *Schmierstoffpumpen* kommen ausschließlich Zahnradpumpen zur Anwendung. Sie sind so ausgelegt, dass ihre Förderleistung bereits bei relativ niedriger Drehzahl ausreicht. Daher ist sie bei Reise-, Nenn- und Startdrehzahl zu groß. Der überflüssige Förderstrom wird über ein federbelastetes Kugelventil von der Druckseite der Pumpe zur Saugseite zurückgeführt. Dadurch kann ab einer bestimmten Drehzahl der Schmierstoffdruck etwa konstant gehalten werden.

Die *spezifische Förderleistung* der Druckpumpen beträgt bei Nennleistung 3 - 4 dm^3/kW h, die *spezifische Durchflussmenge* durch das Triebwerk ist 1,5 - 2,5 dm^3/kWh. Die *Rückförderpumpen* sind für wesentlich größere Fördermengen ausgelegt als die Druckpumpen. Dadurch wird ein Entleeren des Schmierstoffbehälters durch die Druckpumpen ausgeschlossen. Der *Schmierstoffkühler* ist stets als Schmierstoff-Luft-Wärmetauscher in Röhrenbauweise ausgeführt. Er ist oft mit einem automatisch arbeitenden Umgehungsventil versehen. Schmierstoffkühler sind meistens regelbar. Die abgeführte Wärmemenge beträgt etwa 2 % der mit dem Brennstoff zugeführten Wärmemenge oder 0,05 - 0,08 kWh je Stunde und je kW Wellenleistung.

4.10.3 Druck und Temperatur des Schmierstoffes

Schmierstoffdruck und *Schmierstofftemperatur* sind die wichtigsten Überwachungsgrößen für Kolbentriebwerke. Für den zuverlässigen Betrieb ist ein bestimmter Mindestdruck am Triebwerkeingang erforderlich. Eine bestimmte Höchsttemperatur darf nicht überschritten werden, und für Betriebsdrehzahlen ist eine Mindesttemperatur erforderlich. Der *Schmierstoffdruck* wird am Triebwerkeingang gemessen und ist abhängig von:

- Drehzahl,
- Viskosität (Temperatur und Sorte des Schmierstoffes),
- Verschleißzustand des Triebwerkes.

Mindestdrücke 3,5 - 4 daN/cm^2 bei Gleitlagerung und 2,2 daN/cm^2 bei Wälzlagerung der Kurbelwelle gewährleisten die ordnungsgemäße Versorgung aller Lagerstellen. Sobald diese Werte unterschritten werden, ist innerhalb von Minuten mit ernsthaften Störungen (meistens Lagerschäden oder Kolbenfresser) bis zum Triebwerkausfall zu rechnen. Beim Anlassen des Triebwerkes muss besonders auf einen schnellen Druckaufbau geachtet werden.

Ursachen für einen *Abfall der Schmierstoffdruckanzeige* :

- Defekt in der Druckmesseinrichtung (Geber, Anzeigegerät),
- zu geringer Schmierstoffvorrat als Folge des Schmierstoffverbrauches oder eines Leitungsbruches,
- Lagerschaden (insbesondere Kurbelwellenlager oder Pleuellager),
- Triebwerküberhitzung durch Überlastung oder geschlossene Kühler.

Wenn der Schmierstoffdruck im Flug abfällt, sind sofort die Belastung und gegebenenfalls auch die Drehzahl zu verringern. Triebwerks- und Schmierstoffkühlung sind soweit als möglich zu verstärken. Eine Gemischanreicherung ist zweckmäßig.

Die Schmierstofftemperatur wird bei Flugtriebwerken im Gegensatz zu Fahrzeugmotoren in der Regel am Triebwerkeintritt gemessen. Sie reagiert sehr schnell auf Betriebsstörungen.

Die günstigste Schmierstoffeintrittstemperatur liegt zwischen 60 °C und 80 °C. Darunter verschlechtert sich vor allem die Schmierung der Zylinder, denn wegen der höheren Viskosität gelangt zu wenig Spritzöl an die Zylinderwandungen. Bei höherer Temperatur werden die Gleitlager schlechter geschmiert, weil die Tragfähigkeit des Ölfilms in den Lagern wegen der niedrigeren Viskosität abnimmt. Für jeden Triebwerktyp werden zeitlich begrenzt erhöhte Maximalwerte für die Schmierstofftemperatur zugelassen. Ursachen für einen raschen Anstieg der Schmierstofftemperatur:

- zu geringer Schmierstoffvorrat,
- Triebwerküberhitzung durch Überlastung bzw. geschlossene Kühler,
- erhöhte Reibungswärme durch sich anbahnende Lager- oder Zylinderschäden.

Es sind in der Regel die gleichen Maßnahmen zu treffen, wie bei Abfall des Schmierstoffdruckes.

4.10.4 Schmierstoffe und Schmierstoffverbrauch

Schmierstoffe für Kolbentriebwerke sind hochwertige, *legierte Mineralöle* mit einer kinematischen Viskosität von mindestens 20 mm²/s bei 100 °C oder *synthetische Öle*. Diese Öle sind mechanisch und thermisch außerordentlich hoch beansprucht. Bei den hohen Temperaturen der Zylinderbahn soll der Schmierstoff nicht verdampfen, sondern einen genügend zähen, nicht durchdrückbaren, gut haftenden Schmierfilm bilden. Im kaltem Zustand soll er genügend dünnflüssig sein, um das Anlassen des kalten Motors zu ermöglichen Beim Abstellen des Motors sollen die Gleitflächen benetzt bleiben für das Wiederanlassen.

Legierte Schmierstoffe sind Mineralöle mit Zusätzen bestimmter chemischer Verbindungen (Additive). Durch die Zusätze werden die Eigenschaften, wie z.B. Verstärkung des Haftvermögens und der Druckaufnahmefähigkeit, Verminderung der Temperaturabhängigkeit der Viskosität, Alterungsstabilität und das Schmutztragevermögen, verbessert. Die *dynamische (absolute) Viskosität* η (Pa·s) ist die Kraft, die notwendig ist, um eine Flüssigkeitsschicht mit 1 cm² Fläche und in 1 cm Abstand von einer anderen Schicht mit einer Geschwindigkeit von 1 cm/s zu verschieben. Die *kinematische Viskosität* ν (m^2/s) ist das Verhältnis von dynamischer Viskosität zu spezifischer Masse.

Einheiten für die kinematische Viskosität ν: $m^2/s = 1\ Pa\ s/(kg/m^3) = 10^4 cm^2/s = 10^6\ mm^2/s$
(anglo-amerikanisch: $1\ ft^2/s = 0{,}092903\ m^2/s$)

Flugmotorenöle werden nach *Viskositätsklassen* mit einer *Commercial Aviation No.* versehen (Saybolt-Universal-Viskosimeter SSU). Bei diesem Verfahren wird die Zeit gemessen, die 60 cm³ Öl bei einer Temperatur von 210° F (ca. 100° C) benötigen, um durch eine Messdüse zu laufen.

Commercial Aviation No.	Commercial SAE No.
65	30
80	40
100	50
120	60

Eine wichtige Eigenschaft des Schmierstoffes ist sein *Viskositäts-Temperatur-Verhalten*. Die Viskosität soll sich mit wachsender Temperatur möglichst wenig verringern. Ein Maß für diese

Eigenschaft ist die Viskositätspolhöhe, der Viskositätsindex oder der Viskositätskoeffizient. Die Tabelle im Anhang 12 gibt weitere Schmierstoffdaten an.

Der *Schmierstoffverbrauch* beträgt ohne Berücksichtigung des Schmierstoffwechsels bei Kolbenflugmotoren je nach Konstruktion 2 bis 8 g/kWh. Die höheren Werte gelten für Sternmotoren, die niedrigeren für Reihenmotoren. Mit fortschreitendem Verschleiß wächst der Schmierstoffverbrauch. Moderne Triebwerke haben einen geringeren Verbrauch.

4.11 Kühlung und Betriebstemperaturen

Während der Verbrennung im Zylinder treten kurzzeitig Höchsttemperaturen um 2 000 °C auf. Die mittlere Temperatur im Verlauf eines Arbeitsspiels bei Nennleistung beträgt etwa 600 °C. Ohne Kühlung würde das Triebwerk nach relativ kurzer Laufzeit Temperaturen von 400 - 500 °C annehmen. Das Triebwerk ist bei einer derartigen Temperatur nicht betriebsfähig:

- die Festigkeit des Werkstoffes reicht nicht mehr aus,
- der Schmierstoff verbrennt,
- beim Verdichtungstakt kommt es zu unkontrollierten Selbstzündungen des Brennstoffes.

Mit Rücksicht auf den Konstruktionswerkstoff, auf den Brennstoff und auf den Schmierstoff muss ein Teil der entwickelten Wärmemenge durch die Kühlung abgeführt werden.

Für Flugmotoren des betrachteten Leistungsbereiches kommt hauptsächlich die *direkte Luftkühlung* in Frage. Sie ist leicht, zuverlässig und nahezu wartungsfrei. Bild 4/38 zeigt ein kleines luftgekühltes Kolbentriebwerk. Indirekt wird noch Wärme über den Schmierstoff und den Schmierstoffkühler abgeleitet.

Bild 4/38: Luftgekühlter 6-Zylinder-Boxermotor

Mit der *Kühlluft* werden 20 - 25 % der mit dem Brennstoff zugeführten Wärmemenge abgeleitet. Die Zylinderkopftemperaturen betragen dabei immer noch 150 - 200 °C. Kurzzeitig sind bei bestimmten Typen 250 °C zulässig.

Die Zylinderwandtemperaturen müssen mit 120 - 180°C deutlich kleiner sein als der Flammpunkt des verwendeten Schmierstoffes.

Für die Kühlung der Hilfsaggregate (Lader, Generator, Zündmagnete usw.) sind spezielle Kühlluftführungen erforderlich. Die Kühlung der Kolbentriebwerke ist aus Gewichtsgründen nicht für Startleistung ausgelegt.

Beim Start steigen die Triebwerktemperaturen (Schmierstoff- und Zylinderkopftemperaturen) ständig an, die Einhaltung günstiger Betriebstemperaturen ist nicht möglich. Deswegen wird einerseits die Startleistung in Bodennähe zeitlich begrenzt und andererseits mit Brennstoffüberschuss zur Innenkühlung gearbeitet. Die Einhaltung der günstigsten Betriebstemperaturen im Flug gewährleistet:

- größte Betriebssicherheit,
- geringsten Verschleiß und hohe Lebensdauer des Triebwerkes,
- geringsten Brenn- und Schmierstoffverbrauch,
- hohe Leistung im Bedarfsfall.

Da Flugmotoren in einem großen Temperaturbereich (+35 bis +40 °C im Sommer in Bodennähe und -35 °C im Winter in mittleren Höhen) und in einem großen Leistungsbereich arbeiten müssen, ist es günstig, wenn für Schmierstoff-und Zylinderkopftemperatur Regeleinrichtungen vorhanden sind (z.B. Änderung der durchströmenden Luftmenge innerhalb der Motorverkleidung mittels elektrisch, hydraulisch oder mechanisch verstellbarer Klappenmechanismen).

Wenn das nicht der Fall ist, kann die Betriebstemperatur nur über Triebwerkleistung und Fluggeschwindigkeit beeinflusst werden

4.12 Elektrische Einrichtungen und Anlassanlagen

4.12.1 Allgemeine Beschreibung

Zur Elektro- und Anlassanlage eines Kolbentriebwerkes gehören:

- Generator,
- Zündmagnete,
- Startermotor bzw. Pressluftverteiler,
- Elektro- bzw. Pressluftakkumulatoren,
- Kompressor,
- Verkabelung,
- Schalter,
- Regler.

Die erforderliche Generatorleistung richtet sich nach der elektrischen Ausrüstung des Flugzeuges. Sie beträgt 0,5 - 1, 0 % der Triebwerknennleistung. Es werden vorwiegend *Gleichstromgeneratoren* mit 27 V Nennspannung verwendet. Ihre spezifische Masse beträgt 5 bis 10 kg/kW. Die Drehzahlen liegen zwischen 4 000 U/min und 7 000 U/min. Die Übersetzungsverhältnisse zwischen Kurbelwelle und Generator sind 0,4 - 0,6.

Die *Startermotoren* sind elektrische Gleichstromreihenschlussmaschinen mit 1 - 2 kW Leistung bei 5 000 U/min und einem Übersetzungsverhältnis zwischen Starter und Kurbelwelle von 100 - 140.

Als *Bordakkumulatoren* werden vorwiegend Bleisammler spezieller Konstruktion mit 12 oder 24 V Nennspannung und 30 - 50 Ah Kapazität verwendet. Das Masse-Kapazitätsverhältnis beträgt etwa 1kg/Ah.

Die *Zündmagnete* arbeiten unabhängig voneinander und von der übrigen elektrischen Anlage. Zu jedem Zündmagnet gehören ein *Zündspannungsgenerator*, eine *Zündspule*, ein *Unterbrecher*, ein *Zündverteiler* und eine Einrichtung zur automatischen (drehzahlabhängigen) Zündverstellung.

Der *Summer* enthält einen Unterbrecher und eine Zündspule. Er dient zur Erzeugung eines kräftigen Zündfunkens während des Anlassens für die Dauer, in der der Anlassschalter gedrückt ist.

4.12.2 Mechanische Zündanlagen

Die *Zündanlage* hat die Aufgabe, die Verbrennung des im Zylinder verdichteten Brennstoff - Luft-Gemisches zu einem ganz bestimmten Zeitpunkt einzuleiten.

Für Flugmotoren wird im Gegensatz zu Kfz-Motoren aus Sicherheitsgründen ausschließlich die aufwendigere *Doppelmagnetzündung* angewendet. Außerdem ermöglicht die Doppelzündung gegenüber der Einfachzündung eine Leistungssteigerung von etwa 5 % bei gleichzeitiger Verringerung des Brennstoffverbrauches. An Motoren der Allgemeinen Luftfahrt werden die Hochspannungszündung und Einzelzündmagnete angewendet. Bei eingeschalteter Zündung (Stellung „Both“) ist der Zündschalter geöffnet. Durch Drehung des Dauermagneten wird in der Primärwicklung der Zündspule eine Spannung induziert.

Der Primärstrom wird vom Unterbrecher periodisch unterbrochen. Aufgrund der dadurch entstehenden großen Feldänderung wird in der Sekundärspule eine Spannung von etwa 20 kV induziert, die vom Verteilerfinger zu der jeweiligen Zündkerze geleitet wird. An der Zündkerze kommt es zur Funkenentladung gegen Masse und damit zur Entzündung des Brennstoff-Luft-Gemisches.

Die *Induktionsvibratorzündung* (Anlass-Summerzündung) ist eine Batteriezündung.

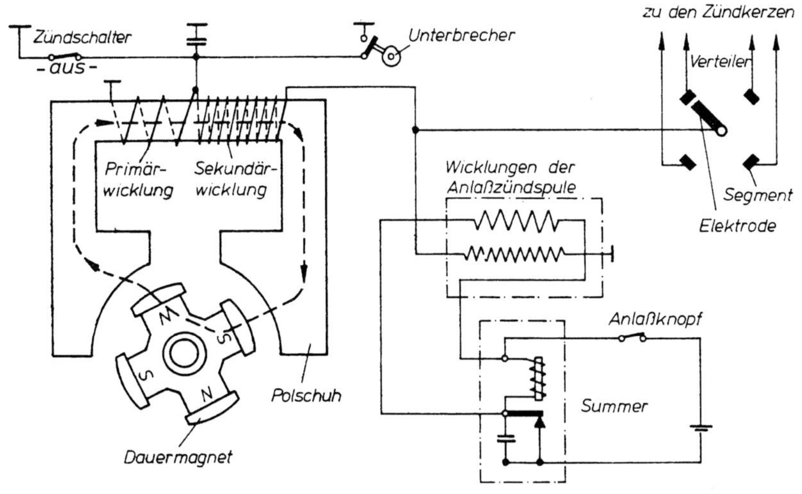

Bild 4 /39: Schema der Magnetzündung eines 4-Zylinder-Motors mit Anlasshilfsschaltung

Wird der Zündschalter beim Anlassen in die Startposition gedreht, wird der Zündkreis mit verzögertem Zündzeitpunkt (äußerer Totpunkt) und dem Summer aktiviert. Wird der Zündschlüssel nach dem Anspringen in die Stellung „Both" zurückgestellt, aktiviert der Zündkreis *beide* Zündmagnete mit der erforderlichen Frühzündung (z.B. 20° bis 25°) für den Betrieb. Der Anlassmagnet hat weniger Vorzündung. Das ist beim Anlassen besonders zu beachten.

Bei der niedrigen Anlassdrehzahl 50 U/min reicht die Feldänderung des Dauermagnetes nicht, um einen ausreichenden Primärstrom zu erzeugen. Deshalb wird gleichzeitig mit der Betätigung des Starterschalters ein besonderer Unterbrecher eingeschaltet, der den Primärstrom der Anlasszündspule aus dem Akkumulator periodisch unterbricht. Dadurch entsteht in der Sekundärspule eine ausreichende Zündspannung, die über den gleichen Verteilerfinger zu den Zündkerzen geleitet wird.

Bei Triebwerken kleinerer Leistung kann auch ein Zündmagnet (links) mit einem Schnapper ausgerüstet sein. Der Anlassvorgang sollte deshalb nur mit diesem Magneten erfolgen.

Dabei wird beim Anlassen des Triebwerkes der Rotor des Dauermagneten durch eine Sperrklinke kurzzeitig angehalten, während sich die Antriebswelle weiterdreht und eine Feder vorgespannt wird. Beim Erreichen des äußeren Totpunktes wird der magnetische Rotor durch die gespannte Feder in Drehrichtung beschleunigt und eine relativ hohe Niedervoltspannung in der Primärwicklung erzeugt. Daraus resultiert eine hohe Zündspannung in der Sekundärwicklung und an den Zündkerzen. Der *Magnetabfall* (Drehzahlabfall, der beim Abschalten eines der beiden Zündmagnete eintritt) ist daher beim Abschalten des Anlassmagneten meistens geringer.

✦ *Arbeitsweise:*

Die richtige Grundeinstellung der Zündung ist wichtig für

- gutes Anlassverhalten,
- vibrationsarmen Triebwerkslauf,
- zuverlässige und ökonomische Arbeit des Triebwerkes sowie
- vorschriftsmäßigen Magnetabfall.

Sie muss deshalb bei den entsprechenden Wartungsarbeiten sorgfältig kontrolliert und eingestellt werden.

Standardzündfolgen:

4 Zylinder	1-3-4-2	Reihenmotoren
6 Zylinder	1-5-3-6-2-4	
5 Zylinder	1-3-5-2-4	
7 Zylinder	1-3-5-7-2-4-6	Sternmotoren
9 Zylinder	1-3-5-7-9-2-4-6-8	
4 Zylinder	1-3-2-4	
6 Zylinder	1-4-5-2-3-6	Boxermotoren
8 Zylinder	1-5-8-3-2-6-7-4	

Die *Zündfolge* ist für ein Triebwerk durch die Konstruktion festgelegt und kann nachträglich nicht verändert werden. Ein Beispiel für die Einstellung der Vorzündwinkel zeigt Tabelle 4/4).

Ein zufälliges oder beabsichtigtes Vertauschen der Zündkerzenstecker kann zum Triebwerkbrand oder zu anderen ernsthaften Schäden führen.

Das Übersetzungsverhältnis zwischen Kurbelwelle und Zündmagnet ergibt sich aus der Bedingung, dass das Verhältnis von Kurbelwellendrehzahl und Zündmagnetdrehzahl gleich dem Verhältnis der doppelten Anzahl der Magnetläuferpole zur Zylinderzahl sein muss (für 4-Takt-Motoren). Das Übersetzungsverhältnis zwischen Kurbelwelle und Verteilerwelle beträgt bei 4-Takt-Motoren stets i = 2.

Tabelle 4/4: Zündzeitpunkte eines 6-Zylinder-Reihenmotors mit Zündwinkelverstellung

	Anlassen und Leerlauf, Grundeinstellung n < 1 000 U/min	Flugdrehzahlen n > 1 600 U/min
Magnet 1	5 °KW vor ä.T.	35 °KW vor ä.T.
Magnet 2	10 °KW vor ä.T.	40 °KW vor ä.T.

4.12.3 Elektronische Zündanlagen

Elektronische Zündanlagen ermöglichen im Gegensatz zu den mechanischen Zündanlagen eine kontinuierliche Anpassung des Zündzeitpunktes an die jeweiligen Betriebszustände in Abhängigkeit von Drehzahl und Saugrohrdruck des Triebwerkes. Dieses System ist im Gegensatz zum Magnetsystem von der elektrischen Bordversorgung abhängig und muss entsprechend redundant ausgeführt sein. (Siehe auch Kap. 4.9.5) Aus diesen Gründen ist deshalb die elektrische Anlage doppelt ausgeführt, d.h. es sind zwei Generatoren und zwei Bordakku vorhanden.

Es gibt auch elektronische Zündanlagen, im Unterschied zu FADEC, mit zwei verschiedenen Betriebsarten, z.B. LASAR (Limited Authority Spark Advance Regulator).

Im Auto-Mode werden in Abhängigkeit vom Saugrohrdruck und der Kurbelwellenposition der optimale Zündzeitpunkt sowie die Zündspulenergie ermittelt.Im Backup-Mode arbeitet das System als konventionelle, mechanisch angesteuerte Doppelmagnetzündanlage. Sofern im Auto-Mode ein Fehler im System entdeckt wird, wird automatisch in den Backup-Mode geschaltet.

4.12.4 Anlassanlagen

Im Gegensatz zu Dampfkraftmaschinen und Elektromotoren können Verbrennungsmotoren nicht unter Last anlaufen. Sie benötigen für Gemischbildung und Zündung eine Mindestdrehzahl, bevor ein Selbstlauf möglich ist.

Die *Mindestanlassdrehzahl* beträgt je nach Triebwerkmuster 30 - 60 U/min. Sie wird bei der hier betrachteten Triebwerkkategorie entweder mit Hilfe des elektrischen *Anlassmotors* oder mit Hilfe einer besonderen *Druckluftanlage* (Sternmotore) erzeugt.

Für die Anwendung eines Druckluftanlassers ist eine Mindestzylinderzahl von 5 erforderlich.

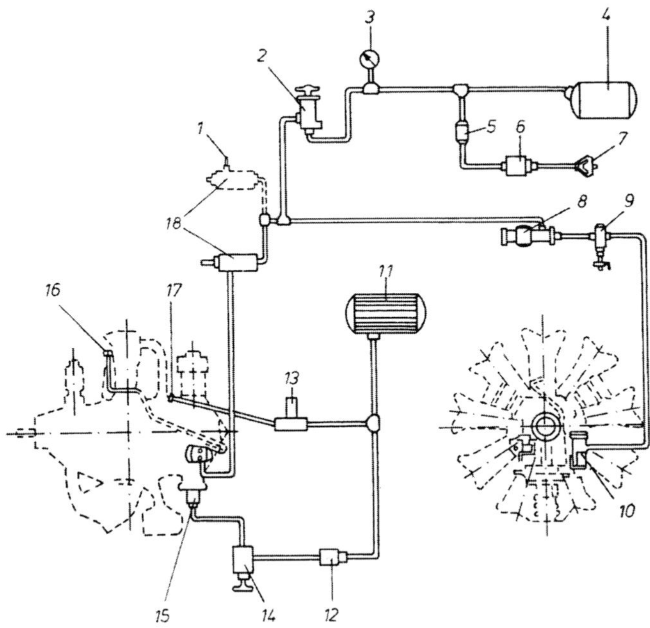

1 Zum zweiten Triebwerk in Flugzeugen mit zwei Triebwerken
2 Drucklufthahn mit Reduzierventil
3 Manometer
4 Druckluftbehälter
5 Rückschlagventil
6 Filter
7 Auffüllstutzen, Außenbordanschluss
8 Druckautomat
9 Wasserabscheider
10 Kompressor
11 Brennstoffbehälter
12 Brandhahn
13 Handeinspritzpumpe
14 Brennstofffilter
15 Brennstoffpumpe
16 Anlassventil
17 Sprühdüse
18 elektromagnetische Ventile

Bild 4/40 Schematischer Aufbau der Druckluftanlassanlage eines 9-Zylinder-Sternmotors

Die Energiequelle für den Anlasser (Akkumulator, Druckluftbehälter bzw. Außenbord) ist so dimensioniert, dass mehrere Anlassversuche ohne Nachladung möglich sind. Für den Bedarfsfall ist ein Außenbordanschluss vorhanden.

Zur Anlassanlage gehören die Zündanlage, eine Handeinspritzpumpe für Brennstoff sowie bei einzelnen Typen eine Einrichtung für die Schmierstoffverdünnung, um mit Hilfe des Brennstoffes die Kaltstarteigenschaften zu verbessern.

Druckluftanlassanlagen haben einen Druckluftverteiler, der mit halber Kurbelwellendrehzahl läuft, sowie ein elektromagnetisches Ventil zwischen Druckluftverteiler und Druckakkumulator.

4.13 Luftschrauben

4.13.1 Aufgabe und Bauweisen

Die Luftschraube hat die Aufgabe, das Drehmoment M_d der Luftschraubenwelle in eine Axialkraft (Schub S) umzuwandeln. Bewegt sich die Luftschraube in axialer Richtung vorwärts, so wird die Wellenleistung (innere Leistung $M_d \cdot \omega$) in eine Vortriebsleistung (äußere Leistung $S \cdot v$) umgewandelt.

Für die kleinen Leistungsbereiche kommen 2- und 3-Blatt-Luftschrauben in Holz- oder Metallbauweise in Frage. Bis zu 100 kW Startleistung verwendet man noch häufig starre direktangetriebene 2-Blatt-Holzluftschrauben.

Bei größeren Leistungen und bei neuen Motoren sind automatische Mehr-Blatt-Luftschrauben mit vorwählbarer, konstanter Drehzahl im Einsatz, Bild 4/42 zeigt die moderne 5-Blatt-Verstellluftschraube eines Sportflugzeuges.

Ab 300 kW Leistung werden für Kolben- und PTL-Triebwerke meist 3- oder 4-Blatt-Luftschrauben und ab 1000 kW vorwiegend 4- bis 6-Blatt-Luftschrauben in Metallbauweise eingesetzt. Sie haben besondere Einrichtungen, z.B. Enteisungsanlage, Segelstellungseinrichtung, Drehmomentmessanlage, und werden ausschließlich über Zwischengetriebe angetrieben. Die Luftschraube beeinflusst die Start- und Flugeigenschaften sowie die Ökonomie eines Flugzeuges wesentlich. Konstruktion und Fertigung erfordern große Erfahrung. Deshalb ist die Zahl der Hersteller guter Luftschrauben gering.

Die Masse der Luftschrauben beträgt bei kleinen Flugzeugen 2 - 3 % der Flugmasse. Die Startdrehzahlen liegen bei 1.800 - 2.800 U/min, die Durchmesser betragen 1,8 - 2,8 m.

4.13.2 Arbeitsweise und Kenngrößen

Durch die Drehbewegung wird das Profil des Luftschraubenblattes mit einer bestimmten Geschwindigkeit und unter einem bestimmten Winkel angeströmt.

Im Stand ist die Anströmgeschwindigkeit mit der jeweiligen Umfangsgeschwindigkeit identisch, also nur von der Drehzahl und dem jeweilig betrachteten Radius abhängig. Das trifft in erster Näherung auch für die Arbeit der Trag- und Heckschrauben bei Hubschraubern zu.

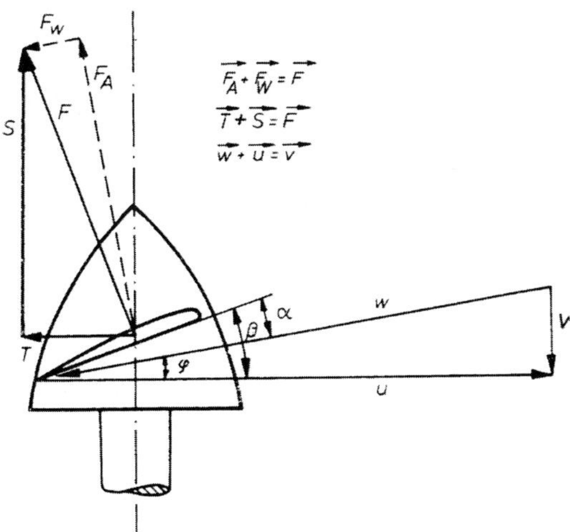

Bild 4/41: Geschwindigkeiten, Winkel und Kräfte am Luftschraubenblatt

Die Fluggeschwindigkeit v (Absolutgeschwindigkeit) ist gleich der vektoriellen Summe aus der Umfangsgeschwindigkeit u und der relativen Anströmgeschwindigkeit w des Luftschraubenprofils. Die allgemeine Beziehung (Bild 4/38a):

$$\vec{v} = \vec{u} + \vec{w} \qquad (4/17)$$

gilt sowohl für ein Luftschraubenprofil als auch für ein Tragflügel- oder Schaufelprofil. Der Anstellwinkel α liegt zwischen Profilsehne und Relativgeschwindigkeit. Der Einstellwinkel β zwischen Profilsehne und Drehebene ist mit dem Radius veränderlich. Angaben über den Blatteinstellwinkel beziehen sich daher auf den *Bezugsradius*. Der Bezugsradius der Luftschraube kann willkürlich festgelegt werden. Üblich sind in der russischen oder anglo-amerikanischen Literatur 0,75·R und in der deutschen Literatur 0,70 · R. Bei Arbeit im Stand sind Anstellwinkel und Einstellwinkel gleich, sonst ist der Anstellwinkel stets kleiner.

Bild 4/42: 5-Blatt-Verstellluftschraube MTV-5 (mt – propeller)

Durch die Anströmung des Luftschraubenblattes entsteht wie am Tragflügel oder an den Schaufeln der Strömungsmaschinen eine *Luftkraft* F. Größe und Richtung dieser Kraft sind bei gegebenem Profil von der Anströmgeschwindigkeit, dem Anstellwinkel und der spezifischen Masse der Luft abhängig.

Diese Luftkraft kann in zwei senkrecht aufeinanderstellende Komponenten einer Umfangs- oder Tangentialkraft T und einer Axial- oder Schubkraft S zerlegt werden.

Die Summe aller an den einzelnen Elementen der Luftschraube angreifenden Teilkräfte T ergibt nach Multiplikation mit dem jeweiligen Abstand von der Drehachse das Drehmoment der Luftschraube.

Bei konstanter Drehzahl ist dieses erforderliche Drehmoment gleich dem verfügbaren an der Luftschraubenwelle. Der Schub S ist bei stationärem Flug gleich der Summe aller Widerstände des Flugzeuges. Beim Start bzw. beim Beschleunigen des Flugzeuges ist der verfügbare Schub größer als der erforderliche. Die Luftschraube soll bei möglichst geringem Drehmoment (geringe Tangentialkraft) einen möglichst großen Schub (große Axialkraft) erzeugen. Bild 4/41 zeigt wichtige Bezeichnungen an der Luftschraube.

Die *Steigung* ist der axiale Weg, den die Luftschraube je Umdrehung theoretisch zurücklegt:

$$H_{th} = 2 \cdot \pi \cdot r \cdot \tan \beta \qquad (4/18)$$

Für konstante Steigung verringert sich der Anstellwinkel mit wachsendem Radius, und bei Auslegung für konstanten Anstellwinkel muss sich die Steigung mit wachsendem Radius vergrößern. Die Differenz zwischen theoretischem und tatsächlichem Weg wird *Schlupf* genannt.

Bei Vergrößerung der Fluggeschwindigkeit verkleinert sich der Anstellwinkel, das erforderliche Drehmoment und der Schub nehmen ab. Wenn die Drehzahl steigt, erhöht sich der Anstellwinkel, das erforderliche Drehmoment und der Schub nehmen zu.

Die von der Luftschraube aufgenommene Leistung, die gleich der vom Triebwerk abgegebenen Leistung ist, ergibt sich als Produkt aus Drehmoment und Winkelgeschwindigkeit. Sie wird *innere Leistung* genannt.

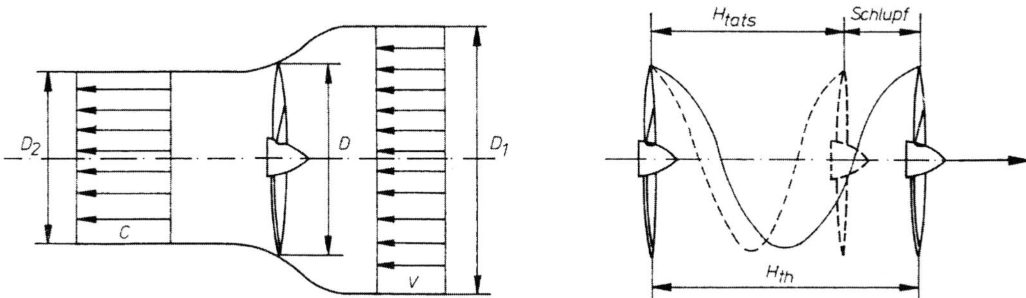

Bild 4/43 : Luftschraubenstrahl und Steigung einer Luftschraube

Die von der Luftschraube abgegebene Leistung ist das Produkt aus Schub und Fluggeschwindigkeit, das als *äußere Leistung* bezeichnet wird. Um die Qualität der Luftschrauben verschiedener Bauart und Größenordnung miteinander vergleichen zu können, sind für Schub, Drehmoment und Leistung dimensionslose Kenngrößen eingeführt worden.

✦ *Schubzahl:*

$$k_S = \frac{S}{\frac{\rho}{2} \cdot U^2 \cdot A_{LS}} \qquad (4/19)$$

✦ *Drehmomentzahl:*

$$k_M = \frac{M_d}{\frac{\rho}{2} \cdot U^2 \cdot A_{LS} \cdot R} \tag{4/20}$$

✦ *Leistungszahl:*

$$k_P = \frac{P}{\frac{\rho}{2} \cdot U^2 \cdot A_{LS} \cdot U} \tag{4/21}$$

✦ *Fortschrittszahl:*

$$\lambda = \frac{v}{U} \tag{4/22}$$

Bedeutung der Symbole:

$U = \omega \cdot R$ Umfangsgeschwindigkeit der Blattspitzen,

$A_{LS} = \pi \cdot R^2$ Fläche des Luftschraubenkreises,

v Fluggeschwindigkeit.

In der anglo-amerikanischen und russischen und Literatur werden ähnliche Kennwerte verwendet:

✦ *Schubgrad:*

$$c_T = k_S \cdot \frac{\pi^3}{8} \tag{4/23}$$

✦ *Leistungsgrad:*

$$c_P = k_P \cdot \frac{\pi^4}{8} \tag{4/24}$$

✦ *Fortschrittsgrad:*

$$J = \pi \cdot \lambda \tag{4/25}$$

Leistungszahl und Drehmomentzahl oder Leistungsgrad und Drehmomentgrad sind jeweils identisch. Ebenfalls von großem Einfluss ist die Summe der Breiten aller Luftschraubenblätter. Für Luftschrauben gebraucht man auch das dimensionslose Maß für die Summe der Blattbreiten, das auf dem Begriff der „wirksamen Blattbreite“ beruht.

In der anglo- amerikanischen Literatur benutzt man dafür den s.g. *Aktivitätsfakor AF* um die Luftschraube hinsichtlich der Blattbreiten zu kennzeichnen.

$$AF = \frac{100000}{16} \sum_{0,15}^{1,0} \frac{b}{D} x^3 dx \qquad (4/26)$$

Der *Wirkungsgrad einer Luftschraube* ergibt sich aus dem Verhältnis von äußerer Leistung zu innerer Leistung:

$$\eta_{LS} = \frac{S \cdot v}{M_d \cdot \omega} \qquad (4/27)$$

Nach entsprechenden Umformungen kann man den Wirkungsgrad auch auf folgende Weise schreiben:

$$\eta_{LS} = \lambda \cdot \frac{k_S}{k_M} = J \cdot \frac{c_T}{c_P}$$

$$\eta_{LS} = \frac{2}{1 + c/v} \qquad (4/28)$$

Der Wirkungsgrad einer Luftschraube hat die gleiche physikalische Bedeutung wie der äußere Wirkungsgrad bei Strahlantrieben. Er ist in erster Linie von der Fluggeschwindigkeit abhängig.

Der Wirkungsgrad jeder Luftschraube ist beim Standlauf Null. Er erreicht für konstanten Einstellwinkel bei der Auslegungsgeschwindigkeit und -drehzahl seinen Maximalwert und fällt danach wieder ab.

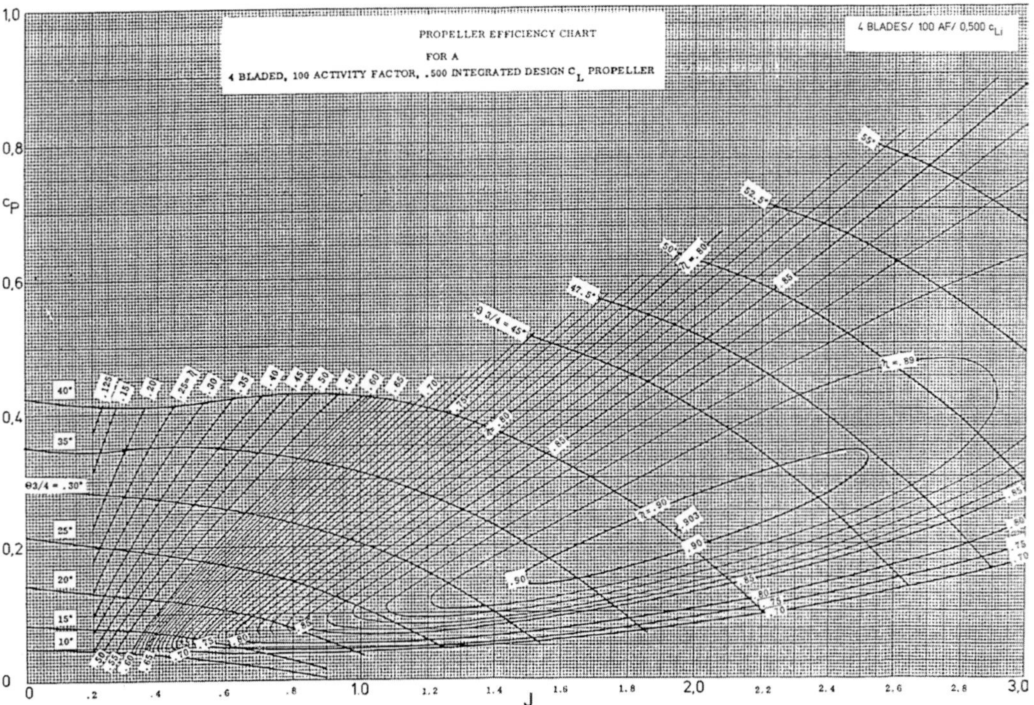

Bild 4/44: *Luftschraubenkennfeld*
Leistungsgrad c_P einer 4-Blattluftschraube (mt – propeller) in Abhängigkeit vom Fortschrittsgrad J ($AF = 100$, $c_{Li} = 0,5$)

Bei *Verstellluftschrauben* sind der Geschwindigkeitsbereich mit hohem Wirkungsgrad und die Schubzahl deutlich größer als bei starren Luftschrauben. Für die Auslegungsgeschwindigkeit sind die Schubzahlen beider Bauarten gleich. Als Wirkungsgrad wird häufig der Maximalwert der ‚freifahrenden" Schraube angegeben. Um den effektiven Wirkungsgrad zu bekommen, ist diese Zahl mit dem sogenannten Einbauwirkungsgrad zu multiplizieren, der sich nach der Größe der Triebwerk-, Rumpf- und Tragflügelteile richtet, die hinter der Luftschraube angeordnet sind. Dieser *Einbauwirkungsgrad* beträgt 0,80 bis 0, 90 für Sternmotoren und 0,85 - 0, 95 für Reihenmotoren.

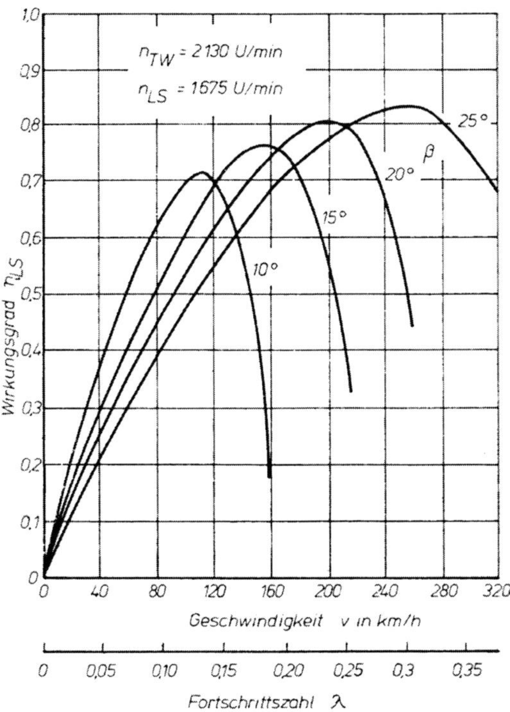

Bild 4/45: Wirkungsgrad einer Luftschraube in Abhängigkeit von Fluggeschwindigkeit, Fortschrittszahl und Blatteinstellwinkel

4.13.3 Betriebsverhalten

Unter Betriebsverhalten soll in diesem Zusammenhang das Drehzahl- und das Geschwindigkeitsverhalten zu verstehen sein. Das Höhenverhalten spielt bei kleinen Triebwerken nur eine untergeordnete Rolle und wird deshalb nicht behandelt.

Kenntnisse über das grundsätzliche Betriebsverhalten von Luftschrauben sind eine notwendige Voraussetzung für die richtige Bedienung der Antriebsanlagen.

Man muss zwischen starrer und Verstellluftschraube sowie zwischen Arbeit im Stand und im Fluge unterscheiden.

Entsprechend der bekannten Beziehung für die Gesamtluftkraft

an einem Profil lässt sich die *Luftkraft im Stand* (v = 0) für eine gegebene Luftschraube mit konstantem Einstellwinkel ermitteln:

$$F = K_1 \cdot \frac{\rho}{2} \cdot n^2 \qquad (4/29)$$

Die Konstante K_1 ist von den konstruktiven Abmessungen abhängig und kann experimentell bestimmt werden. Die Haupteinflussgrößen für K_1 sind Blattzahl, Blattbreite, Durchmesser der Luftschraube, Luftschraubenprofil und Einstellwinkel. Im Bild 4/41 sind *die Schub- und Tangentialkraft* eingetragen:

$$S = K_2 \cdot \frac{\rho}{2} \cdot n^2 \qquad (4/30)$$

$$T = K_3 \cdot \frac{\rho}{2} \cdot n^2 \qquad (4/31)$$

Mit Gl. (4/30) folgt für das *Drehmoment*:

$$M_d = K_4 \cdot \frac{\rho}{2} \cdot n^2 \qquad (4/32)$$

Für die *Leistung* $P = M_d \cdot \omega$ gilt eine ähnliche Beziehung:

$$P = K_5 \cdot \frac{\rho}{2} \cdot n^3 \qquad (4/33)$$

Wenn die Luftschraubenbeiwerte k_S und k_M bekannt sind und eine der Konstanten K_1 bis K_5 (meistens K_2 oder K_5) experimentell ermittelt wurde, können die anderen durch einfache trigonometrische Beziehungen und algebraische Umformungen bestimmt werden.

Aus den Gl. (4/29) bis (4/33) geht hervor, dass Kräfte, Drehmoment und Leistung an der Luftschraube direkt proportional der Luftdichte ρ sind. Die Leistung steigt mit der dritten Potenz der Drehzahl. Mit dem *Einstellwinkel* der Luftschraubenblätter verringern sich auch die Koeffizienten K_1 bis K_5.

Mit Vergrößerung der Fluggeschwindigkeit verringert sich bei konstantem Einstellwinkel und konstanter Drehzahl der Anstellwinkel. Das führt zu einer Verringerung aller Luftkräfte, des Drehmomentes und der Leistung, wodurch die Luftschraube entlastet wird.

Dieser Vorgang tritt z.B. nach einem Übergang vom Steigflug in den Horizontalflug auf. Bei starrer Luftschraube erhöht sich dabei die Drehzahl wieder, wenn die Drosselhebelstellung nicht verändert wird. Die Leistung würde wieder ansteigen.

Der Regler einer automatischen Verstellluftschraube vergrößert bei geringfügiger Drehzahlerhöhung z.B. durch Übergang in den Sinkflug ohne Leistungsänderung, den Einstellwinkel. Dadurch bleiben Anstellwinkel, Drehzahl und Drehmoment (damit auch die Leistung) bei nunmehr größerer Horizontalfluggeschwindigkeit etwa konstant.

Bei Ladedruckerhöhung vergrößern sich Drehmoment, Leistung und Geschwindigkeit bei konstanter Drehzahl und Flughöhe. Es stellt sich ein größerer Einstellwinkel ein.

Die Bilder 4/46 und 4/47 stellen Schub und Drehmoment einer Luftschraube für vier verschiedene Einstellwinkel bei *Arbeit im Stand* in Abhängigkeit von der Luftschraubendrehzahl dar. Das Luftschraubenkennfeld aus Bild 4/44 ermöglicht die umfassende Beurteilung des Betriebsverhaltens einer Luftschraube.

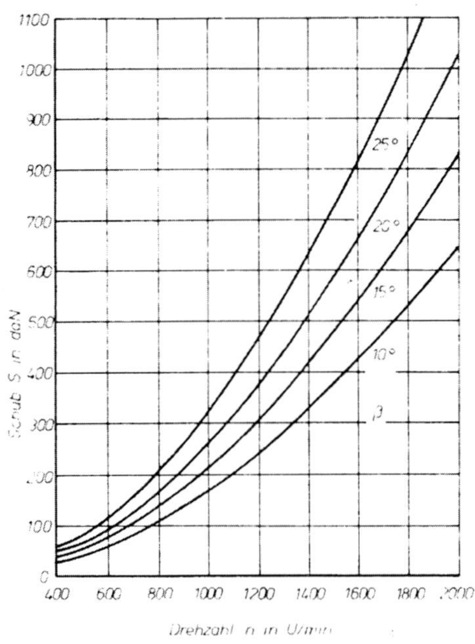

Bild 4/46: *Schub einer Luftschraube in Abhängigkeit von Drehzahl (Standbetrieb) und Blatteinstellung*

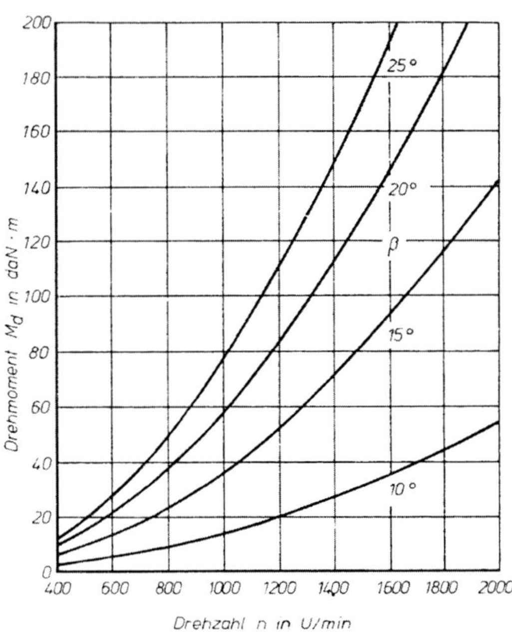

Bild 4/47: *Drehmoment einer LS in Abhängigkeit von Drehzahl (Standbetrieb) und Blatteinstellung*

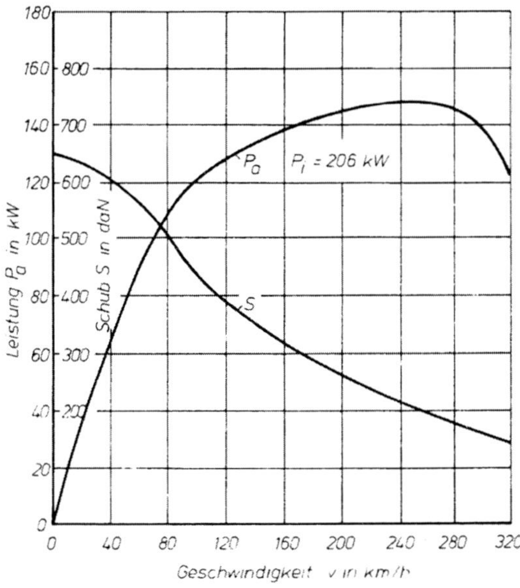

Bild 4/48: *Äußere Leistung und Schub einer Verstellluftschraube in Abhängigkeit von der Geschwindigkeit*

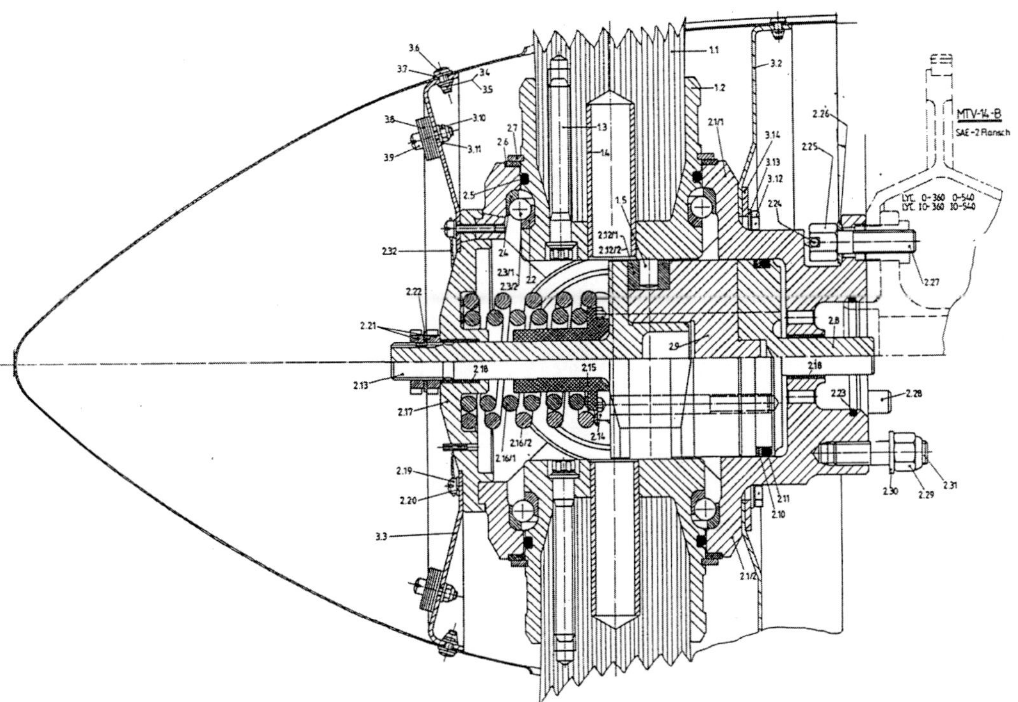

Bild 4/49: Nabe der hydraulischen 4-Blatt-Verstellluftschraube MTV-14-D (mt – propeller) (260 kW, 2700 U/min, Durchmesser 190 cm, Masse 24,4 kg)

Die Luftschraube MTV-14 D ist eine hydraulisch verstellbare 4-Blatt-Luftschraube für konstante Drehzahl.

Sie kann mit oder ohne Segelstellungsmöglichkeit und darüber hinaus mit oder ohne Umkehrschubmöglichkeit konstruktiv ausgeführt sein. Der maximale Verstellbereich der Luftschraubenblätter liegt zwischen –20° und +82°.

4.14 Kolbentriebwerk und Luftschraube im Betrieb

4.14.1 Definitionen zum Betriebsverhalten

Die wichtigsten Einflussgrößen auf das Betriebsverhalten eines Kolbenflugtriebwerkes sind:

- Kurbelwellendrehzahl,
- Luftverhältnis und
- Flughöhe.

Der Einfluss der Fluggeschwindigkeit ist bis ungefähr 250 km/h vernachlässigbar, weil der Gesamtdruck bei vollständiger Abbremsung der Strömung um weniger als 3 % größer ist als der statische Druck.

Das *Drehzahlverhalten* ist die Abhängigkeit der Leistung, des Drehmomentes und des Wirkungsgrades (spezifischer Brennstoffverbrauch) von der Drehzahl:

- für eine bestimmte Höhe (meistens H = 0) und für eine bestimmte Drosselklappenstellung bei Saugmotoren bzw.
- für einen bestimmten Ladedruck bei Ladermotoren.

Das *Gemischverhalten* stellt die Abhängigkeit der Leistung, des Drehmomentes, des Wirkungsgrades und des Klopfverhaltens für eine bestimmte Drosselklappenstellung und Drehzahl vom Luftverhältnis dar (vgl. Kapitel 4.9.2).

Als *Höhenverhalten* bezeichnet man den Zusammenhang zwischen der Flughöhe und den Kennwerten Leistung, Drehmoment und Wirkungsgrad für eine bestimmte Drosselklappenstellung bzw. für eine bestimmte Drehzahl.

4.14.2 Drehzahlverhalten

Charakteristische Kennlinie ist die Leistung in Abhängigkeit von der Drehzahl bei maximal geöffneter Drosselklappe bzw. die maximale Leistung bei der jeweiligen Drehzahl.

Bild 4/50 zeigt das Leistungs-Drehzahl-Verhalten eines unaufgeladenen 6-Zylinder-Reihenmotors und eines aufgeladenen 9-Zylinder-Sternmotors.

Durch die Luftschrauben wird im ersten Fall die Höchstdrehzahl auf 2 750 U/min und im zweiten Fall auf 2450 U/min begrenzt. Aus Bild 4/50 ist ersichtlich, dass bei höheren Drehzahlen die vom Triebwerk abgegebenen Leistungen von 132 kW und 232 kW größer sein würden. Das kann mit starren Luftschrauben im Bahnneigungsflug eintreten und zu Überschreitung der zulässigen Drehzahl und Leistung führen, wenn das Triebwerk nicht gedrosselt wird.

Der maximal verfügbare mittlere Arbeitsdruck bzw. das maximale Drehmoment steigt im Bereich der Flugdrehzahlen geringfügig an und erreicht bei der günstigsten Drehzahl (bezüglich der Zünd- und Ventileinstellung) seinen Höchstwert (Bild 4/50b). Der größte mittlere Arbeitsdruck des aufgeladenen Triebwerkes liegt im Bereich der Flugdrehzahlen etwa 1,5 daN/cm^2 höher. Dementsprechend ist auch das Leistungs-Hubvolumen-Verhältnis dieses Triebwerkes etwa 3% größer (Ladedruck 1173 hPa, 34,6 inch Hg).

Der spezifische Brennstoffverbrauch (Bild 4/50 c) ist wegen der Gemischanreicherung bei Volllast relativ hoch. Die Werte im Teillastbereich bei Flugdrehzahlen sind 15 - 20 % kleiner. Der spezifische Verbrauch des aufgeladenen Triebwerkes ist aufgrund der zusätzlichen Verluste durch den Lader bei Volllast um etwa 25 % größer als beim nichtaufgeladenen Triebwerk. Die Gesamtheit des Drehzahlverhaltens wird in einem *Motorkennlinienfeld* dargestellt (s. Bild 4/51)

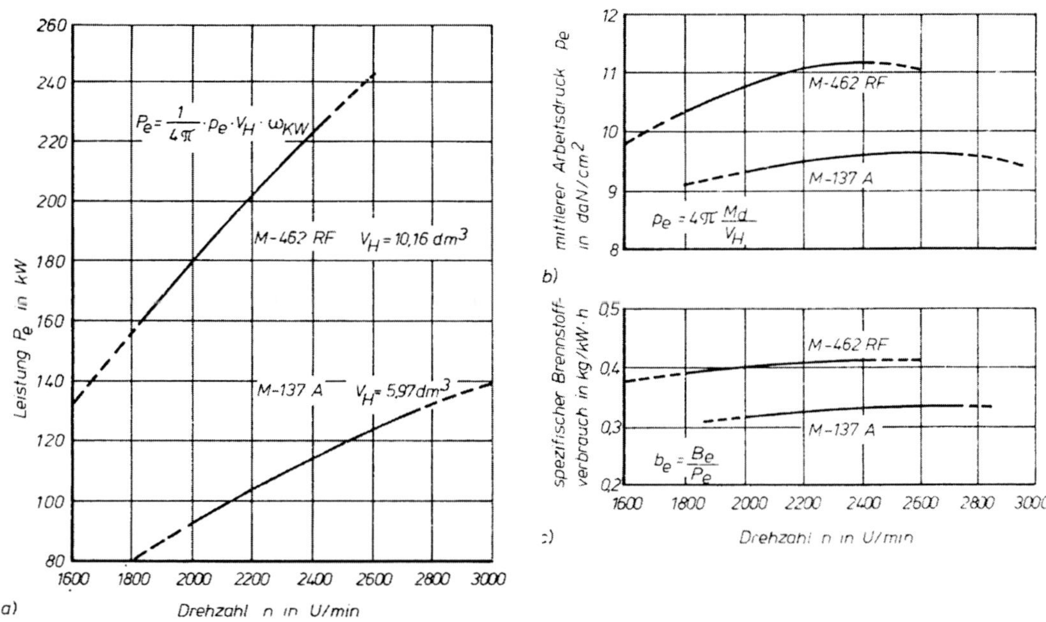

a) innere Leistung (Wellenleistung), b) effektiver mittlerer Arbeitsdruck,
c) spezifischer Brennstoffverbrauch (bezogen auf die innere Leistung)

Bild 4/50: Vollastkennlinien zweier Kolbentriebwerke in Abhängigkeit von der Kurbelwellendrehzahl

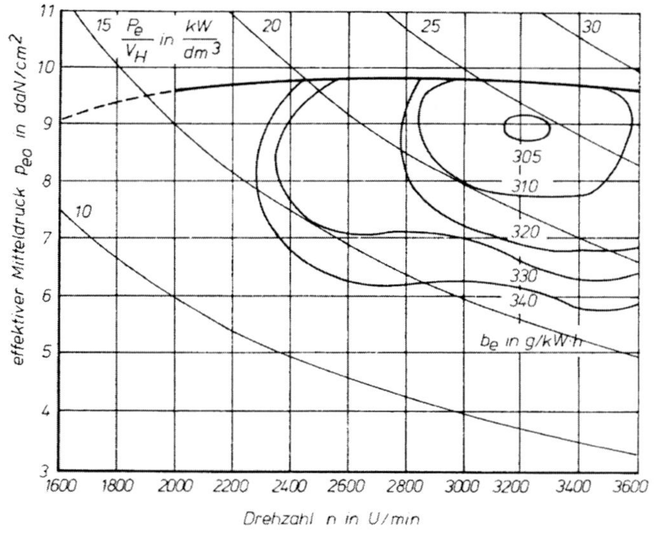

Bild 4/51: Kennlinienfeld eines kleinen 4-Zylinder-Boxermotors

4.14.3 Höhenverhalten

Mit wachsender Flughöhe sinken Druck, Temperatur und spezifische Masse der Luft. Das Drehmoment ist proportional der in die Zylinder gelangenden Luftmasse und fällt daher ebenfalls ab. Kann die Drehzahl konstant gehalten werden, so sinkt auch die verfügbare Triebwerkleistung proportional zur spezifischen Masse der Luft. Bei konstanter Drosselstellung und Drehzahl ist sie in 5 - 6 km Höhe auf 50 % des Bodenwertes abgesunken. Der Leistungsabfall ist um so steiler, je schlechter der mechanische Wirkungsgrad ist (je größer Reibungsverluste sind). Der effektive Wirkungsgrad steigt mit wachsender Höhe, da wegen der absinkenden Temperatur die spezifische Verdichtungsarbeit geringer wird (vgl. Kapitel 3.2).

✦ *Höhenverhalten nichtaufgeladener Triebwerke mit starrer Luftschraube:*

Mit starrer Luftschraube kann bei Höhenänderungen die Drehzahl ohne Änderung der Drosselstellung nicht konstant gehalten werden. Bei konstanter Drosselstellung sinkt die Drehzahl mit wachsender Höhe. Um sie konstant zu halten, müsste daher die Drosselung verringert werden. Die Ursache ist darin zu suchen, dass das verfügbare Drehmoment des Triebwerkes mit wachsender Höhe stärker abnimmt als das erforderliche Drehmoment der Luftschraube.

Triebwerke dieser Art können ab einer bestimmten Höhe (im allgemeinen ab 1 km) unbegrenzt mit Volllast geflogen werden, weil dann der mittlere Arbeitsdruck etwa dem bei Nennleistung in Bodennähe entspricht.

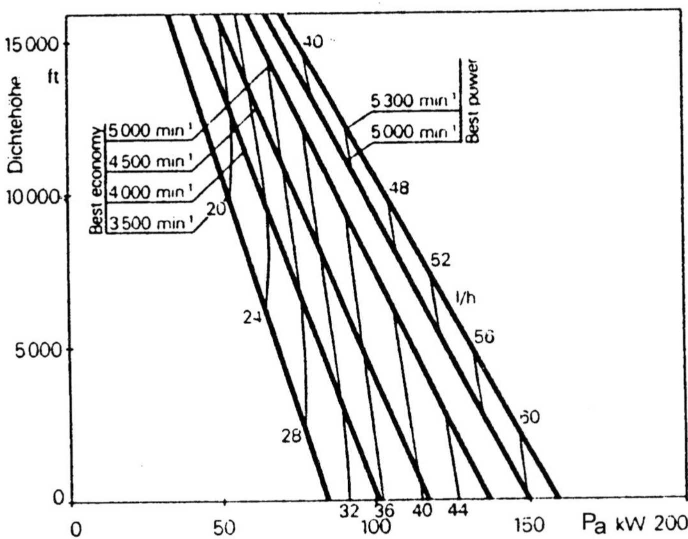

Bild 4/52: Höhencharakteristik des nichtaufgeladenen 6-Zylinder Porsche-Flugmotors PFM 3200

✦ *Höhenverhalten aufgeladener Triebwerke mit Verstellluftschraube:*

Zur vollständigen Darstellung des prinzipiellen Höhenverhaltens eines aufgeladenen Kolbentriebwerkes mit automatischer Verstellluftschraube werden die Bilder 4/53 und 4/54 benutzt.

Entlang der oberen Begrenzungslinie sinkt der Ladedruck stetig, z.B. von 1213 hPa in Bodennähe auf 1067 hPa in 1 km Höhe. Beträgt der Ladedruck am Boden 1067 hPa, so ist es dagegen notwendig, die Drosselklappe etwas zu schließen. Mit wachsender Höhe kann daher durch Öffnen der Drosselklappe der Ladedruck solange konstant gehalten werden, bis die Drosselklappe voll geöffnet ist (*Volldruckhöhe*).

Es kommt zu einem Leistungsanstieg, der verschiedene Ursachen hat:

- mit abnehmender Drosselung des Laders wird die spezifische Verdichterarbeit geringer (Laderwirkungsgrad steigt),
- mit zunehmender Höhe wird aufgrund abnehmender Außentemperatur die spezifische Verdichterarbeit für Lader und Triebwerk geringer,
- mit zunehmender Höhe wird aufgrund abnehmenden Druckes die Ausschiebearbeit des Kolbentriebwerkes geringer.

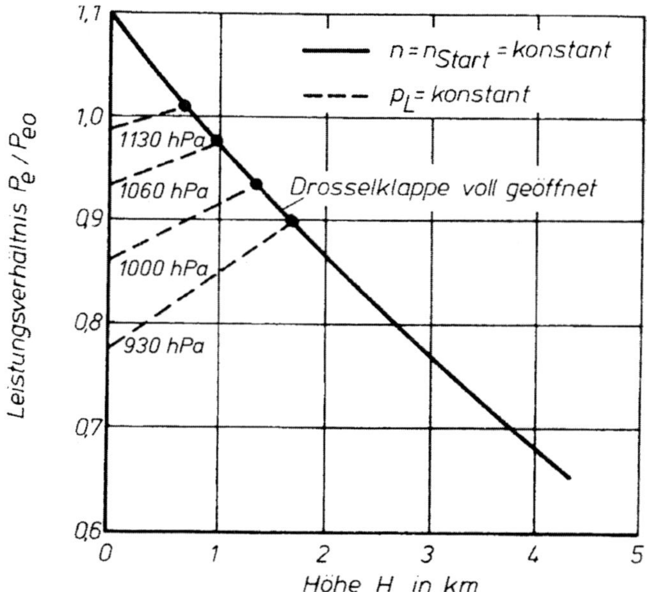

Bild 4/53: Höhencharakteristik eines aufgeladenen Kolbenmotors für konstante Drehzahl

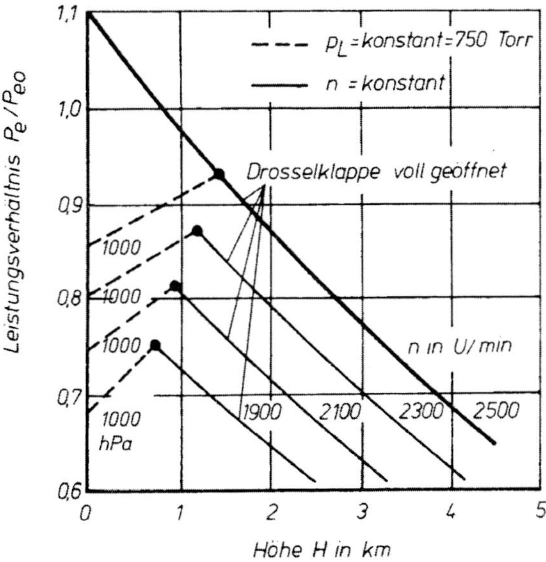

Bild 4/54: Höhencharakteristik eines aufgeladenen Kolbenmotors für konstanten Ladedruck

Die Höhe, bei der die Drosselklappe schließlich voll geöffnet ist, nennt man *Volldruckhöhe (critical altitude)*. Für konstante Drehzahl steigt sie mit sinkendem Ladedruck. (vergl. Bild 4/53: 1 km bei 1067 hPa und 1,7 km bei 933 hPa).

Bei konstantem Ladedruck steigt die Leistung etwa proportional der Drehzahl. Mit wachsender Drehzahl wächst gleichzeitig auch die Volldruckhöhe für einen bestimmten Ladedruck, z.B. von 750 m bei 1 900 U/min auf 1 400 m bei 2500 U/min.

Die Ursache ist darin zu suchen, dass für einen bestimmten Ladedruck bei höherer Drehzahl eine stärkere Drosselung des Laders erforderlich ist als bei niedrigerer. Der noch zur Verfügung stehende Drosselhebelweg bis zum Vollastanschlag ist größer. Nach Überschreiten der Volldruckhöhe bei voll geöffneter Drosselklappe sinkt die Leistung für die jeweilige Drehzahl entsprechend den vorher beschriebenen Zusammenhängen stetig ab. Mit wachsendem Ladedruck verringert sich für eine bestimmte Drehzahl die Volldruckhöhe in der gleichen Weise wie es im Bild 4/53 dargestellt ist.

4.14.4 Zusammenarbeit des einfachen Triebwerkes mit einer starren Luftschraube

Das vom Triebwerk verfügbare und das von der Luftschraube erforderliche Drehmoment stimmen bei stationärer Drehzahl stets überein.

Das *verfügbare Drehmoment des Triebwerkes* ist bei Volllast nur von der Drehzahl, im Teillastbereich nur von der Drosselklappenstellung bzw. vom Ladedruck abhängig (vgl. Kapitel 4.14.2).

Das *erforderliche Drehmoment einer starren Luftschraube* wird im Standbetrieb nur von der Drehzahl und im Flugbetrieb zusätzlich von der Fluggeschwindigkeit beeinflusst.

Das *erforderliche Drehmoment der Verstellluftschraube* wird zusätzlich vom Blatteinstellwinkel bestimmt (vgl. Kapitel 4.13.3).

Der Schnittpunkt beider Drehmoment-Kennlinien bezeichnet den jeweiligen *Arbeitspunkt der Antriebsanlage*. Hier herrscht bei konstanter Drehzahl stets Drehmoment- und Leistungsgleichgewicht zwischen den verfügbaren und den erforderlichen Werten. Der Arbeitspunkt kann nicht oberhalb der Vollastlinie des Triebwerkes und nicht unterhalb der Luftschraubenkennlinie bei kleinster Steigung liegen. Bild 4/55 zeigt den möglichen Bereich für die Lage des Arbeitspunktes eines Kolbentriebwerkes mit starrer Luftschraube.

Im Standbetrieb kann der Arbeitspunkt vom Leerlaufpunkt a durch Vergrößerung der Drosselklappenstellung entlang der Luftschraubenkennlinie a – b bis zum Volllastpunkt b verschoben werden. Herrscht Windstille, so gehört im *Standbetrieb* zu jeder Drehzahl eine ganz bestimmte Leistung bzw. ein ganz bestimmtes Drehmoment. Bei Rückenwind sind die zu dieser Drehzahl gehörigen Drehmoment- und Leistungswerte größer, und für eine bestimmte Drehzahl ist eine größere Drosselhebelstellung erforderlich. Für Gegenwind sind die Verhältnisse umgekehrt. Bei Rückenwind ist die Höchstdrehzahl kleiner, bei Gegenwind größer.

Im Flugbetrieb sei für ein bestimmtes Fluggewicht die Drehzahl im Punkt d die geringst mögliche Drehzahl für einen stationären Horizontalflug. Durch Vergrößerung der Drosselklappenstellung kann der Arbeitspunkt entlang der Linie d – c verschoben werden. Dabei vergrößern sich Drehzahl, Drehmoment und Leistung. Gleichzeitig wächst die Fluggeschwindigkeit bis zur maximalen Horizontalfluggeschwindigkeit bei Volllast und Höchstleistung im Punkt .

Bild 4/56 zeigt den Zusammenhang zwischen Triebwerksdrehzahl und Horizontalfluggeschwindigkeit am Beispiel eines kleinen Flugzeuges mit 920 kg Flugmasse und starrer, direkt angetriebener Luftschraube.

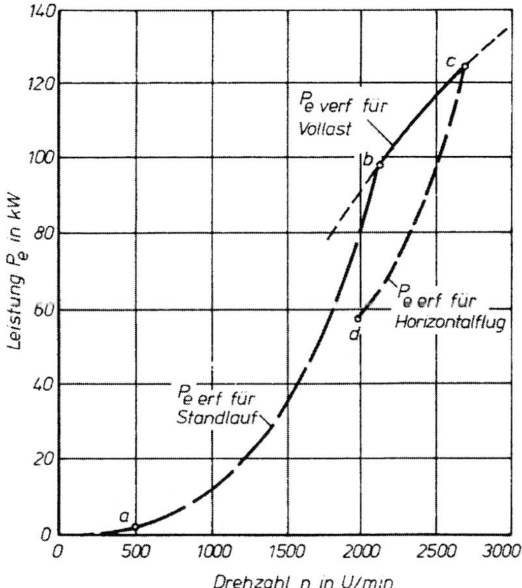

Bild 4/55: Möglicher stationärer Arbeitsbereich eines Kolbenmotors mit starrer Luftschraube

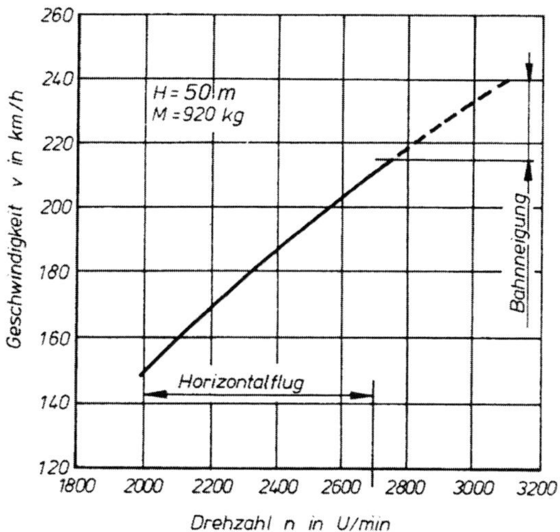

Bild 4/56: Einfluss der Triebwerkdrehzahl auf die Fluggeschwindigkeit bei starrer Luftschraube

Im Übergang aus dem Horizontalflug in den Steigflug (2300 U/min) würden sich mit unveränderter Drosselstellung die Drehzahl und die Leistung verringern, und das Drehmoment würde geringfügig ansteigen.

Um die Drehzahl für die verringerte Fluggeschwindigkeit auf den ursprünglichen Wert zu steigern, ist eine Vergrößerung der Drosselhebelstellung notwendig. Die Belastung des Triebwerkes bei einer bestimmten Drehzahl nimmt also mit abnehmender Geschwindigkeit zu und ist im Stand am größten. In bestimmten Kunstflugfiguren (Rückwärtsbewegung des Flugzeuges) kann sie sogar größer werden als im Stand.

Beim Übergang aus dem Horizontalflug in den Sinkflug treten umgekehrte Verhältnisse ein. Trotz unveränderter Drosselstellung steigen Drehzahl und Leistung, und das Drehmoment sinkt geringfügig.

Um die Drehzahl bei vergrößerter Fluggeschwindigkeit auf den ursprünglichen Wert zu verringern, ist eine Drosselung des Triebwerkes notwendig. Andernfalls kann es im steilen Bahnneigungsflug zu unzulässig hohen Drehzahlen des Triebwerkes und zu mechanischen Schäden insbesondere am Ventilmechanismus kommen.

Die Belastung des Triebwerkes bei einer bestimmten Drehzahl nimmt mit wachsender Fluggeschwindigkeit ab (vgl. Kapitel 4.13.3). Diese Feststellung gilt aber nur für konstante Drosselhebelstellung mit Ausnahme der Volllast.

4.14.5 Zusammenarbeit des Ladertriebwerkes mit einer automatischen Verstellluftschraube

Bild 4/57 zeigt mit der Fläche b-c-d-e-b und der Linie a – b den möglichen Bereich für die Lage des Arbeitspunktes eines Kolbentriebwerkes mit Verstellluftschraube und die Höchstdrehzahlbegrenzung durch den Luftschraubenregler. Der Betrieb rechts der Linie d – e ist wegen der Drehzahlbegrenzung nicht möglich. Wenn eine geringere Lebensdauer in Kauf genommen werden kann, so ist durch Veränderung der Reglereinstellung bei 2800 U/min eine Leistung von ungefähr 250 kW im Gegensatz zu 232 kW im Punkt d möglich.

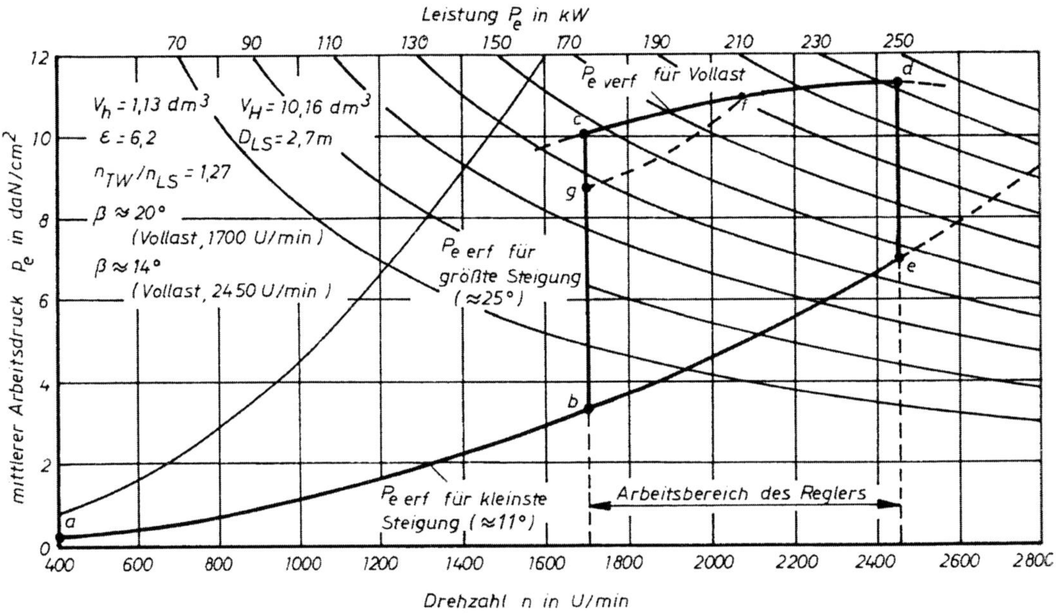

Bild 4/57: Möglicher stationärer Arbeitsbereich eines Kolbenmotors mit automatischer Verstellluftschraube und Höchstdrehzahlbegrenzung

Häufig wird die maximal mögliche Leistung mit Rücksicht auf Zuverlässigkeit, Lebensdauer und Kühlung nicht genutzt. Die Begrenzung geschieht durch entsprechende Auswahl der Luftschraube oder durch den Regler. Die Fläche f-g-c stellt den *Klopfbereich* des Triebwerkes für einen bestimmten Brennstoff dar. Dauerbetrieb ist in diesem Bereich untersagt (vgl. Kapitel 4. 9.5).

Ausgehend von der Leerlaufdrehzahl (Punkt a) und der vorderen Stellung des Luftschraubenhebels (kleinster Einstellwinkel bzw. maximale Drehzahl) kann durch Vergrößerung der Drosselklappenstellung (Ladedruck) die Drehzahl bis zur Startdrehzahl (Punkt e) vergrößert werden. Bei weiterer Erhöhung des Ladedruckes bis Volllast wandert der Arbeitspunkt von e nach d. Der Regler hält die Drehzahl durch Vergrößerung des Blatteinstellwinkels der Luftschraube konstant.

Ausgehend von der Leerlaufdrehzahl (Punkt a) und hinterer Stellung des Luftschraubenhebels (größter Einstellwinkel bzw. minimale Drehzahl) kann durch Vergrößerung der Drosselklappenstellung (Ladedruck) die Drehzahl zunächst bis Punkt b gesteigert werden. Durch weitere Vergrößerung des Ladedruckes bis auf Volllast verlagert sich der Arbeitspunkt von b nach c. Punkt c liegt in der Regel im Klopfbereich des Triebwerkes!

Durch Vorwärtsbewegung des Luftschraubenhebels kann der Arbeitspunkt entlang der Volllastlinie von c bis d verschoben werden, um bei f wieder in den klopffreien Bereich zu gelangen. Die Bedienung des Triebwerkes hat stets so zu erfolgen, dass der Klopfbereich nicht berührt wird!

Grundregeln für die Bedienungsreihenfolge zur:

- *Leistungserhöhung*
  1. Drehzahlerhöhung (Luftschraubenhebel-Drehzahlwahlhebel)
  2. Drehmomenterhöhung (Drosselhebel)

- *Leistungsverminderung*
  1. Drehmomentverminderung (Drosselhebel)
  2. Drehzahlverminderung (Luftschraubenhebel-Drehzahlwahlhebel)

Änderungen der Fluglage und gleichbleibende Leistungsstufe des Triebwerkes führen zur *Veränderung des Blatteinstellwinkels.*

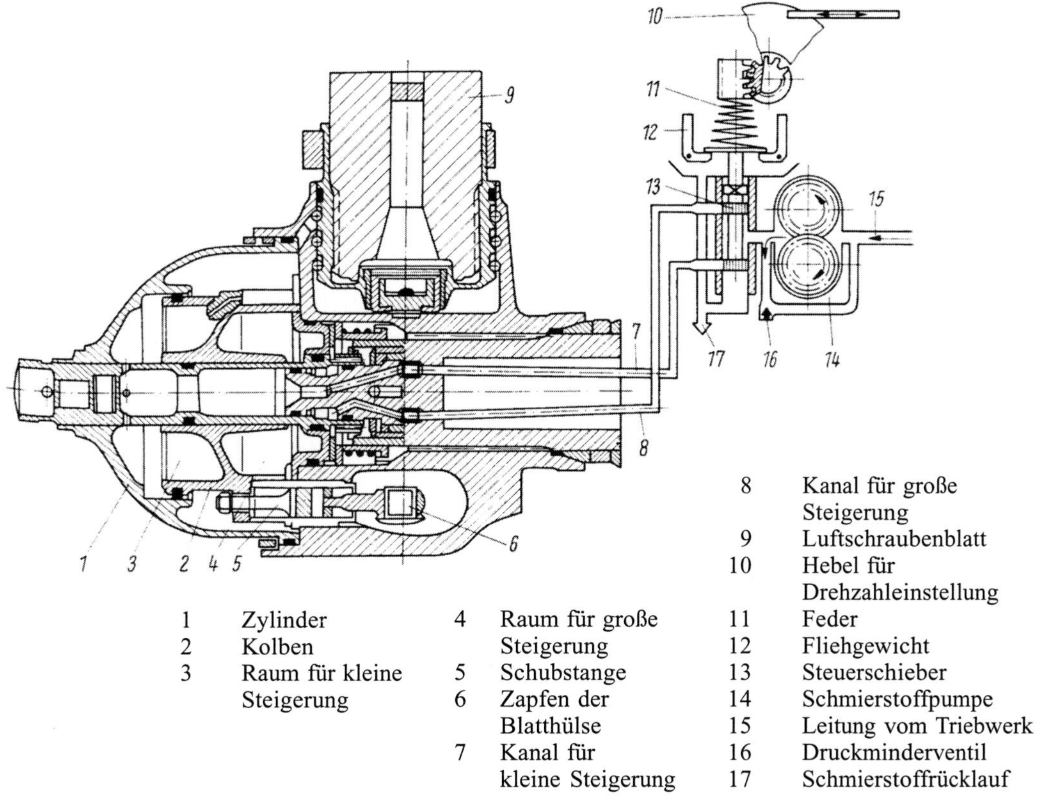

8 Kanal für große Steigerung
9 Luftschraubenblatt
10 Hebel für Drehzahleinstellung
11 Feder
12 Fliehgewicht
13 Steuerschieber
14 Schmierstoffpumpe
15 Leitung vom Triebwerk
16 Druckminderventil
17 Schmierstoffrücklauf

1 Zylinder
2 Kolben
3 Raum für kleine Steigerung
4 Raum für große Steigerung
5 Schubstange
6 Zapfen der Blatthülse
7 Kanal für kleine Steigerung

Bild 4/58: Automatische Verstellluftschraube

Beim Übergang vom stationären Horizontalflug in den Steigflug würde sich z B. die Fluggeschwindigkeit verringern, und bei konstanter Drosselstellung bleibt die Drehzahl durch automatische Verkleinerung des Blatteinstellwinkels erhalten. Damit ist auch die Triebwerkleistung konstant.

Bild 4/57 zeigt, dass es durch die Verstellluftschraube möglich ist, das Triebwerk auch bei geringeren Drehzahlen mit höherer Belastung und mit günstigerem Wirkungsgrad zu betreiben.

Der günstigste Wirkungsgrad derartiger Triebwerke liegt bei 70 - 80 % der Startdrehzahl und etwa bei 80 % des Höchstdrehmomentes (entspricht 80 - 85 % des maximalen Ladedruckes).

Dieser Betriebspunkt stimmt nicht mit dem geringsten stündlichen Verbrauch des Triebwerkes bei Sparflug überein. In diesem Betriebszustand sind Leistung und Wirkungsgrad geringer.

Die *Verstellluftschraube* ermöglicht im Gegensatz zur starren Luftschraube:

- bereits im Start die Ausnutzung der vollen Triebwerkleistung,
- größere Höchstgeschwindigkeit und
- einen breiteren Geschwindigkeitsbereich mit günstigem Wirkungsgrad.

4.15 Abgase und Lärm

4.15.1 Abgase und Schadstoffe

Bei der unvollständigen Verbrennung im OTTO –Motor entstehen im Wesentlichen folgende Schadstoffanteile:

- HC Kohlenwasserstoff (unverbrannter Brennstoff)
- CO Kohlenmonoxid (unvollständig verbrannter Kohlenstoff)
- NO_x Stickoxide (Reaktion der Luft zu NO und NO_2)

Der Kohlenwasserstoff (HC) ist dabei ein Maß für die ungenügende motorische Verbrennung, d.h. für eine ungenügende chemische Reaktion im Brennraum. Bei ungünstigen geometrischen, motorischen und chemischen Voraussetzungen für die Verbrennung, kann die HC-Emission auf das doppelte ihres ursprünglichen Wertes (0,02 Vol-%) ansteigen. Ursachen für eine erhöhte Kohlenwasserstoffemission können eine zu fette Leerlaufeinstellung, eine ungünstige Zündzeitpunkteinstellung sowie aussetzende Zündkerzen sein.

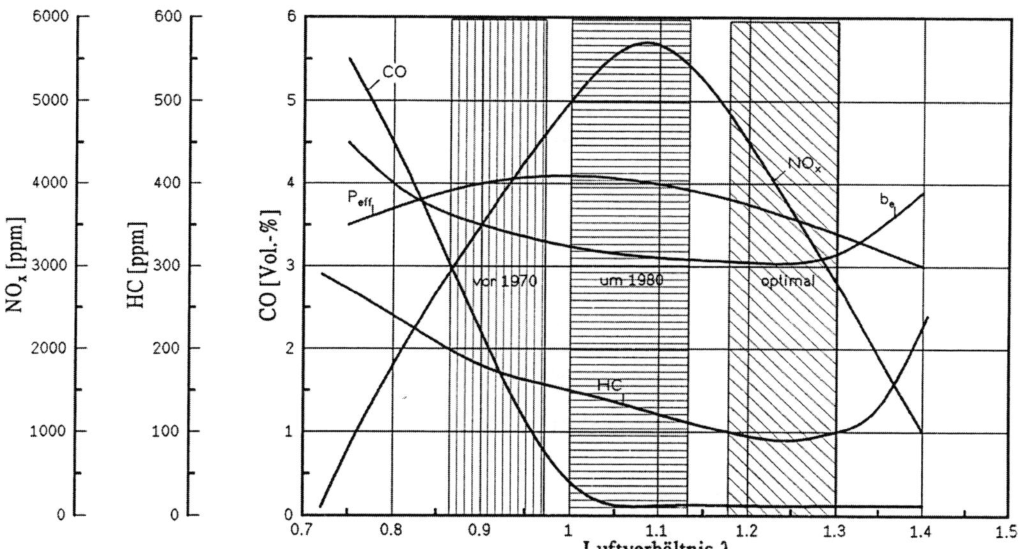

Bild 4/59: Abgaszusammensetzung in Abhängigkeit vom Luftverhältnis

Die Emission von Kohlenmonoxid (CO) ist ein Maß für den Sauerstoffmangel während der Verbrennung.

Im mageren Bereich ab λ =1,0, d.h. bei Sauerstoffüberschuss sinkt unabhängig vom Zündzeitpunkt der CO-Wert auf 0,1 bis 0,2 Vol-% ab. Damit ist der CO-Massenstrom nur vom Luftverhältnis λ und von der aktuellen Leistung abhängig.

Die Stickoxide ($NO_X = NO_1 + NO_2$) sind ein direktes Maß für die Qualität des Verbrennungsablaufes.

Alle Maßnahmen, die die Verbrennungstemperatur und damit den effektiven Wirkungsgrad steigern, vergrößern auch die NO_x-Emission.

4.15.2 Lärm

Für die beiden Hauptlärmquellen Auspuff der Triebwerke und Propellerlärm sind sehr wirkungsvolle Lärmminderungsmethoden bekannt. Bei Luftschrauben betrifft dies die Verkleinerung der Blattspitzengeschwindigkeit und bei Triebwerken die Auspuffschalldämpfern unterschiedlicher Hersteller und Bauarten. Damit lässt sich bei einer Vielzahl der vorhandenen Flugzeuge die Forderung für den erhöhten Schallschutz erfüllen.

Hinsichtlich der Lärmemission von Luftfahrzeugen gelten in Deutschland qualitativ die Vorschriften aus dem Luftrecht, wonach der Lärm, der bei seinem Betrieb erzeugt wird, das nach dem jeweiligen Stand der Technik unvermeidbare Maß nicht übersteigen darf. Diese Vorschrift wird konkretisiert durch Festlegung von gewichtsabhängigen Grenzwerten in den Lärmschutzforderungen für Luftfahrzeuge (LSL).

In der Landeplatzverordnung werden darüber hinaus Werte für den erhöhten Schallschutz und operationelle Beschränkungen zur Begrenzung der Lärmemission im Landeplatznahfeld festgelegt.

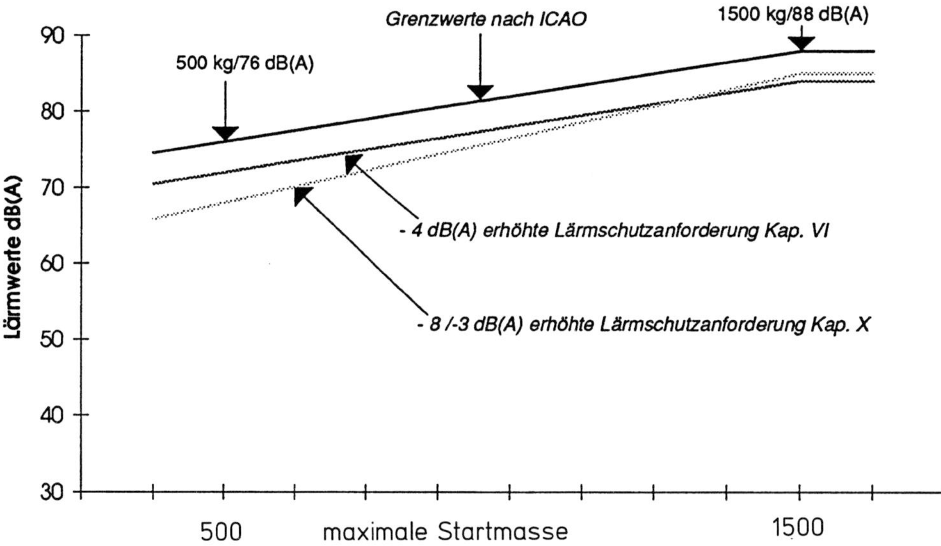

Bild 4/60: Lärmgrenzwerte für Luftfahrzeuge der AL nach ICAO, Annex 16

5 Gasturbinentriebwerke

5.1 Vergleich zwischen Gasturbinen- und Kolbentriebwerk

Eine Steigerung der *Wellenleistung* über 2 600 kW war bei Kolbentriebwerken mit vertretbarem Aufwand im Hinblick auf das Arbeitsverfahren unzweckmäßig. Bei etwa 2,5 dm^3 Zylindervolumen kamen Drehzahlen über 3 000 U/min wegen der auftretenden Massenkräfte, Lagerprobleme und Reibungsverluste nicht in Frage.

Eine Vergrößerung des *Zylindervolumens* auf über 3 dm^3 war bei den erforderlichen mittleren Arbeitsdrücken von nahezu 20 daN/cm^2 im Zylinder nicht möglich, da die zur Kühlung je Liter Hubvolumen zur Verfügung stehende Oberfläche mit wachsendem Zylindervolumen kleiner wird. *Zylinderzahlen* über 18 (Doppelstern) oder 28 (Vierfachstern) sind kühlungstechnisch und wegen der Kompliziertheit des Triebwerkes ebenfalls auszuschließen. Die Vergrößerung des mittleren indizierten Arbeitsdruckes durch Erhöhung des Ladedruckes auf über 2000 hPa hätte sich nachteilig auf die Lebensdauer des Triebwerkes und auf die notwendige Klopffestigkeit des Brennstoffes ausgewirkt (Bild 4/27).

Während beim *Kolbentriebwerk* die Leistung durch Zylinderzahl, Zylindervolumen, Drehzahl und mittleren Arbeitsdruck bestimmt wird, sind beim *Gasturbinentriebwerk* die Größen Luftdurchsatz , Druck- und Temperaturverhältnis die wichtigsten Faktoren dafür.

Das *Gasturbinentriebwerk* kann seine Leistung als „Wellenleistung“ oder direkt als „äußere Leistung“ abgeben. Es gibt Triebwerke, die beide Arten gleichzeitig oder wahlweise erzeugen. Gasturbinentriebwerke ermöglichen sowohl eine höhere Luftausnutzung (unter Berücksichtigung des Gesamtluftbedarfs) als auch eine höhere Ausnutzung des Konstruktionsmaterials. Während für luftgekühlte Kolbentriebwerke etwa 40 kg Luft pro kWh erforderlich sind, benötigen hochentwickelte Gasturbinentriebwerke nur 20 kg pro kWh.

Gute Kolbentriebwerke erlauben bis zur Grundüberholung eine Arbeitsausbeute von etwa 500 kWh pro kg Konstruktionsmaterial, dagegen erreichen moderne Gasturbinentriebwerke mehr als das Zwanzigfache. Sie sind aus diesen Gründen bei gleicher Leistung wesentlich kleiner und leichter als Kolbentriebwerke.

Gasturbinentriebwerke haben größere absolute Leistungen und Laufzeiten. Sie sind zuverlässiger als Kolbentriebwerke. Ihre Anschaffungskosten liegen, bezogen auf den Startschub, in der gleichen Größenordnung wie bei großen Kolbentriebwerken; bezogen auf die Eigenmasse sind sie etwa dreimal so hoch.

Tabelle 5/1: Klassifizierung der Gasturbinentriebwerke

	klein	mittel	groß
PTL	bis 1 500 kW	1 500 - 4 500 kW	über 4 500 kW
ETL	bis 2 000 daN	2 000 - 6 000 daN	über 6 000 daN
ZTL	bis 4 000 daN	4 000 - 12 000 daN	über 12 000 daN

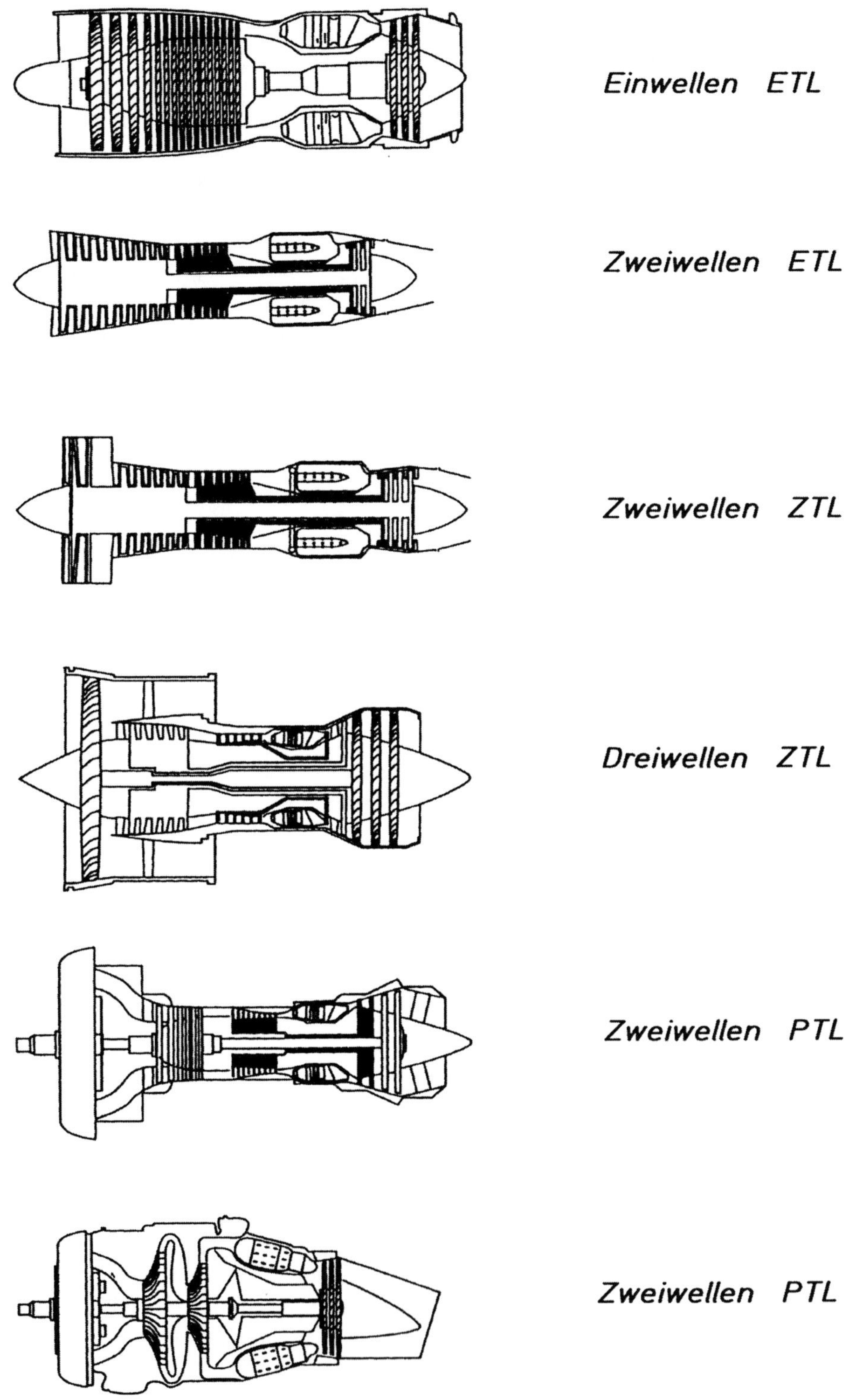

Bild 5/1: Bauarten von Gasturbinentriebwerken (ROLLS - ROYCE)

5.2 Daten und Kennwerte

Unter *Daten* versteht man absolute Größen. Sie erlauben nur die Beurteilung und den Vergleich von Triebwerken gleicher Konzeption und Größe.

Kennwerte sind bezogene (spezifische) Größen, die einen Vergleich von Triebwerken unterschiedlicher Größe und teilweise sogar unterschiedlicher Konzeption ermöglichen. Tabelle 5/2 gibt eine Übersicht über die wichtigsten Daten und Kennwerte von Gasturbinentriebwerken. Die wichtigsten thermodynamischen Kenngrößen wurden bereits im Kapitel 2.1 definiert und erläutert.

Tabelle 5/2: Daten und Kennwerte von Gasturbinentriebwerken

Daten		Kennwerte	
Bezeichnung	Maßeinheit	Bezeichnung	Maßeinheiten
Schub	daN, (kN)	Schub-Masse-Verhältnis	daN/kg
		Schub-Stirnflächen-Verhältnis	daN/m^2
		Schub-Luftdurchsatz-Verhältnis	daN·s/kg
Leistung	kW, (PS)	Schub-Brennstoffdurchsatz-Verhältnis	daN·s/kg
		Leistung-Masse-Verhältnis	kW/kg
		Leistung-Stimflächen-Verhältnis	kW/m^2
		Leistung-Luftdurchsatz-Verhältnis	kW·s/kg
		Leistung-Brennstoffdurchsatz-Verhältnis	kW·s/kg
Drehzahl	U/min	maximale Umfangsgeschwindigkeit	m/s
Drehmoment	daN·m,		
Masse	kg	Kehrwerte der entsprechenden Kennwerte für Schub und Leistung	
Stirnfläche	m^2	Kehrwerte der entsprechenden Kennwerte für Schub und Leistung	
Brennstoffverbrauch	kg/h	Brennstoffverbrauch-Schub-Verhältnis	kg/daN·h
		Brennstoffverbrauch-Leistungs-Verhältnis	kg/kWh
Laufzeit	h	Laufzeit - spez. Masse-Verhältnis	
		Zuverlässigkeit	kWh/kg·h/Triebwerksausfall
		Wirkungsgrad	
		Temperaturverhältnis	
		Druckverhältnis	

5.2.1 Schub

Der *Schub* ist üblicherweise die vom Flugzeugtriebwerk in Richtung seiner Längsachse erzeugte Kraft. Er dient zur Beschleunigung des Flugzeuges, zur Überwindung von Roll-, Steigungs- und Luftwiderstand sowie gegebenenfalls zur Abbremsung nach dem Aufsetzen.

Als allgemeiner Fall eines Strahltriebwerkes wird ein ZTL ohne Aufheizung im II.Kreis, ohne Strahlmischung und mit unvollständiger Entspannung im I. Kreis betrachtet. Der Gesamtschub für ein ZTL ergibt sich entsprechend Bild 1/1 d aus der Impulsdifferenz beider Kreise und dem Druckanteil des Innenkreises:

$$S = \dot{m}_{LI}\left(c_{9I} - v\right) + \dot{m}_{LII}\left(c_{9II} - v\right) + \dot{m}_B \cdot c_{9I} + \left(p_{9I} - p_H\right)A_{9I} \qquad (5/1)$$

Gl. (5/1) gilt bei Standbetrieb und im Flug. Der 3. Summand $\dot{m}_B \cdot c_{9I}$ ist im Vergleich mit den ersten beiden sehr klein und kann für Näherungsrechnungen vernachlässigt werden. Triebwerke für die Zivilluftfahrt sind so ausgelegt, dass in der Schubdüse eine vollständige Entspannung stattfindet (vgl. Kapitel 2). Damit verschwindet in Gl. (5/1) auch der 4. Summand.

Mit dem *By-pass-Verhältnis*

$$\Lambda = \frac{\dot{m}_{LII}}{\dot{m}_{LI}} \qquad (5/2)$$

und den beiden genannten Vereinfachungen erhält man:

$$S = \dot{m}_{LI}\left[\left(c_{9I} - v\right) + \Lambda\left(c_{9II} - v\right)\right] \qquad (5/3)$$

Zweckmäßig ist die Einführung einer reduzierten Abströmgeschwindigkeit c_{9red} des Abgases vom Triebwerk. Bedingung soll sein, dass der Schub nach Gl. (5/1) gleich dem Schub nach folgender Gleichung ist:

$$S = \left(c_{9red} - v\right) \cdot \left(\dot{m}_{LI} + \dot{m}_{LII}\right) \qquad (5/4)$$

Damit erhält man:

$$c_{9red} = \frac{1}{1+\Lambda}\left\{\left(c_{9I} - v\right) + \Lambda\left(c_{9II} - v\right) + \frac{1}{\dot{m}_{LI}}\left[\dot{m}_B \cdot c_{9I} + A_{9I}\left(p_{9I} - p_H\right)\right]\right\} \qquad (5/5)$$

Die entsprechenden Werte für das ETL ergeben sich, wenn in den Gleichungen (5/1) bis (5/5) die Größen $\dot{m}_{LII}$, c_{9II} und Λ gleich Null gesetzt werden.

Der *Gesamtschub* eines PTL setzt sich aus dem Schub der Luftschraube und dem Restschub des Abgasrohrs zusammen. (Es kann stets vollständige Entspannung in der Schubdüse vorausgesetzt werden.)

- *Flugbetrieb:*

$$S = \frac{P_W \cdot \eta_{LS}}{v} + \dot{m}_{LI}\left(c_{9I} - v\right) + \dot{m}_B \cdot c_{9I} \qquad (5/6)$$

- *Standbetrieb:*

$$S = K \cdot P_W + \left(\dot{m}_{LI} + \dot{m}_B\right) \cdot c_{9I} \qquad (5/7)$$

Die Konstante K ist von der Luftschraubenkonstruktion abhängig und wird experimentell ermittelt. In der anglo-amerikanischen Literatur wird K mit 1,55 - 1,58 daN/kW und in der russischen mit 1,50 daN/kW angegeben.

Die gemeinsame Betrachtung des Schubs von ETL, ZTL und PTL ist mit Hilfe der spezifischen Arbeit des thermodynamischen Kreisprozesses bzw. der freien Wärmegefälle möglich. Wenn in der vereinfachten Schubgleichung die jeweilige Abströmgeschwindigkeit c des I. oder II. Kreises durch das zugehörige freie Wärmegefälle bzw. durch die zugehörige spezifische Arbeit w und die Kreisprozessarbeit (Bild 5/1) ersetzt werden (vgl. Kapitel 2. 3.1): $w = c^2/2$, so erhält man nach verschiedenen Umformungen:

$$S = K_s \cdot \dot{m}_{LI} \cdot \sqrt{2 \cdot w_i} \qquad (5/8)$$

Mit dem *Energieaustauschkoeffizient*

$$\chi = \frac{w_{i_{II}}}{w_i} \quad \text{gilt für } K_s: \qquad (5/9)$$

$$K_s = \sqrt{\left[(1-\chi) + \frac{v^2}{2w_i}\right]} + \Lambda\sqrt{\left(\frac{\chi \cdot \eta_{II}}{\Lambda} + \frac{v^2}{2w_i}\right)} - (1+\Lambda)\frac{v}{\sqrt{2w_i}} \qquad (5/10)$$

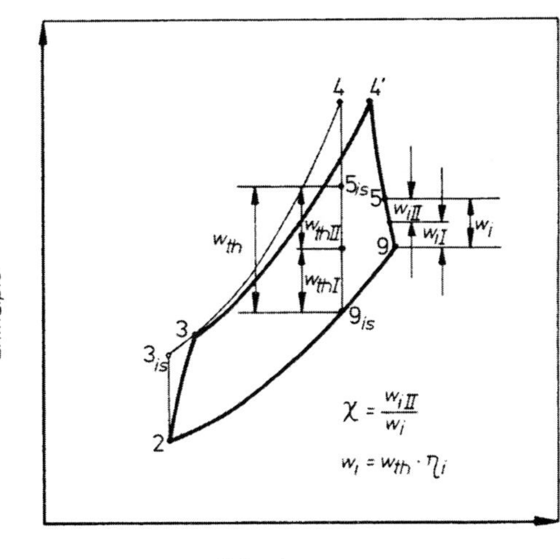

Bild 5/2: Theoretische und innere Kreisprozessarbeit eines JOULE-Prozesses

ETL: $\chi = \Lambda = 0$ (5/11)

ZTL: $\eta_{II} = \eta_{VII} = \eta_{TII} = \eta_{SDII}\ \eta_{mII}$ (5/12)

PTL: $\eta_{II} = \eta_{LS} \cdot \eta_{TII} \cdot \eta_{mII}$ (5/13)

η_m berücksichtigt auch den Wirkungsgrad eines eventuell vorhandenen Getriebes bei ZTL und PTL. Der *Schubdüsenwirkungsgrad* η_{SDII} ist in erster Näherung gleich 1 gesetzt.

Der Schubkoeffizient aller Gasturbinentriebwerke ist also von der Fluggeschwindigkeit und von der spezifischen Kreisprozessarbeit bzw, dem freien Wärmegefälle abhängig.

Bei ZTL und PTL wird der Schubkoeffizient vom Energieaustauschkoeffizienten, vom By-pass-Verhältnis und vom Wirkungsgrad des II. Kreises (bzw. vom Luftschraubenwirkungsgrad) beeinflusst. Bei Startstandbetrieb liegt der Schubkoeffizient für ein ETL in der Größenordnung von l, für ZTL je nach By-pass-Verhältnis zwischen 1,5 und 3 und für PTL in der Größenordnung von 3,5 bis 4,5. Der Schubkoeffizient nimmt mit wachsender Fluggeschwindigkeit um so stärker ab, je größer das By-pass-Verhältnis ist.

Die *spezifische innere Kreisprozessarbeit* w_i großer ZTL liegt bei Reiseflug in der Größenordnung von 300 kJ/kg.

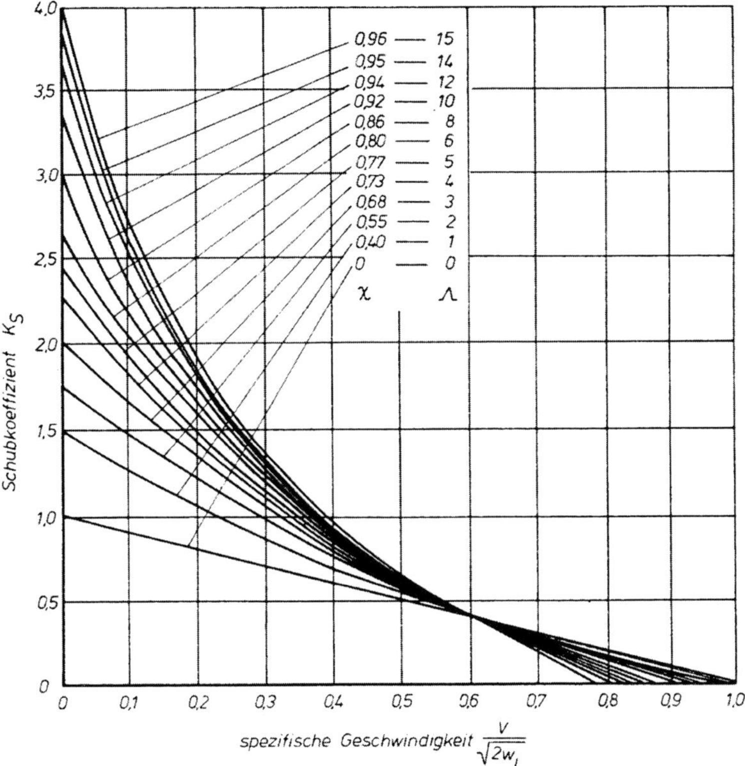

Bild 5/3: *Schubkoeffizient in Abhängigkeit von der Kreisprozessarbeit für verschiedene By-pass-Verhältnisse bei optimaler Energieaufteilung*

Tabelle 5/3: *Spezifischer Schub von Gasturbinentriebwerken bei Reisebetriebszustand*

Bezugsgröße	Luftdurchsatz	Brennstoffdurchsatz	Konstruktionsmasse
	daN/ kg/s	daN/ kg/s	daN/ kg
kleine PTL	40 - 60	5000 - 6000	0,5 - 0,7
mittlere PTL	50 - 70	5500 - 6500	0,6 - 0,8
mittlere ETL	30 - 50	2500 - 3500	1,3 - 1,5
kleine ZTL	90 - 130	4000 - 5000	1,0 - 1,2
mittlere ZTL	120 - 160	4800 - 5800	1,1 - 1,3
große ZTL	150 - 190	5500 - 6500	1,2 - 1,5

Bezugsgrößen zur *Bestimmung des spezifischen Schubs* sind der Luftdurchsatz des heißen Kreises, der Brennstoffverbrauch und die Eigenmasse der Antriebsanlage.

Moderne Triebwerke erreichen bei Reiseflugzustand die Werte der Tabelle 5/3. Die angegebenen Bereiche sind mit dem Entwicklungsstand von Wissenschaft und Technik veränderlich.

5.2.2 Leistung

Man unterscheidet bei Flugzeuggasturbinen die *innere Leistung* P_i und die *äußere Leistung* P_a. Die *innere Leistung* ist vergleichbar mit der Leistung, die an der Kupplung eines Kraftfahrzeuges abgegeben wird. Sie stellt die von der Wärmekraftmaschine erzeugte Leistung abzüglich der inneren Verluste der Maschine dar.

Bei Strahltriebwerken äußert sich die innere Leistung in der Vergrößerung der kinetischen Energie der durchgesetzten Luft- und Brennstoffmasse: ($\dot{m}_G = \dot{m}_{LI} + \dot{m}_{LII}$)

$$P_i = \frac{1}{2}\left[\dot{m}_G \cdot c_{9I}^{\,2} - \dot{m}_{LI} \cdot v^2 + \dot{m}_{LII}\left(c_{9II}^{\,2} - v^2\right)\right] \qquad (5/14)$$

Bei unvollständiger Entspannung ist die reduzierte Ausströmgeschwindigkeit zu verwenden (vgl. Gl. 5/5). Bei PTL äußert sich die innere Leistung in der Vergrößerung der kinetischen Energie der durchgesetzten Luft- und Brennstoffmasse und der an die Luftschraube iibertragenen Wellenleistung:

$$P_i = \frac{1}{2}\left[(\dot{m}_G \cdot c_9^{\,2} - \dot{m}_{LI} \cdot v^2)\right] + P_W \qquad (5/15)$$

In den Gl. (5/14) und (5/15) ist zur Bestimmung der inneren Leistung bei Standbetrieb $v = 0$ und für ETL $\dot{m}_{LII} = 0$ zu setzen.

Große ZTL der 200-kN-Klasse erreichen während des Starts eine innere Leistung von 35 000 - 40 000 kW und im Reiseflug 10 000 bis 15 000 kW. Die innere Leistung der PTL liegt in der Größenordnung ihrer äquivalenten Leistung.

Die *äußere Leistung* ist vergleichbar mit der abgegebenen Leistung an den Antriebsrädern eines Kraftfahrzeuges. Innere und äußere Leistung unterscheiden sich um den Betrag der Verluste in der Kraftübertragung. Bei allen Flugzeugantriebsanlagen ist die äußere Leistung gleich dem Produkt aus Schubkraft und Geschwindigkeit in Richtung der Schubkraft. Sie wird häufig auch mit Vortriebsleistung bezeichnet. Im Stand ist die äußere Leistung Null.

Allgemein gilt:

$$P_a = S_{ges} \cdot v \qquad (5/16)$$

Für PTL gilt:

$$P_a = \eta_{LS} \cdot P_W + S_{SD} \cdot v \qquad (5/17)$$

Große ZTL der 200-kN-Klasse erreichen im Reiseflug äußere Leistungen von 10 000 bis 15 000 kW. Die äußere Leistung bei PTL unterscheidet sich von der inneren Leistung um einen Faktor in der Größenordnung des Luftschraubenwirkungsgrades.Die äußere Leistung kleiner Sportflugzeuge mit Kolbentriebwerken von etwa 150 kW Startleistung liegt dagegen in der Größenordnung von

50 - 70 kW. Das Produkt aus äußerer Leistung bei Reiseflug und Laufzeit ergibt die zur Beurteilung eines Flugzeugtriebwerkes wichtige *äußere Arbeit.*

Die *äquivalente Leistung*, die häufig für PTL angegeben wird, ist eine gedachte Wellenleistung, mit der die vorhandene Luftschraube allein den Gesamtschub des Triebwerkes erzeugen könnte. Diese Leistungsangabe ist vorwiegend für einen Vergleich der PTL mit Kolbentriebwerken gedacht, da der Restschub des Abgasstrahls bei Kolbentriebwerken vernachlässigbar klein ist und der Gesamtschub daher ausschließlich von der Luftschraube erzeugt wird.

Es ist möglich, auch für Luftstrahltriebwerke eine äquivalente Leistung anzugeben. Sie ist im Gegensatz zum PTL wesentlich kleiner als die innere Leistung.
Es gilt allgemein:

$$P_{ä} = \frac{S}{K} \qquad \text{(für } v = 0) \qquad (5/18)$$

$$P_{ä} = \frac{S \cdot v}{\eta_{LS}} \qquad \text{(für } v \neq 0) \qquad (5/19)$$

Die äquivalente Leistung der PTL, die für niedrige Fluggeschwindigkeiten bis etwa 450 km/h ausgelegt sind, ist nahezu identisch mit der Wellenleistung und mit der inneren Leistung.

Bei mittleren und großen PTL fiir Fluggeschwindigkeiten über 600 km/h ist die äquivalente Leistung etwa so groß wie die innere Leistung und etwa 10 % größer als die Wellenleistung.

Die spezifischen Leistungen können analog dem spezifischen Schub (vgl. Kapitel 5.2.1) gebildet werden. Die spezifische (auf die Konstruktionsmasse der Antriebsanlage bezogene) äußere Leistung bei Reiseflug ist in der Tabelle 5/4 dargestellt.

Tabelle 5/4: Spezifische äußere Leistung von Gasturbinenantrieben bei Reiseflug, bezogen auf die Konstruktionsmasse

Bezugsgröße	Leistung
kleine PTL	0,8 - 1,4 kW/kg
mittlere PTL	1,0 - 1,6 kW/kg
kleine ZTL	1,8 - 2,8 kW/kg
mittlere ZTL	2,3 - 3,3 kW/kg
große ZTL	3,0 - 3,8 kW/kg

5.2.3 Brennstoffverbrauch

Der *Brennstoffverbrauch* eines Triebwerkes beeinflusst wesentlich die Wirtschaftlichkeit eines Luftfahrzeuges. Während die absolute Angabe in kg/h noch keine Bewertung zulässt, gestattet die Wirkungsgradangabe eine objektive Beurteilung beziiglich der Brennstoffausnutzung.

Um Triebwerke verschiedener Größe oder verschiedener Konzeption miteinander zu vergleichen, ist es üblich, den *spezifischen Brennstoffverbrauch* anzugeben.

Bei PTL verwendet man als Bezugsgrößen die äquivalente Leistung, bei Luftstrahltriebwerken den Schub (Tabelle 5/5).

Soweit keine besonderen Angaben gemacht werden, ist stets der Betriebszustand *Startleistung in Meereshöhe bei der Geschwindigkeit Null* zugrunde gelegt. Eine günstigere Bezugsgröße zum Vergleich aller Triebwerkarten ist die *äußere Leistung* bei Reiseflug.

Werte für den spezifischen Brennstoffverbrauch, bezogen auf die äußere Leistung:

- große ETL mit 2,0 < M <2,2 0,19 - 0,20 kg/kWh ($\approx$ 1,20 kg/daN·h)
- große ZTL mit 0, 75 < M < 0,85 0,24 - 0,27 kg/kWh (0,65 kg/daN·h)
- mittlere PTL mit v = 550 - 650 km/h 0,35 - 0,45 kg/kWh (0,60 kg/daN·h)

Tabelle 5/5: Spezifischer Brennstoffverbrauch von Gasturbinentriebwerken, bezogen auf die innere Leistung (bei PTL) bzw. auf den Schub (bei TL)

	Startleistung	Reiseleistung	
kleine PTL	0,33 - 0,55 kg/kWh	0,35 - 0,45 kg/kWh	bei 300 - 500 km/h
mittlere PTL	0,30 - 0,35 kg/kWh	0,30 - 0,35 kg/kWh	bei 550 - 650 km/h
kleine ETL	0,85 - 1,00 kg/daNh	1,00 - 1,10 kg/daNh	bei 600 - 750 km/h
große ETL	0,65 - 0,90 kg/daNh	1,0 - 1,2 kg/daNh	bei 2 200 km/h (M=2,07)
kleine ZTL	0,45 - 0,65 kg/daNh	0,65 - 0,80 kg/daNh	bei 700 - 800 km/h
mittlere ZTL	0,40 - 0,65 kg/daNh	0,65 - 0,75 kg/daNh	bei 800 - 900 km/h
große ZTL	0,30 - 0,40 kg/daNh	0,55 - 0,65 kg/daNh	bei 800 - 900 km/h

Der außerordentlich niedrige spezifische Brennstoffverbrauch großer Einstromtriebwerke bei *Überschallflug* kommt in erster Linie aufgrund des großen Gesamtdruckverhältnisses des Kreisprozesses als Ergebnis der hohen Stauverdichtung zustande. Trotzdem sind der absolute Brennstoffverbrauch und der Brennstoffverbrauch je Sitzplatz und Kilometer bei diesen Flugzeugen infolge der hohen Antriebsleistung sehr hoch.

Der Brennstoffverbrauch der Überschallflugzeuge pro Sitzplatz und Kilometer beträgt 100 - 130 g im Vergleich zu 25 - 35 g bei Flugzeugen der Airbusklasse.

5.2.4 Wirkungsgrade

Wirkungsgrade sind wichtige Bewertungskriterien für die Wirtschaftlichkeit der Flugzeugtriebwerke.

Der theoretische oder thermische Wirkungsgrad und der indizierte Wirkungsgrad wurden bereits im Kapitel 2. 3 behandelt. Während der *theoretische Wirkungsgrad* ausschließlich vom Druckverhältnis des Kreisprozesses abhängt, wird der *indizierte Wirkungsgrad* außerdem vom Temperaturverhältnis sowie vom Verdichtungs- und Entspannungswirkungsgrad beeinflusst.

Der *innere Wirkungsgrad* η_i ist das Verhältnis zwischen der nach außen abgegebenen mechanischen Energie und der zugeführten Wärmeenergie bzw. das Verhältnis der inneren Leistung zur zugeführten Wärmemenge je Zeiteinheit.

Die nach außen abgegebene mechanische Energie setzt sich beim PTL aus der an die Luftschraube übertragenen Arbeit und aus der Erhöhung der kinetischen Energie der durchgesetzten Gasmasse zusammen. Beim reinen Luftstrahltriebwerk äußert sich die nach außen abgegebene mechanische Energie ausschließlich in der Vergrößerung der kinetischen Energie der durchgesetzten Gasmasse.

Der innere Wirkungsgrad charakterisiert die Vollkommenheit der Umsetzung chemisch gebundener Energie des Brennstoffes in mechanische Energie und berücksichtigt alle im Triebwerk auftretenden Verluste. Er bestimmt die Brennstoffeffektivität des Triebwerkes als Wärmekraftmaschine und ist vergleichbar mit dem aus dem Schiffs- und Fahrzeugmotorenbau bekannten effektiven Wirkungsgrad:

$$\eta_i = \frac{P_i}{\dot{m}_B \cdot H_u} \qquad (5/20)$$

Der *äußere Wirkungsgrad* η_a, auch veraltet Vortriebs- oder Flugwirkungsgrad genannt, ist das Verhältnis von äußerer zu innerer Leistung. Im Stand (v=0) ist der äußere Wirkungsgrad gleich Null, unabhängig von der eingestellten Leistungsstufe.

Er charakterisiert die Vollkommenheit der Umwandlung der inneren Leistung in äußere Leistung und ist vergleichbar mit dem Wirkungsgrad der Kraftübertragung bei Straßen- und Schienenfahrzeugen. Bei Luftschraubenantriebsanlagen ohne Abgasstrahlschub ist der äußere Wirkungsgrad mit dem Luftschraubenwirkungsgrad identisch.

Für PTL gilt: $$\eta_a = \frac{P_ä \cdot \eta_{LS}}{P_i} \qquad (5/21)$$

Für TL gilt: $$\eta_a = \frac{S \cdot v}{P_i} \qquad (5/22)$$

Für die Bestimmung von Schub und innerer Leistung ist jeweils die reduzierte Schubdüsenaustrittsgeschwindigkeit entsprechend Gl. (5/5) zu verwenden. Nach einigen Umformungen erhält man für den äußeren Wirkungsgrad bei TL:

$$\eta_a = \frac{2}{1 + c_{9red}/v} \qquad (5/23)$$

Bemerkenswert ist, dass der äußere Wirkungsgrad bei Luftschraubenantriebsanlagen in Abhängigkeit von der Geschwindigkeit ein Maximum durchläuft, dessen Lage von der Luftschraubenauslegung abhängt (vgl. Bild 4/45). Bei mittleren und großen PTL liegt dieses Maximum mit 0,82 - 0,85 zwischen 400 - 650 km/h. Der äußere Wirkungsgrad bei Luftstrahltriebwerken steigt dagegen mit wachsender Fluggeschwindigkeit für eine gegebene Schubdüsenaustrittsgeschwindigkeit stetig bis zum Wert 1 an.

Der *Gesamtwirkungsgrad* η_{ges} einer Antriebsanlage für Luftfahrzeuge ist das Verhältnis von äußerer Leistung zur zugeführten Brennstoffenergie je Zeiteinheit bzw. das Produkt aus innerem und äußerem Wirkungsgrad:

$$\eta_{ges} = \frac{v}{b_s \cdot H_u} = \eta_i \cdot \eta_a \qquad (5/24)$$

Bedeutung der Symbole:

H_u spezifischer Heizwert (unterer Heizwert) für flüssige Brennstoffe 12 Wh/g bzw. 43,2 MJ/kg
v Fluggeschwindigkeit in m/s
b_S spezifischer Brennstoffverbrauch in g/N·h (bei einer Fluggeschwindigkeit v)

Der Verlauf des Gesamtwirkungsgrades wird wesentlich durch den Verlauf des äußeren Wirkungsgrades bestimmt.

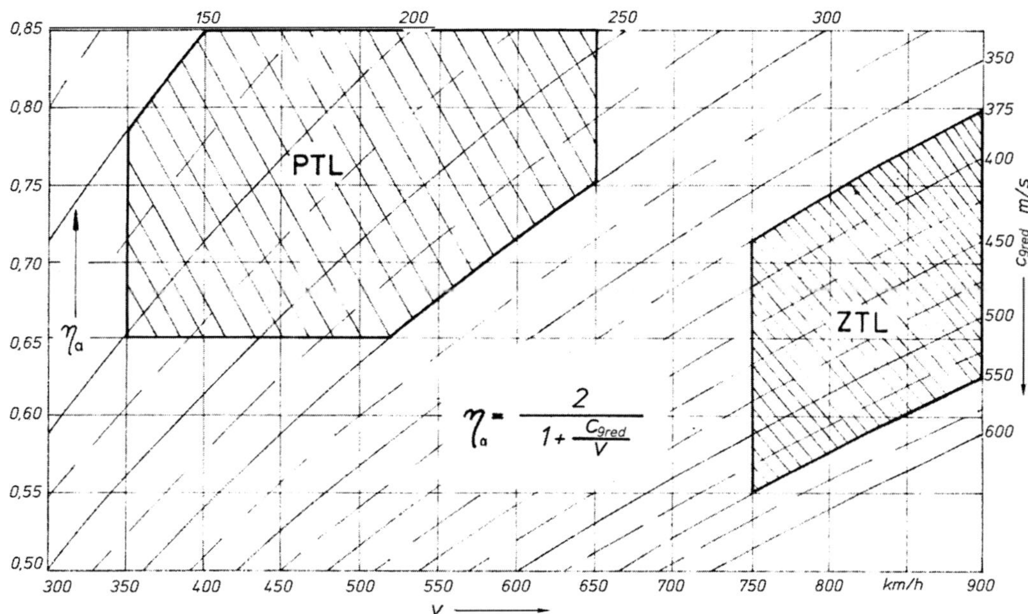

Bild 5/4: *Einfluss der Fluggeschwindigkeit auf den äußeren Wirkungsgrad bei verschiedenen Schub-Düsenaustrittsgeschwindigkeiten*

Tabelle 5/6: *Gesamtwirkungsgrade von Gasturbinenantriebsanlagen*

	Gesamtwirkungsgrad η_{ges} in %	
kleine PTL	15 - 20	
mittlere PTL	20 - 25	
große ETL	20 - 27	
kleine ETL	10 - 15	für Geschw. bis ≈ 750 km/h
kleine ZTL	40 - 45	für M = 2 - 2,2
mittlere ZTL	27 - 33	
große ZTL	36 - 37	

5.2.5 Masse, Laufzeit, Zuverlässigkeit

Flugzeugantriebsanlagen sollen nicht nur einen hohen Gesamtwirkungsgrad haben, sie sollen auch leicht sein und eine hohe Zuverlässigkeit und Laufzeit erreichen. Diese vier Anforderungen stehen in einem unmittelbaren Zusammenhang. Je nach dem beabsichtigten Einsatzgebiet wird jeweils einigen von ihnen auf Kosten der übrigen der Vorrang gegeben.

Bei Antriebsanlagen ziviler Langstreckenflugzeuge muss größter Wert auf geringen Brennstoffverbrauch und hohe Laufzeit gelegt werden, bei Antriebsanlagen von Abfangjets dagegen steht die geringe Eigenmasse im Vordergrund. Die *spezifische Masse* ist das Verhältnis von Eigenmasse zu Startstandschub. Für PTL-Triebwerke wird häufig die äquivalente Leistung bei Startstandbetrieb als Bezugsgröße verwendet. Bei diesen Triebwerken sollte jedoch zum Vergleich mit Luftstrahltriebwerken auch die Masse der Luftschraube berücksichtigt werden.

Tabelle 5/7: Spezifische Masse von Gasturbinentriebwerken unter Berücksichtigung der LS-Masse bei PTL

		Startstandbetrieb[1])	Reiseflugzustand[2])
kleine	PTL	0,45 - 0,60 kg/kW	0,70 - 1, 20 kg/kW
mittlere	PTL	0,40 - 0,55 kg/kW	0,60 - 1. 00 kg/kW
kleine	ETL	0,25 - 0,35 kg/daN	0,15 - 0,25 kg/kW
große	ETL	0,15 - 0,20 kg/daN	0,08 - 0,10 kg/kW
kleine	ZTL	0,20 - 0,30 kg/daN	0,35 - 0,55 kg/kW
mittlere	ZTL	0,18 - 0,25 kg/daN	0,30 - 0,45 kg/kW
große	ZTL	0,15 - 0,20 kg/daN	0,25 - 0,35 kg/kW

1) Bezugsgröße: äquivalente Leistung bzw. Startschub
2) Bezugsgröße: äußere Leistung

Unter *Laufzeit* auch *TBO* (time between overhaules) eines Flugzeugtriebwerkes versteht man die Betriebsdauer bis zur ersten Grundüberholung oder Betriebsdauer zwischen zwei Grundüberholungen. Die Gesamtlaufzeit ist die Laufzeit bis zur Aussonderung des Triebwerkes. Technologisch ausgereifte große ZTL erreichen gegenwärtig Laufzeiten über 10000 Stunden und Gesamtlaufzeiten bis zu 50000 Stunden. Laufzeit und Gesamtlaufzeit der Triebwerke beeinflussen die Wirtschaftlichkeit eines Flugzeuges in entscheidendem Maße.

Wenn die Laufzeit eines Triebwerkes auf das Verhältnis von Masse zu äußerer Leistung bei Reiseflugzustand bezogen wird, erhält man die während der Laufzeit je kg Konstruktionsmasse verrichtete *spezifische äußere Arbeit* in kWh/kg. Für diesen Kennwert der Werkstoffausnutzung gibt es folgende Richtwerte:

Tabelle 5/8: Spezifische äußere Arbeit von Antriebsanlagen bezogen auf die Laufzeit und Masse des Triebwerkes

mittlere	PTL	5 000 - 7 000 kWh/kg
große	ZTL	13 000 - 17 000 kWh/kg
kleine	ZTL	2 500 - 4 000 kWh/kg
kleine Kolben-triebwerke		200 - 300 kWh/kg

Die *Zuverlässigkeit* einer Flugzeugantriebsanlage wird als Anzahl der Betriebsstunden eines bestimmten Typs, bezogen auf die Anzahl der unplanmäßigen Stillegungen, angegeben. Aussagekräftige Angaben sind nur aus statistischen Erhebungen zu erhalten, die sich über einen längeren Zeitraum erstrecken und eine große Anzahl von Triebwerken eines Typs erfassen.

In keinem anderen Zweig des Verkehrswesens hängt die Sicherheit in so starkem Maße von der Zuverlässigkeit der Antriebsanlage ab wie im Luftverkehr. Deshalb kommt diesem Kennwert sowohl bezüglich der Sicherheit als auch der Wirtschaftlichkeit und Regelmäßigkeit eine besondere

Bedeutung zu. [Siehe dazu auch die besonderen Richtlinien für 2-motorige Flugzeuge auf Langstreckenflügen (ETOPS – Extendet-Twin-Operations)]

Gasturbinenantriebsanlagen der zivilen Luftfahrt haben im Vergleich mit anderen im Verkehrswesen eingesetzten Antriebsanlagen einen außergewöhnlich hohen Entwicklungsstand erreicht. Technologisch ausgereifte mittlere und große ZTL erreichen gegenwärtig bis zu 50000 Betriebsstunden pro unplanmäßige Triebwerkstillegung.

Der entsprechende Wert für mittlere PTL liegt in der Größenordnung von 20 000 Betriebsstunden. Die Ursache für die geringere Zuverlässigkeit der PTL-Triebwerke ist in erster Linie in dem komplizierten und hochbeanspruchten Luftschraubengetriebe zu suchen.

5.3 Einteilung der Triebwerke

5.3.1 Übersicht zu den Baugruppen

Im Bild 5/5 ist ein Zweistromtriebwerk im Schnitt dargestellt. Es besteht in der Reihenfolge der Durchströmung aus folgenden Hauptbaugruppen:

- Eingangsteil,
- Untersetzungsgetriebe (bei PTL und ZTL mit einstufigem Bläser, vgl. Kapitel 5.11),
- Verdichter,
- Brennkammer,
- Turbine,
- Schubdüse mit Schubumkehranlage.

Im Standbetrieb wird die Umgebungsluft vom Verdichter des Triebwerkes über das Eingangsteil angesaugt.

Während des Fluges wird sie bereits vor dem Eingangsteil durch Aufstau und anschließend durch Radial- oder mehrstufige Axialverdichter der Brennkammer zugeführt.

Die Axialgeschwindigkeit der Luft erreicht am Verdichtereintritt 150 - 200 m/s und am Verdichteraustritt 130 - 180 m/s.

Am Eingang in die Brennkammer wird die Luft in einen Primär- und einen Sekundärstrom geteilt.

Der Primärstrom, etwa 20 - 50 % des Innenstromluftdurchsatzes, liefert den Sauerstoff für die Verbrennung des zugeführten Brennstoffes (Luftverhältnis $\lambda = 1{,}2 - 1{,}6$). Die Verbrennungstemperatur erreicht etwa 2300 K.

Der Sekundärstrom, 50 - 80 % des Innenstromluftdurchsatzes, kühlt die Flammenrohrwandungen und vermischt sich in der Mischzone der Brennkammer mit dem Verbrennungsgas.

Die Temperatur der Verbrennungsgase sinkt dadurch auf Werte unter 1850 K am Turbineneintritt. Die Gasgeschwindigkeit beträgt hier 180 - 200 m/s.

Die Turbine wandelt einen Teil der Energie der Verbrennungsgase in mechanische Arbeit um, die für den Antrieb des Verdichters und weiterer Verbraucher erforderlich ist.

Die Axialgeschwindigkeit des Gases am Turbinenaustritt beträgt 250 - 450m/s.

Bei vollständiger Entspannung der Verbrennungsgase in der Schubdüse ($p_9 = p_H$) werden je nach Flughöhe und Abgastemperatur Ausströmgeschwindigkeiten von 400 - 700 m/s erreicht.

5.3.2 Bezeichnungen und Bezugsebenen

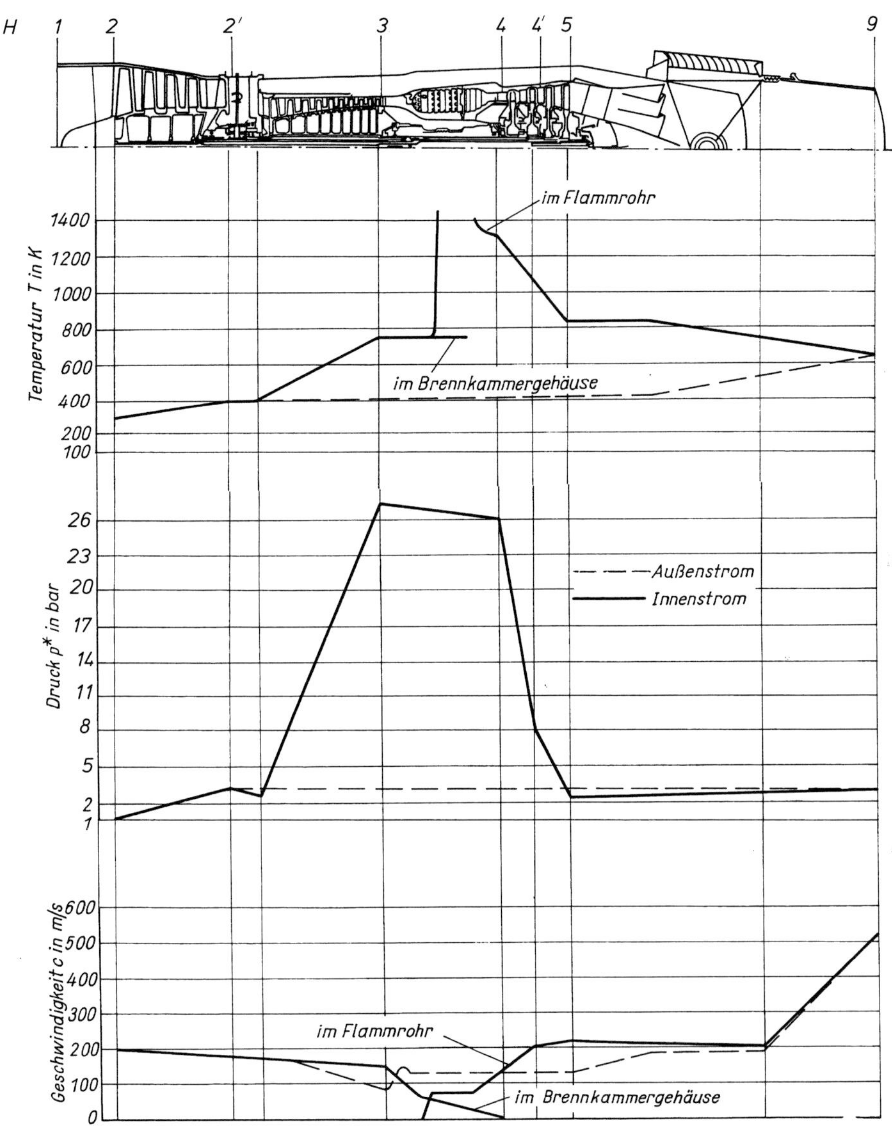

Festlegung der wichtigsten Bezugsebenen (ETL):

(H) Umgebung,

(1) Eingangsteileintritt,

(2) Eingangsteilaustritt, Verdichtereintritt,

(3) Verdichteraustritt, Brennkammereintritt,

(4) Brennkammeraustritt, Turbineneintritt,

(5) Turbinenaustritt, Schubdüseneintritt,

(9) Schubdüsenaustritt

Bild 5/5: *Bezugsebenen und Verlauf von Temperatur, Druck und Strömungsgeschwindigkeit für ein ZTL*

5.4 Eingangsteile

Das *Eingangsteil*, meist zur Flugzeugzelle gehörend, soll den möglichst verlustlosen und turbulenzfreien Eintritt der atmosphärischen Luft in allen Flug- und Betriebszuständen für das Triebwerk gewährleisten.

Es hat die Aufgabe, die Luft mit möglichst geringen Verlusten in allen Flugzuständen und Leistungsstufen dem nachgeschalteten Triebwerk zuzuführen und dient zur Vorverdichtung der Luft durch die Stauwirkung im Flug und soll eine möglichst gleichmäßige Geschwindigkeits- und Druckverteilung vor dem Verdichter gewährleisten.

Durch geeignete konstruktive Maßnahmen sind folgende Anforderungen zu erfüllen:

- geringer Gesamtdruckverlust (innere Verluste),
- geringer äußerer Widerstand (äußere Verluste),
- gute Anpassung an den Gesamtaufbau der Flugzeugzelle,
- stabile Strömungsverhältnisse bei allen Flugzuständen und Leistungsstufen des Triebwerkes sowie bei Seitenwind am Boden
- geringe Masse, einfache Konstruktion und evtl. Regelung.

Man unterscheidet Eingangsteile für Unterschall und für Überschallfluggeschwindigkeit. Daher ist die Gestaltung der Eintrittskonturen besonders wichtig:

- stark abgerundet für $M < 1{,}0$
- scharf, spitz für $M > 1{,}0$

Unter Berücksichtigung der Kennwerte des Eingangsteils können die Luftparameter am Verdichtereintritt bestimmt werden. Der Gesamtdruck p_2^* am Verdichtereintritt ist immer kleiner als der Gesamtdruck p_H^* der Umgebung:

$$p_2^* = \xi_E^* \cdot p_H^* = \xi_E^* \cdot p_H \left(1 + \frac{\kappa - 1}{2} M^2\right)^{\frac{\kappa}{\kappa - 1}} \qquad (5/25)$$

Zur Bestimmung der Gesamttemperatur T_2^* kann ein Wärmeaustausch zwischen der Luft und dem Einlaufkanal vernachlässigt und die Lufttemperatur $T_2^* = T_H^*$ gesetzt werden.

Das *Gesamtstaudruckverhältnis* π_{Stau}^* erhält man aus folgender Beziehung (vgl Kapitel 2.4.1):

$$\pi_{Stau}^* = \frac{p_2^*}{p_H} = \xi_E^* \left(1 + \frac{\kappa - 1}{2} M^2\right)^{\frac{\kappa}{\kappa - 1}} \qquad (5/26)$$

Es ist somit vom Druckverlustbeiwert ξ_E (0,95 - 0,995) des Unterschalleingangsteiles und von der Flugmachzahl M abhängig. Große ZTL erreichen über 0,995!

Die Profilgebung der Einlauflippen ist immer ein Kompromiss zwischen geringen äußeren Verlusten bei Reisefluggeschwindigkeiten (M>0,8) und geringen Strömungsablösungen (innere Verluste) bei niedrigen Anströmgeschwindigkeiten.

Besonders ungünstige Strömungsverhältnisse können z.B. durch große Seitenwindkomponenten und geringe Rollgeschwindigkeiten am Boden auftreten.

Um bessere Strömungsverhältnisse im Eingangsteil bei hohen Anstellwinkeln des Flugzeuges zu erreichen, werden die unteren Einlauflippen oftmals mit dickeren Rundungen versehen.

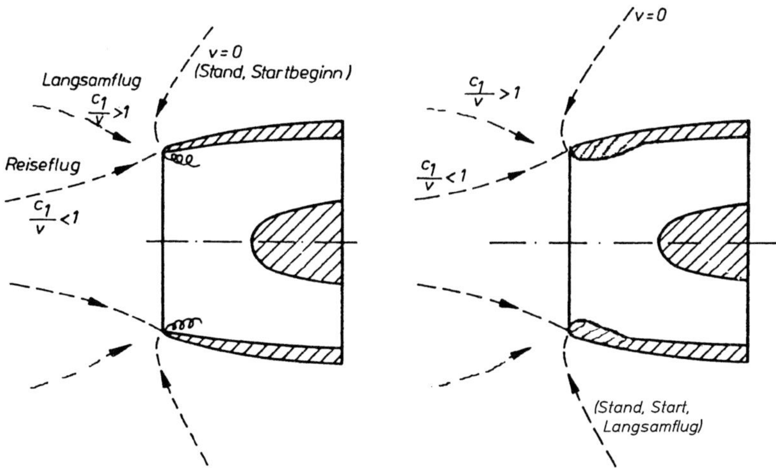

Bild 5/6: *Aufbau und Arbeitsweise von Unterschalleingangsteilen bei verschiedenen Betriebszuständen*

Auch kann der Zwang zur Einhaltung günstiger Strömungsverhältnisse im Triebwerkseingang den ansonsten maximal möglichen Anstellwinkel des Flugzeuges einschränken.

Zur Verringerung der Druckverluste sind Unterschalleingangsteile (Unterschalleinläufe) bei Fluggeschwindigkeiten M > 0,5 meist so gestaltet, dass die Verzögerung der Luft auf die erforderliche Verdichtereintrittsgeschwindigkeit vollständig oder teilweise bereits vor dem Eingangsteil und anschließend im divergenten Einlaufkanal stattfindet. Der Einlaufkanal ist dann überwiegend als Diffusor *(Pitot-Einlauf)* ausgebildet.

Kurz vor dem Verdichtereintritt erfolgt eine geringe Beschleunigung des Luftmassenstroms durch eine Kanalquerschnittsverengung infolge die Verdichternabenverkleidung. Dadurch wird eine weitgehende Glättung der Strömung vor dem Verdichter erreicht.

Die Nasenkanten müssen gut abgerundet sein, um Strömungsablösungen an den Innenseiten besonders im Standbetrieb und im Langsamflug ($v/c_2 < 1{,}0$) zu verhindern. Man hat deshalb früher Unterschalleinläufe auch mit zusätzlichen seitlichen Lufteintrittsklappen versehen (geöffnet im Stand-, Start- und Landeanflugsbetrieb).

Im Standbetrieb des Triebwerkes (Bild 5/7a) erzeugt der Verdichter im Eingangsteil einen Unterdruck gegenüber der Umgebung. Dabei erhöht sich die Geschwindigkeit der Luft von v = 0 bis zur Verdichtereintrittsgeschwindigkeit c_2. Druck und Temperatur sinken ($p_2 < p_H$, $T_2 < T_H$).

Unter diesen Umständen kann es bei auftretenden Niederschlägen und Außentemperaturen über dem Gefrierpunkt zu Eisansätzen im Bereich des Verdichtereintritts kommen.

Im Bild 5/7b sind die Verhältnisse bei Fluggeschwindigkeiten $a_H > v > c_2$ dargestellt. Hier erfolgt bereits vor dem Eingangsteil eine Verzögerung der Luftströmung. Druck und Temperatur nehmen zu ($p_1 > p_H$, $T_1 > T_H$).

Im letzten Teil des Einlaufkanals wird die Strömung gering beschleunigt, so dass insgesamt im Abschnitt H bis 2 die Geschwindigkeit der Strömung abnimmt, während Druck und Temperatur zunehmen ($p_2 > p_H$, $T_2 > T_H$) .

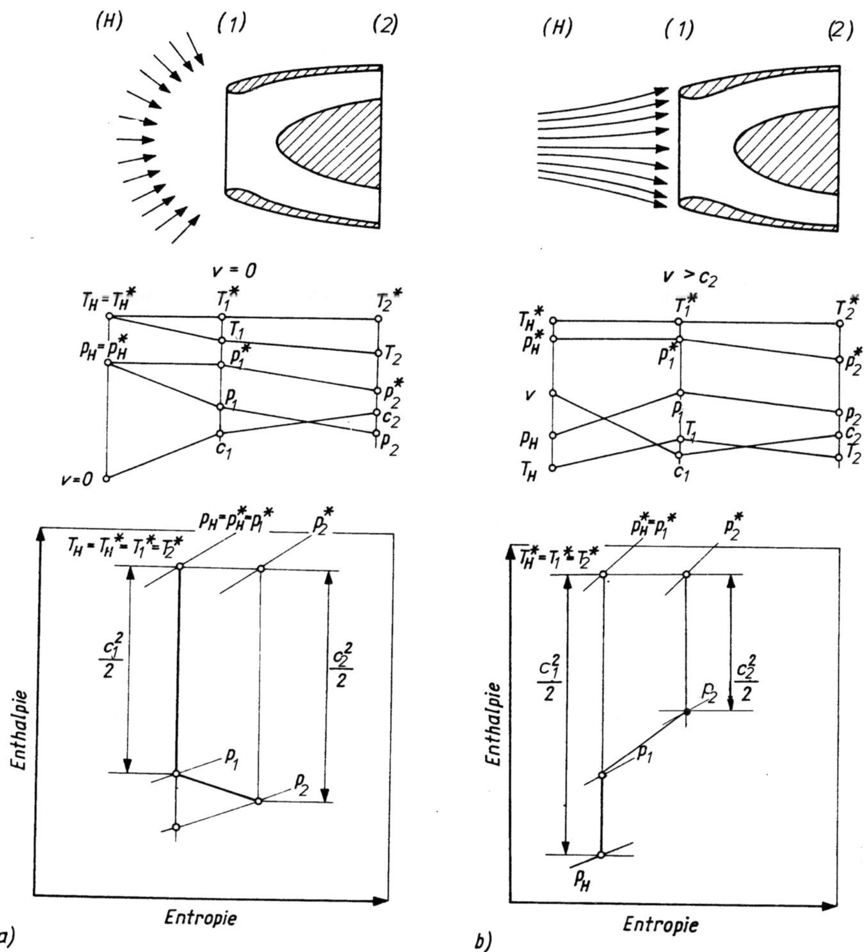

Bild 5/7: *Änderung von Druck, Temperatur und Geschwindigkeit im Unterschalleingangsteil bei verschiedenen Betriebszuständen*

5.5 Verdichter

5.5.1 Aufgabe, Bauarten und Wirkungsweise

Der Verdichter komprimiert die Luft und führt sie der Brennkammer zu. Dabei nehmen Druck, Temperatur und Dichte durch Umwandlung von kinetischer Energie in potentielle und Wärmeenergie zu. Für Flugzeuggasturbinen sind je nach Bauart Radial- und Axialverdichter sowie kombinierte Verdichter (Axialverdichter mit Radialverdichter als Endstufe) im Einsatz. Sie werden von der Turbine über eine gemeinsame Rotorwelle angetrieben.

Der *Verdichter* wird durch folgende *Kenngrößen* charakterisiert:

- Druckverhältnis $\pi_V{}^*$,
- Wirkungsgrad $\eta_V{}^*$,
- Luftmassendurchsatz $\dot{m}_L$,
- spezifische Verdichtungsarbeit w_V,
- Masse m.

Aus der Tabelle 5/9 mit den wichtigsten Verdichterdaten und -kenngrößen ist ersichtlich, dass der *Axialverdichter* bezüglich Druckverhältnis, Wirkungsgrad, Luftmassendurchsatz und spezifischer Verdichtungsarbeit dem Radialverdichter überlegen ist. *Radialverdichter* werden nur noch in Flugzeuggasturbinen kleiner Leistung, in Bordenergieanlagen (APU) oder in Kombination mit Axialverdichtern verwendet. Sie sind leichter als Axialverdichter.

Man bezeichnet die *Axialverdichter* je nach Anzahl der Rotoren als 1-, 2- oder 3-Wellen-Verdichter und nach der Anströmgeschwindigkeit der Laufschaufeln als Unterschall- ($M_a < 0{,}8$) oder Überschallverdichter ($M_a > 1{,}2$).

Sie bestehen aus folgenden Hauptbaugruppen:

- Rotor (Laufapparat, Laufrad),
- Stator (Leitapparat, Leitrad),
- Gehäuse,
- Einrichtungen zur Stabilisierung des Verdichterbetriebs.

Der Rotor besteht aus einigen Reihen Laufschaufeln (Laufräder), die auf einer Trommel oder auf miteinander verbundenen Scheiben befestigt sind. Der Stator besteht aus mehreren, teils verstellbaren, Schaufelreihen (Leiträder), die im Verdichtergehäuse untergebracht sind. Jeweils ein Laufrad und das nachfolgende Leitrad bilden eine *Verdichterstufe.*

Vor dem ersten Laufrad befindet sich häufig bei ETL und bei älteren ZTL ein verstellbares *Eintritts- oder Vorleitrad* zur Verringerung der Lufteintrittsgeschwindigkeit (Drosselung des Luftmassendurchsatzes) und zur Anpassung der Strömungsrichtung im unteren Drehzahlbereich. Der Einstellwinkel der Schaufeln wird meist in Abhängigkeit von der reduzierten Drehzahl $\frac{n}{\sqrt{T}}$ gesteuert.

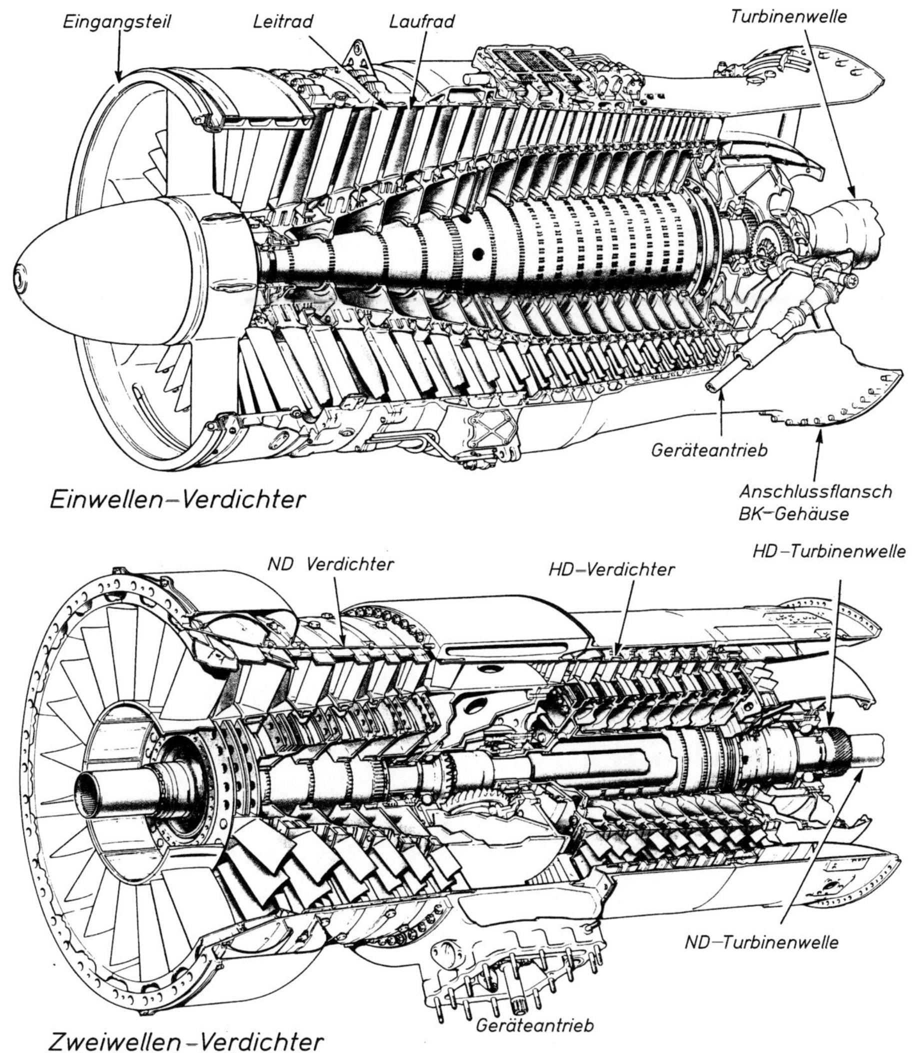

Bild 5/8: Einwellen- und Zweiwellen-Axialverdichter (ROLLS - ROYCE)

Tabelle 5/9: Verdichterdaten und -kenngrößen von Fluggasturbinen

Verdichtertyp	Druckverhältnis $\pi_V{}^*$	Wirkungsgrad η_V	spezifischer Luftmassendurchsatz in $\frac{kg/s}{m^2}$	Masse des Verdichters in % der Masse des Triebwerkes	Luftmassendurchsatz $\dot{m}_L$ in kg/s
Einwellen-Axialverdichter	5 - 15		100 - 120	25 - 35	< 300
Mehrwellen-Axialverdichter	15 - 45	ND: 0,85 - 0,87 HD: 0,86 - 0,88	130 - 190		25 - 700
Radialverdichter	3 - 4,5	0,75 - 0,78	40 - 50	20 - 25	< 60

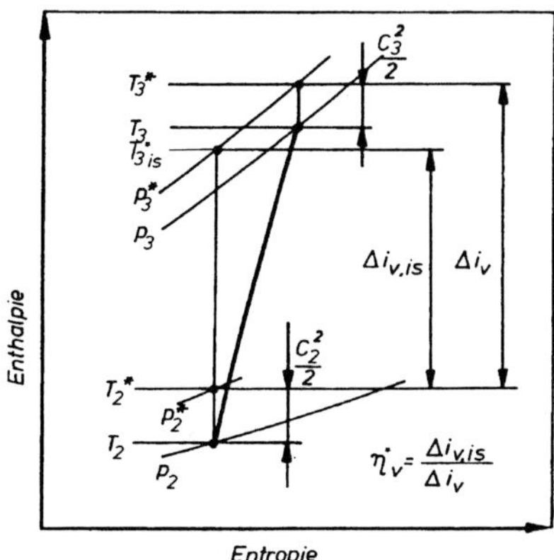

Bild 5/9: Diagramm des Verdichtungsvorganges im Verdichter

Um ein ausreichendes Druckverhältnis π_v^* zu erreichen, erfolgt beim Axialverdichter eine mehrstufige Druckerhöhung.

Nach der Beziehung

$$\frac{T^*_3}{T^*_2} = \frac{\left(\frac{p_3^*}{p_2^*}\right)^{\frac{(\kappa-1)}{\kappa}} - 1}{\eta_V^*} \tag{5/31}$$

wächst das Temperaturverhältnis $\left(\frac{T_3^*}{T_2^*}\right)_{St}$ langsamer als das Druckverhältnis $\left(\frac{p_3^*}{p_2^*}\right)_{St}$.

Folglich nimmt die Luftdichte im Verlauf der Durchströmung des Verdichters ständig zu, und der Kanalquerschnitt (Schaufellänge) wird bei annähernd konstanter Axialgeschwindigkeit kleiner. Hohe innere Wirkungsgrade von Gasturbinentriebwerken erfordern immer höhere Verdichterdruckverhältnisse.

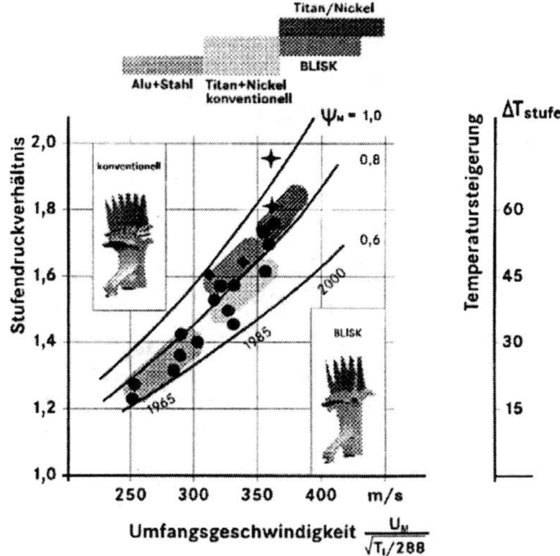

Bild 5/10: Erreichbare Stufendruckverhältnisse und notwendige Umfangsgeschwindigkeiten (MTU Aero Engines, München)

Daraus resultieren in zunehmendem Maße sehr anspruchsvolle Anforderungen an den Verdichter wie hoher Strömungswirkungsgrad, hohe Stufendruckverhältnisse, kompakte Bauweise, geringe Masse, hohe Schaufelfestigkeit und Sicherheit, stabiles Betriebsverhalten sowie hohe Lebensdauer und niedrige Herstellungs- und Wartungskosten.

Kompakte Bauweisen werden durch verringerte Stufen- und Schaufelzahlen und durch hohe Umfangsgeschwindigkeiten, über 400 m/s, realisiert. Dies führt bei modernen Verdichtern zu einer Beschaufelung mit kleinen Streckungsverhältnissen (Schaufellänge/ Profiltiefe) von etwa 1 (*Wide-Chord-Design*).

Bild 5/11: Sehr moderner ND-Verdichterrotor in „Wide-Chord-Design" und Blisk-Bauweise des ZTL EJ200, (MTU Aero Engines, München)

Mit höheren Strömungsmachzahlen in der Beschaufelung ist allerdings eine Verschlechterung des Verdichterwirkungsgrades verbunden.

Nachteilig wirkt sich auch die hohe Masse der Beschaufelung auf die Befestigung der Schaufeln in der Scheibe und auf die Scheibe selbst aus, die auch zu einem Anstieg der Triebwerksmasse führen kann.

Dieser Problematik wird zunehmend mit Hilfe neuer, integraler Bauweisen des Verdichterrotors, wie *BLISK* (Blade Integraded Disk) und *BLING* (Blade Integrated Ring) und damit neuer Fertigungstechnologien begegnet (Bild 5/13).

Der im Bild 5/12 dargestellte HD-Verdichter hat weltweit das höchste Gesamtdruckverhältnis aller bekannten sechsstufigen Hochdruckverdichter.

Bild 5/12: HD-Verdichterrotor aus dem Technologie-Programm Engine 3E (MTU Aero Engines, München)

Die *Beschaufelung* des modernen Axialverdichters wird nach der 3-dimensionalen Verdichterströmung mittels des 3D-Navier-Stokes Verfahrens ausgelegt.

Forderungen wie guter Wirkungsgrad, minimale Stufenzahl bei maximalem Druckverhältnis, minimale Stirnfläche und hohe Betriebsstabilität bestimmen die anzuwendenden Verfahren.

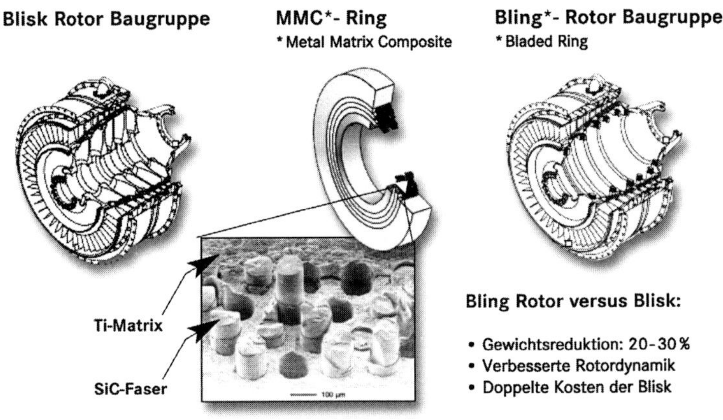

Bild 5/13: HD-Verdichterrotor in integraler Scheibe-Schaufel- (Blisk) und integraler Ring-Schaufel- (Bling) Bauweise (MTU Aero Engines, München)

Erforderliche Antriebsleistung der Verdichters:

$$P_{Verf} = \frac{\dot{m}_L \cdot \kappa}{\eta_V^{*}(\kappa - 1)} \cdot R \cdot T_2^{*} \left[\left(\frac{p_3^{*}}{p_2^{*}} \right)^{(\kappa-1)/\kappa} - 1 \right] \qquad (5/32)$$

Die je Verdichterstufe zugeführte spezifische Energie liegt bei gegenwärtigen Triebwerken in der Größenordnung von 45 kJ/kg und bei modernen „Wide Chord“-Verdichtern bei etwa 70 kJ/kg.

5.5.2 Verdichterstufe

Die Arbeitsweise einer Verdichterstufe ist aus Bild 5/14 zu erkennen. Die Luft strömt mit der Relativgeschwindigkeit w_1, die der Absolutgeschwindigkeit c_1 entspricht, in das Laufrad.

Allgemein gilt (vgl. auch Gl. 4/17):

$$\vec{w} = \vec{c} - \vec{u} \tag{5/33}$$

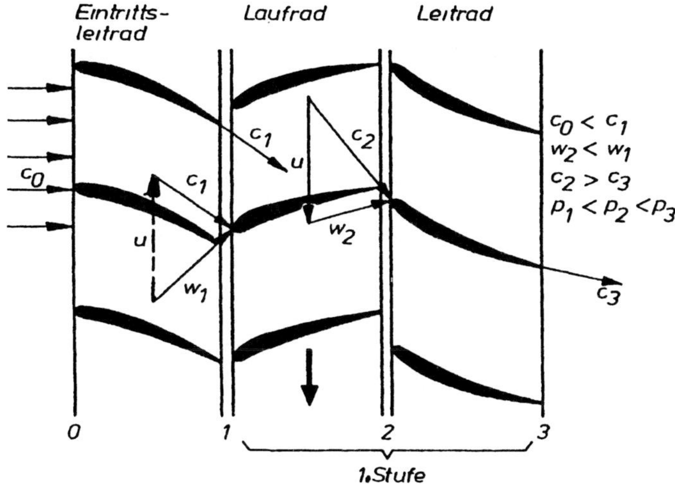

Bild 5/14: Schaufel – und Geschwindigkeitsplan der 1. Axialverdichterstufe

Im Laufrad wird die Relativgeschwindigkeit w_1 durch die Erweiterung des Schaufelkanals auf w_2 verzögert ($w_2 < w_1$). Dadurch erfolgt ein Druckanstieg.

Die absolute Austrittsgeschwindigkeit c_2 ergibt sich nach Gl. (5/33). Sie ist zugleich die Eintrittsgeschwindigkeit in das nachfolgende Leitrad, wo eine weitere Verzögerung auf c_3 und damit ein weiterer Druckanstieg erfolgt.

Die Abströmgeschwindigkeit c_3 ergibt mit der Umfangsgeschwindigkeit u des nächsten Laufrades die Relativgeschwindigkeit w_3, mit der das nächste Laufrad angeströmt wird. Die Druckerhöhung erfolgt sowohl im Laufrad als auch im Leitrad von Stufe zu Stufe.

- Laufrad: $p_2 - p_1 = \rho/2\,(w_1^2 - w_2^2)$ (5/34)
- Leitrad: $p_3 - p_2 = \rho/2\,(c_2^2 - c_3^2)$ (5/35)

Aus den Gl. (5/34) und (5/35) ergibt sich die *Druckerhöhung der Verdichterstufe*:

$$\Delta p_{St} = p_3 - p_1 = \rho/2\,(w_1^2 - w_2^2 + c_2^2 - c_3^2) \tag{5/36}$$

Nach Einführung der Umfangskomponenten der Absolut- und Relativgeschwindigkeiten erhält man:

$$\Delta p_{St} = \rho \cdot u \cdot \Delta w_u \tag{5/37}$$

Aus Gl. (5/37) entsteht durch verschiedene Umformungen die Beziehung für die *spezifische Arbeit einer Verdichterstufe:*

$$w_{St} = \frac{\Delta p_{St}}{\rho} = u \cdot \Delta w_u \qquad (5/38)$$

Das *Stufendruckverhältnis* ist:

$$\pi_{V_{St}}{}^* = \left(\frac{p_3{}^*}{p_1{}^*}\right)_{St} \qquad (5/39)$$

In modernen Hochdruckverdichtern werden mittlere Stufendruckverhältnisse $\pi_{V_{ST}}{}^*$ bis 1,38 realisiert. Schnelllaufende Transsonikverdichter erreichen bereits Stufendruckverhältnisse $\pi_{V_{ST}}{}^* > 1{,}5$.

Bei mehrstufigen Verdichtern ergibt sich das *Druckverhältnis des Verdichters* aus dem Produkt aller Stufendruckverhältnisse:

$$\pi_V{}^* = \pi_{St1}{}^* \cdot \pi_{St2}{}^* \cdot \ldots \cdot \pi_{Stn}{}^* \qquad (5/40)$$

$$\pi_V{}^* = \frac{p_2{}^*}{p_1{}^*} \qquad (5/41)$$

Der isentrope *Gesamtwirkungsgrad* eines mehrstufigen Verdichters:

$$\eta_{V_{is}} = \frac{\Delta i_{V_{is}}}{\Delta i_V} \qquad (5/42)$$

Durch eine zusätzliche Temperaturerhöhung in jeder Verdichterstufe infolge von Reibung ist der isentrope Gesamtwirkungsgrad stets kleiner als der der einzelnen Stufen. Dies wird auch durch einen sog. Erhitzungsfaktor f deutlich:

$$\eta_V{}^* = \frac{\eta_{V_{ST}}{}^*}{1+f} \qquad (5/43)$$

$f = 1{,}01 - 1{,}04$.

5.5.3 Betriebsverhalten und Kennfeld des Axialverdichters

Bei einem Verdichter mit fester Leitschaufelgeometrie kann die Beschaufelung nur für einen bestimmten Betriebspunkt ausgelegt sein. Wird der Verdichter im *Auslegungspunkt* betrieben, sind optimale Strömungsverhältnisse vorhanden. Es kommt in keiner Stufe zu Strömungsablösungen an den Schaufeln.

Wenn die Betriebszustände vom Auslegungspunkt abweichen (z. B. durch Änderung der Drehzahl, der Fluggeschwindigkeit oder der Flughöhe), so ändern sich die Anstellwinkel in mehreren oder allen Stufen.

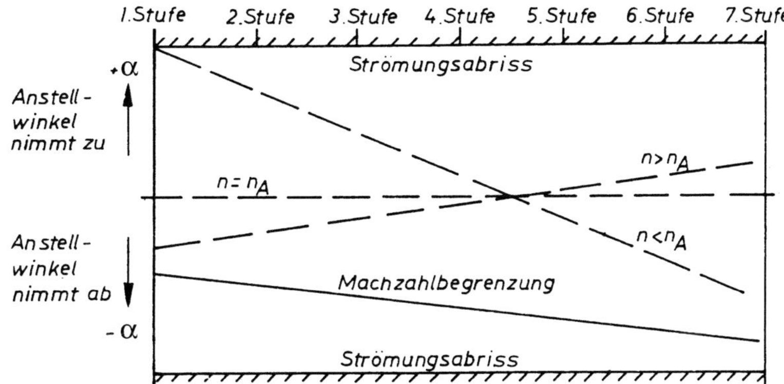

Bild 5/15: *Änderung der Anstellwinkel in einem mehrstufigen Axialverdichter bei verschiedenen Drehzahlen*

Zur Erweiterung des Betriebsbereiches und zur Gewährleistung einer ausreichenden *Stabilitätsreserve* in allen Betriebszuständen des Verdichters werden verschiedene konstruktive Maßnahmen entweder einzeln oder auch miteinander kombiniert angewendet.

- Die *Verstellung der Leitschaufeln* einer oder mehrerer Stufen ändert die Anstellwinkel der Beschaufelung. Eine Verringerung des Anstellwinkels an den Laufschaufeln durch „Schließen" der Leiträder (Verstellung der Leitschaufeln in Drehrichtung des Rotors) verhindert ein Abreißen der Strömung bei $n < n_A$ an den Laufschaufeln. Das Druckverhältnis π_V^* wird kleiner. Dabei vergrößert sich der Abstand zur Pumpgrenze und der Wirkungsgrad nimmt zu.
- Eine Verbesserung der Strömungsverhältnisse in den ersten und letzten Verdichterstufen wird auch durch *Abblasen von Luft* aus den mittleren Stufen erreicht. In den ersten Verdichterstufen verringert sich dadurch der Gegendruck. Der Luftmassendurchsatz und damit die Axialgeschwindigkeit werden größer. Das führt zu einer Verringerung der Anstellwinkel in den Stufen vor der *Abblasevorrichtung*. Dagegen verringert sich in den hinteren Stufen der Luftmassendurchsatz.

Bei hohen Druckverhältnissen reichen oft die o.g. Maßnahmen nicht aus. Bei ZTL mit hohen By-pass-Verhältnissen und einem optimalen π_V^* macht sich deshalb eine *Aufteilung der gesamten spezifischen Arbeit* auf zwei bis drei mechanisch voneinander unabhängige Verdichter mit jeweils eigenen Turbinen erforderlich. Dadurch ist eine sehr gute automatische Anpassung in ihren Drehzahlbeziehungen möglich.

Bei 3-Wellen-Verdichtern kann auf jegliche, konstruktiv aufwendige, Verstellung der Leiträder und auf Luftabblasung verzichtet werden, ohne dass der Verdichter bei allen Betriebszuständen in die Nähe kritischer Bereiche kommt.

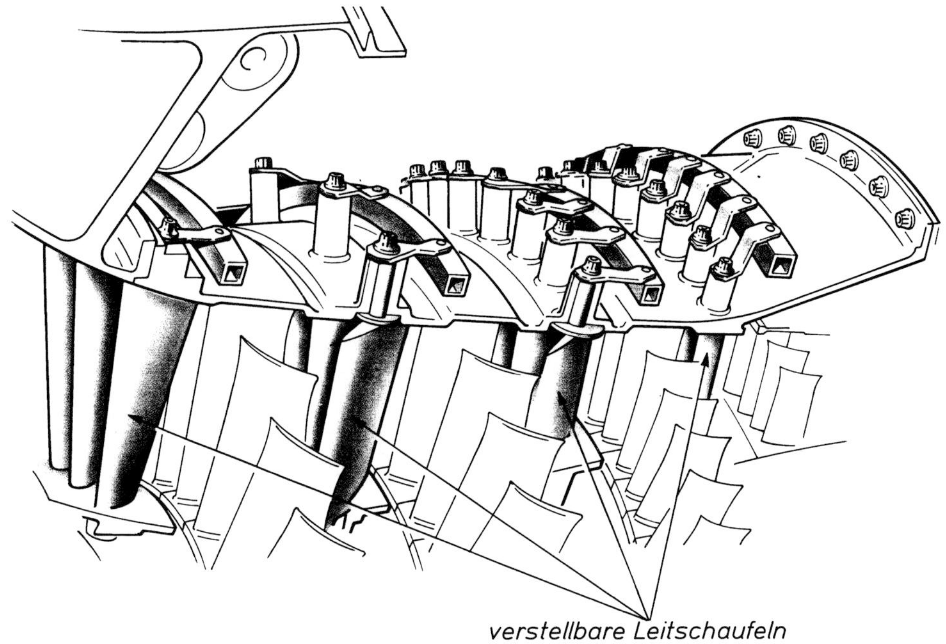

Bild 5/16: Prinzip der Leitschaufelverstellung (ROLLS - ROYCE)

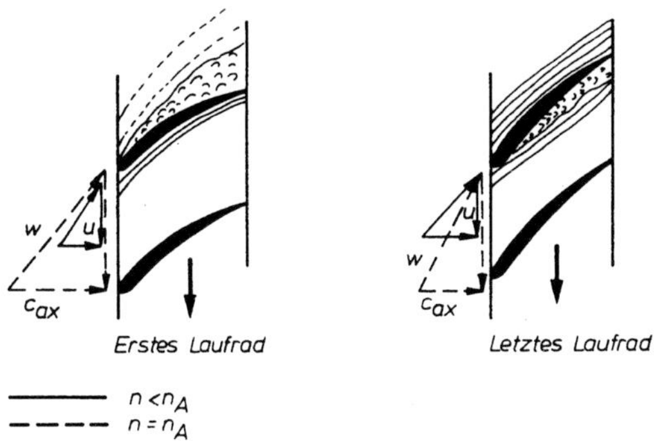

Bild 5/17: Strömungsverhältnisse am ersten und letzten Laufrad eines Axialverdichters

Bei $n < n_A$ tritt in den ersten Stufen eine Verringerung der Axialgeschwindigkeit und schließlich ein Abreißen der Strömung ein.

Das vorhandene Verhältnis A_2/A_3 zwischen Eintritts- und Austrittsquerschnitt des Verdichters ist größer als für diesen Betriebszustand notwendig. Die erhöhte Axialgeschwindigkeit in den letzten Stufen, hervorgerufen durch niedrige Verdichtung für den konstruktiv vorgegebenen Verdichterkanalquerschnitt, verursacht negative Anstellwinkel (Bild 5/17). In diesem Fall erzeugen die betroffenen Verdichterstufen keine oder nur eine geringe Druckerhöhung. Im Fall $n > n_A$ wird die Luftdichte in den letzten Stufen des Verdichters zu groß.

Die verkleinerte Axialgeschwindigkeit ist mit einer Vergrößerung der Anstellwinkel bis zum Abreißen der Strömung in den letzten Verdichterstufen verbunden. Das konstruktiv vorhandene Verhältnis A_2/A_3 ist kleiner als für diesen Betriebszustand erforderlich.

Zur Festlegung der zulässigen Betriebszustände des Verdichters und damit des gesamten Triebwerkes ist die Kenntnis des Luftmassendurchsatzes in Abhängigkeit von der Fluggeschwindigkeit und Flughöhe bei Luftentnahme aus dem Triebwerk sowie die Kenntnis des Verdichterkennfeldes erforderlich.

Im *Verdichterkennfeld* sind das Druckverhältnis und der Wirkungsgrad in Abhängigkeit vom Luftmassendurchsatz und der Drehzahl angegeben:

$$\pi_V^*, \eta_V^* = f(\dot{m}_L \cdot \frac{\sqrt{T}}{p}, \frac{n}{\sqrt{T}}) \tag{5/44}$$

Die Kennlinien werden auf dem Prüfstand aufgenommen. Es ist zweckmäßig, die gemessenen Größen auf die Zustandsgrößen der Normalatmosphäre ($p_0 = 1\,013$ hPa , $T_0 = 288$ K) zu beziehen, da die atmosphärischen Bedingungen und der Flugzustand ständigen Veränderungen unterliegen.

Für die Reduktion der beiden wichtigsten Parameter Drehzahl und Luftdurchsatz sind z.B. die Gl. (3/9) und (3/10) anwendbar.

Charakteristisch ist auch der enge Bereich $\Delta \dot{m}_L \cdot \frac{\sqrt{T}}{p}$ in dem eine Veränderung des Luftmassendurchsatzes bei stabilem Betrieb des Verdichters möglich ist (Bild 5/18). Im Punkt A (Auslegungspunkt) sind stabile Strömungsverhältnisse in allen Stufen vorhanden.

Eine Verringerung des Luftmassendurchsatzes führt schließlich über die Abnahme der Axialgeschwindigkeit zum Abreißen der Strömung an den Schaufeln (Stall). Der Verdichter beginnt zu „pumpen“ (Compressor Surge).

Unter *„Verdichterpumpen“* versteht man eine stoßweise Änderung des Luftmassendurchsatzes nach Größe und Richtung. Es kann zu Drehzahlabfall, Vibrationen und dröhnendem Laufgeräusch kommen. Punkt B stellt die Pumpgrenze bei vorgegebener Drehzahl dar.

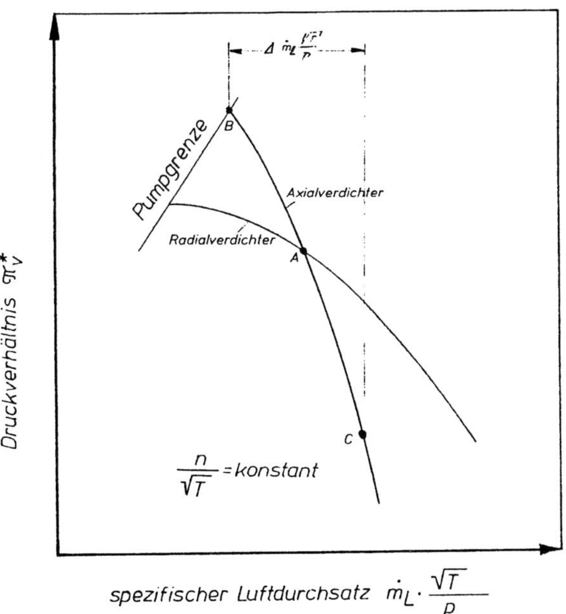

Bild 5/18: Kennlinie eines Axialverdichters $\frac{n}{\sqrt{T}}$ = konstant im Vergleich zum Radialverdichter

Bei Vergrößerung des Gegendruckes für den Verdichter und damit des Druckverhältnisses π_V^* verringert sich der Luftmassendurchsatz. Dadurch vergrößert sich der Anstellwinkel i der Beschaufelung (i' > i).

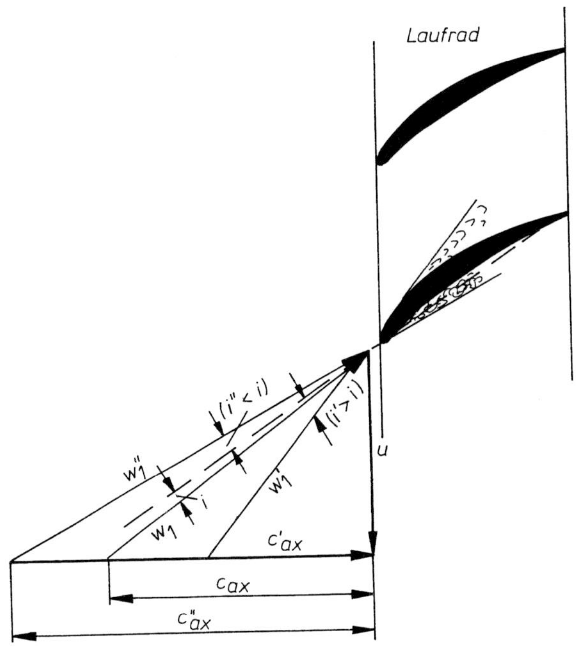

Bild 5/19: Änderung des Anstellwinkels i der Laufschaufeln für n/√T = konstant und veränderlichen Luftmassen-Durchsatz

Bei Verringerung des Gegendruckes und damit des Druckverhältnisses π_V^* vergrößert sich der Luftmassendurchsatz, und der Anstellwinkel i der Beschaufelung wird kleiner (i″< i). Die Strömung an den Schaufeln kann ebenfalls abreißen (Punkt C im Bild 5/18).

Im Verdichterkennfeld (Bild 5/20) sind Kennlinien für verschiedene Drehzahlen aufgetragen. Der Verlauf wird mit zunehmender Drehzahl steiler. Der Auslegungspunkt liegt in der Nähe des optimalen Wirkungsgrades bei einer Drehzahl zwischen 90 und 100% $\frac{n}{\sqrt{T}}$. Die 100%$\frac{n}{\sqrt{T}}$-Linie wird häufig im Reiseflug erreicht.

Der stationäre Arbeitsbereich soll einen ausreichenden Abstand zur Pumpgrenze haben.

Im Bereich $n < n_A$ wird die Pumpgrenze zuerst in den vorderen Stufen und für $n > n_A$ in den letzten Stufen des Verdichters erreicht. Der zuerst genannte Fall kann beim Anlassen, der zweite beim Flug in großen Höhen auftreten.

Dem Verdichter wird während des Betriebes über mehrere Zapfstellen Druckluft (bleed air) für Triebwerks- und Flugzeuganlagen, teils permanent und teils nach Erfordernissen entnommen. Damit ändert sich auch sein Betriebsverhalten.

Die Luftentnahme ist erforderlich für:

- Kühlluft für Turbinenschaufeln und –scheiben
- Kühlluft zur Reduzierung des Schaufelspiels durch Kühlung des Verdichter- und Turbinengehäuses
- Gegenluft zur Abdichtung des Schmierstoffsystems an den Labyrinthdichtungen der Lager
- Enteisungsluft für das Eingangsteil
- Druckluft für Flugzeugkabine
- Enteisungsluft für Tragfläche und Leitwerk

- Anlassen der anderen Haupttriebwerke
- Pneumatische Funktionen (z.B. Verstellung der Schubumkehrklappen)
- Grenzschichtbeeinflussung (Verbesserung des Auftriebsbeiwertes).

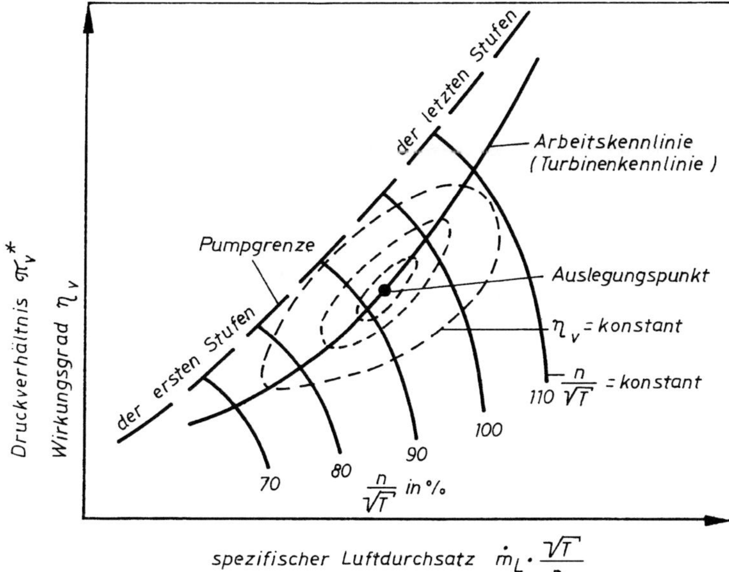

Bild 5/20: Vereinfachtes Kennfeld des Axialverdichters

Der Verdichter hat in allen Flug- und Betriebszuständen, auch unter Berücksichtigung dieser Luftentnahmen, mit genügendem Abstand zur Pumpgrenze einen stabilen Betrieb zu sichern.

Zur Absicherung einer bestimmten Startmasse des Flugzeuges und damit eines bestimmten erforderlichen Schubes kann die Zapfluft kurzzeitig beim Start auf ein Minimum reduziert werden oder falls dies nicht möglich ist, muss entsprechend der Flugleistungsrechnung die Startmasse reduziert werden. In der Regel darf auf keinen Fall der Schubverlust durch Leistungserhöhung mit dem Leistungswahlhebel kompensiert werden.

5.5.4 Betriebsstörungen

Der Ausfall von mehreren, unabhängig voneinander wirkenden, Steuerungen zur Sicherung eines stabilen Verdichterbetriebes kann zu folgenden Störungen führen:

- Mit einer Verringerung des Luftmassendurchsatzes beim „Pumpen" und Abfall der Drehzahl kann bei konstanter Brennstoffzufuhr in die Brennkammer die maximal zulässige Gastemperatur vor der Turbine überschritten werden.
- Statische oder dynamische Unwuchten durch abgerissene Schaufeln können zu größeren Triebwerkschwingungen, größeren Lagerbelastungen und zur Triebwerkshavarie führen.
- Beschädigungen an den Labyrinthdichtungen der Lager können Schmierstoffeintritt in den Strömungskanal des Verdichters und damit in die Druckkabine des Flugzeuges zur Folge haben.
- Beschädigung und Deformation der Beschaufelung des Eintrittsleitrades und der ersten Stufen durch Fremdkörper (Eis, Steine, Vögel usw.) können den Ausfall des Triebwerkes verursachen.

5.6 Brennkammer

5.6.1 Aufgabe und Anforderungen

Aufgabe der *Brennkammer* eines Gasturbinentriebwerkes ist insgesamt die stabile und schadstoffarme Verbrennung einer großen Brennstoffmenge bei optimaler Brennstoffausnutzung auf kleinstem Raum und in einem großen Bereich des Luftverhältnisses zu gewährleisten.

Bei Änderung des Flugzustandes (Höhe, Geschwindigkeit und Leistungsstufe) ändern sich Druck und Temperatur am Brennkammereintritt sowie der Luft- und Brennstoffdurchsatz.

In den letzten zwei Jahrzehnten stand vor allem die Senkung des Brennstoffverbrauches durch Steigerung des Prozesswirkungsgrades und des By-pass-Verhältnisses im Vordergrund. Eine Verbesserung des inneren Wirkungsgrades durch höhere Verdichterdruckverhältnisse und Turbineneintrittstemperaturen führt ohne Gegenmaßnahmen zwangsläufig auch zu höheren Stickoxidemissionen bei höheren Leistungsstufen.

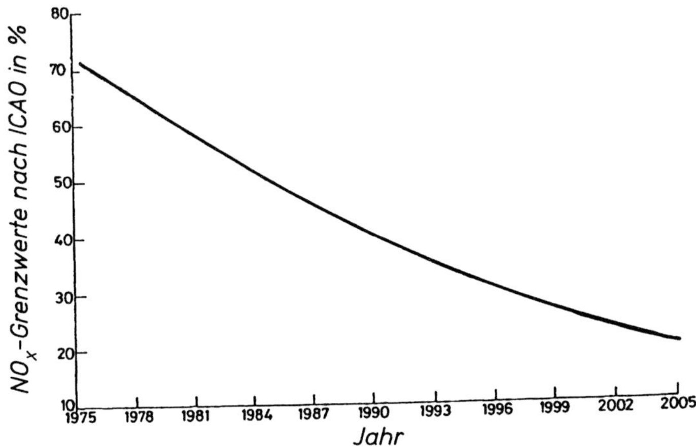

Bild 5/21: Entwicklung der NO_x – Grenzwerte nach ICAO

Zur Verringerung der *Stickoxid-Emissionen* (NO_x) bieten sich derzeit sogenannte *Fett-Mager-Konzepte* an.

Bei dieser zweistufigen Verbrennung (Fett-Mager-Stufung), die oft auch als Luftstufung bezeichnet wird, ist der Verbrennungsprozess in zwei Zonen aufgeteilt. Hierdurch soll erreicht werden, dass die Bereiche stöchiometrischer Verbrennung mit den damit verbundenen hohen Temperaturen und hohen thermischen NO_X-Bildungsraten bzw. die Aufenthaltszeiten in diesen Bereichen minimiert werden.

In der ersten Zone, der Primärzone, werden brennstoffreiche Bedingungen eingestellt (*Luft-Verhältnis* λ zwischen 0,45 und 0,70). Da hier die Sauerstoffkonzentration sehr niedrig ist, ergeben sich nur sehr niedrige NO_X-Bildungsraten. Bei sehr niedrigen λ in der Primärzone setzt dagegen eine starke Rußbildung ein, die zu einer hohen thermischen Belastung der Brennkammerwände führen kann.

Das Luftverhältnis λ in der Primärzone einer Fett-Mager-Brennkammer muss deshalb so gewählt werden, dass minimale NO_x-Emissionen auftreten, die Rußgrenze aber möglichst nicht überschritten wird.

In der zweiten Verbrennungszone, der Sekundärzone, werden magere Bedingungen eingestellt (λ = 2,2 - 2.9). Im Rahmen des Technologieprogramms „Engine 3E“ (Environment, Efficiency,

Economy) wird z. B. eine Brennkammer angestrebt, mit der in Zukunft eine starke Reduzierung von NO_x-Anteilen erreicht werden soll.

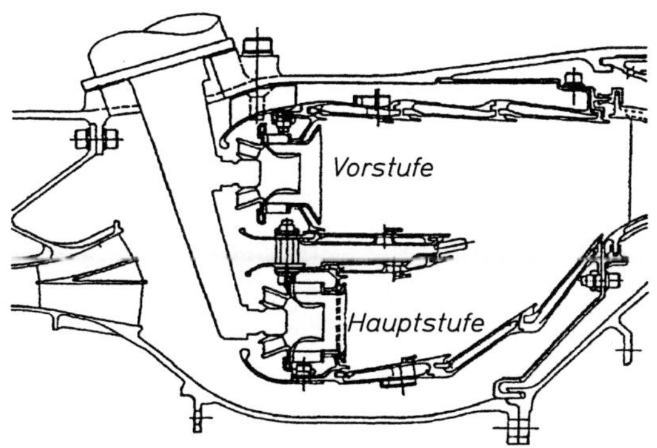

Bild 5/22: Beispiel einer Brennkammerstufenausführung nach dem „Engine 3E" Konzept

Besonders durch die Anwendung dieser Konzepte, wo in der Primärzone ein möglichst homogenes fettes Gemisch verbrannt wird und anschließend durch weitere Luftzufuhr eine Abmagerung der Verbrennung erfolgt (gestufte Verbrennung), kann z.B. die NO_x-Produktion wesentlich herabgesetzt werden.

Nachteile der Fett-Mager-Verbrennung, sind jedoch die Möglichkeit der Rußbildung in der Primärzone und die problematische Kühlung der Primärzonenwände. Das Fett-Mager-Verbrennungskonzept bietet jedoch den Vorteil eines weiten Stabilitätsbereiches, mit seinem relativ weiten Regelbereich und einer hohen Betriebssicherheit (z. B. Wiederzündung nach Erlöschen der Flamme).

Das *Brennstoff-Luft-Verhältnis*

$$m = \frac{\dot{m}_B}{\dot{m}_L} \qquad (5/45)$$

liegt im gesamten Betriebsbereich bei m = 0,008 - 0,020.

Stabiles Verhalten wird aber bis zu m = 0, 003 gefordert, um ein Verlöschen der Flamme während des Fluges sicher zu verhindern.

Das Brennstoff-Luft-Verhältnis wird aufgrund von Wärmebilanzbetrachtungen ermittelt. Für den Fall, dass dem Verdichter Kühlluft für die Turbine entnommen wird und unter der Bedingung $\dot{m}_{KL} = \dot{m}_B$ gilt:

$$m = \frac{i_4^* - i_3^*}{\eta_u \cdot H_u + c_B \cdot T_B - i_3^*} \qquad (5/46)$$

Im allgemeinen werden die folgenden Forderungen an die Brennkammer gestellt:

- Hohe *Brennraumbelastung* q_{BK}

$$q_{BK} = \frac{\eta_u \cdot \dot{m}_B \cdot H_u}{V_{BK} \cdot p_3^*} \qquad (5/47)$$

Sie kennzeichnet das Verhältnis der in der Brennkammer je Zeiteinheit umgesetzten Wärmemenge, bezogen auf das Brennkammervolumen und den Gesamtdruck am Brennkammer-

eintritt. Häufig wird anstelle des Brennkammervolumens das kleinere Flammrohrvolumen verwendet. Bei Flugtriebwerken ist es notwendig, den Brennkammerdruck als zusätzliche Bezugsgröße zu verwenden, damit auch bei unterschiedlichen Flughöhen die Brennraumbelastung ein Maß für die Brennkammertemperatur bleibt.
Moderne Triebwerkbrennkammern erreichen Brennraumbelastungen von
$q_{BK} = 0{,}8 - 1{,}3 \text{ kWh/m}^3 \cdot \text{h} \cdot \text{N/m}^2$.

✦ Guter *Umsetzungsgrad* η_u
Der Umsetzungsgrad ist ein Maß für die Verbrennungsgüte und stellt das Verhältnis der gewonnenen Wärmemenge Q zur theoretisch zugeführten Wärmemenge dar:

$$\eta_u = \frac{\dot{Q}}{\dot{m}_B \cdot H_u} \qquad (5/48)$$

Der untere Heizwert liegt für Turbinenbrennstoffe bei 12 kW h/kg.
Erreichte Umsetzungsgrade (Bild 5/23):
$\eta_u \geq 0{,}99$ für Vollast am Boden und große Fluggeschwindigkeit in geringer Höhe,
$\eta_u = 0{,}95$ für Leerlauf am Boden
$\eta_u = 0{,}55$ für geringe Fluggeschwindigkeit in großer Höhe.

✦ Geringe *Gesamtdruckverluste*
Druckverlustbeiwert ξ_{BK}^* der Brennkammer:

$$\xi^*_{BK} = \frac{p_3^{*'}}{p_2^*} \qquad (5/49)$$

Für moderne Triebwerkbrennkammern beträgt $\xi_{BK}^* = 0{,}97 - 0{,}98$. Der Gesamtdruckverlust setzt sich aus dem hydraulischen Verlustanteil (Reibung, Mischungsverlust) und dem thermischen Verlustanteil zusammen.

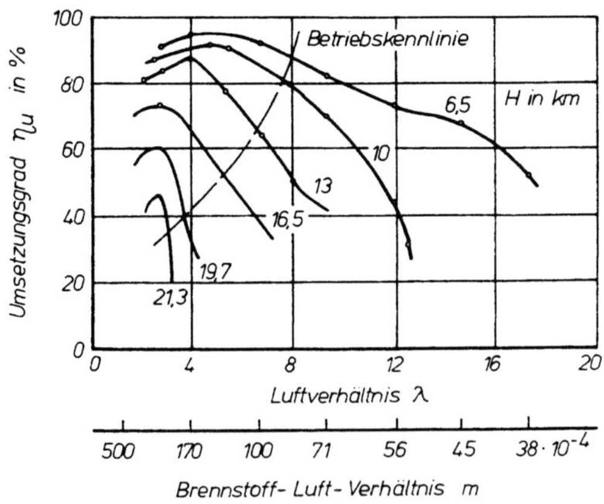

Bild 5/23: *Abhängigkeit des Brennkammerumsetzungsgrades vom Gesamtluftverhältnis, vom Brennstoff-Luft-Verhältnis und von der Flughöhe*

Gesamtdruckverlust und *Umsetzungsgrad* beeinflussen sich gegenseitig.
Ein hoher Umsetzungsgrad ist durch gute Gemischbildung und Verwirbelung zu erzielen, die aber einen Druckverlust nach sich ziehen. Oftmals wird auch ein Brennkammer-

wirkungsgrad η_{BK} verwendet, der alle Verluste infolge unvollständiger Brennstoffumsetzung, Druckverluste, Wärmeabstrahlung und Dissoziation berücksichtigt.

- Gleichmäßige *Temperaturverteilung in der Austrittsebene der Brennkammer.* Nach den Erfordernissen der Turbine muss am Brennkammeraustritt eine bestimmte Temperaturverteilung vorliegen.
  Radiale, bezogene Temperaturabweichung:
  $$\frac{(T_{3max}^{*})_{rad} - T_{3m}^{*}}{\Delta t} \tag{5/50}$$
  Gesamte, bezogene Temperaturabweichung:
  $$\frac{T_{3max}^{*} - T_{3m}^{*}}{\Delta t} \tag{5/51}$$
  Für die Turbinenlaufschaufeln ist die radiale Temperaturabweichung von Bedeutung, während für die Leitschaufeln beide Temperaturabweichungen wichtig sind. Moderne Brennkammern erreichen z. B. bei einer Temperaturerhöhung von Δt = 800 K eine gesamte Temperaturabweichung von <10 % und eine radiale Temperaturabweichung von <5 %.

- *Zuverlässige Zündung am Boden und im Flug*
- *Gute thermische Standfestigkeit*
- *Geringe Abmessungen und Masse!*
- *Geringe Schadstoffemissionen*

5.6.2 Arbeitsweise

Die Verbrennung erfolgt bei einem *Gesamtluftverhältnis* λ = 3, 0 - 4, 5 für Volllast (vgl. Kapitel 4.9.2). Damit werden bei einem Druckverhältnis π_V^* = 30 - 40 Brennkammeraustrittstemperaturen in der Größenordnung von 1 450 °C und mehr erreicht.

Wird das Triebwerk mit niedrigen Turbineneintrittstemperaturen, hohen Außenlufttemperaturen oder hohen Fluggeschwindigkeiten betrieben, so vergrößert sich das Luftverhältnis auf λ = 8 und mehr.

Die *stöchiometrische Luftmenge* zur Verbrennung von 1 kg Turbinenbrennstoff beträgt je nach der Brennstoffzusammensetzung etwa 14, 7 kg ± *2* %. Dieser Wert ergibt sich aus einer stöchiometrischen Berechnung entsprechend der Zusammensetzung der Verbrennungsluft als Sauerstofflieferant und dem Ergebnis der Elementaranalyse des Brennstoffes (Luft: 23, 2 Gew.-% Sauerstoff, Turbinenbrennstoff: 86 Gew.-% Kohlenstoff und 13 Gew.-% Wasserstoff, vgl. Kapitel 5. 6. 2).

Reaktionsgleichungen für den Verbrennungsvorgang in der Brennkammer, bezogen auf ein Kilomol:

$$12 \text{ kg C} + 32 \text{ kg } O_2 = 44 \text{ kg } CO_2 + 113,5 \text{ kWh}$$
$$4 \text{ kg } H_2 + 32 \text{ kg } O_2 = 36 \text{ kg } H_2O + 133,8 \text{ kWh}$$

Von der freiwerdenden Wärmemenge bei der Reaktion zwischen Wasserstoff und Sauerstoff wurde die für den Prozess nicht nutzbare Verdampfungswärme (22,6 kWh) des entstehenden Wassers bereits abgezogen.

Um eine zuverlässige Verbrennung und gleichzeitig die geforderte Turbineneintrittstemperatur zu erhalten, wird die Luft im *Diffusor* in den Primär- und Sekundärluftstrom geteilt und auf eine Geschwindigkeit von 15 - 25 m/s verzögert. In der *Brennzone* erfolgt die Brennstoffzerstäubung, -Verteilung und -Verdampfung, die Homogenisierung und schließlich die Verbrennung.

Durch Luftzirkulation wird eine ausreichende Aufenthaltsdauer des Brennstoff-Luft-Gemisches in der Brennzone und damit eine wirksame Verbrennung in allen wichtigen Betriebszuständen erreicht. Für die annähernd vollständige Verbrennung sind Mindestverweilzeiten von etwa 5 μs in der Brennkammer erforderlich. In der Brennzone entstehen Temperaturen bis etwa 2400 K.

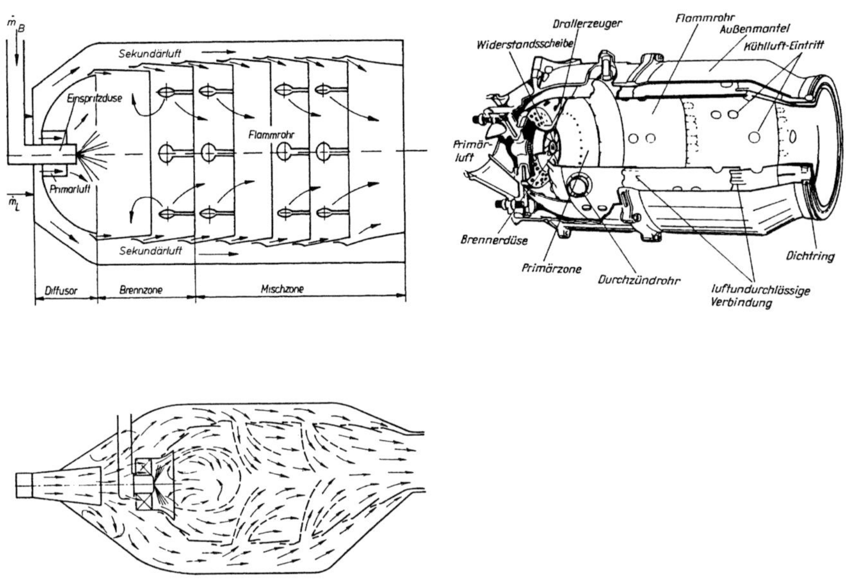

Bild 5/24: Schematische Darstellung einer Brennkammer

Um die mit Rücksicht auf die Lebensdauer der Turbinenbeschaufelung erforderliche Turbineneintrittstemperatur T_4^* zu erreichen, wird in der nachfolgenden *Mischzone* das Verbrennungsgas durch Zuführung von Sekundärluft auf die zulässige Turbineneintrittstemperatur abgesenkt. Gleichzeitig erfolgt hier eine teilweise Nachverbrennung. Der Sekundärluftstrom kühlt außerdem das Flammrohr von außen und bildet einen Isoliermantel zwischen dem äußeren Brennkammergehäuse und dem Bereich hoher Temperaturen.

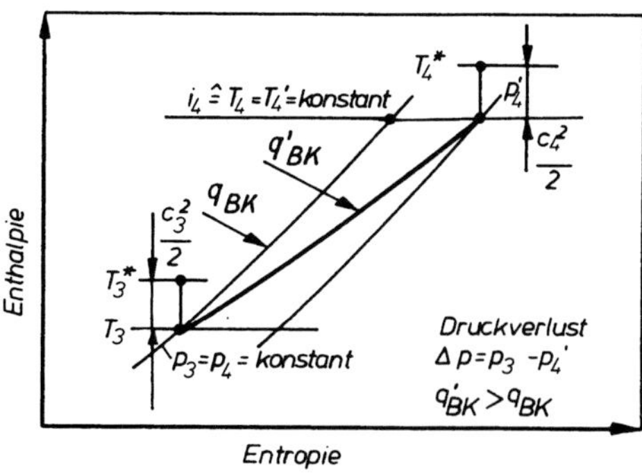

Bild 5/25: Diagramm der Wärmezufuhr in einer Brennkammer

5.6.3 Brennkammerbauarten

In Flugtriebwerken werden je nach Größe und Bauart des Triebwerkes folgende Brennkammertypen verwendet:

- Rohrbrennkammer,
- Ringbrennkammer,
- Ring-Rohr-Brennkammer.

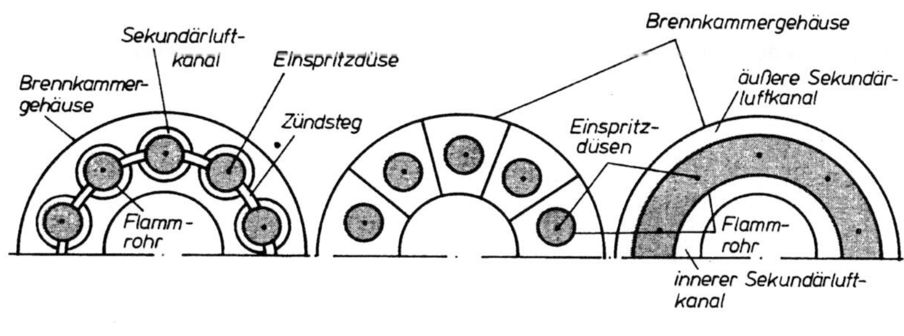

Bild 5/26: *Brennkammerbauarten*

Rohrbrennkammern eignen sich besonders für Triebwerke mit Radialverdichter, weil der Luftstrom bereits durch die Austrittsdiffusoren des Radialverdichters geteilt ist. Jedes Flammrohr besitzt einen eigenen Sekundärluftkanal. Die einzelnen Rohrbrennkammern sind durch Zündstege miteinander verbunden. Die Zündfähigkeit, besonders in größeren Höhen, ist eingeschränkt. Die gesamte Triebwerkbrennkammer besteht aus 8 bis 12 konzentrisch um das Triebwerk angeordneten Rohrbrennkammern. Der Vorteil liegt in der guten Zugänglichkeit bei Wartungsarbeiten und Inspektionen.

Die *Ring-Rohr-Brennkammer* ist eine Kombination der bereits genannten Typen. Der Sekundärkanal ist allen Flammrohren gemeinsam. Die strömungstechnischen Eigenschaften sind schlechter als bei der Ringbrennkammer. Die erforderlichen Zündstege zwischen den Flammrohren beeinträchtigen die Zündfähigkeit.

Die *Ringbrennkammer* eignet sich besonders für Triebwerke mit Axialverdichter und großen Gasdurchsätzen. Das Flammrohr und die beiden Sekundärluftkanäle sind ringförmig.
Die Ringbrennkammer zeichnet sich durch geringe Druckverluste, geringe Abmessungen und Masse und gutes Zündverhalten aus. Wartungs- und Inspektionsmöglichkeiten sind oftmals eingeschränkt.

5.6.4 Betriebsverhalten

Unter Betriebsverhalten einer Brennkammer versteht man die Abhängigkeit des Umsetzungsgrades η_u

- von den Eingangsparametern T_3^*, p_3^*, c_3 der Brennkammer,
- vom Luftverhältnis λ
- von der Fluggeschwindigkeit,
- von der Flughöhe und
- von der Drehzahl des HD-Verdichters

Diese Parameter beeinflussen vorwiegend den Verbrennungsvorgang in der Brennkammer.

Neben der Pumpgrenze des Verdichters und der maximal zulässigen Turbineneintrittstemperatur stellt der Bereich der stabilen Verbrennung eine Einschränkung für das Einsatzgebiet eines Triebwerkes dar.

Mit zunehmender Flughöhe, Verringerung der Fluggeschwindigkeit oder abnehmender Drehzahl des Verdichters verringern sich Druck, Temperatur und Strömungsgeschwindigkeit am Brennkammereintritt. Dadurch verschlechtert sich die Gemischaufbereitung in der Brennkammer, und der Ablauf der chemischen Reaktion verzögert sich. Im Extremfall kann die Flamme verlöschen.

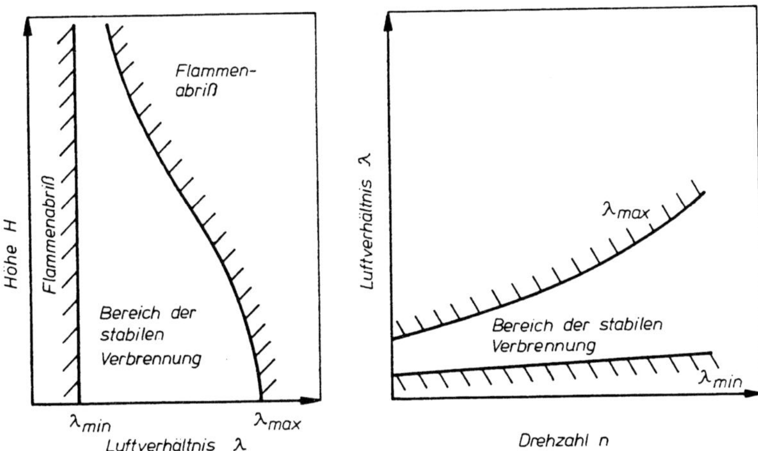

Bild 5/27: *Einfluss der Flughöhe und der Drehzahl auf eine stabile Verbrennung in der Brennkammer*

Es ist ersichtlich, dass die Wiederzündfähigkeit im Flug auf einen bestimmten Bereich begrenzt ist. Um sicheres Anlassen zu gewährleisten, müssen deshalb unter Umständen niedrigere Flughöhen und geringere Fluggeschwindigkeiten eingenommen werden. Mit zusätzlicher Sauerstoffzuführung in die Brennkammer können bestimmte Triebwerke z.B. auch in Höhen über 20 km angelassen werden.

5.6.5 Betriebsstörungen

- Örtliche Überhitzungen der Brennkammer und Ausbeulungen der Wandung durch überschüssige Brennstoffzufuhr beim Anlassen.
- Sehr hohe Gastemperaturen durch Verbrennung des Restbrennstoffes (Hot Start) im Anschluss an ein Anlassen ohne erfolgte Zündung (Wet-Start), wenn das notwendige „Kaltdurchdrehen“ oder „Ausblasen“(Blow Out) unterlassen wurde.
- Durchgebrannte Stellen in den Flammrohrwandungen durch Abweichung der Flammfackel. Als Ursache dafür kann eine fehlerhafte Einspritzdüse oder eine gestörte Sekundärluftzuführung vorliegen.
- Risse in den Flammrohrwandungen durch Thermospannungen oder durch Vibration einzelner Brennkammerbauteile.

5.7 Turbine

5.7.1 Aufgabe, Bauarten und Wirkungsweise

In der *Turbine* wird ein Teil der potentiellen und der Wärmeenergie des von der Brennkammer kommenden Verbrennungsgases zunächst in kinetische, dann in mechanische Energie umgewandelt.

Im allgemeinen deckt die an der Welle *verfügbare Turbinenleistung* die erforderliche Antriebsleistung des Verdichters, der Hilfsantriebe und die mechanischen Verluste im Triebwerk.

$$P_{T\ verf} = (1{,}02 - 1{,}05)\ P_{V\ erf} \tag{5/52}$$

Die restliche potentielle und die Wärmeenergie des Verbrennungsgases wird, je nach Triebwerksart, in weiteren Turbinenstufen zur Erzeugung eines Drehmomentes [bei PTL, ZTL(Fan) oder zur Erhöhung seiner kinetischen Energie in der Schubdüse] verwendet. Je nach Art der Energieumwandlung unterscheidet man Aktions- und Reaktionsturbinen. Die *Aktionsturbine* lenkt im Laufrad nur die Strömung um; der statische Druck bleibt konstant ($p_2 = p_3$). (vgl. Bild 5/30)

Im Laufrad der *Reaktionsturbine* erfolgen Umlenkung und Entspannung der Strömung von p_2 auf p_3 ($p_2 > p_3$). In Flugtriebwerken benutzt man ausschließlich Reaktionsturbinen.

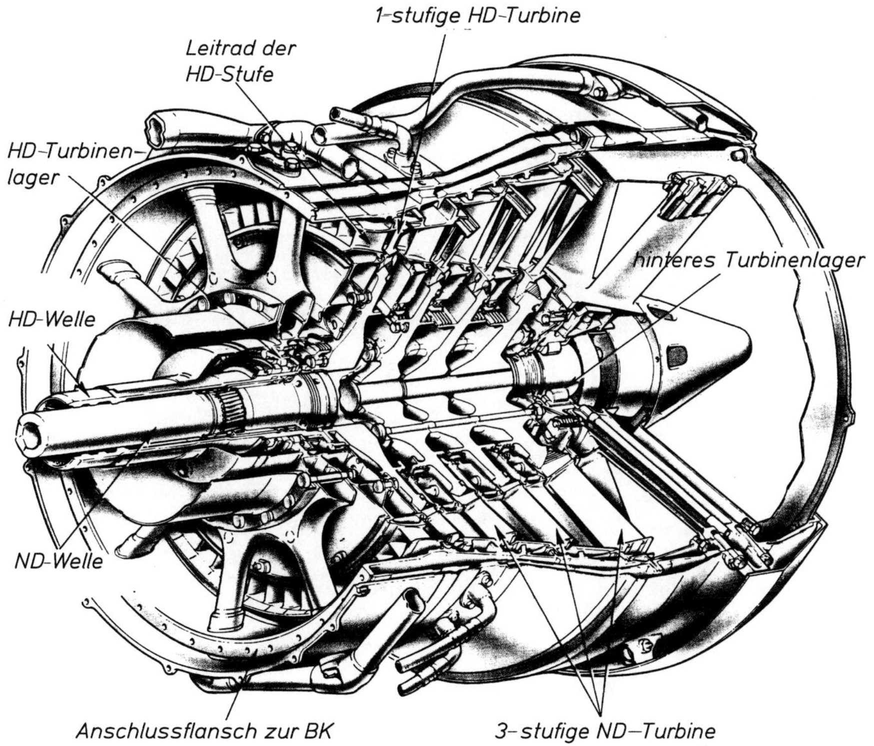

Bild 5/28: Mehrstufige Zweiwellen-Reaktionsturbine (ROLLS - ROYCE)

Im Verlauf der Durchströmung nehmen Druck und Temperatur des Gases ab, die Absolutgeschwindigkeit und das Gasvolumen nehmen zu. Da sich die Axialgeschwindigkeit dabei nur wenig ändert, nehmen die Querschnitte und damit die Schaufellängen in Strömungsrichtung zu.

Neben den Axialturbinen werden in Einzelfällen auch einstufige Radialturbinen kleiner Leistung (z. B. Turbinenanlasser, Bordenergieanlagen) verwendet.

Die Axialturbine setzt sich aus einer oder mehreren Turbinenstufen zusammen. Eine *Turbinenstufe* besteht aus dem Leitrad und dem in Strömungsrichtung dahinter liegenden Laufrad.

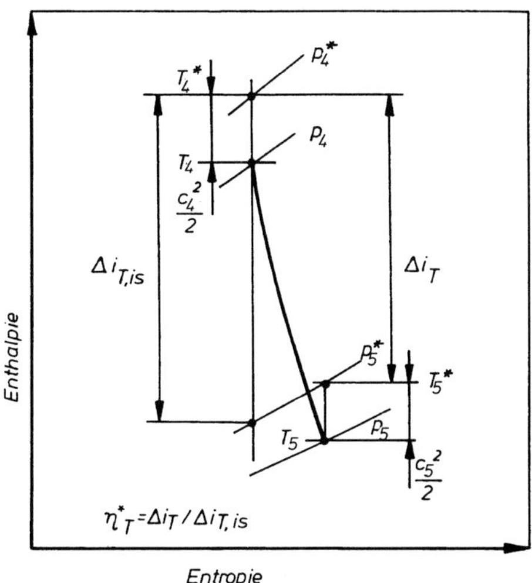

Bild 5/29: *Diagramm des Entspannungsvorganges in der Axialturbine*

Tabelle 5/10: *Turbinenkennwerte und –daten*

Turbinen-typ	Verfügbare Leistung in kW	Gasdurchsatz in kg/s	Max. Umfangs-geschwindigkeit in m/s	Wirkunggrad η_T^*
Axialturbine	< 70000	< 150	440	0,90 - 0,92
Radialturbine	< 110	< 2	550	0,6 - 0,8

Im Verlauf der Entwicklung erhöhte sich zunächst die Anzahl der Turbinenstufen durch Vergrößerung von Druck-, Temperatur- und By-pass-Verhältnis von ursprünglich 1 auf gegenwärtig 9 bei großen ZTL. Die Entwicklung geht jedoch eindeutig in Richtung schnelllaufender, hochbelasteter, transsonischer Niederdruckturbinen und dadurch zu wesentlich geringeren Stufenzahlen und Baulängen.

Tabelle 5/11: *Anzahl der Turbinenstufen in Abhängigkeit vom By-pass-Verhältnis für Mehrwellentriebwerke*

By-pass-Verhältnis	Stufenzahl der HD-Turbine	Stufenzahl der ND-Turbine
< 2	1 - 2	1 - 3
2 - 5	1 - 2	2 - 4
> 5	2	4 - 7

5.7.2 Turbinenstufe

Die *Arbeitsweise der Turbinenstufe* ist aus Bild 5/30 zu erkennen. Das Gas strömt aus der Brennkammer oder einer vorhergehenden Stufe mit der Absolutgeschwindigkeit c_1 in das Leitrad, wird dort umgelenkt und durch Verengung des Schaufelkanals auf c_2 beschleunigt. Dabei verringern sich Druck und Temperatur des Gases. Der Absolutgeschwindigkeit c_2 entspricht die Relativgeschwindigkeit w_2, mit der das Laufrad angeströmt wird (vgl. Gl. 5/3).

Im Laufrad wird die Strömung von w_2 auf w_3 beschleunigt. Die Absolutgeschwindigkeit c_3, mit der das nächste Leitrad angeströmt wird, ergibt sich aus w_3 und u. Im Laufrad sinken Druck, Temperatur und die Absolutgeschwindigkeit des Gases. Das Absinken der Absolutgeschwindigkeit von c_2 auf c_3 ist auf die Umsetzung von kinetischer Energie in mechanische Arbeit im Laufrad zurückzuführen.

Beim axialen Durchströmen der Beschaufelung des Laufrades entsteht durch die Differenz der Impulsmomente aus Ein- und Austritt das *Drehmoment des Laufrades:*

$$M_{T\,St} = \dot{m}_G \cdot r_m \,(c_{2u} - c_{3u}) \qquad (5/53)$$

Spezifische Arbeit einer Turbinenstufe, bezogen auf 1 kg Gas

$$w_{TSt} = \frac{M_{TSt} \cdot \omega}{\dot{m}_G} \qquad (5/54)$$

Die verfügbare *spezifische Arbeit* $w_{T\,verf}$ ist um die Summe aller Strömungsverluste, Gasreibungsverluste, Radialspaltverluste, mechanischen Reibungsverluste sowie der Austrittsverluste kleiner als die spezifische isentrope Arbeit $w_{T\,is}$ der Turbine:

$$w_{T\,verf} = \eta_T \cdot w_{T\,is} \qquad (5/55)$$

Der *Gesamtwirkungsgrad* η_T^* einer mehrstufigen Axialturbine ist dadurch stets größer als der Wirkungsgrad der einzelnen Stufen, da einige Verluste der vorhergehenden Stufen das Enthalpiegefälle der nachfolgenden Stufen vergrößern:

$$\eta_T^* = (1{,}01...1{,}025)\ \eta_{TSt}^* \qquad (5/56)$$

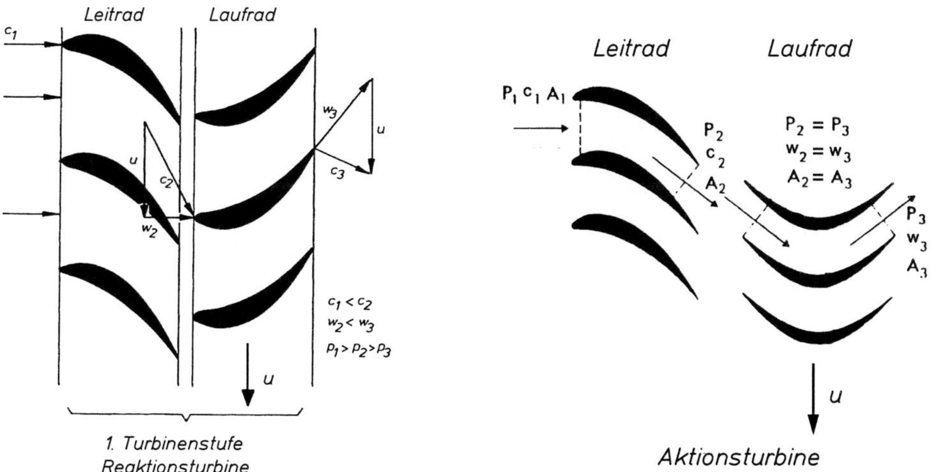

Bild 5/30: Schaufelplan und Geschwindigkeitsdreiecke der 1. Axialturbinenstufe

Verfügbare Leistung an der Turbinenwelle:

$$P_{T\,verf} = \dot{m}_G \cdot w_{T\,verf} \tag{5/57}$$

$$P_{T\,verf} = \dot{m}_G \cdot \eta_T^* \cdot \frac{\kappa}{\kappa - 1} \cdot R \cdot T_4^* \left[1 - \frac{1}{\left(\frac{p_4^*}{p_5^*}\right)^{\frac{(\kappa-1)}{\kappa}}} \right] \tag{5/58}$$

Die Drehzahl der Turbine ist vom Gasdurchsatz und vom Druckverhältnis p_4^* / p_5^*abhängig. Bei Vergrößerung des Gasdurchsatzes und bei Vergrößerung des Druckverhältnisses steigt die Drehzahl der Turbine. Die verfügbare Turbinenleistung ist also im wesentlichen von der Turbineneintrittstemperatur und von der Drehzahl abhängig (Bild 5/31).

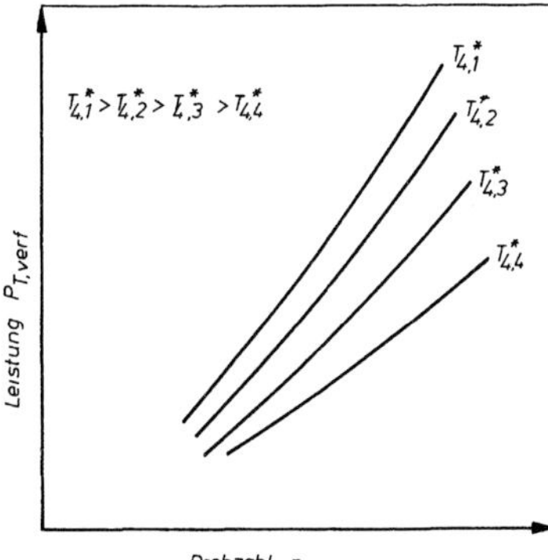

Bild 5/31: Einfluss der Turbineneintrittstemperatur und der Drehzahl auf die verfügbare Turbinenleistung

5.7.3 Beanspruchung und Kühlung

Die Turbine (Beschaufelung und Turbinenscheibe) ist das am höchsten beanspruchte Bauteil des Gasturbinentriebwerkes.

Um die Hauptparameter eines Gasturbinentriebwerkes (spezifische Leistung, thermischer Wirkungsgrad, spezifischer Brennstoffverbrauch) zu verbessern, ist das Triebwerk u.a. mit möglichst hoher Turbineneintrittstemperatur zu betreiben. Außer den hohen Gastemperaturen (liegen über dem Schmelzpunkt der Schaufelwerkstoffe) werden die Bauteile der Turbine besonders durch zusätzliche Belastungen, wie:

- Hohe Fliehkräfte durch große Drehzahlen (erfordert hohe Kriechfestigkeit des Werkstoffes)
- Thermische Spannungen durch Lastwechsel (Ermüdung des Materials)
- Biegespannungen durch das zu erzeugende Drehmoment und
- Korrosion beansprucht.

Grenzen sind hauptsächlich durch die Festigkeit der Leit- und Laufschaufeln gesetzt. Da die Entwicklung hochwarmfester Werkstoffe in der Vergangenheit nicht mit den angestrebten Turbineneintrittstemperaturen Schritt halten konnte, ist eine Kühlung der heißen Turbinenbauteile, besonders der Beschaufelung, erforderlich (Bild 5/32).

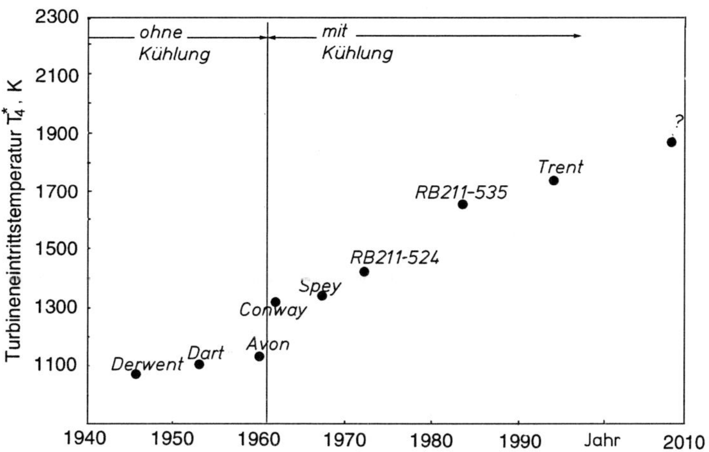

Bild 5/32: Entwicklung der möglichen Turbineneintrittstemperaturen (ROLLS-ROYCE)

Die Beschaufelung, die thermisch und mechanisch am höchsten belastet ist, begrenzt in der Regel die Lebensdauer der Turbine. Deshalb wird bei den sehr hohen Turbineneintrittstemperaturen eine *Schaufel- und Scheibenkühlung,* der ersten und oft auch der weiteren Turbinenstufen, realisiert. Die Kühlluft wird dem Verdichter entnommen.

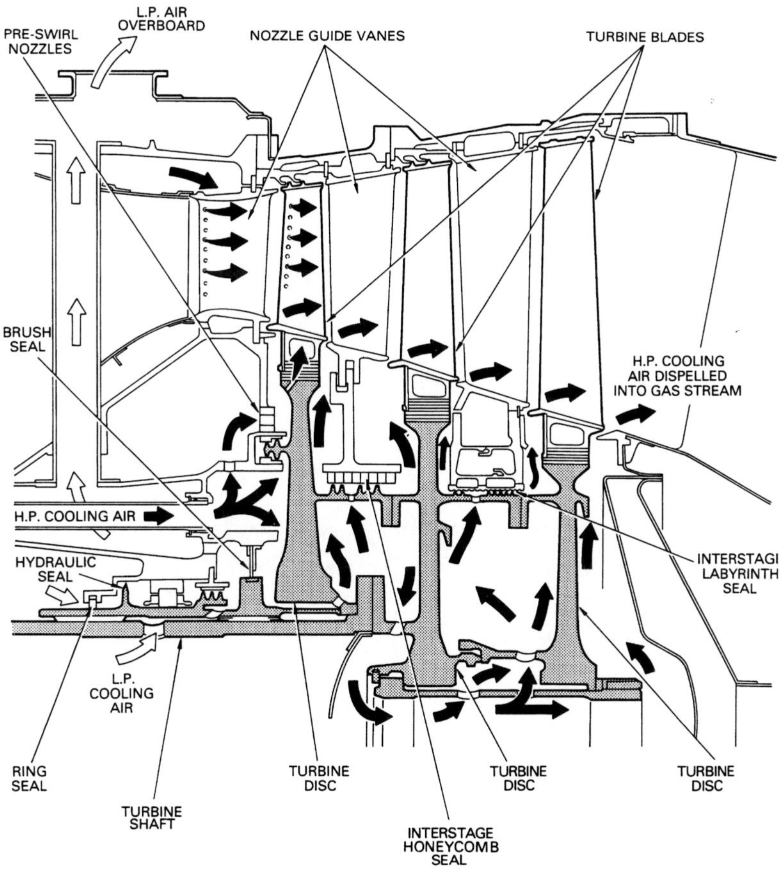

Bild 5/33: Prinzip der Schaufel- und Scheibenkühlung der Turbine (ROLLS-ROYCE)

Die Kühlluftmenge beträgt etwa 5 - 7 % vom Luftdurchsatz des Hochdruckverdichters. Durch die Kühlluftentnahme aus dem HD-Verdichter verschlechtert sich der spezifische Brennstoffverbrauch bei einer Turbineneintrittstemperatur von beispielsweise 1600 K um etwa 5 - 7 %.

Methoden der Schaufelkühlung:

- Konvektionskühlung,
- Transpirationskühlung,
- Filmkühlung.

Die Transpirationskühlung , das wirkungsvollste Prinzip, hängt von der Verfügbarkeit geeigneter poröser Werkstoffe mit guter Oxydationsbeständigkeit und Festigkeit ab. Die Filmkühlung verbindet die Vorteile der Transpirations- und der Konvektionskühlung.

Durch eine Vielzahl kleinster Öffnungen tritt die Kühlluft aus und bildet einen isolierenden Film an der Schaufeloberfläche. Das Heißgas berührt nicht die Schaufeloberfläche.

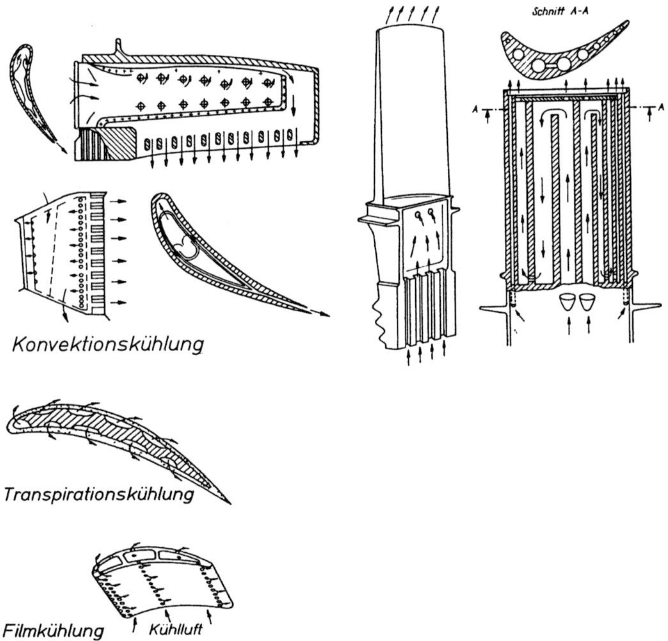

Bild 5/34: Konvektions-, Film- und Transpirationskühlung an Turbinenschaufeln

Durch die Verwendung neuer Werkstoffe, die auch höhere *thermische Belastungen* zulassen, wie z. B. hochfeste Pulvermetallwerkstoffe und intermetallische Phasen aus Titanlegierungen kann die Stufenzahl und damit die Baulänge und Konstruktionsmasse der Turbine bei gleichem Wirkungsgrad reduziert werden. Auch die Anwendung neuartiger wärmedämmender Schaufelbeschichtungen erlaubt höhere Turbineneintrittstemperaturen.

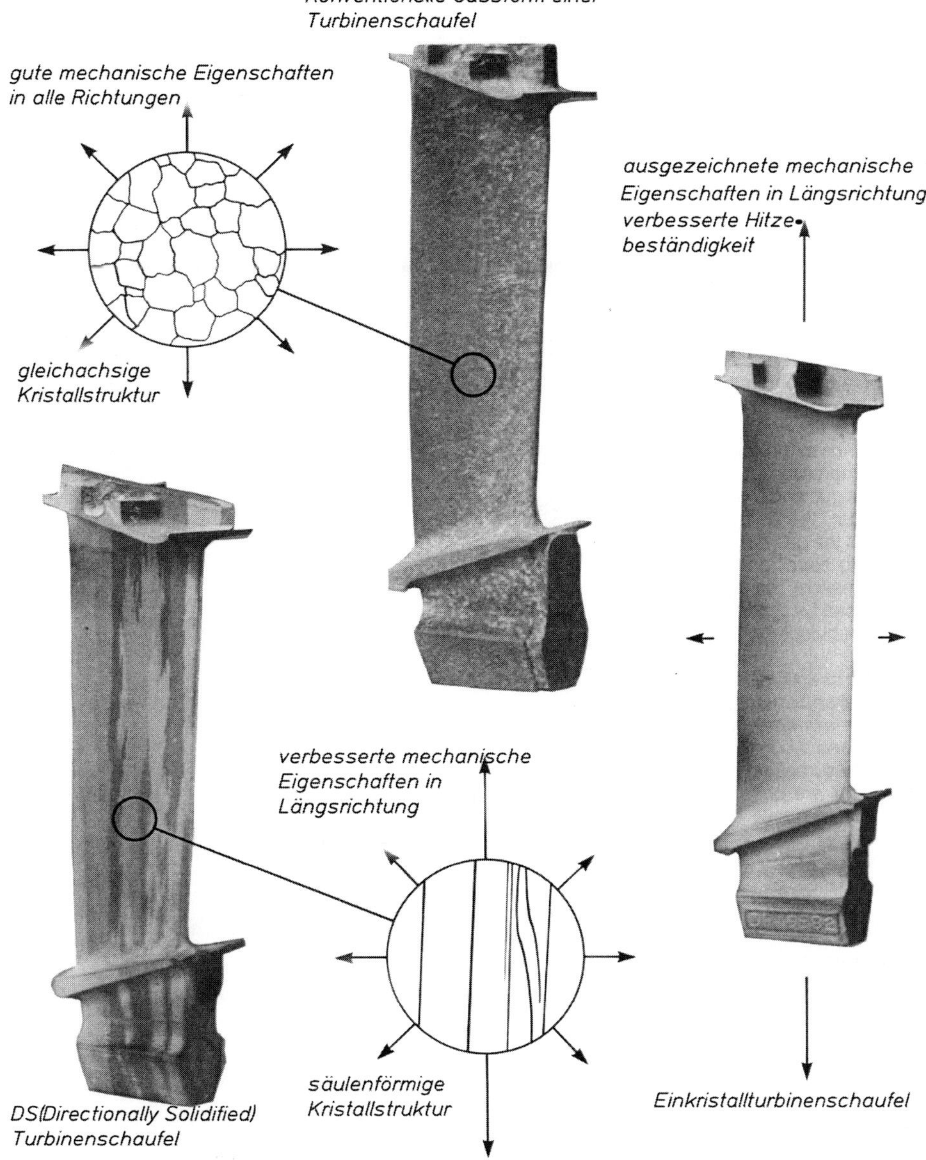

Bild 5/34: Verschiedene Kristallstrukturen und Festigkeitsverlauf bei Turbinenlaufschaufel-Werkstoffen (ROLLS -ROYCE)

5.7.4 Turbinenkennfeld

Im Turbinenkennfeld sind der Gasdurchsatz $\dot{m}_G$, der Wirkungsgrad η_T und die spezifische Arbeit w_T in Abhängigkeit vom Druckverhältnis π_T^* und der Drehzahl n angegeben:

$$\dot{m}_G, \eta_T^*, w_T = f\left(\pi_T^*, n\right) \tag{5/59}$$

$$\pi_T^* = \frac{p_4^*}{p_5^*} \qquad (5/60)$$

$$\dot{m}_G \cdot \frac{\sqrt{T_4^*}}{p_4^*}, \eta_T^*, \frac{w_T}{p_4^* \cdot \sqrt{T_4^*}} = f\left(\pi_T^*, \frac{n}{\sqrt{T_4^*}}\right)$$ (bezogen auf den Zustand am Turbineneintritt) (5/61)

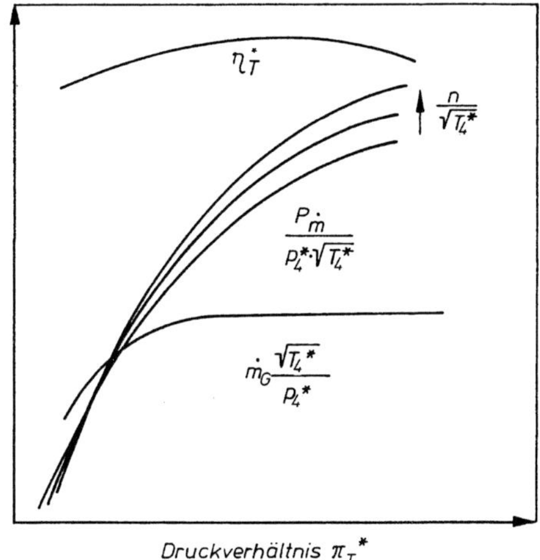

Bild 5/35: Kennfeld einer Axialturbine

Die Vergrößerung des Druckverhältnisses π_T^*, führt zu einer Vergrößerung des Gasdurchsatzes und damit zur Erhöhung der Austrittsgeschwindigkeiten aus dem Leit- und Laufrad. Bei weiterer Vergrößerung von π_T^* wird in den Schaufelkanälen des Leit- und Laufrades das kritische Druckverhältnis erreicht. Für den jeweiligen Betriebszustand kommt es zu einer „Verstopfung" der Turbine, der Gasdurchsatz bleibt konstant (vgl. Kapitel 2.4.2). Bei überkritischen Druckverhältnissen tritt in den Schaufelkanälen der Leit- und Laufräder eine weitere Beschleunigung der Strömung durch Nachexpansion auf. Dadurch ist eine nochmalige Leistungssteigerung möglich.

5.7.5 Zusammenwirken von Turbine und Verdichter

Das Zusammenwirken von Turbine und Verdichter auf einer Welle wird durch 3 Zustände charakterisiert:

- Beharrung (stationär)
- Beschleunigung,
- Verzögerung.

In jedem *Beharrungszustand* (stationärer Zustand) müssen die Kontinuitätsbedingung (Leck- und Abblaseverluste sind vernachlässigt) und das Leistungsgleichgewicht zwischen Turbine und Verdichter erfüllt sein:

$$\dot{m}_L + \dot{m}_B = \dot{m}_G \qquad (5/62)$$

$$P_{T\,verf} = P_{V\,erf} \qquad (5/63)$$

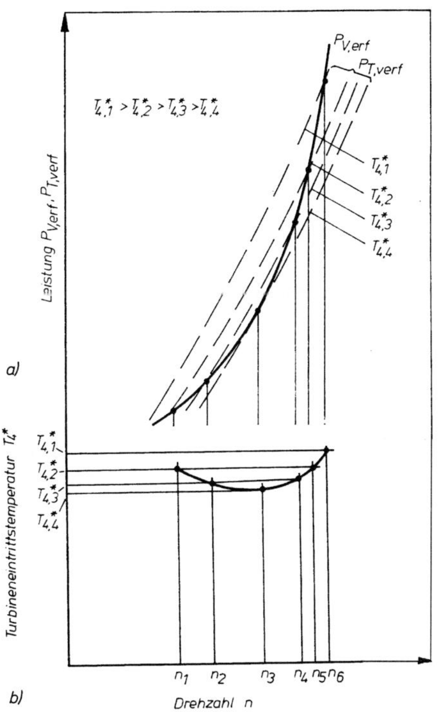

a) Abhängigkeit der erforderlichen Verdichterleistung und der verfügbaren Turbinenleistung von der Turbineneintrittstemperatur und der Drehzahl
b) Abhängigkeit der Turbineneintrittstemperatur von der Drehzahl

Bild 5/36: Betriebsverhalten des Gasturbinentriebwerkes

Aus Bild 5/36 ist ersichtlich, dass bei einer bestimmten Drehzahl das Leistungsgleichgewicht nur bei einer einzigen Turbineneintrittstemperatur gewährleistet ist.

Um den Einfluss der Drehzahl und der Turbineneintrittstemperatur auf den Verdichterdurchsatz und das Verdichterdruckverhältnis einschätzen zu können, werden die Linien konstanter Turbineneintrittstemperatur und konstanter Schubdüsenstellung in das Verdichterkennfeld übertragen (Bild 5/37).

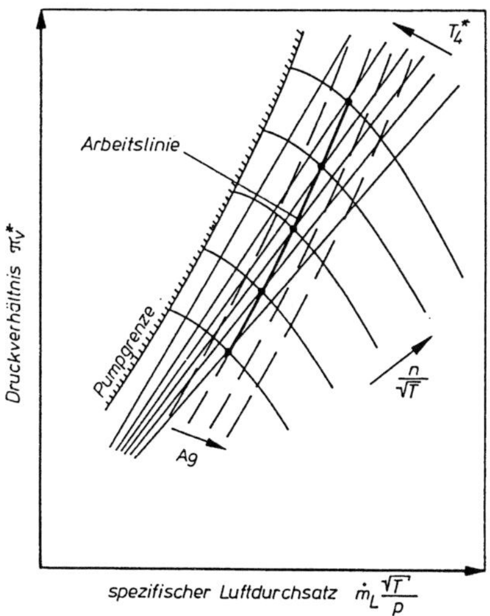

Bild 5/37: Verdichterkennfeld mit einer Arbeitslinie (stationäre Betriebslinie)

Im Beharrungszustand ist für eine konstante Schubdüsenstellung auf jeder Drehzahllinie n = konstant nur ein Arbeitspunkt bei einer bestimmten Turbineneintrittstemperatur möglich. Die Verbindungslinie aller Arbeitspunkte ergibt die *Arbeitskennlinie* des Triebwerkes im stationären Betriebszustand. Im praktischen Betrieb wird nur ein bestimmter Teilbereich der Arbeitskennlinie genutzt, der durch das vorhandene Regelungssystem des Triebwerkes vorgegeben ist.

Bei *Beschleunigung* des Triebwerkrotors gilt:

$$P_{T\,verf} > P_{V\,erf} \tag{5/64}$$

Der Leistungsüberschuss der Turbine entsteht durch Erhöhung der Turbineneintrittstemperatur infolge Vergrößerung des Brennstoffdurchsatzes. Die starke Zunahme der Turbineneintrittstemperatur beim Beschleunigen bewirkt eine erhebliche Erhöhung des Brennkammerdruckes. Das kann zum Überschreiten der Pumpgrenze (Surge Line) führen.

Bei *Verzögerung* des Triebwerkes gilt:

$$P_{T\,verf} < P_{V\,erf} \tag{5/65}$$

Sie erfolgt durch Verringerung der Turbineneintrittstemperatur infolge Drosselung der Brennstoffzufuhr .

Eine starke Verringerung der Brennstoffzufuhr kann durch Verarmung des Gemisches zum Abreißen der Flamme in der Brennkammer führen.

Auch bei instationärem Betrieb dürfen im Interesse einer stabilen Arbeit des Triebwerkes die festgelegten Grenzen im Gesamtkennfeld nicht überschritten werden.

Bei einem Triebwerk mit verstellbarer Schubdüse existiert für jede Schubdüsenstellung eine Arbeitskennlinie.

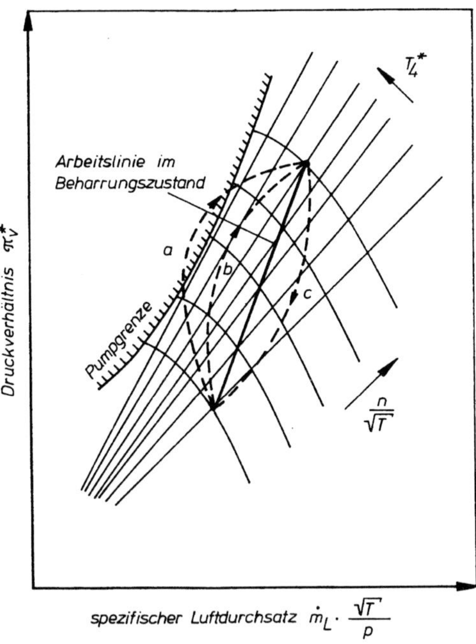

Bild 5/38: Darstellung des Beschleunigungs- und Verzögerungsvorganges im Triebwerkskennfeld (a und b Beschleunigung; a führt zum instabilen Betrieb, c Verzögerung)

Bild 5/37 zeigt, dass eine Schubdüsenverstellung zur Triebwerksregelung verwendet werden kann. Die Schubdüsenverstellung gestattet es, entweder die Parameter π_V^*, $\dot{m}_L$ und n bei konstanter Temperatur T_4^* oder die Parameter π_V^*, $\dot{m}_L$ und T_4^* bei konstanter Drehzahl zu regeln.

Eine Vergrößerung des Schubdüsenaustrittsquerschnittes hat bei konstanter Drehzahl die Verringerung der Turbineneintrittstemperatur T_4^* zur Folge. Die Verringerung der Drehzahl bei konstanter Turbineneintrittstemperatur wird durch eine Verkleinerung des Schubdüsenaustrittsquerschnittes erreicht.

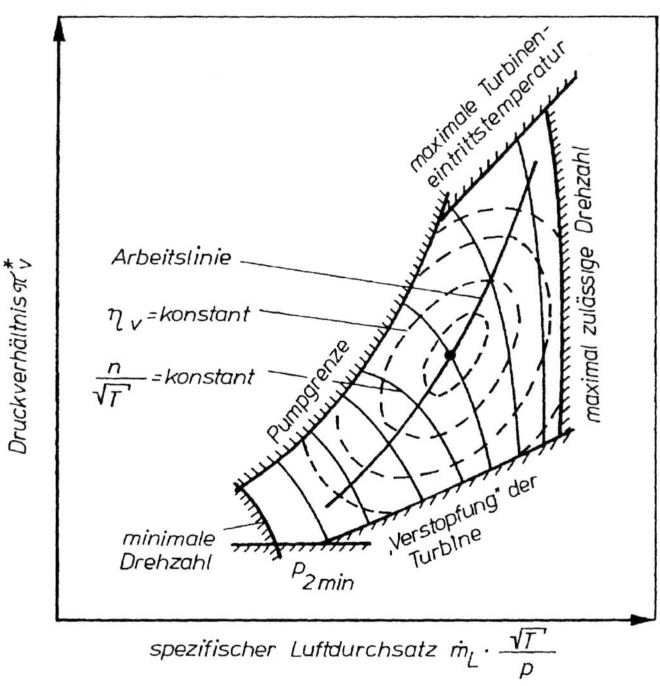

Bild 5/39: Mögliche Betriebsgrenzen in einem Triebwerkskennfeld

Folgende Triebwerksparameter und Konturen begrenzen im Allgemeinen den Betriebsbereich eines Triebwerkes:

- Minimale Drehzahl: Leerlauf, Brennstoffverbrauch, Verlöschen, Beschleunigungszeit
- Maximale Drehzahl: Rotor und Schaufelfestigkeit
- Turbineneintrittstemperatur: Thermische Belastbarkeit der Turbinenschaufeln
- Max. reduzierte Drehzahl: Aerodynamische Grenze des Verdichters
- Pumpgrenze: Übergang vom stabilen in den instabilen Arbeitsbereich des Verdichters
- Verstopfung der Turbine: Hoher Massendurchsatz bei kleinen Druckverhältnissen des Verdichters (Erreichen kritischer Strömungen)

5.7.6 Turbineneintrittstemperatur, Drehzahl und Lebensdauer

Die Lebensdauer eines Gasturbinentriebwerkes hängt im wesentlichen von der *Geamtbeanspruchung* des Triebwerkes ab. Diese setzt sich in der Regel aus der:

- Betriebszeit
- Turbineneintrittstemperatur
- Drehzahl
- Anzahl der Zyklen und der
- Korrosion der Turbinenschaufeln zusammen

Bei ZTL mit großen By-pass-Verhältnissen werden bei Startleistung Turbineneintrittstemperaturen von ≥ 1700 K erreicht ($\tau \geq 5{,}9$).

Turbinenlaufschaufeln sind einer hohen Zentrifugalbeschleunigung (bis 10^6 m/s^2 ≈ 10^5 g) und damit einer hohen Zugbeanspruchung ausgesetzt. Mit den hohen Werkstofftemperaturen von über 1400 K entsteht deshalb bei Dauerbelastung im Verlauf der Betriebszeit eine *bleibende Längsdehnung der Schaufeln (Kriechen)*, die neben der Heißgasoxidation und Ermüdung die Lebensdauer der Turbinenbeschaufelung wesentlich beeinflusst.

Die Dehnungsgeschwindigkeit nimmt mit wachsender Materialtemperatur, wachsender Zugspannung und Beanspruchungsdauer progressiv zu. Die erhöhten Anforderungen an die Schaufelfestigkeit in radialer Richtung führten deshalb in den letzten Jahren zu neuen Turbinenschaufelwerkstoffen mit gerichteter Kristallstruktur bzw. zu Einkristallinen Turbinenschaufeln mit sehr guten Festigkeitseigenschaften (siehe Bild 5/34).

Die *Ermüdung* des Werkstoffes und damit die Standfestigkeit des Triebwerkes wird wesentlich von der Anzahl der TW-Zyklen bestimmt.

Ein *Betriebszyklus* besteht aus Anlassen, Höhe der Startleistung, der Dauerleistung, mehreren Lastwechseln und dem Abstellen.

Korrosion der Schaufeloberfläche entsteht durch Oxidation bei den sehr hohen Materialtemperaturen und auch über schwefelhaltige Ablagerungen aus dem Abgas (Sulfidation).

Die Einhaltung aller Gastemperatur- und Drehzahlgrenzwerte ist deshalb außerordentlich wichtig für die Zuverlässigkeit und Lebensdauer von Gasturbinentriebwerken.

Dehnungsgeschwindigkeit und zulässige Längenänderung bestimmen maßgeblich die Laufzeit der Turbine. Kurzzeitige Überhitzungen oder kurzzeitiges Überschreiten der Materialspannungen durch Überdrehzahlen verkürzen die Gesamtlaufzeit der Turbine infolge stark vergrößerter Dehnungsgeschwindigkeit der Turbinenlaufschaufeln wesentlich. Bild 5/41 zeigt die Problematik zwischen Werkstofftemperatur, Zugbeanspruchung, Dehnung und Beanspruchungsdauer am Beispiel des älteren Turbinenwerkstoffes NIMONIC 90.

Daraus geht hervor, dass sich bei Vergrößerung der Werkstofftemperatur von beispielsweise 725 °C auf 795 °C bei gleicher Beanspruchung von 17,5 daN/mm^2 die zulässige Beanspruchungsdauer für 0,2 % Dehnung von 3 000 Stunden auf 100 Stunden verringert. Der gleiche Effekt tritt ein, wenn bei einer Werkstofftemperatur von 795 °C durch Drehzahlvergrößerung die Beanspruchung von 7 daN/mm^2 auf 17,5 daN/mm^2 erhöht wird.

Beispiele neuer Turbinenwerkstoffe:

INCONEL 718	(Nickel-Chrom -Legierung , Laufschaufeln,Scheiben)
NIMONIC 115	(Schmiedbare Nickel-Kobalt-Chrom-Legierung - Turbinenschaufeln)
MAR-M 506	(Chrom-Kobalt-Legierung - Leitschaufeln)
RENE 80	(Nickel-Legierung, Gussmaterial - Leitschaufeln)

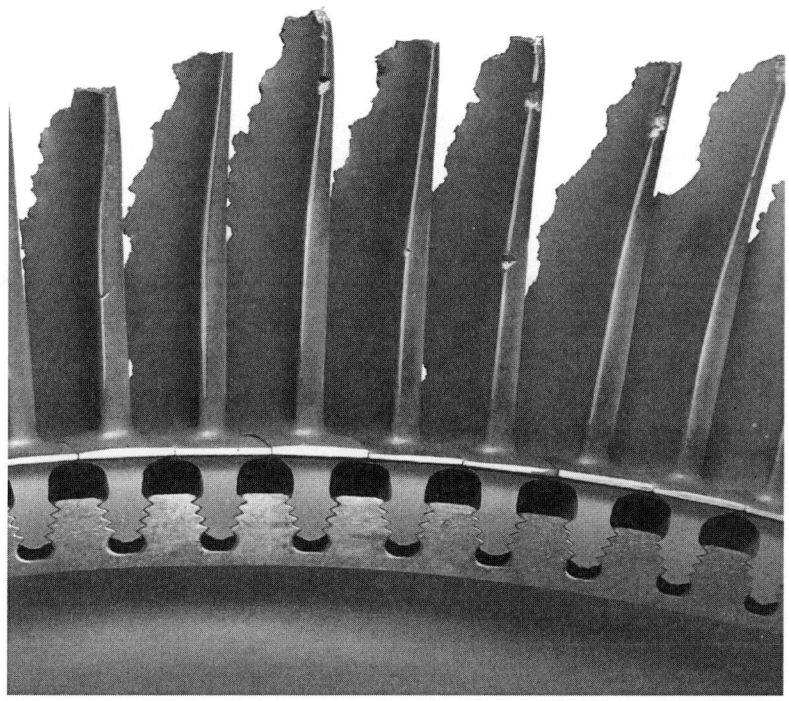

Bild 5/40: Zerstörung von Turbinenlaufschaufeln durch Überhitzung (ROLLS-ROYCE)

Zur Verbesserung des Turbinenwirkungsgrades und damit des spezifischen Brennstoffverbrauches soll möglichst ein geringes konstantes *Schaufelradialspiel* während des Betriebes gesichert werden.

Während des Betriebes kommt es zu einer Änderung des Radialspiels durch:

- Aufweitung des Rotors durch Fliehkräfte in Abhängigkeit von der Drehzahl und durch Aufheizung
- Aufweitung des Turbinengehäuses durch Aufheizung

Durch eine zweckmäßige Kühlung des Turbinengehäuses mit kühlerer Verdichterluft kann der Gehäusedurchmesser dem jeweiligen Betriebszustand angepasst und damit das Radialspiel verringert werden. Eine weitere Möglichkeit besteht in der Verringerung der Rotorkühlung bei geringeren Triebwerksleistungen um damit das Radialspiel zu optimieren. Die Kühlluftventile werden automatisch angesteuert.

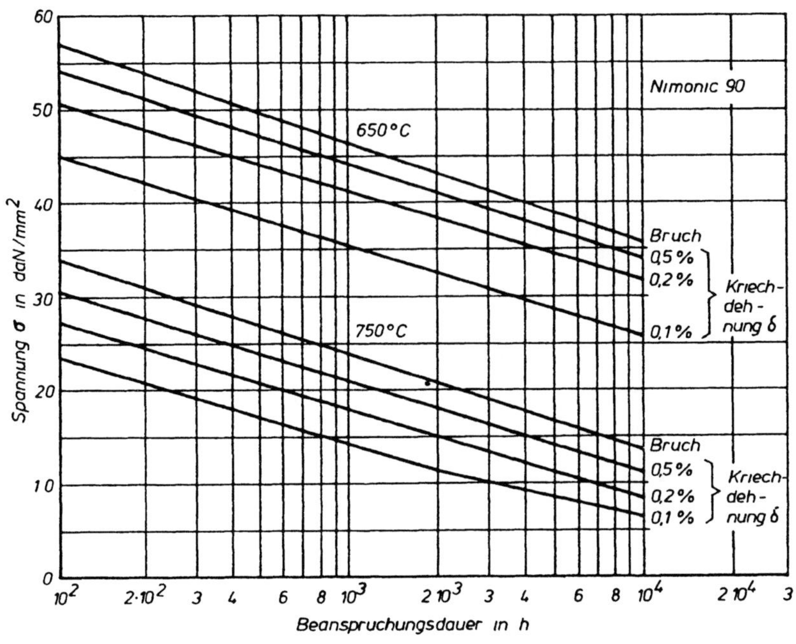

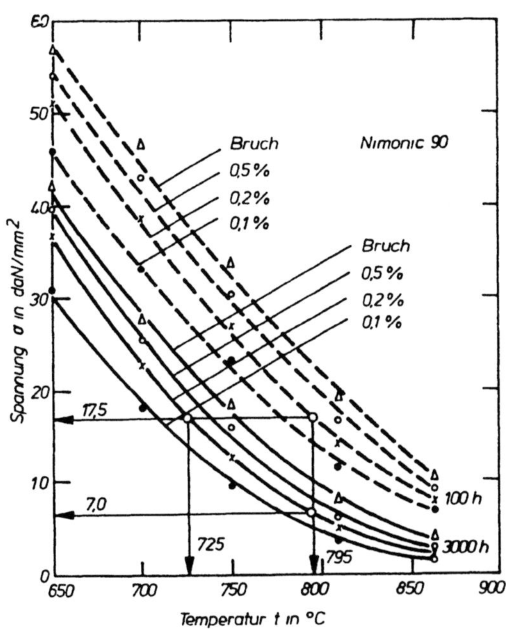

Bild 5/41: Kriechfestigkeit am Beispiel des Turbinenwerkstoffes NIMONIC 90

5.7.7 Betriebsstörungen

- Durch das „Pumpen“ des Verdichters kann ein Überhitzung der Turbinenschaufeln durch erhöhte Gastemperatur und ungleichmäßige Temperaturverteilung eintreten. Dabei können beispielsweise die Turbinenlaufschaufeln innerhalb kürzester Zeit (15 - 25 s), infolge einer Gefügeveränderung des Werkstoffes und der damit verbundenen Festigkeitsverminderung, zerstört werden.

- Veränderung der Kristallstruktur und damit der Festigkeit der Turbinenlaufschaufeln durch Überschreiten der maximal zulässigen Turbineneintrittstemperatur (Bild 5/40).

- Mögliche Deformation der Turbinenleitschaufeln durch Überhitzung beim Fehlanlassen des Triebwerkes (Hot Start), durch längeren Betrieb bei Startleistung und durch schnelle Änderung der Brennstoffzufuhr (z.B. Abstellen des Triebwerkes aus Startleistung).

- Festlaufen des Turbinenrotors am Turbinengehäuse beim Abstellen des Triebwerkes aus hohen Leistungsstufen ohne vorherige Abkühlung.

- Schwingungsbrüche an den Laufschaufeln im Bereich des Profils oder der Schaufelbefestigung infolge von Resonanzschwingungen bei ungleichmäßiger Gasströmung (z.B. Zusetzung von Brennstoffdüsen, Deformation von Leitschaufeln).

- Überhitzung der Turbinenlager und Beschädigung der Labyrinthdichtungen.

5.8 Schubdüse

Die *Schubdüse* befindet sich am Ende des Schubrohrs, das durch die jeweiligen Einbaubedingungen des Triebwerkes unterschiedliche Längen besitzt. Zusammen mit dem Abströmkegel hinter der Turbine gewährleistet das *Schubrohr* minimale Druckverluste beim Übergang der Strömung von einem kreisringförmigen zu einem kreisförmigen Querschnitt.
Für Unterschallfluggeschwindigkeiten werden meist *starre konvergente Schubdüsen* verwendet. Nichtregelbare Schubdüsen bei Triebwerken ohne Nachverbrennung eignen sich für Fluggeschwindigkeiten im Bereich M < 1,5. Bei Flugmachzahlen M > 1 treten jedoch bereits größere Verluste auf.
Strömungstechnische Betrachtungen wurden im Kapitel 2.4.2 dargestellt. In der Schubdüse erfolgt die Umwandlung der Enthalpie des Gasstroms in kinetische Energie am Düsenaustritt.

Die Schubdüsen der Gasturbinentriebwerke haben besonders bei Überschallfluggeschwindigkeiten einen entscheidenden Einfluss auf Schub und spezifischen Brennstoffverbrauch.

Triebwerke mit Nachverbrennung haben *verstellbare Schubdüsen*. Sie garantieren die bessere Anpassung aller Triebwerkbaugruppen untereinander und damit einen besseren äußeren und inneren Wirkungsgrad als die einfachen, starren Schubdüsen. Die verstellbare Schubdüse ermöglicht es, den Austrittsquerschnitt an die häufig wechselnden Flugbedingungen und Leistungsstufen des Triebwerkes anzupassen.

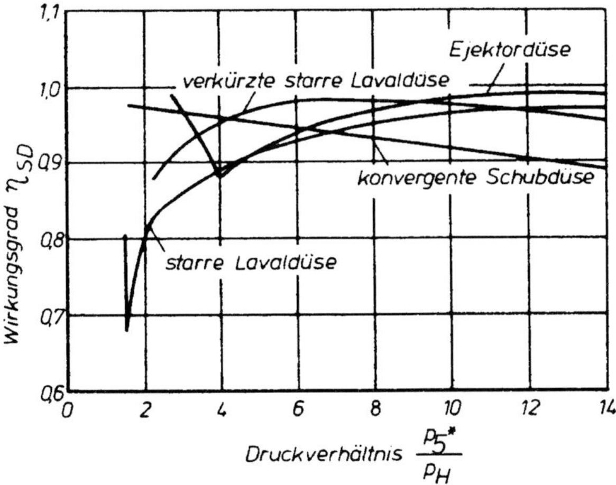

Bild 5/42: Einfluss des Düsendruckverhältnisses auf den Wirkungsgrad von Schubdüsen

Regelbare Schubdüsen verbessern die Triebwerkcharakteristiken, vergrößern jedoch die Triebwerkmasse.

Die regelbare konvergente Schubdüse entspannt den Gasstrom nur bis $M_9 \leq 1$ durch Veränderung des Austrittsquerschnitts A_9. Die Querschnittsveränderung erfolgt durch mehrere, ineinander verschiebbare Klappensegmente.

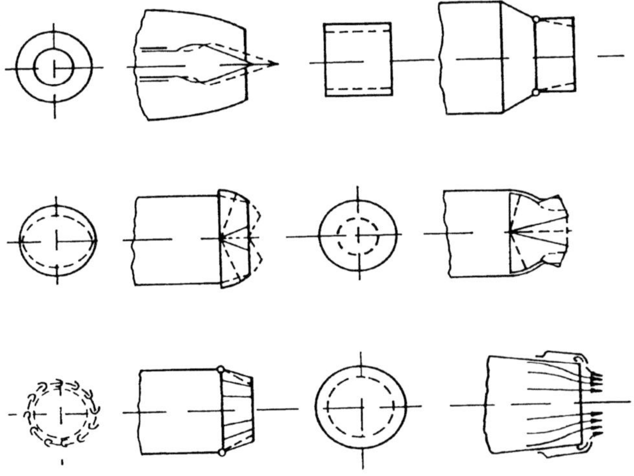

Bild 5/43: Konzeptionen für konvergente verstellbare Schubdüsen

5.9 Schubumkehranlagen

5.9.1 Aufgabe und Arbeitsweise

Mit Zunahme der Flugzeugmasse, die oftmals mit einer Erhöhung der Landegeschwindigkeit verbunden ist, werden konstruktive Maßnahmen notwendig, die es ermöglichen, die kinetische Energie abzubauen und damit eine bestimmte Landestrecke einzuhalten.

Eine der Maßnahmen zur Erhöhung der Sicherheit bei der Landung des Flugzeuges ist neben der Radbremsanlage die Umkehr der Schubrichtung der Triebwerke, um die Ausrollstrecke des Flugzeuges auf der Landepiste zu verringern.

Durch Umlenkung des austretenden Gasstrahls mit Hilfe von *Umlenkklappen und Umlenkgittern* (Kaskaden) wird eine negative Schubkomponente erzeugt.

Ihre Größe ist vom Gasdurchsatz $\dot{m}_G$, vom Umlenkwinkel β und von der Rollgeschwindigkeit v des Flugzeuges abhängig.

An eine *Schubumkehranlage* werden im allgemeinen folgende Forderungen gestellt:

- Schubumkehrkoeffizient $S_{Umk} / S_{nenn} \geq 0{,}5$
- schnelle Umstellung von Umkehrschub in positiven Schub,
- gute Stabilität und Steuerbarkeit des Flugzeuges am Boden bei eingeschalteter Schubumkehr,
- möglichst geringe Verschlechterung des spezifischen Brennstoffverbrauches bei ausgeschalteter Schubumkehr,
- einfache, sichere und zuverlässige Konstruktion,
- geringe Masse $m < 0{,}15\ m_{TW}$.

Aus der Gleichung

$$S_{Umk} = \dot{m}_G \left(-c_{9\,ax} - v\right) \qquad (5/66)$$

ergibt sich für den praktischen Flugbetrieb, dass der *Umkehrschub* mit Verringerung der Ausrollgeschwindigkeit nach der Landung auch bei konstanter Leistungsstufe des Triebwerkes abnimmt.

Aus Bild 5/44 b ist ersichtlich, dass der Schubumkehrkoeffizient mit zunehmendem Umlenkwinkel und Durchsatzverhältnis anwächst. Umlenkwinkel $\beta > 150°$ werden meist nicht verwirklicht, da der Schubumkehrkoeffizient hier nur noch langsam ansteigt und andererseits die Gefahr der Beschädigung der Flugzeugzelle durch den Gasstrom, sowie die Gefahr des „Verdichterpumpens" durch eintretende Abgase, besteht.

Um einen möglichst großen Schubumkehrkoeffizienten im Bereich $\beta = 130° - 150°$ zu erreichen, ist ein Durchsatzverhältnis von $\dot{m}_{G\,Umk} / \dot{m}_{G\,nenn} = 0.8$ bis 1,0 erforderlich. (Mögliche Schubumkehrkoeffizienten: $\geq 0{,}75$). Der spezifische BS-Verbrauch eines mittleren ZTL beträgt bei Umkehrschub etwa 1,1 - 1,5 kg/daNh.

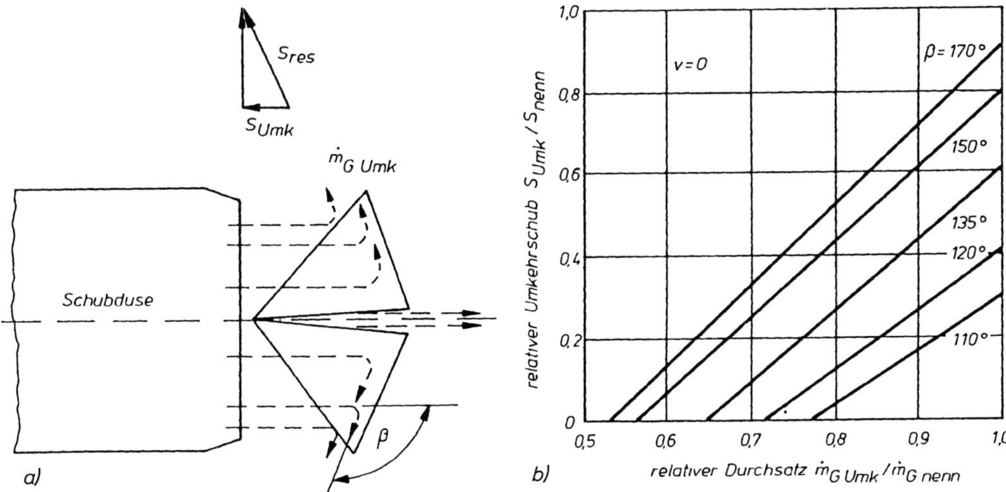

Bild 5/44: a) Abhängigkeit des Umkehrschubs vom Gasdurchsatz und vom Umlenkwinkel
b) Abhängigkeit des Schubumkehrkoeffizienten vom Durchsatzverhältnis und vom Umlenkwinkel

5.9.2 Bauarten

Man unterscheidet Schubumkehranlagen

- mit innen liegenden, in die Schubdüse hineinschwenkenden Umlenkklappen und feststehenden Umlenkgittern im Schubrohr und
- mit äußeren, hinter der Schubdüse einschwenkenden Umlenkklappen ohne Umlenkgitter. Hier beeinflusst die Umlenkung des Gasstrahls den Normalbetrieb des Triebwerkes weniger.
  Diese Bauart verringert wesentlich die Strömungsverluste des Schubrohres des Triebwerkes und verbessert damit den Brennstoffverbrauch im Normalbetrieb.

ZTL mit großer Leistung und hohem By-pass-Verhältnis besitzen meist nur eine *Außenstromumlenkung*. Wegen des geringen Restschubes des Innenstroms wäre hier eine Gasstromumlenkung konstruktiv zu aufwendig.

Die Betätigung der Umlenkklappen erfolgt pneumatisch oder hydraulisch. Jedes Triebwerk wird mit einem Umkehrschubhebel (Reverse Lever, der am Leistungswahlhebel (Thrust Lever) angelenkt ist, bedient.

Neue digitalisierte Triebwerkssteuerungen (*FADEC*- Full Authority Digital Engine Control) ersetzen in modernen Flugzeugen die konventionellen, mechanischen Steuerungen. Damit sich die Umlenkklappen nicht aus der Normalstellung lösen können, ist eine Verriegelung vorgesehen. Erst wenn sich die Umlenkklappen am Boden in Umkehrstellung befinden, kann das Triebwerk aus dem Leerlauf auf die erforderliche Leistungsstufe gebracht werden.

Bei Flugzeugen mit mehreren Triebwerken ist auf die symmetrische Arbeitsweise der Schubumkehranlagen und besonders bei kontaminierten Landebahnen auf das Ausrollen des Flugzeuges ohne Schiebewinkel zu achten, da sonst die Gefahr des Ausbrechens von der Landepiste besteht.

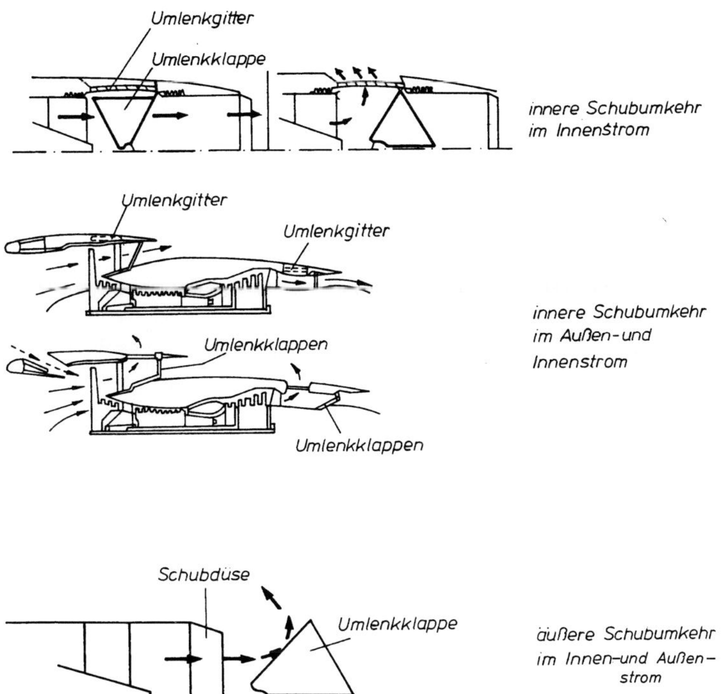

Bild 5/45: Beispiele von Schubumkehranlagen

5.10 Untersetzungsgetriebe

5.10.1 Aufgabe und Arbeitsweise

Das *Untersetzungsgetriebe* eines PTL oder ZTL (z. B. TP400, PT6A, LF507, TFE731 und PW8000) dient der Leistungsübertragung von der Turbine auf die Luftschraube oder den Bläser (Geared Turbofan) bei gleichzeitiger Verringerung der Drehzahl.

Die Rotordrehzahlen von PTL mit 2 000 kW äquivalenter Leistung und größer liegen bei 6 000 - 18 000 U/min.

PTL und ZTL mit kleiner Leistung erreichen 20 000 - 45 000 U/min. Wegen der Festigkeit und des Wirkungsgrades kann die Luftschraube eines PTL damit nicht betrieben werden. Die günstigste *Luftschraubendrehzahl* liegt im Bereich 850 - 2500 U/min und ergibt sich aus der zu übertragenden Leistung, aus der Luftschraubencharakteristik und aus dem Einsatzbereich des Flugzeuges unter dem Gesichtspunkt eines guten Luftschraubenwirkungsgrades.

Die unterschiedlichen Drehzahlen der Luftschraube bzw. des Bläsers und der Turbine erfordern ein Untersetzungsgetriebe. Abmessungen und Masse des Getriebes werden durch das *Drehzahlverhältnis*

$$i = \frac{n_T}{n_{LS}} \text{ bzw. } \frac{n_T}{n_F} \qquad (5/67)$$

bestimmt, das normalerweise bei i = 6 - 15 liegt.

Mit geringsten Abmessungen und Konstruktionsmassen müssen große Leistungen bei minimalen Verlusten übertragen werden.

Das Masse-Leistungs-Verhältnis eines PTL-Getriebes beträgt z.B. 0,06 - 0,09 kg/kW. Trotzdem ist der Masseanteil des Getriebes mit 15 - 25 % der Gesamtmasse des Triebwerkes noch sehr hoch.

Um Masse und Abmessungen des Getriebes zu verringern, wird bei Einwellen-Triebwerken meistens die verfügbare Wellenleistung durch entsprechende Regelung der Brennstoffzufuhr in niedrigen Höhen begrenzt und zusätzlich von vornherein eine begrenzte Lebensdauer des Getriebes angenommen.

Bei der 2-Wellen-Bauart, bei der die Luftschraube durch eine eigene Turbine, die für niedrigere Drehzahlen als die Verdichterturbine ausgelegt ist, angetrieben wird kann die Getriebemasse in Grenzen gehalten werden.

Bei den meisten PTL ist das Getriebe unmittelbar am Verdichtergehäuse befestigt. Die konstruktive Gestaltung soll eine gute Luftzuführung zum Verdichter und eine gleichmäßige Geschwindigkeitsverteilung am Verdichtereintritt gewährleisten. Entsprechend der zu übertragenden Leistung kann das Getriebe für eine oder für zwei gegenläufige Luftschrauben ausgelegt werden.

Obwohl der mechanische Wirkungsgrad mit 0,98 bis 0,99 gut ist, treten dennoch bei den großen zu übertragenden Leistungen (beim ZTL PW8000 wird mit einer zu übertragenden Leistung von etwa 23800 kW gerechnet) in den Verzahnungen und Lagern erhebliche Reibungsverluste auf, die eine starke Erwärmung hervorrufen. Durch geeigneten, erweiterten Schmierstoffumlauf wird diese Wärmemenge abgeführt. Beim PTL AI-20M wird z.B. bei 1 930 kW Reiseleistung im Getriebe eine Wärmeleistung von etwa 40 kW erzeugt.

5.10.2 Bauarten

Entsprechend der Übertragungskinematik unterscheidet man (Bild 5/46)

- einfache Getriebe,
- Planetengetriebe und
- Differentialgetriebe.

Das *einfache Getriebe* (Bild 5/46 a) hat folgendes Drehzahlverhältnis:

$$i = \frac{z_1 \cdot z_3}{z_2 \cdot z_4} \qquad (5/68)$$

Diese Getriebeart wird bis zu einer Wellenleistung von etwa 1500 kW verwendet.

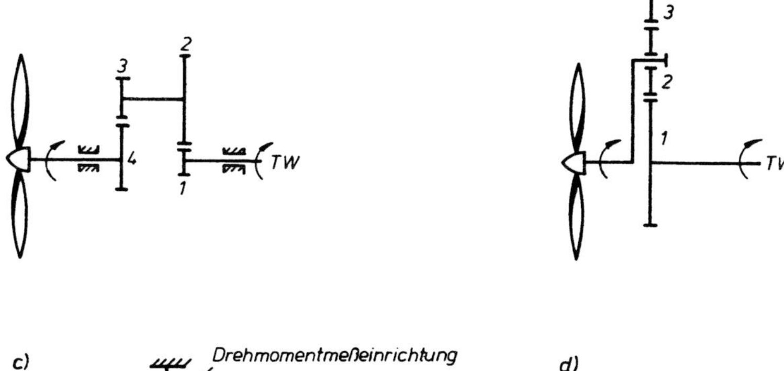

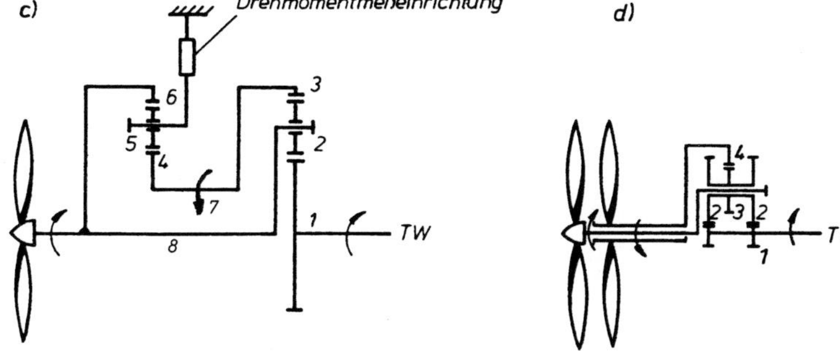

a) einfaches Stirnradgetriebe
b) Planetengetriebe
c) Differentialgetriebe mit Drehmomentmesseinrichtung
d) Differentialgetriebe für Gegenlaufluftschrauben,
1 - 6 Kennzeichnung der Zahnräder im Text

Bild 5/46: Untersetzungsgetriebe für Luftschrauben

Das *Planetengetriebe* (Bild 5/46b) gestattet bei gleichen Abmessungen gegenüber dem einfachen Getriebe ein höheres Drehzahlverhältnis:

$$i = 1 + \frac{z_3}{z_1} \qquad (5/69)$$

Noch größere Drehzahlverhältnisse gestattet das *Differentialgetriebe* (Bild 5/46c).

Bei gegebener Drehzahl n_1 sind die Drehzahlen n_2 und n_4 je nach Drehmomentenverteilung unterschiedlich.

Die Achsen der Zwischenräder 5 sind fest mit dem Getriebegehäuse verbunden. Oft ist hier eine *Drehmomentmesseinrichtung* dazwischen geschaltet.

Das verfügbare Drehmoment der Turbine wird etwa zu 2/3 über den Außenzahnkranz 4 und zu 1/3 über den Planetenträger auf die Luftschraube übertragen. Das Drehzahlenverhältnis dieses Getriebes ist:

$$i = \frac{z_3 \cdot z_6}{z_1 \cdot z_4} + 1 + \frac{z_3}{z_1} \quad (5/70)$$

Für große Wellenleistungen (z. B. PTL D-27, 10305 kW) werden Gegenlaufluftschrauben mit Differentialgetriebe verwendet (Bild 5/47d). Das Differentialgetriebe gestattet im Vergleich zu anderen Bauarten geringe äußere Abmessungen, geringere Konstruktionsmassen und einen hohen Wirkungsgrad.

5.10.3 Einrichtungen zur Drehmomentmessung

Die meisten PTL sind mit einer Drehmomentmesseinrichtung versehen. Sie ist zur Überwachung der verfügbaren, auf die Luftschraube übertragenen, Wellenleistung erforderlich, da bei Verstellluftschrauben eine Kontrolle der Leistung über die Drehzahl, die im Fluge meist konstant ist, nicht möglich ist. Die Kenntnis des momentanen Drehmomentes gibt der Crew die Möglichkeit, Überlastungen des Getriebes beim Start und bei hohen Geschwindigkeiten in geringen Höhen, besonders bei PTL ohne Drehmomentbegrenzung, zu verhindern.

Bei Ausfall des Triebwerkes, wenn das Drehmoment unter einen bestimmten Wert absinkt, bewirkt die Drehmomentmesseinrichtung das sofortige Verstellen der Luftschraubenblätter in Segelstellung und die Unterbrechung der Brennstoffzufuhr zur Brennkammer. Es gibt konstruktiv verschiedene *Drehmomentmesseinrichtungen:*

- Über Torsionswelle
- Über Kolben-Zylinder-Gruppen
- Über Schrägverzahnung der Zahnräder wird eine Axialkraft gemessen

Im Bild 5/47b ist z.B. das Prinzip der hydraulischen Drehmomentmesseinrichtung über eine Kolben-Zylinder-Gruppe eines PTL dargestellt. Sie ist zwischen dem vorderen Planetenträger und dem Getriebegehäuse angeordnet. Die Messung verläuft z.B. nach folgendem Prinzip:

Der Planetenträger ist über 6 Kolben- Zylinder-Gruppen mit dem Gehäuse verbunden und überträgt etwa 2/3 des Gesamtdrehmomentes. Über die Messung des Schmierstoffdruckes in den Kolben- Zylinder-Gruppen kann sofort die verfügbare Leistung an der Luftschraubenwelle ermittelt werden.

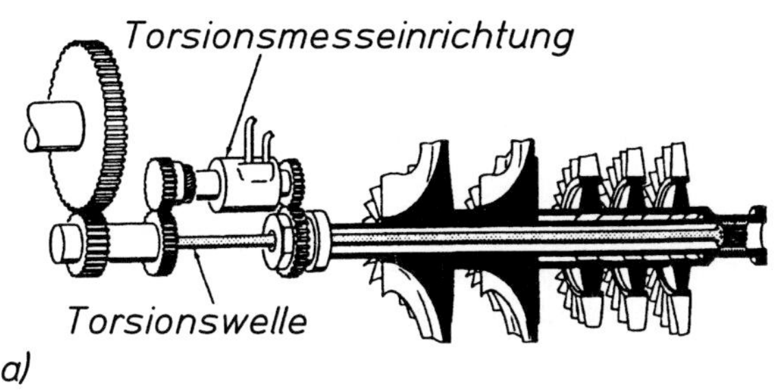

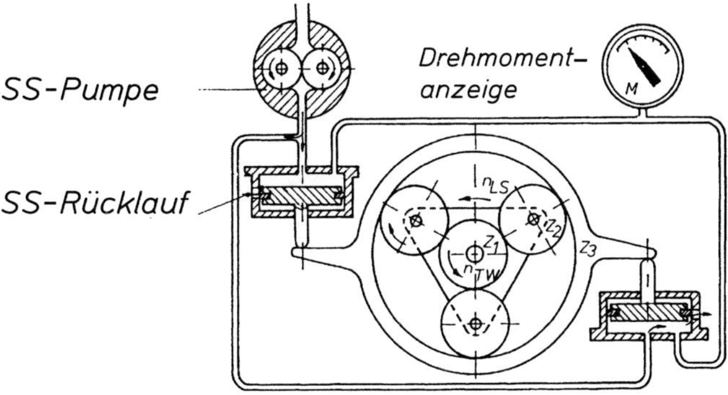

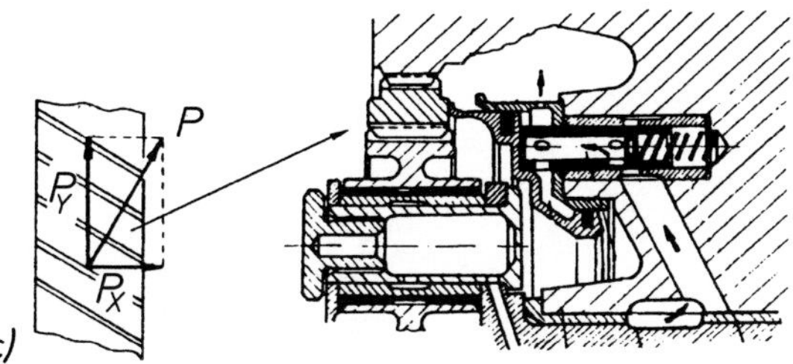

Bild 5/47: *a) Drehmomentmessung über eine Torsionswelle*
b) Drehmomentmessprinzip mittels einer Kolben-Zylinder-Gruppe
c) Drehmomentmessprinzip über Messung einer Axialkraft an der Schrägverzahnung

5.10.4 Betriebsstörungen

- Infolge von Verschleißerscheinungen an den Zahnrädern kann es zu Drehschwingungen des TW-Rotors kommen, die Schaufelschwingungen an Verdichter und Turbine hervorrufen.
- Beschädigungen an den Lagern des Getriebes. Kontrolle der Schmierstofffilter ergeben entsprechende Hinweise auf metallische Rückstände im Schmierstoff.
- Schmierstoffaustritt an der vorderen Getriebeabdichtung der Luftschraubenwelle durch mangelhafte Wellenabdichtung oder durch fehlerhafte Belüftung des Getriebes, Der Schmierstoff kann dadurch über den Verdichter und die Klimaanlage in die Druckkabine des Flugzeuges gelangen.

5.11 Brennstoffanlage und Brennstoffe

5.11.1 Aufgabe, Aufbau und Wirkungsweise

Die triebwerksseitige Brennstoffanlage versorgt das Triebwerk mit der erforderlichen Brennstoffmenge entsprechend der eingestellten Leistungsstufe. Bei älteren Triebwerken basieren die Brennstoffanlagen auf konventioneller analoger Regelungs- und Übertragungstechnik. Bei modernen Triebwerken erfolgt bereits die digitale Datenverarbeitung zur Regelung der Brennstoffzufuhr in das Triebwerk. Der Brennstoff dient auch der hydraulischen Kraftübertragung einzelner Stellmechanismen und deren Schmierung.

In der Reihenfolge des Brennstoffdurchflusses besteht die *Brennstoffanlage* im Allgemeinen aus

- Vordruck oder Niederdruckpumpe (elektr. Kreiselpumpen)
- Vorwärmer (Luft-Brennstoff-Wärmetauscher),
- Hochdruckpumpe (Axialkolben- oder Zahnradpumpe, vom TW angetrieben),
- Filter mit Umgehungsventil und Differenzdrucksignalisation (Vereisungssignalisation)
- BS-Durchsatzregler (FCU-Fuel Control Unit)
- Schmierstoffkühler (Schmierstoff-Brennstoff-Wärmetauscher)
- BS-Durchsatztransmitter
- Einspritzdüsen

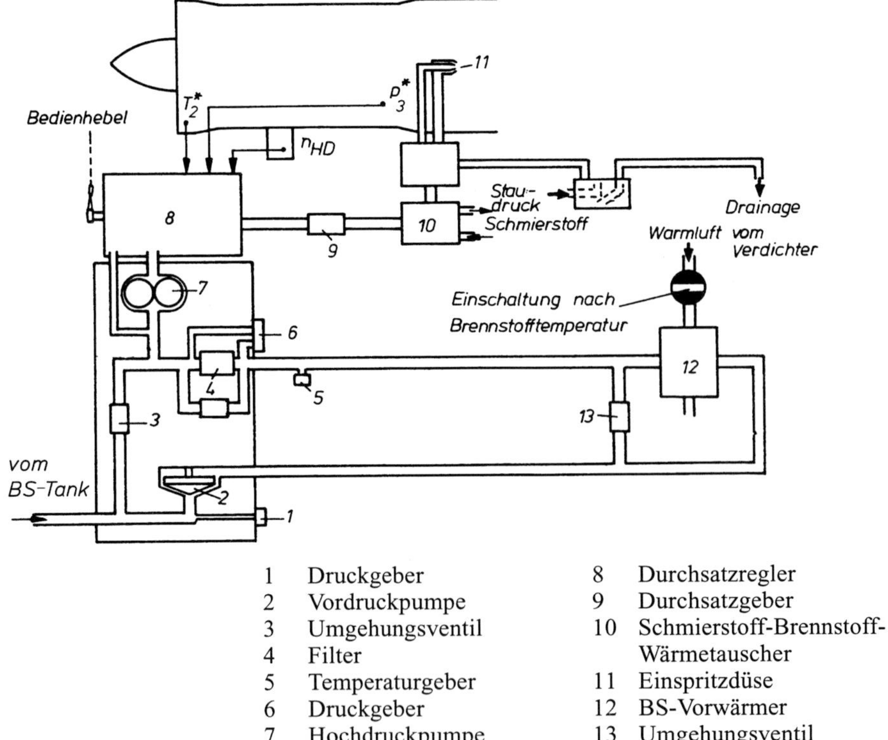

1	Druckgeber	8	Durchsatzregler
2	Vordruckpumpe	9	Durchsatzgeber
3	Umgehungsventil	10	Schmierstoff-Brennstoff-Wärmetauscher
4	Filter	11	Einspritzdüse
5	Temperaturgeber	12	BS-Vorwärmer
6	Druckgeber	13	Umgehungsventil
7	Hochdruckpumpe		

Bild 5/48: Prinzipieller Aufbau der Brennstoffanlage eines Triebwerkes

Der Brennstoff gelangt aus den Behältern über elektrisch angetriebene Kreiselpumpen und den Brandhahn zur Vordruckpumpe. Die Vordruckpumpe, eine vom TW mechanisch angetriebene Kreiselpumpe, fördert den Brennstoff über den Vorwärmer und den Hauptfilter zur Hochdruckpumpe. Die Hochdruckpumpe drückt ihn zum Durchsatzregler. Von dort gelangt der Brennstoff über Durchflussmesser und Schmierstoffkühler zu den Einspritzdüsen.

5.11.2 Bauteile

Als *Vordruckpumpen* werden meist Kreiselpumpen, seltener Zahnradpumpen verwendet Da die Fördermenge drehzahlabhängig ist, wird die Vordruckpumpe mit einem Ventil für konstanten Eingangsdruck an der Hochdruckpumpe versehen.

Hinter der Vordruckpumpe ist meist der *Brennstoff vorwärmer* angeordnet. Er ist als Warmluft-Brennstoff-Wärmeübertrager ausgelegt Die Beheizung wird in Abhängigkeit von der Brennstofftemperatur in den Tanks geregelt. Bei kleineren Triebwerken werden auch elektrische Vorwärmer verwendet.

Der *Hauptfilter* ist als Feinfilter ausgelegt, der Fremdkörper und Eisteilchen bereits ab 0,03 mm Korngröße zurückhält. Die Filter sind mit einem Umgehungsventil versehen, das bei eventuellen Verstopfungen den Brennstoff ungefiltert zur Hochdruckpumpe leitet. Oftmals sind diese Filter mit einer Differenzdruckmess- und Signaleinrichtung versehen.

Die *Hochdruckpumpe*, meist direkt mit dem Durchsatzregler verbunden, ist eine Zahnrad- oder Axialkolbenpumpe. Triebwerke für den militärischen Einsatz besitzen häufig zusätzlich eine Nothochdruckpumpe.

Der *BS-Durchsatzregler* (*FCU* – Fuel Control Unit) regelt die Brennstoffzufuhr in Abhängigkeit von der eingestellten Leistungsstufe des Triebwerkes und vom jeweiligen Flugzustand (vgl. Kapitel 5.16. 6).

Die Brennstoffanlage besitzt außerdem einige Brennstoffleckwarnleitungen, die mit Stellen verbunden sind, an denen Undichtheiten auftreten können (Antriebe, Armaturen, Verbindungen, Ventile)

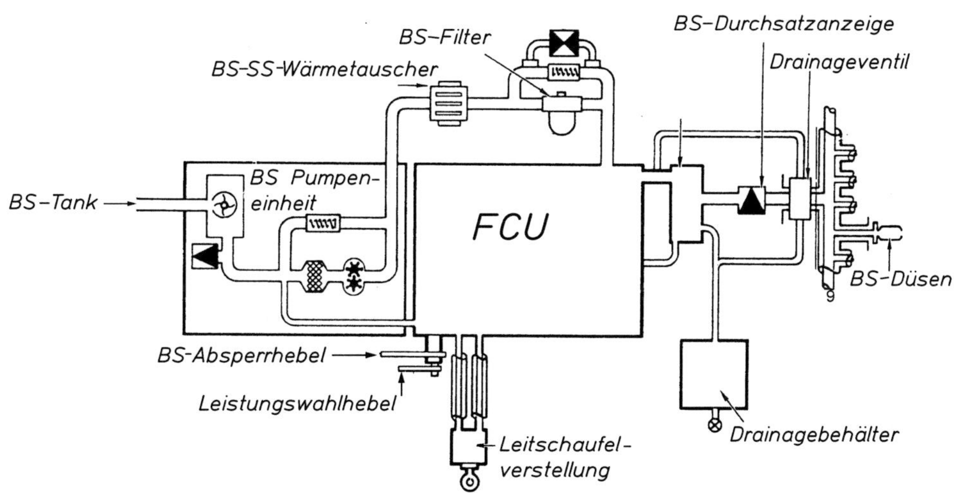

Bild 5/49: Schematische Brennstoffanlage eines großen ZTL

Sie besteht im Allgemeinen aus folgenden Teilen:

- Niederdruckteil,
- Hochdruckteil,
- Drainageteil.

Niederdruckteil:	Vordruckpumpe,
Hochdruckteil:	Hochdruckpumpe, Durchsatzregler, SS/BS-Wärmetauscher, Hauptfilter, BS-Durchsatz-Transmitter, Einspritzdüsen, Stellmechanismen der Leiträder und BS-Ringleitungen,
Drainageteil:	Drainagetank und Leckwarnleitungen.

5.11.3 Betriebsstörungen

- *Ausfall von Brennstoffpumpen*
  Bei Versagen der Hochdruckpumpe fällt das Triebwerk aus, wenn keine besonderen Notpumpen vorhanden sind. Ein Ausfall der Vordruckpumpe wird im allgemeinen durch die Tankpumpen kompensiert, von denen das Triebwerk mit Brennstoff versorgt wird.
  Bei einem Defekt der Tankpumpen kann die Vordruckpumpe unter bestimmten Umständen die Versorgung der Hochdruckpumpe übernehmen.
- *Filterdurchlässigkeit:*
  Sie kann sich durch Verunreinigungen im Brennstoff oder durch Eisansatz (mehr als 0, 003 % ungelöstes Wasser im Brennstoff, Brennstofftemperaturen unter 0 °C) erheblich verringern.
- *Undichtheiten im Schmierstoffkühler:*
  Ein undichter Schmierstoffkühler kann zur Schmierstoffverdünnung führen, da im allgemeinen der Brennstoffdruck dort höher ist als der Schmierstoffdruck.
- *Mangelhafte Entlüftung der Brennstoffanlage:*
  Nach dem Auswechseln von Leitungen, Armaturen oder Geräten muss eine sorgfältige Entlüftung der Brennstoffanlage erfolgen. Im Brennstoff vorhandene Luft- bzw. Dampfblasen können das Anlassen erschweren und instabilen Triebwerkbetrieb, besonders beim Beschleunigen hervorrufen.
- *Undichtheiten:*
  Undichtheiten stellen akute Brandgefahr dar. Über die Leckwarnleitungen dürfen nur Leckmengen einer bestimmten Größenordnung auftreten.

5.11.4 Brennstoffe

In Gasturbinentriebwerken der Flugzeuge, Hubschrauber und Bordenergieanlagen werden ausschließlich flüssige Brennstoffe (Kerosine) als Energieträger benutzt (vgl. Kapitel 4. 9. 5 und Anhang 11). Der spezifische Energieinhalt des Brennstoffes ist je Massen- und Volumeneinheit sehr hoch.

Der Siedebereich (zwischen 10 und 90 %) für Kerosine liegt je nach der Sorte zwischen 160 und 325 °C. Die Anforderungen der Gasturbinenbrennkammer an die Brennstoffe bezüglich *Klopffestigkeit* bzw. *Zündfreudigkeit* sind im Vergleich zu den Anforderungen der Otto- und Dieselmotoren außerordentlich gering.

Aufgrund der kontinuierlichen Verbrennung und der im Vergleich mit dem Dieselmotor niedrigen Drücke ist weder ein präzis definierter Zündzeitpunkt notwendig, noch eine klopfende Verbrennung zu befürchten. Andererseits werden sehr hohe Anforderungen bezüglich der rückstandsfreien Verbrennung gestellt, um Ablagerungen an Brennkammer, Einspritzdüsen und Turbinenbeschaufelung zu vermeiden.

Weiterhin sollen Spurenelemente, die bei der Verbrennung mit dem Brennkammer- oder Turbinenwerkstoff chemische Verbindungen eingehen und dadurch deren Festigkeitseigenschaften und Oberflächenbeschaffenheit verschlechtern (Erosion), gar nicht oder nur in möglichst geringer Konzentration vorhanden sein. Solche Spurenelemente sind vor allem Schwefel und Phosphor. Der Schwefelgehalt liegt bei 0,2 - 0,4%.

Brennstoffe für Gasturbinentriebwerke sollen auch bei der höchsten auftretenden Temperatur eine bestimmte *Mindestviskosität* (für Gebiete der hydrodynamischen Schmierung) und eine gewisse *Schmiereigenschaft* für die häufiger auftretenden Gebiete der Misch- oder Grenzreibung behalten, da für Brennstoffpumpen, Stellmechanismen, Regler usw. kein separates Schmierstoffsystem vorgesehen ist. Bei konventionellem Kerosin gewährleisten schmieraktive Inhaltsstoffe wie Schwefel- und Sauerstoffverbindungen die Schmiereigenschaft des Brennstoffes.

Die *Viskosität* bei niedrigen Temperaturen und der *Kristallisationspunkt* erlaubt Aussagen über die Pumpbarkeit des Brennstoffes. Der Kristallisationspunkt des Brennstoffes sollte unterhalb der tiefsten auftretenden Temperatur liegen.
Mit Rücksicht auf die Vorratshaltung werden insbesondere im militärischen Bereich bestimmte Anforderungen auch an die Lagerfähigkeit gestellt. Gegenwärtig werden ebenfalls große Anstrengungen unternommen, gesundheitsgefährdende Auswirkungen beim Umgang mit Turbinenbrennstoffen zu minimieren.

Turbinenbrennstoffe sollen möglichst wenig hygroskopisch sein. Ihr *Wassergehalt* darf im allgemeinen 0,003 % nicht überschreiten. Der Anteil an gelöstem Wasser ist von der Temperatur des Brennstoffes abhängig. Wenn durch Abkühlung bei längeren Flügen in großen Höhen die Sättigungstemperatur unterschritten wird, sammelt sich ausgeschiedenes freies Wasser an den tiefsten Stellen der Brennstofftanks.

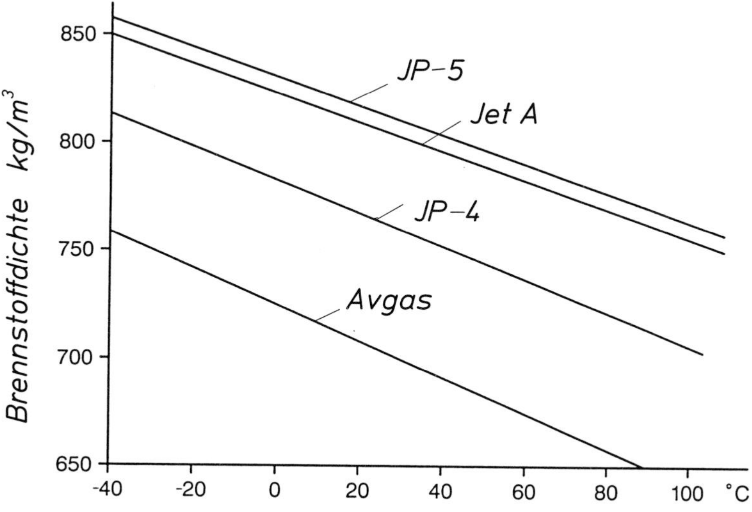

Bild 5/50: Brennstoffdichte von Flugbrennstoffen in Abhängigkeit von der Temperatur

Bei Unterschreitung der Nullgradgrenze des Brennstoffes entstehen dann kleinste Eiskristalle, die zur Verstopfung der Brennstofffilter und damit zum Ausfall des Triebwerkes führen können.

Um die Vereisungsgefahr innerhalb der Brennstoffanlage zu verringern, können in solchen Fällen dem Brennstoff auch 0,1 - 0,3 % *Anti Icing Additives* (AIA) zugemischt werden. Dadurch kann die Vereisung bis zu -50 °C und 0,007 - 0,014 % freiem Wasser verhindert werden.

Beim Betanken des Flugzeuges wird durch entsprechende Filteranlagen der freie Wasseranteil im Brennstoff zurückgehalten. Während des Fluges soll in der Regel die Brennstofftemperatur in den Tanks mindestens 5 °C über dem Kristallisationspunkt des Brennstoffes liegen.

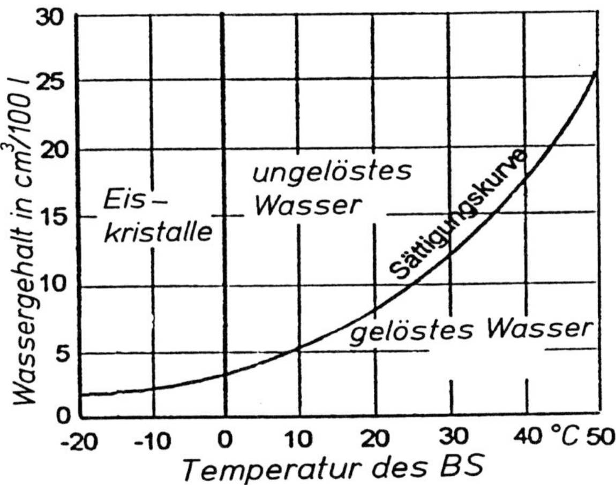

Bild 5/51: Wasserlöslichkeit im Brennstoff

Turbinenbrennstoffe sollen, bezogen auf Masse und Volumen, einen möglichst großen *Energieinhalt* haben. Während der auf die Masse bezogene untere Heizwert mit 11,8 - 12,1 kWh/kg sich in einem relativ engen Bereich bewegt, treten bei dem auf das Volumen bezogenen Heizwert mit 9 - 10 kW h/dm³ größere Schwankungen auf. Die Brennstoffdurchsatz wird deshalb vorzugsweise abhängig vom Massenstrom geregelt.

Die Gasturbinenbrennstoffe können im wesentlichen in zwei Gruppen eingeteilt werden, die *Kerosine* und die *wide-cut-Brennstoffe* (Verschnittbrennstoffe).

Zu den Kerosinen gehören z.B.: Jet A, Jet A1, JP-5, JP-6, JP-8, PL-4, PL-5, T-1,TS-1 und T-7. Der Brennstoff JP-8, weitestgehend in der Militärluftfahrt der USA und der NATO-Mitgliedsstaaten verwendet, ist ein vielseitig einsetzbarer Brennstoff. Er ist vergleichbar mit Jet A und Zusätzen wie 0,1 - 0,15 % AIA und 9,0 - 22,5 mg/dm³ Antikorrosionsmittel.

Zu den Verschnittbrennstoffen gehören: Jet B (JP-4), T-2 und T-4.

Während Kerosine sowohl in der Zivil- als auch in der Militärluftfahrt verwendet werden, kommen die Verschnittbrennstoffe ausschließlich in der Militärluftfahrt zur Anwendung. Der Brennstoff JP-4 wird seit 1996 aus Sicherheitsgründen (u.a. Flammpunkt –20 °C) durch JP-8 ersetzt.

5.12 Schmierstoffanlage und Schmierstoffe

5.12.1 Aufgabe, Aufbau und Wirkungsweise

In TL, ZTL bzw. PTL-Triebwerken kommt der Schmierstoff im Gegensatz zu Kolbentriebwerken nicht mit den Verbrennungsgasen in Berührung. Der Schmierstoffverbrauch ist im Vergleich mit Kolbentriebwerken gering.

Der *Schmierstoff* verringert die Reibung und damit den Verschleiß der Wälzlager und der Getriebe. Er beseitigt den Abrieb aus den Lagern und dient als Kühlmittel für die Lager des Triebwerkrotors. Außerdem schützt er die inneren Bauteile des Triebwerkes vor Korrosion (vgl. Kapitel 4.10). Der Schmierstoff ist gleichzeitig Hydraulikflüssigkeit für Servomechanismen des Triebwerkes und der Luftschraube bei PTL.

Der Schmierstoff ist wichtiger Informationsträger über den Zustand des Triebwerkes (Lager, Dichtungen und Antriebe).

Die Schmierstoffanlage hat die Aufgabe,

- die erforderliche Schmierstoffmenge aufzunehmen,
- den Schmierstoffdruck zu erzeugen,
- den Schmierstoff zu kühlen und zu reinigen,
- alle Schmierstellen mit der erforderlichen Schmierstoffmenge, unabhängig von der Lage des Triebwerkes zu versorgen.

In TL-, ZTL- bzw. PTL-Triebwerken wird überwiegend eine sog. *Trockensumpf - Druckumlaufschmierung* angewendet. Je nach Lage des Schmierstoffkühlers (SS-BS-Wärmetauscher oder SS-Luft-Wärmetauscher) im Druckumlaufschmiersystem werden sog. „*Heißtankanlagen*“ und „*Kalttankanlagen*“ unterschieden.

Bei „*Heißtankanlagen*“ befindet sich der SS-Kühler auf der Druckseite des Schmiersystems hinter den Hauptschmierstoffpumpen. Von Vorteil ist dabei ein höherer Wärmeaustausch durch weniger Lufteinschlüsse auf der Druckseite des Schmiersystems und dadurch kleinere SS-Kühlerabmessungen und Gewichtseinsparungen.

Im „*Kalttanksystem*“ befindet sich der SS-Kühler auf der Rückförderseite des Schmiersystems. Dies erfordert ein größeres SS-Kühlervolumen. Der Schmierstoff gelangt vom SS-Tank über die Hauptschmierstoffpumpe zum Filter, abgesichert durch ein By-pass-Ventil und von dort zu den Schmierstellen des Triebwerkes. Der Rücklauf erfolgt durch die Rückförderpumpen.

Von dort fließt der Schmierstoff über einen Metallspänesignalisator, Filter mit Druckdifferenzsignalisation bei Verschmutzung, Schmierstoffkühler (Schmierstoff-Brennstoff-Wärmetauscher) und den Entlüfter im gekühlten Zustand zurück in den SS-Tank.

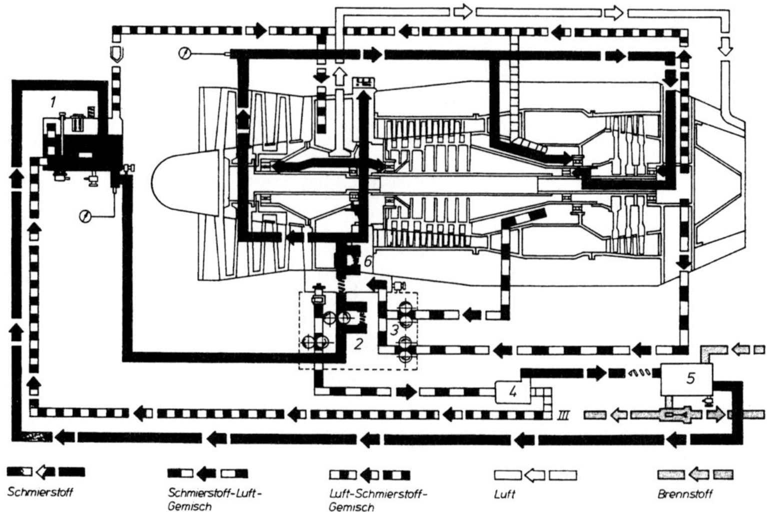

1	SS-Tank	4	Luftabscheider
2	Hauptpumpe	5	SS-BS-Wärmeübertrager
3	Rückförderpumpe	6	Hauptfilter

Bild 5/52: „Kalttank"-Schmierstoffanlage eines ZTL

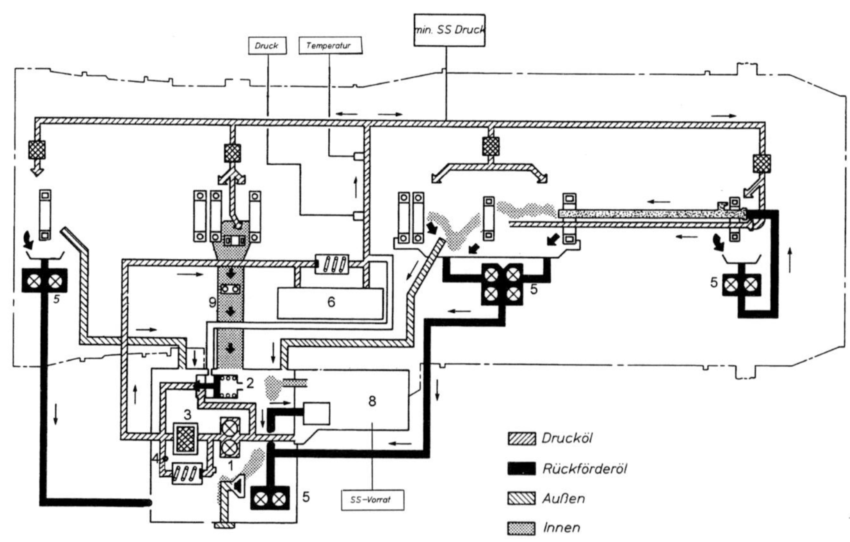

1	Hauptpumpe	4	Druckdifferenzgeber	7	Luftabscheider
2	Druckregelventil	5	Rückförderpumpen	8	SS-Tank
3	Hauptfilter	6	SS-BS-Wärmeübertrager	9	Geräteträger

Bild 5/53: „Heißtank"-Schmierstoffanlage eines ZTL

Tabelle 5/12: Spezifische Schmierstoffdurchflussmenge und spezifische Wärmeabgabe an den Schmierstoff für verschiedene Triebwerke

	ETL	ZTL	PTL
Spezifische Schmierstoffdurchflußmenge in $dm^3/daNh$ bzw. dm^3/kWh	0,18 - 0,3	0,3 - 0,5	1,2 - 2,5
Spezifische Wärmeabgabe an den Schmierstoff in kWh/daNh bzw. kWh/kWh	0,003 - 0,005	0,005 - 0,007	0,018 - 0,025
SS-Eintrittstemperatur in °C	40 - 60	50 - 70	kleiner Leistung 120 - 140 großer Leistung 70 - 80

5.12.2 Bauteile

Der *Schmierstofftank* ist 20 - 30 % größer als die erforderliche Schmierstoffmenge im Tank, die von der spezifischen Durchflussmenge und vom Triebwerktyp abhängt (Tabelle 5/12).
Der Druck im Schmierstofftank beträgt:

$$p_{Tank} = p_H + (0{,}1 - 0{,}3)\ daN/cm^2 \qquad (5/71)$$

Das *Schmierstofftankvolumen* beträgt je nach Triebwerksart etwa 3 bis 35 dm^3. Als *Schmierstoffpumpen* werden hauptsächlich Zahnrad- und Flügelpumpen verwendet.

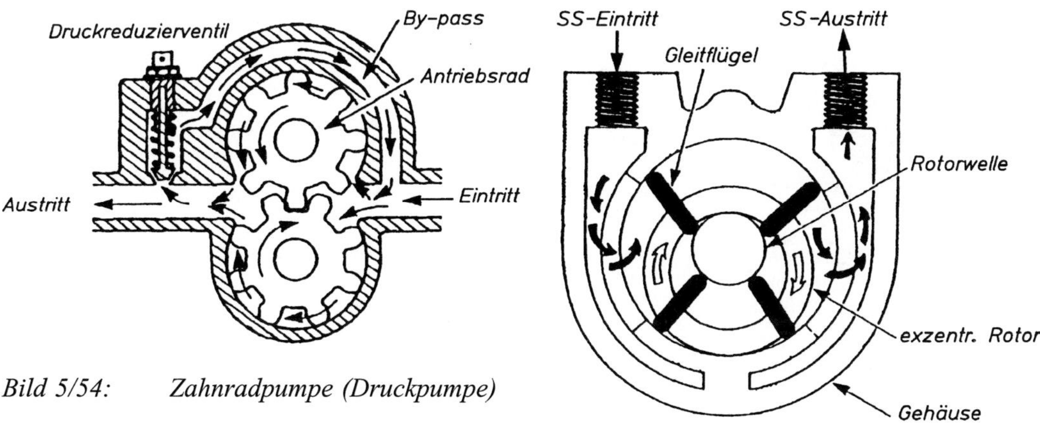

Bild 5/54: Zahnradpumpe (Druckpumpe)

Bild 5/55: Flügelpumpe (Rückförderpumpe)

Der Förderstrom der *Hauptdruckstufe* beträgt etwa

$$\dot{m}_{SS\,Pumpe} = (1{,}5 \ldots 2{,}5) \cdot \dot{m}_{SS\,erf} \qquad (5/72)$$

Der *Schmierstoffdruck* ist abhängig:

- von der Drehzahl der Pumpe,
- von der kinematischen Viskosität des Schmierstoffes und
- vom hydraulischen Widerstand der Anlage.

Der Druck wird meist so festgelegt, dass in allen Leistungsstufen und Flugzuständen die erforderliche Durchflussmenge gewährleistet ist. Er wird durch ein Reduzierventil konstant gehalten.

Die Förderleistung der *Rückförderpumpen* ist meist wesentlich größer als die der Hauptdruckpumpe. Ein Defekt der Rückförderpumpen kann daher zum Leerpumpen des SS-Tanks durch die Hauptdruckpumpe führen.

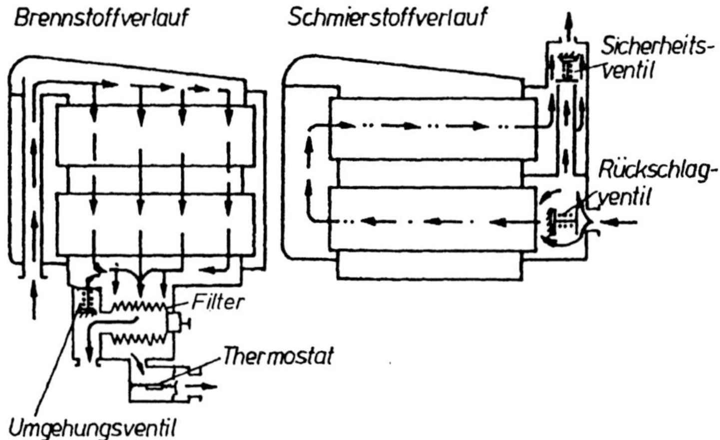

Bild 5/56: *Wirkungsweise eines Schmierstoff-Brennstoff-Wärmeübertragers*

Der *Schmierstoffkühler* ist bei ETL und ZTL als *Schmierstoff-Brennstoff-Wärmeübertrager* und bei PTL auch als *Schmierstoff-Luft-Wärmeübertrager* ausgeführt.

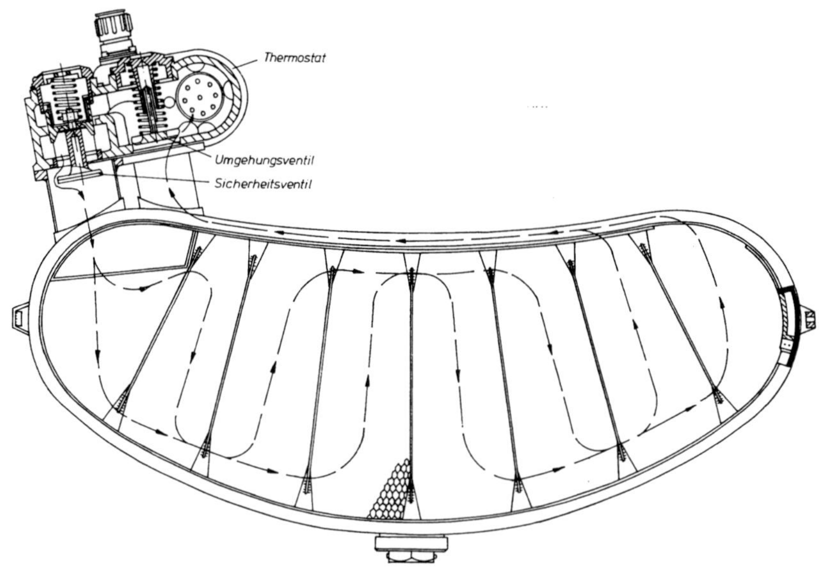

Bild 5/57: *Schmierstoff-Luft-Wärmeübertrager*

Bei ETL und ZTL würde die Verwendung eines Schmierstoff-Luft-Wärmeübertragers bei Betrieb am Boden (v=0) wegen des geringen BS-Durchsatzes keine SS-Kühlung ermöglichen. Bei einem PTL erfolgt auch bei Standbetrieb am Boden eine genügend große Anblasung des SS-Luft-Wärmeübertragers durch den Luftschraubenstrahl des Triebwerkes.

Um eine Beschädigung des Kühlers bei niedrigen Schmierstofftemperaturen zu verhindern, werden sie oft mit einem Umgehungsventil (By-Pass-Ventil) versehen. Es werden auch thermostatische Ventile verwendet, um den maximal zulässigen Druck nicht zu überschreiten und die Schmierstofftemperatur am Kühleraustritt konstant zu halten.

Durch die *Filter* werden alle Fremdkörper im Schmierstoff ab einer Größe von 30 bis 45 µm zurückgehalten. Die Filter befinden sich meist hinter den Druckstufen und vor den Rückförderstufen. Hinter den Druckstufen sind sie mit einem Umgehungsventil versehen, um die erforderliche Durchflussmenge bei niedrigen Schmierstofftemperaturen und bei Verstopfung des Filters zu gewährleisten.

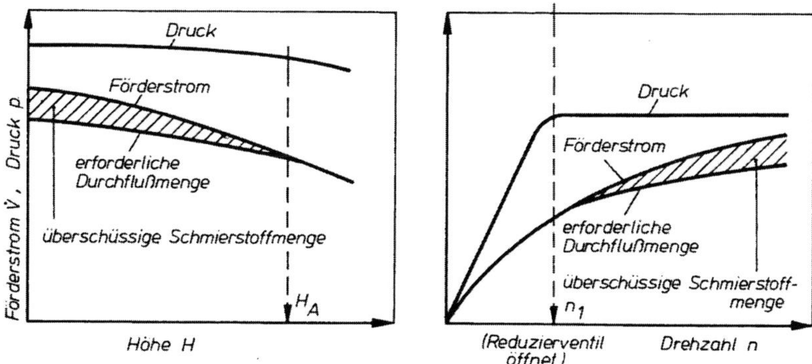

Bild 5/58: *Einfluss des Reduzierventils auf den Förderstrom und auf den Druck einer Schmierstoffpumpe in Abhängigkeit von Drehzahl und Flughöhe*

5.12.3 Überwachung

Die *Schmierstoffanlage* wird durch elektrische Fernübertragungsanzeigen und Warnsignalisationen in der Regel mit folgenden Überwachungsgrößen kontrolliert:

- Schmierstoffdruck,
- Schmierstofftemperatur,
- Schmierstoffvorrat im Behälter.

Für die zuverlässige Arbeit des Triebwerkes ist ein bestimmter *SS-Mindestdruck* erforderlich. Er wird am Reduzierventil der Haupt- oder Vordruckpumpe bei Betriebstemperatur des Schmierstoffes meist am oberen Grenzwert eingestellt.

Der *Schmierstoffdruck* liegt im Leerlauf bei 2 bis 3 daN/cm^2 und in höheren Leistungsstufen bei 4 - 7 daN/cm^2. Wird die Einstellung am kalten Triebwerk und bei niedrigen Schmierstofftemperaturen vorgenommen, so stellt sich im Betrieb ein zu niedriger Schmierstoffdruck ein, der sich mit zunehmender Flughöhe weiter verringert. Für mineralische Schmierstoffe liegt die maximale Austrittstemperatur bei 120°C und die maximale Eintrittstemperatur bei 80°C. Synthetische Schmierstoffe erlauben SS-Eintrittstemperaturen über 150 °C.

Der *Schmierstoffverbrauch* beträgt etwa 0,3 g/kWh für PTL und etwa 0,10 g/daNh für TL.

5.12.4 Betriebsstörungen

Eine *Verringerung des Schmierstoffdruckes* kann folgende Ursachen haben:

- Druckmesseinrichtung defekt,
- Reduzierventil defekt,
- Schmierstoffmenge zu gering,
- Leckstellen in der Anlage,
- Schmierstofftemperatur zu hoch.

Beim Absinken des Schmierstoffdruckes im Flug ist die Drehzahl des Triebwerkes zu verringern. Wird der Mindestdruck unterschritten, so ist innerhalb weniger Minuten mit ernsthaften Störungen zu rechnen. Das Triebwerk ist abzustellen.

Ein *Anstieg der Schmierstofftemperatur* kann folgende Ursachen haben:

- Schmierstoffmenge zu gering,
- Lager defekt,
- thermostatischer Regler defekt (Klappe der Luftzuführung geöffnet. Schmierstofftemperatur im Kühler zu niedrig, Schmierstoff umgeht über das thermostatische Ventil den Kühler),
- Beschädigungen der Labyrinthabdichtungen (heiße Gase gelangen an die Schmierstellen).

In allen Fällen ist, wenn möglich, die Triebwerksdrehzahl zu verringern. Bei Triebwerken mit Schmierstoff-Brennstoff-Wärmeübertrager kann es besonders bei hohen Außentemperaturen im Leerlauf am Boden zu einem Anstieg der Schmierstofftemperatur kommen. In diesem Fall ist die Triebwerksdrehzahl und damit der Brennstoffumlauf zu erhöhen.

Eine *Verringerung der Schmierstofftemperatur* kann folgende Ursachen haben:

- thermostatischer Regler defekt,
- Leckstellen im Schmierstoff-Brennstoff-Wärmeübertrager.

Ein *erhöhter Schmierstoffverbrauch* kann folgende Ursachen haben:

- Leckstellen in der Anlage,
- defekte Labyrinthdichtungen der Lager,
- Defekte in der Entlüftung des Triebwerkes.

Bei starker Abnahme des Schmierstoffvorrats im Flug ist das Triebwerk nach Erreichen eines Mindestvorrats im Tank in der Regel abzustellen.

5.12.5 Schmierstoffe für TL und PTL

Die *Schmierstoffauswahl* ist abhängig von

- konstruktiven Besonderheiten des Triebwerkes,
- Einsatzgebiet,
- Betriebstemperaturen und
- Lagerarten.

Anforderungen an den Schmierstoff:

- Gute Viskositätseigenschaften,
- gute Schmierfähigkeit,

- gute Qxydationsbeständigkeit,
- gute Niedrigtemperatureigenschaft in bezug auf das Anlassen.

In Gasturbinentriebwerken haben sich synthetische Schmierstoffe wegen ihrer günstigeren Viskositätseigenschaft sowohl bei hohen Temperaturen (250 - 300 °C) als auch bei niedrigen (-50 bis - 60 °C) durchgesetzt. Für synthetische Schmierstoffe liegt die spezifische Masse bei 1,1 g/cm^3.

Synthetische Schmierstoffe sind stark farbauflösend und dunkeln unter Lichteinwirkung rasch nach. Bei den hohen Belastungen (Drehzahl, Temperatur) sind mineralische Schmierstoffe ungeeignet.

Bei PTL-Triebwerken wird mit Rücksicht auf das Luftschraubenuntersetzungsgetriebe auch ein Gemisch aus einem Schmierstoff mit niedrigerer und höherer Viskosität verwendet. Vgl. Kapitel 4.10. 4 und Anhang 12.

5.13 Anlassanlagen

5.13.1 Aufgabe, Aufbau und Wirkungsweise

Gasturbinen haben den Nachteil, nicht von selbst anlaufen zu können. Sie müssen durch besondere Anlasser auf eine stabile Mindestdrehzahl gebracht werden. Das kann aus der Drehzahl $n = 0$ (am Boden) oder aus einer Drehzahl $n \neq 0$ (im Flug) geschehen.

Zu einer Anlassanlage gehören im allgemeinen:

- Anlasser,
- Brennstoffregler und Brennstoffanlassdüsen sowie
- Zündeinrichtungen,

die für den Startvorgang aufeinander abgestimmt sein müssen.

Zum Beschleunigen des Triebwerkrotors am Boden werden Elektro-, Gasturbinen- und Turbinenanlasser verwendet. Die Energieversorgung erfolgt von außen oder von bordeigenen Energiequellen *(APU - Auxiliary Power Unit).*

Masse und Abmessungen des Anlassers für ein Triebwerk hängen vom Anlasssystem und von der Zeit ab, in der das Triebwerk die Leerlaufdrehzahl erreichen soll.

5.13.2 Elektroanlasser

Die *Elektroanlasser* bzw. *Startergeneratoren* werden nur noch bei kleineren Triebwerken angewendet. Ihre Masse ist als Starter im Verhältnis zum erzeugten Drehmoment relativ hoch.

Elektroanlasser sind *Gleichstromnebenschlussmotoren* mit Drehzahlregelung durch Änderung der Ankerspannung und des Erregerflusses. Elektroanlasser werden von Außenbordspannungsquellen oder von den Akkumulatoren und Bordenergieanlagen (APU) an Bord gespeist (vgl. Kapitel 5. 19).

Nach Erreichen der Leerlaufdrehzahl des Triebwerkes arbeiten die meisten Elektroanlasser im Generatorbetrieb parallel zu den Bordakkumulatoren. Sie dienen damit der Energieversorgung des Flugzeuges.

Tabelle 5/13: Daten von Elektroanlassern

Elektroanlasser	Nennspannung in V	Nenndrehmoment in daNm	Leistung in kW	Masse in kg
CTF 12 TM01000	24 - 60	45	12 – 15	33
CTF 18 TMO	24 - 60	55	18 - 24	43

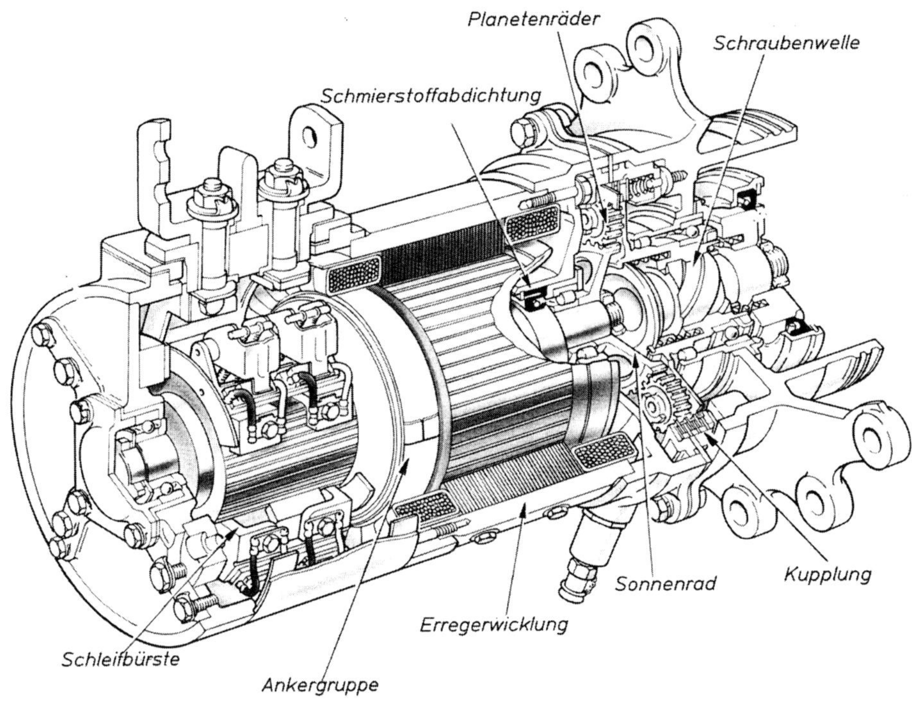

Bild 5/59: Elektroanlasser (ROLLS ROYCE)

Vorteile der Elektroanlasser sind:

- einfache Konstruktion,
- einfache Regelung des gesamten Anlassprozesses,
- geringe Abmessungen,
- Möglichkeit der unmittelbaren Nutzung von Außenbordspannungsquellen.

Nachteile für Triebwerke großer Leistungen:

- große Eigenmasse (bis 2,2 kg/kW),
- große Masse der Akkumulatoren, Turbogeneratoren und der Übertragungsleitungen.
- Elektroanlasser sind besonders anfällig gegen einen Spannungsabfall im Bordnetz.

Insgesamt ist für elektrische Anlassanlagen ein starker Anstieg ihrer Eigenmasse mit der Zunahme der verfügbaren Leistungen charakteristisch. In großen Triebwerksanlagen können deshalb elektrische Anlasser nicht verwendet werden

5.13.3 Gasturbinenanlasser

Gasturbinenanlasser sind im kurzzeitigen, ununterbrochenen Betrieb zum Anlassen vorgesehen. Ihre Baugruppen sind für maximale Leistungsabgabe, geringe Abmessungen und Massen ausgelegt. Das Drehmoment/Masse-Verhältnis ist relativ hoch. Die Wirtschaftlichkeit spielt eine untergeordnete Rolle. Die spezifische Leistung liegt bei 1,5 bis 3 kW/kg.

Gasturbinenanlasser können nicht selbständig anlaufen. Sie benötigen einen eigenen Anlasser, meist einen Elektromotor. Während ihres Anlassens werden sie vom Rotor des Haupttriebwerkes getrennt. Sie benötigen eigene Brennstoff- und Schmierstoffsysteme sowie eine Überdrehzahlsicherung.

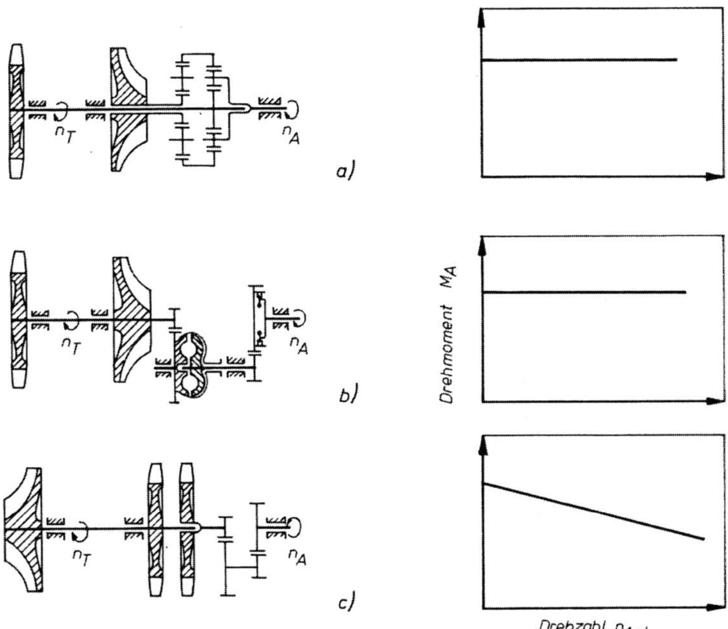

Bild 5/60: *Antriebskonzeptionen von Gasturbinenanlassern*

Erläuterung:

- ✦ *Bild 5/60a: Antrieb über Differentialgetriebe.*
  Die Abtriebswelle und die Verdichterwelle sind über ein Differentialgetriebe mit der Turbinenwelle verbunden. Diese Antriebsart gewährleistet nahezu konstante Drehmomentabgabe in Abhängigkeit von der Abtriebsdrehzahl.
- ✦ *Bild 5/60b: Antrieb über eine Strömungskupplung.*
  Das Drehmoment des Anlassers wird über eine Strömungskupplung und ein Getriebe auf den Rotor des anzulassenden Triebwerkes übertragen. Der etwa konstante Drehmomentverlauf in Abhängigkeit von der Abtriebsdrehzahl wird durch entsprechende Füllung der Strömungskupplung erreicht.
- ✦ *Bild 5/60c: Antrieb über eine Nutzleistungsturbine .*
  Das Drehmoment der Nutzleistungsturbine wird über ein Getriebe auf die Rotorwelle des anzulassenden Triebwerkes übertragen. Bei geringen Abtriebsdrehzahlen wird ein größeres Drehmoment als bei den vorher genannten Antriebsarten entwickelt. Damit verkürzt sich die Anlasszeit wesentlich.

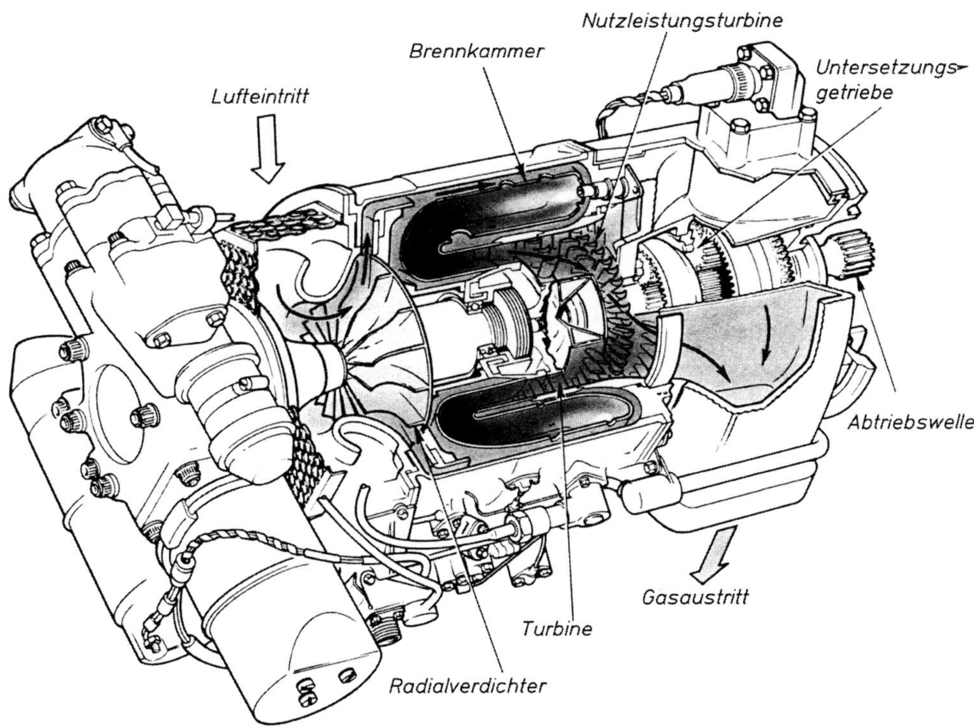

Bild 5/61: *Gasturbinenanlasser (ROLLS-ROYCE)*

Bei einem *Gasturbinenanlasser* wird die Luft über einen Radialverdichter in eine Brennkammer geleitet und dort erhitzt. Der Brennkammerdruck erreicht 15 - 20 daN/cm^2, die Gastemperaturen steigen bis 2 000 °C. Damit erzeugt die Nutzleistungsturbine ein großes Anfangsdrehmoment zum Beschleunigen des Triebwerkrotors. Mit den hohen Leistungen (220 - 360 kW) werden relativ geringe Anlasszeiten der Haupttriebwerke erreicht.

Der Vorteil der Gasturbinenanlasser liegt in ihrer höheren Leistung bei erträglichen Abmessungen und Eigenmassen. Ein Nachteil ist die Verlängerung des eigentlichen Anlassprozesses durch den eigenen Anlaufvorgang. Für Gasturbinenanlasser mit 75 bis 150 kW Leistung beträgt diese Zeit mehr als 25 s.

5.13.4 Turbinenanlasser

Zum Anlassen von Triebwerken großer Leistung werden meist *Turbinenanlasser* verwendet, die als Aktionsturbinen mit hoher Drehzahl arbeiten. Je nach Strömungsmittel unterscheidet man *Druckluft- und Pulvergas-Anlasser.* Beide Bauarten sind sofort betriebsbereit. Sie erzeugen ein großes Anfangsdrehmoment, das mit zunehmender Drehzahl etwa linear abnimmt.

Druckluftanlasser (Niederdruck-Turbinenanlasser) werden meist in mehrmotorigen Flugzeugen mit 30 - 130 kW erforderlicher Anlassleistung verwendet. Die spezifische Leistung beträgt 5 - 7 kW/kg. Der Druck am Turbineneintritt liegt bei 2,5 bis 5,0 daN/cm^2 und die Temperatur bei 150 bis 200 °C. Niedrigere Eintrittstemperaturen der Druckluft können zur Vereisung der Luftturbine führen. Der Luftdurchsatz beträgt je nach Leistung 0,4 - 1,2 kg/s. Die Druckluftversorgung erfolgt über Bordenergieanlagen des Flugzeuges (APU), von Außenbord oder von einem arbeitenden Haupttriebwerk aus.

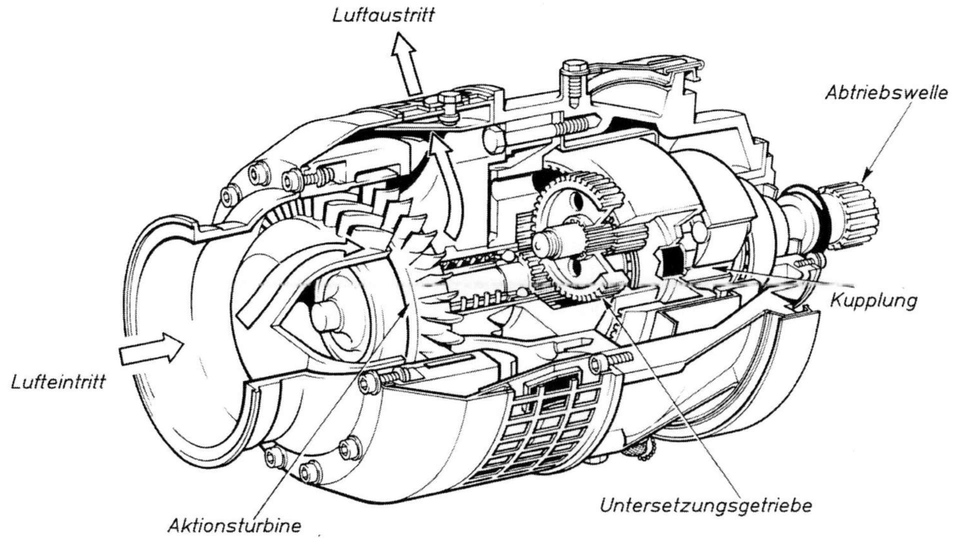

Bild 5/62: *Druckluftanlasser (ROLLS-ROYCE)*

Bei einem *Pulvergas-Anlasser* wird die Turbine durch Verbrennungsgase fester Brennstoffe angetrieben. Je nach Brennstoffart werden Gastemperaturen von 1 700 - 1 900 °C und Drücke bis 90 daN/cm^2 entwickelt. Daraus ergeben sich absolute Leistungen von 220 - 300 kW und spezifische von 3,7 - 5,1 kW/kg. Bei der Drehmomentübertragung vom Starter auf das Triebwerk treten erhebliche dynamische Belastungen auf. Deshalb werden die Startergetriebe meist mit einer Drehmomentbegrenzung versehen. Sie werden in der militärischen Luftfahrt angewendet.

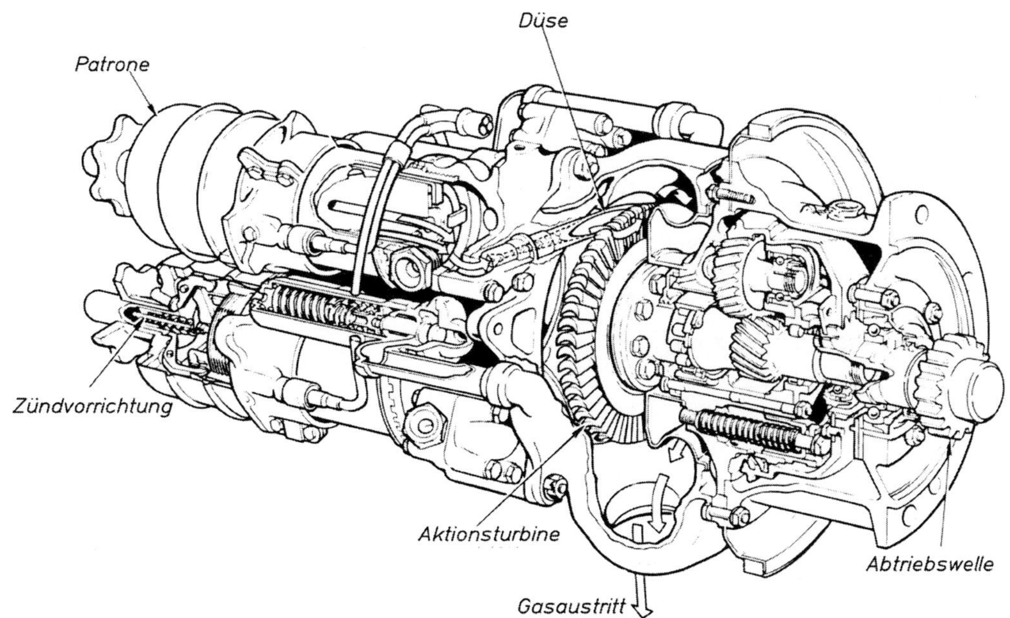

Bild 5/63: *Pulvergas-Anlasser (ROLLS-ROYCE)*

5.13.5 Zündanlagen

Die *Zündanlage* hat die Aufgabe, das Brennstoff-Luft-Gemisch beim Anlassen zu entzünden, ein sicheres Anlassen im Fluge zu gewährleisten sowie einen evtl. Flammenabriss in der Brennkammer durch eine ununterbrochene Dauerzündfolge bei extremen meteorologischen Bedingungen (Gewitter, starker Niederschlag, Vereisung) während des Fluges zu verhindern.

Die Entzündung des Brennstoffes erfolgt in der Regel mit Hilfe einer doppelt ausgeführten Hochenergiestromversorgung (Entladungsenergie/Zündkerze: 4 bis 20 J). Nach Art der Zündkerze unterscheidet man:

- Niederspannungs-Zündanlagen, etwa 2 000 V und
- Hochspannungs-Zündanlagen, etwa 25 000 V

Es erfolgen dabei 60 - 100 Entladungen pro Minute. Jedes Triebwerk hat zwei voneinander unabhängige Zündanlagen, die beim Anlassen parallel betrieben werden. Sie können auch einzeln geschaltet werden. Aus Sicherheitsgründen muss die Zündung beim Anlassen vor der Brennstoffzuführung eingeschaltet werden. Die Bedienung erfolgt z.B. über einen Mehrstellungsschalter:

GRD START	-	Starter in Betrieb und beide Zündanlagen mit maximaler Leistung
IGN LT	-	Nur linke Zündanlage mit Dauerleistung
IGN RT	-	Nur rechte Zündanlage mit Dauerleistung
FLT START	-	Beide Zündanlagen mit maximaler Leistung aber *ohne* Starter
AUTO	-	Automatische Schaltung beider Zündanlagen auf Dauerbetrieb, wenn Triebwerksleistung ein bestimmtes Limit unterschreitet
CONT	-	Dauerbetrieb beider Zündanlagen mit Unterbrechungen

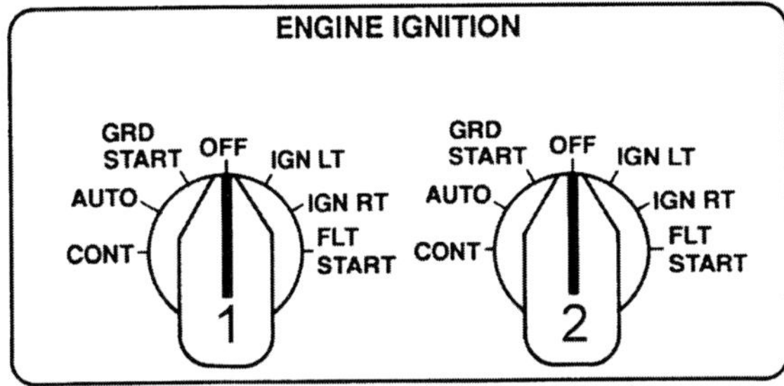

Bild 5/64: Anlassschalter eines 2-motorigen Flugzeuges

5.13.6 Allgemeines zum Anlassvorgang

Zum Anlassen eines Gasturbinentriebwerkes ist ein stabiler Prozessablauf in der Brennkammer erforderlich. Der Rotor muss durch den Starter auf eine *Mindestdrehzahl* (Selbsterhaltungsdrehzahl, ca. 35 - 40% n_{Nenn}) beschleunigt werden, um die Brennkammer mit der erforderlichen Luftmenge zu versorgen. Nach dem Einschalten der Zündvorrichtung können der Anlass- und der Hauptbrennstoff unter Druck der Brennkammer zugeführt werden. Mit Zündung und Verbrennung des Brennstoffes erhöht sich die Gastemperatur vor der Turbine und damit die Turbinenleistung. Zur Erzeugung eines Leistungsüberschusses ist vor der Turbine eine höhere Gastemperatur erforderlich als bei stationären Drehzahlen $n < n_{Leerlauf}$. Die Turbineneintrittstemperatur muss so hoch wie möglich sein, darf allerdings mit Rücksicht auf die Pumpgrenze des Verdichters und auf die Festigkeit der Turbinenbeschaufelung eine zulässige Größe nicht überschreiten.

Bei modernen Triebwerken mit luftgekühlten Turbinenschaufeln liegt die max. zulässige Turbineneintrittstemperatur bei Drehzahlen $n < n_{LL}$ wegen der dort schlechteren Kühlbedingungen oft weit unter dem zulässigen Wert bei Volllast. Im Drehzahlbereich von etwa n_1 bis n_2 bestimmt die Pumpgrenze des Verdichters und im Bereich von etwa n_2 bis n_{LL} die Warmfestigkeit der Turbinenbeschaufelung die maximal zulässige Turbineneintrittstemperatur. Die entsprechende Dosierung des Brennstoffes beim Anlassen erfolgt durch die FCU. Diese regelt die Brennstoffzufuhr in Abhängigkeit von der Triebwerksdrehzahl bzw. vom Verdichteraustrittsdruck.

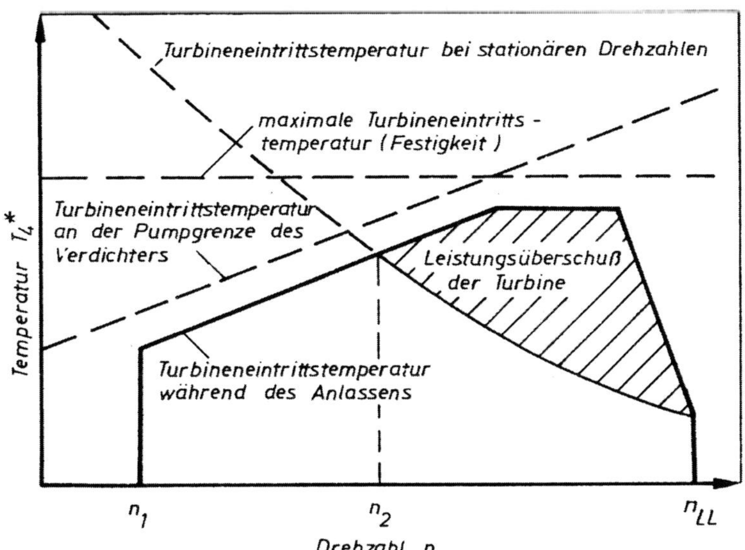

Bild 5/65: *Änderung der Turbineneintrittstemperatur beim Anlassen einer Gasturbine*

5.13.7 Etappen eines Anlassvorganges am Boden

Der *Anlassvorgang* eines Gasturbinentriebwerkes läuft in der Regel in 3 Etappen ab:

✦ *1. Etappe:*
Beschleunigung des Triebwerkrotors nur durch den Starter bis zur Drehzahl n_1, bei der die Turbine durch Zündung des Hauptbrennstoffes ein Drehmoment $M_T > 0$ entwickeln kann.

$$M_{Beschl} = M_{Anl} - M_V - M_{Reibg} \tag{5/73}$$

M_{Reibg} beinhaltet das Drehmoment zur Überwindung aller Reibungsverluste und zum Antrieb aller mit dem Rotor über Zahnräder verbundenen Aggregate wie z. B. Brennstoff- und Schmierstoffpumpen.

✦ *2. Etappe:*
Beschleunigung des Triebwerkrotors durch den Anlasser und durch die Turbine bis zur Drehzahl n_3, wo der Anlasser abgeschaltet wird.

$$M_{Beschl} = M_{Anl} + M_T - M_V - M_{Reibg} \tag{5/74}$$

✦ *3. Etappe:*
Beschleunigung des Triebwerkrotors durch einen Drehmomentüberschuss der Turbine bis zur Leerlaufdrehzahl n_{LL}.

$$M_{Beschl} = M_T - M_V - M_{Reibg} \qquad (5/75)$$

Momentengleichgewicht bei stationärer Leerlaufdrehzahl:

$$M_T = M_V + M_{Reibg} \qquad (5/76)$$

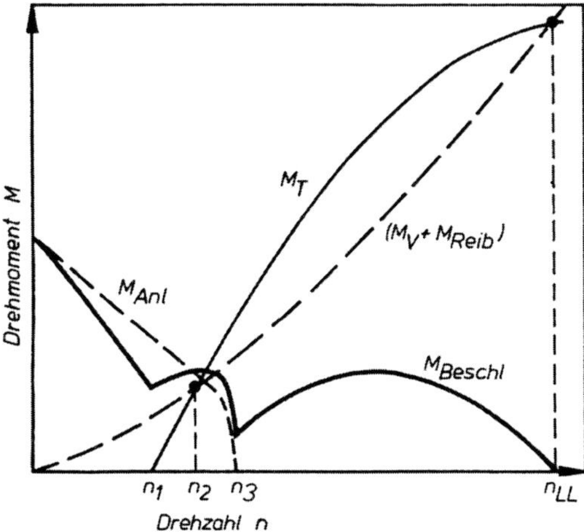

Bild 5/66: Drehmomentverlauf beim Anlassen eines Gasturbinentriebwerkes

Von der Größe des Beschleunigungsmomentes M_{Beschl} hängt die Anlassdauer ab. Die Anlassdrehzahlen n_1, n_2, n_3 und n_{LL} sind abhängig von:

- Zusammenarbeit Verdichter und Turbine,
- Anlassercharakteristik,
- Brennkammercharakteristik
- Konstruktiver Auslegung
- Betriebsbedingungen

Bei 2- und 3-Wellen-Triebwerken vereinfacht sich das Anlassen, weil das erforderliche Beschleunigungsmoment nur für den Hochdruckrotor und die mit ihm verbundenen Aggregate aufgebracht werden muss.

5.13.8 Einflussfaktoren auf das Anlassen am Boden

Erschwerend für den Anlassvorgang sind extrem niedrige und hohe Außentemperaturen, d.h. die Brennstoffzufuhr folgt nicht den konkreten Außenbedingungen.

Niedrige Temperaturen erhöhen den Reibungswiderstand des Rotors, das Beschleunigungsmoment wird geringer und die Anlasszeit wächst. Außerdem kann die Drehzahl im Bereich $n < n_2$ „hängenbleiben“. Die Leerlaufdrehzahl ist meist niedriger als unter normalen Bedingungen.

Hohe Außentemperaturen verringern das Beschleunigungsmoment durch Abnahme des Turbinendrehmomentes. Die Drehzahl kann bei $n_3 < n < n_{LL}$ ebenfalls „hängenbleiben“.

5.13.9 Anlassen im Flug

Nach Stillegung eines Triebwerkes im Flug kann erneutes Anlassen erforderlich sein. Das Abstellen (Verlöschen) des Triebwerkes erfolgt immer durch eine Unterbrechung des Verbrennungsprozesses in der Brennkammer, der verschiedene Ursachen haben kann.

Besonders in großen Höhen kann das durch Änderung der Leistungsstufe in kritischen Flugzuständen, bei außerordentlich starken Niederschlägen, starker Vereisung und/oder durch Defekte in der Brennstoffanlage eintreten.

Das Anlassen im Flug erfolgt meist ohne Anlasserhilfen, die am Boden eine bestimmte Triebwerksdrehzahl erzeugen, bevor Brennstoff in die Brennkammer eingespritzt wird.

Im Flug wird das erforderliche Drehmoment und damit eine bestimmte Drehzahl des Rotors durch den Staudruck erzeugt. Diese Anlassdrehzahl (Autorotation) ist deshalb von der Geschwindigkeit und der Flughöhe abhängig (vgl. Bild 5/68). Sie vergrößert sich etwa linear mit zunehmender Flughöhe und Geschwindigkeit.

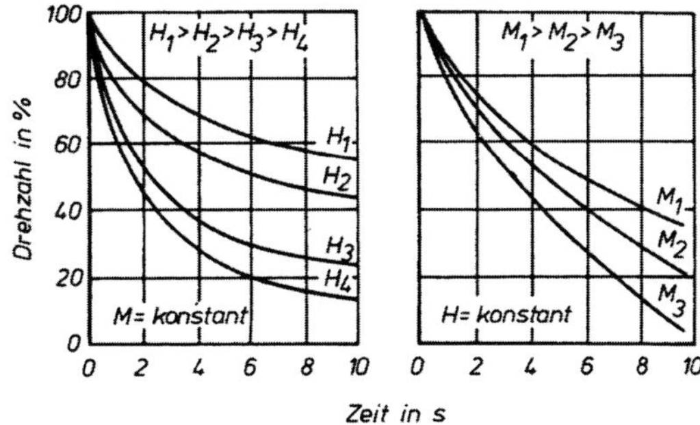

Bild 5/67: Drehzahlabfall eines ETL bei Unterbrechung der Brennstoffzufuhr in Abhängigkeit von Flughöhe und Fluggeschwindigkeit

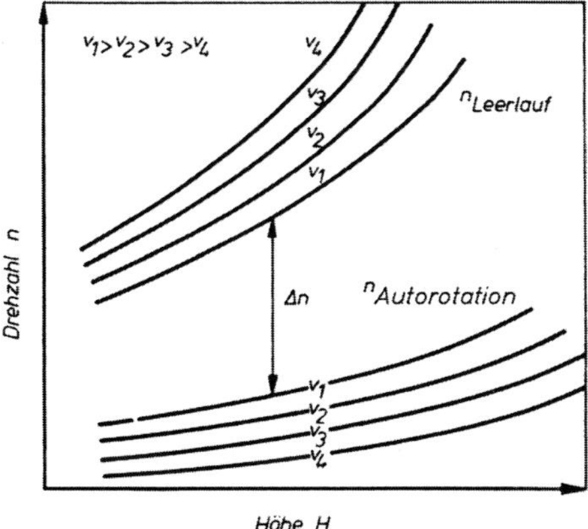

Bild 5/68: Einfluss der Flughöhe und der Fluggeschwindigkeit auf die Änderung der Leerlaufdrehzahl und Drehzahl des Windmühlenbetriebs beim Anlassen im Flug

Der Anlassvorgang im Flug kann in zwei Etappen eingeteilt werden:

✦ *1. Etappe:*

Selbständiges Einnehmen einer bestimmten Drehzahl (Anlassdrehzahl) nach der Unterbrechung der Brennstoffzufuhr in die Brennkammer.

✦ *2. Etappe:*
Beschleunigung des Rotors bis zur Leerlaufdrehzahl durch den Staudruck und durch die Turbine nach dem Zünden des Hauptbrennstoffes in der Brennkammer.

Mit zunehmender Flughöhe steigt bei konstanter Fluggeschwindigkeit (EAS) die Anlassdrehzahl. Sie nimmt jedoch langsamer zu als die Leerlaufdrehzahl. Aus Bild 5/68 ist ersichtlich, dass mit zunehmender Flughöhe und konstanter Fluggeschwindigkeit die Drehzahldifferenz größer wird:

$$\Delta n = n_{LL} - n_{Anlass} \qquad (5/77)$$

Sie erreicht ihr Maximum etwa in der Höhe, bei der die Regelung der Brennstoffzufuhr durch den Drehzahleinfluss beginnt.
Mit zunehmender Drehzahldifferenz Δ n vergrößert sich die *Anlasszeit* des Triebwerkes. Je größer die Anlasszeit, um so größer sind die möglichen Höhenverluste des Flugzeuges (z. B. bei einmotorigen Flugzeugen) und um so weniger Anlassversuche können bei gleichem Höhenverlust unternommen werden. Die Anlassdauer wird weiterhin von der Brennkammerkonstruktion bestimmt. Bei großen Anlasszeiten besteht die Gefahr der Triebwerküberhitzung.

Maximale Flughöhe und möglicher *Geschwindigkeitsbereich* (bzw. Anlassdrehzahl) für sicheres Anlassen, die beide von den Konstruktionen der Brennkammer, der Einspritzdüsen und der Anlassvorrichtungen abhängen, werden für jeden Triebwerktyp angegeben. Der *Geschwindigkeitsbereich für sicheres Anlassen* liegt gewöhnlich bei CAS = 450 bis 650 km/h. Größere Fluggeschwindigkeiten verschlechtern die Zündbedingungen des Anlass- und Hauptbrennstoffes, kleinere Geschwindigkeiten sind nachteilig für gute Gemischbildung und Verbrennung des Hauptbrennstoffes.

PTL haben einige Besonderheiten beim Anlassen im Flug. Die Drehzahl des Triebwerkrotors im Windmühlenbetrieb ist nicht nur von Flughöhe und Fluggeschwindigkeit, sondern auch vom Einstellwinkel der Luftschraubenblätter abhängig.

Die Luftschraube eines nicht arbeitenden Triebwerkes befindet sich in Segelstellung (vgl. Kapitel 5. 20.4). Zur Erzeugung eines Drehmomentes muss sie teilweise aus dieser Lage zurückgefahren werden, gleichzeitig wird der Brennkammer Brennstoff zugeführt. Bei zu schnellem Zurückfahren aus der Segelstellung kann je nach Bauart des PTL an der Luftschraube ein großer negativer Schub entstehen, der die Führung des Flugzeuges unter Umständen stark beeinträchtigt.

5.13.10 Betriebsstörungen

Charakteristische Ursachen für *Anlassstörungen*:

- *WET START*
  Kein Zünden des Anlassbrennstoffes bzw. des Hauptbrennstoffes, da Zündkerzenspannung oder Brennstoffdruck vor den Anlassdüsen zu niedrig oder die Luftgeschwindigkeit im Zündbereich der Brennkammern zu hoch ist.
  Die Brennkammer und Turbine sind nass, „Brennstoffnebel“ tritt aus der Schubdüse aus.
  Vor dem nächsten Anlassen den Anlasser noch ca. 30 Sekunden weiterdrehen lassen, bevor die Zündung wieder zugeschaltet wird, um das Triebwerk „trocken“ zu blasen.

- *HUNG START*
  Hängenbleiben“ der Drehzahl bzw. sehr langsame Beschleunigung des Triebwerkrotors, da der Drehmomenteüberschuss zu gering ist.

  Bleibt die Drehzahl bereits bei $n < n_{Anlasser}$ „hängen“, dann sind mögliche Gründe dafür:
  - eine ungenügende Leistung des Anlassers,
  - eine Verzögerung in der Hauptbrennstoffzufuhr,
  - ein zu niedriger Brennstoffdruck oder
  - ein hoher Reibungswiderstand des Rotors infolge niedriger Außentemperatur.

  „Hängenbleiben“ der Drehzahl bei $n > n_{Anlasser}$ wird durch unzureichendes Drehmoment der Turbine hervor gerufen. Das kann eintreten durch:
  - zu niedrigen Brennstoffdruck vor den Hauptdüsen oder
  - bei hohen Außentemperaturen, oder
  - durch Anblasung des Triebwerkes von hinten durch starken Wind.

- *HOT START*
  Brennstoffzufuhr zu hoch im Verhältnis zur Drehzahl

Wichtig: Nach einem *Anlassfehlversuch* den Hochdruckrotor erst zum Stillstand kommen lassen, bevor der Starter erneut eingeschaltet werden darf!

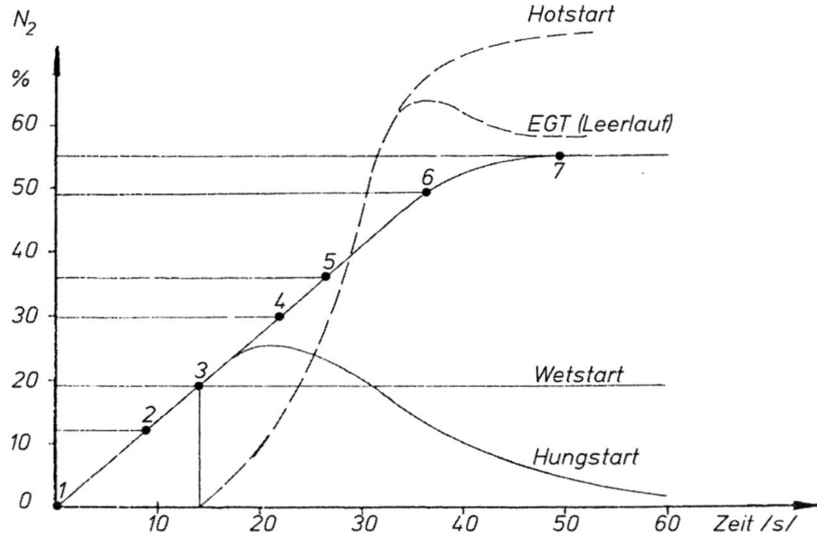

1 Starterventil geöffnet
2 Starthebel auf Start, Zündung an, BS-Zufuhr
3 Aufflammdrehzahl
4 Selbstlaufdrehzahl
5 Starter schaltet ab
6 Starthebel auf Leerlauf
7 Leerlaufdrehzahl

Bild 5/69: Anlassvorgang bei verschiedenen Störungen

5.14 Warn- und Löschanlagen bei Überhitzung oder Feuer

5.14.1 Aufgabe, Aufbau und Wirkungsweise

Im allgemeinen besteht im Bereich der Triebwerke erhöhte Brandgefahr durch

- mögliche Leckstellen an Brennstoff- oder Schmierstoffleitungen,
- örtliche Überhitzungen an Bauteilen zwischen Brennkammer und Schubdüse,
- Überhitzungen in der TW-Gondel infolge undichter Heißluftleitungen.

Die *Warnanlage* für Feuer und Überhitzungen bewirkt ein optisches und akustisches Signal im Cockpit. Sie besteht aus mehreren Warnelementen, Relaisschaltungen sowie der optischen und akustischen Signalanlage. Als *Warnelemente* werden Feuerschalter (Bimetallschalter), Thermoelemente oder Feuerwarndrähte (Stahlkapillaren mit Thermistorfüllung) verwendet. Die *Auslösetemperaturen* der Warnelemente für ein Signal liegen bei Feuerschaltern bei ≈ 300 °C, bei Thermoelementen zwischen 100 - 150 °C und bei Feuerwarndrähte zwischen 300 - 350 °C.

Sie werden in der Regel in der Nähe möglicher Leckstellen und an überhitzungsgefährdeten Stellen angebracht.

Die meisten herkömmlichen Flugzeugtypen haben die Feuer- und Überhitzungswarnelemente in einem System vereinigt, mit dem das Triebwerk automatisch oder von Hand abgestellt wird und der Löschvorgang einsetzt.

Die *Feuerlöschanlage* dient der unmittelbaren Brandbekämpfung und besteht meist aus

- Gruppen von Feuerlöschbehältern mit elektrischer Auslösevorrichtung,
- Feuerlöschleitungen und
- Sprühdüsen.

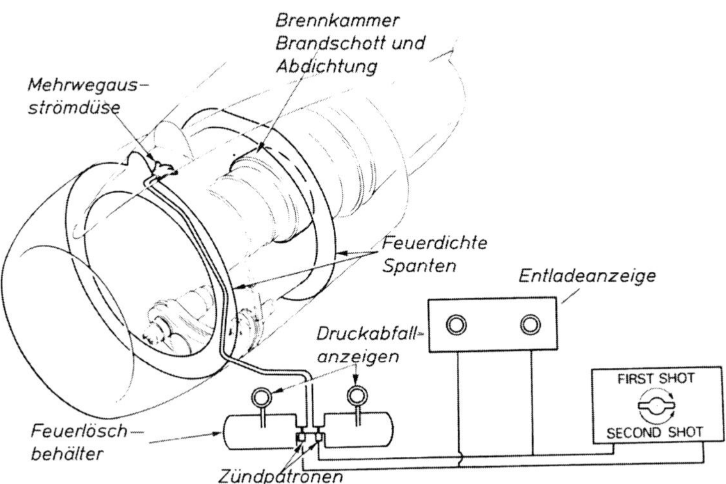

Bild 5/70: Beispiel einer Triebwerksfeuerlöschanlage (ROLLS-ROYCE)

Bei einem Brandausbruch in der TW-Gondel_(kurzzeitiger Temperaturanstieg) wird von den Feuerwarnelementen ein optisches und akustisches Signal im Cockpit ausgelöst. Gleichzeitig erfolgt meist das automatische Öffnen einer bestimmten Löschmittelbehältergruppe. Wenn nach einigen Sekunden das Signal „Brand TW-Gondel" nicht verlöscht, muss eine nächste Behältergruppe zugeschaltet werden. Nach dem Löschen des Brandes, wenn die Umgebungstemperatur der Feuerwarnelemente stark gesunken ist, wird das optische und akustische Brandsignal ausgeschaltet.

5.14.2 Löschmittel

Als Löschmittel wird meist das sehr effektive Trifluorbrommethan CF_3Br („Freon“) verwendet.

5.14.3 Betriebsstörungen

Die Feuer- und Überhitzungswarnanlage muss einer sorgfältigen Wartung unterzogen werden, da ihr Ausfall bei Bränden oder örtlichen Überhitzungen zu erheblichen Schäden oder zur Katastrophe führen kann. Weiterhin können durch eine Fehlsignalisation erhebliche wirtschaftliche Nachteile für den Betreiber entstehen.

Störungsursachen:

- Kurzschluss oder Unterbrechung der Schaltkreise der Warnelemente,
- mechanische Beschädigung der Warnelemente,
- Fehler in den Schaltungen können zu einem Fehlansprechen der Warnanlagen sowie der Feuerlöschanlage führen.

5.15 Steuerung und Regelung

5.15.1 Aufgaben

In Gasturbinentriebwerken treten erhebliche kinetische, mechanische und thermische Energiemengen und Energieumwandlungen auf. Bei Startleistung eines Triebwerkes mit 20 000 daN Schub beträgt z.B. die in den Brennkammern erzeugte Wärmeleistung etwa 100 000 kW.

Die an den Schaufeln angreifenden Zentrifugalbeschleunigungen liegen in der Größenordnung von 10^5 bis 10^6 m/s². Es treten Drehzahlen bis 45 000 U/min bei kleinen Haupttriebwerken und bis 100 000 U/min bei Bordenergieanlagen auf. Die Regelung und Steuerung derartiger Maschinen kann nicht mehr den subjektiven Kenntnissen und Fertigkeiten des Cockpitpersonals, besonders im Hinblick auf das 2-Personen-Cockpit heutiger Verkehrsflugzeuge, überlassen werden. Der Pilot durfte nicht länger integraler Bestandteil eines oder mehrerer Regelkreise sein. Er musste deshalb weitestgehend von allen triebwerksspezifischen Steuerungs-, Begrenzungs- und Kontrollaufgaben entlastet werden.

Zuverlässig und objektiv arbeitende Regel- und Steuermechanismen gewährleisten:

- die Sicherheit und Zuverlässigkeit in allen Betriebszuständen
- kurze Reaktionszeiten bei Einstellung neuer Betriebszustände
- die ökonomische Arbeitsweise bei verschiedenen Betriebszuständen zur Verringerung des Brennstoffverbrauches und Erhöhung von Schub und Lebensdauer des Triebwerkes
- die Berücksichtigung der veränderlichen Außenbedingungen und
- möglichst ein konstanter Startschub über einen großen Umgebungstemperaturbereich.

Ein Flugzeugtriebwerk soll im Temperaturbereich + 60 bis -70 °C und im Außenluftdruckbereich 100 - 14 kPa, dem entspricht ein Höhenunterschied von ca. 14 km, in allen notwendigen Betriebszuständen stabil und wirtschaftlich arbeiten. Die Bedienung soll möglichst mit nur einem Hebel erfolgen. Die Regel- und Steuereinrichtungen müssen gewährleisten, dass bei Ausfall einzelner Elemente keine kritischen Betriebszustände oder Triebwerkstörungen auftreten können und dass der Mensch in bestimmten Fällen die Automatik manuell übersteuern kann (z.B. das Fahren der Luftschraube in Segelstellung bei PTL).

Der Regelkreis (Regler und Triebwerk) muss in allen Betriebszuständen stabil sein.

Sowohl das allgemeine als auch das dynamische Betriebsverhalten der Baugruppen sind zu berücksichtigen.

Dazu gehören z. B. das dynamische Verhalten des Rotors, das Pumpverhalten des Verdichters, der stabile Arbeitsbereich der Brennkammer bezüglich Luftverhältnis und Brennkammerdruck u.a.m.

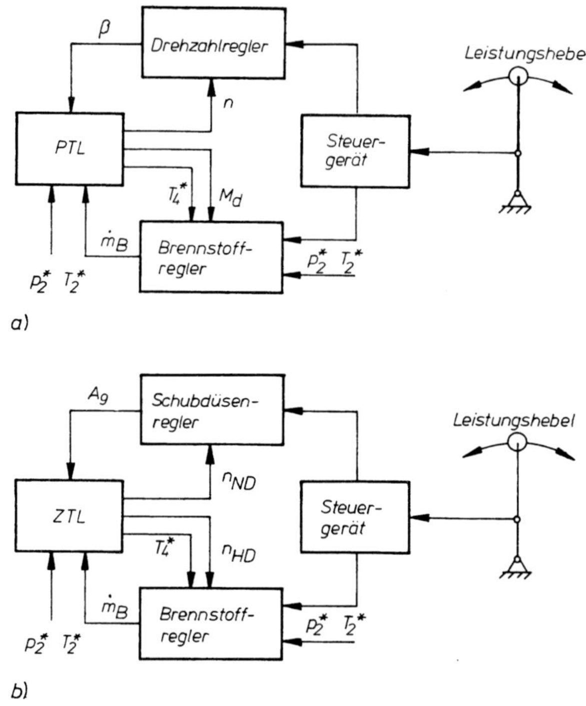

a) Einwellen - PTL
b) ETL mit Schubdüsenverstellung

Bild 5/71: Schema der Regelung von Gasturbinentriebwerken

Die *Aufgaben der Triebwerkregelung und -steuerung* sind:

- automatische Steuerung des Anlass- und Abstellvorganges am Boden und im Fluge,
- automatische Steuerung von Beschleunigungen, Verzögerungen und Leistungsänderungen (Kennlinie rechts der Pumpgrenze),
- Regelung eines eingestellten, stationären Betriebszustandes (Kompensation der veränderlichen Störgrößen wie Lufttemperatur, Luftdruck, Fluggeschwindigkeit, Luftfeuchtigkeit, usw.),
- Vergrößerung der Leerlaufdrehzahl mit zunehmender Flughöhe,
- Einhaltung festigkeitsbedingter Grenzwerte für Drehzahl, Drehmoment, Turbineneintrittstemperatur und Leistung,
- Automatische Steuerung der Kühlluft für das Turbinen- und Hochdruckverdichtergehäuse zur Verringerung der Schaufelspiele um günstigsten Turbinenwirkungsgrad zu erhalten,
- Regelung und Begrenzung der Schmierstofftemperatur über den Schmierstoff- Brennstoff-Wärmeübertrager

- Erweiterung der natürlichen Betriebsbereiche durch:
  - Luftschrauben-, Rotorblatt- oder Fanblattverstellung, Schubdüsenverstellung
  - Verstellung von Eintrittsleitapparaten des Verdichters,
  - Steuerung der Abblasklappen, Leiträder usw.

Als *Sonderaufgaben* sollen Schubumkehr und Bremsschub bei PTL mit den notwendigen Regeleinrichtungen bezeichnet werden.

5.15.2 Regelgrößen, Störgrößen und Steuerungskonzeptionen

Als *Regelgrößen* bezeichnet man die Triebwerksparameter, die entsprechend einer Sollwertvorgabe für den Schub oder Leistung (Leistungshebel) hergestellt oder aufrechterhalten werden sollen. Bei Gasturbinentriebwerken sind das z. B.:

- Triebwerksdruckverhältnis $EPR = \frac{p_5^*}{p_2^*}$ (Engine Pressure Ratio),
- Fan-Drehzahl n_{ND}, N_1
- Turbineneintrittstemperatur T_4^*
- HD-Drehzahl n_{HD}, N_2
- Verdichteraustrittsdruck p_3^*

Häufig ist die zu regelnde Größe für eine Messung schlecht geeignet. Man ist dann gezwungen, besser erfassbare Daten zu verwenden, die zur eigentlichen Regelgröße in einem bekannten Zusammenhang stehen.

Eine solche *Ersatzregelgröße* ist z.B. der Brennstoffdruck. Er kann bei Gasturbinentriebwerken von der Brennstoffzufuhr, von der Schubdüseneinstellung, vom Querschnitt des Einlaufdiffusors und vom Einstellwinkel der Luftschrauben- oder Fanblätter beeinflusst werden.

Störgrößen beeinflussen die Regelgrößen in unerwünschter Weise. Am wichtigsten sind Änderungen der Parameter Fluggeschwindigkeit und Temperatur der Luft in Abhängigkeit von Flughöhe, Wetter und geografischer Lage. Auch sollen zellenseitige Luft- und Leistungsentnahmen einen geringen Einfluss auf die Regelgrößen haben.

Welche der Regelgrößen durch den Regler beeinflusst werden und welche Störgrößen in welcher Form berücksichtigt werden, das hängt im konkreten Fall von der Art des Triebwerkes und von seiner Konzeption ab.

In der Praxis haben sich ganz bestimmte *Steuerungskonzepte* herausgebildet und bewährt.

- Direkte Einflussnahme auf die Brennstoffzuführung mit dem Leistungswahlhebel (Triebwerke der 1.Generation)
  Über den Leistungswahlhebel wurde der BS-Düsendruck oder der BS-Durchsatz gesteuert. Eine zusätzliche Drehzahlbegrenzung war erforderlich.

- Mit dem Leistungswahlhebel wird der Sollwert eines bestimmten Triebwerkparameters vorgegeben und über einen Regelkreis der Brennstoffdurchsatz so gestellt, dass Soll- und Istwert dieses Parameters übereinstimmen.
  (Gleichzeitig legt der Rechner die Grenzwerte für die einzelnen vorgewählten Schubgrößen fest.)

✦ **Leistungswahlhebel ⟶ EPR** (z.B. ZTL der Fa. Pratt &Whitney und Rolls-Royce)
Dieses Konzept ermöglicht die optimale Einhaltung der vom Flugzeughersteller geforderten Schubprofile für alle Flugzustände

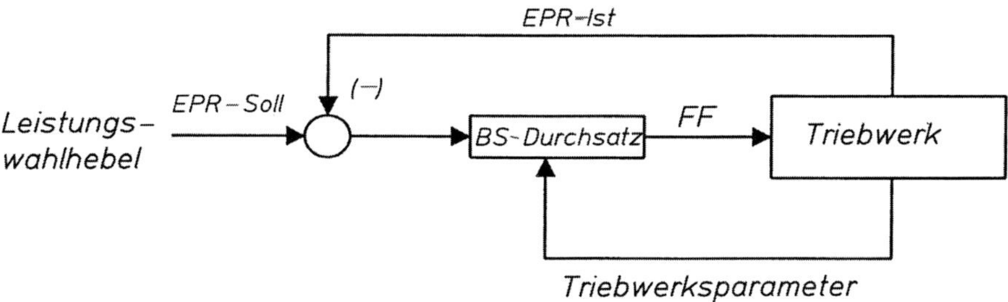

Bild 5/72: Schubeinstellung über EPR-Ansteuerung: (Pratt &Whitney, Rolls-Royce, IAE)

✦ **Leistungswahlhebel ⟶ N_1** (z.B. ZTL der Fa. General Electric)

Dieses Konzept geht davon aus, dass der Schub bei Triebwerken mit hohen By-pass-Verhältnissen weitestgehend durch den Luftmassendurchsatz im Außenstrom bestimmt wird und der Schub nur in geringem Umfang durch Zapfluft aus dem Triebwerk, durch eine Leistungsentnahme aus dem Triebwerk oder durch eine Triebwerksalterung beeinflusst wird.

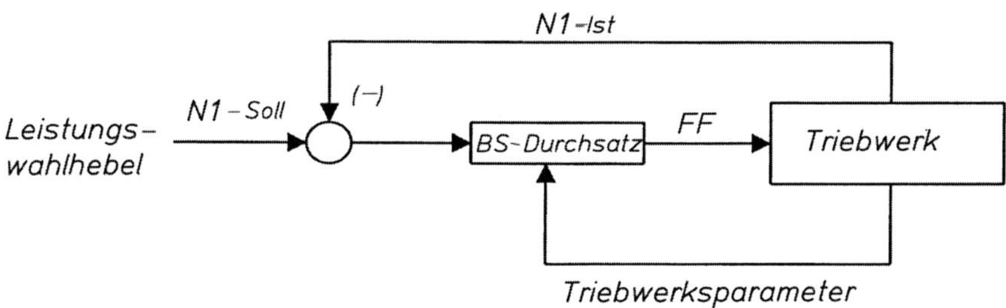

Bild 5/73: Schubeinstellung über N_1-Ansteuerung: (General Electric, CFM International)

✦ **Leistungswahlhebel ⟶ T_4^*** (z.B. 3-Wellen -ZTL RB199+NB der Fa Rolls Royce, MTU)
Dieses Konzept ermöglicht die volle Leistungsausnutzung des Triebwerkes durch Ansteuerung der Turbinenschaufeltemperatur im oberen Schubbereich.

Diese Steuerungskonzepte werden durch komplizierte Steuer- und Regelmechanismen realisiert. Sie arbeiten noch häufig mit *analogen*, konventionellen Komponenten (Sensoren, Stellglieder, Regler) wie Fliehkraftregler, Membrandosen, Kolben, Schieber, Federn, Elektromagnete usw. Dabei unterscheidet man je nach Hersteller folgende Übertragungssysteme:

- hydro-mechanische
- elektro-hydro-mechanische (z.B. Rolls-Royce RB-211)
- hydro-pneumatische (z.B. PT6, Pratt &Whitney, Canada)

Seit den siebziger Jahren werden mit der ständig zunehmenden Zahl der zu steuernden oder zu regelnden Triebwerksparameter *elektronische Regelsysteme* mit sogenannter voller Autorität (*FADEC*- full-authority digital engine control) entwickelt und eingesetzt.

Das *FADEC-System* umfasst alle zu steuernden oder zu regelnden Funktionen am Triebwerk. Es besteht aus einer Elektronikbox (*EEC* – electronic engine control), die das Brennstoffdurchsatzventil und die entsprechenden *Stellgrößen* am Triebwerk über Verbindungsleitungen (auch optische Glasfaserkabel) ansteuert und von diesen Rückmeldungen erhält.

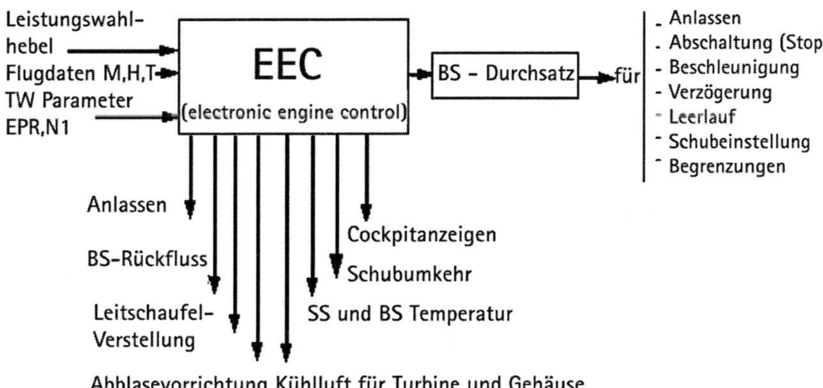

Bild 5/74: Elektronischer Triebwerksregler EEC (electronic engine control) eines modernen Triebwerkes

Zur *Leistungs-* und *Schubregelung* der Verkehrsflugzeuge hat man folgende *Stellgrößen* zur Verfügung:

- Brennstoffdurchsatz,
- Schubdüsenfläche,
- Blatteinstellwinkel der Luftschraube
- Leitapparatverstellung,
- Luftentnahme aus dem Verdichter

Regelbeispiel 1: Vergrößerung der Fluggeschwindigkeit eines PTL-Flugzeuges bei konstanter Leistungshebelstellung und Regelprogramm n = konstant.

- Der Anstellwinkel der Luftschraubenblätter verringert sich.
- Das für die Luftschraube erforderliche Drehmoment verringert sich.
- Die Luftschraubendrehzahl beginnt aufgrund des Drehmomentüberschusses der Turbine zu steigen
- Der Drehzahlregler des Triebwerkes verkleinert die Brennstoffzufuhr solange, bis bei der vorgegebenen Drehzahl wieder Drehmomentgleichgewicht zwischen Turbine, Verdichter und Luftschraube vorhanden ist.
- Die Triebwerkleistung ist kleiner geworden.

Regelbeispiel 2: Vergrößerung der Flughöhe bei konstanter Leistungshebelstellung und Regel programm T^*_4 = konstant, n = konstant

- Temperatur und spezifische Masse der Luft sinken. Dadurch verringern sich
  - Temperatur in der Brennkammer,
  - spezifische Arbeit für den Antrieb des Verdichters,
  - Luftdurchsatz durch das Triebwerk.
- Die Verringerung der Brennkammertemperatur bewirkt über entsprechende Mess- und Regelglieder eine Vergrößerung der Brennstoffzufuhr.

- Die Verringerung der spezifischen Verdichterarbeit führt zu einem Drehmomentüberschuss der Turbine.
- Dadurch entsteht zunächst eine Drehzahlerhöhung, die über den Drehzahlregler die Brennstoffzufuhr wieder verringert.
- Die Verkleinerung des Luftdurchsatzes verringert über Druck- und Temperaturgeber ebenfalls den Brennstoffdurchsatz.
- Alle genannten Einzeleinflüsse werden durch Rechenglieder des Reglers miteinander verknüpft und führen schließlich zu einer entsprechenden Brennstoffdosierung.

5.15.3 Regelung stationärer Betriebszustände

Stationäre Betriebszustände sind:

- Leerlauf,
- verschiedene Reiseleistungen,
- Nennleistung und
- Startleistung.

Insbesondere in zweimotorigen Flugzeugen gibt es auch für besondere Fälle (z. B. Triebwerkausfall im Start) sogenannte Not- oder außergewöhnliche Regime, die über die Startleistung hinausgehende Leistungen ermöglichen. Sie sind durch Zeitrelais in ihrer Benutzungsdauer begrenzt.

Regelung der Leerlaufdrehzahl:
Die Regelung der Leerlaufdrehzahl soll sowohl einen geringen Leerlaufschub (zur Schonung der Bremsen beim Ausrollen des Flugzeuges), als auch eine gute Beschleunigungsfähigkeit in allen Flughöhen gewährleisten. Beide Anforderungen widersprechen sich.

Die Stabilität des Leerlaufes wird durch Gemischbildung und Verbrennung in den Brennkammern bestimmt. Forderungen sind ein Mindestbrennkammerdruck und eine gute Brennstoffzerstäubung trotz niedriger Drehzahl. Um den Mindestbrennkammerdruck zu gewährleisten wird mit wachsender Flughöhe die Leerlaufdrehzahl erhöht. Gute Brennstoffzerstäubung trotz niedriger Fördermenge wird durch die Anwendung von Zwei-oder Mehrstufeneinspritzdüsen erreicht, die mit besonderen Schaltventilen zusammenarbeiten. Oftmals begrenzen besondere Leerlaufbrennstoffdüsen die Menge des Leerlaufbrennstoffes.

Aufbau und Arbeitsweise des integrierten Brennstoffregelblockes sind kompliziert und unübersichtlich. Deshalb soll ein einfacher Proportionaldrehzahlregler mit Störgrößenaufschaltung als Beispiel beschrieben werden. Der Regler sichert weitgehend die Einhaltung der vorgewählten Drehzahl unabhängig von den Änderungen der Störgrößen Druck und Temperatur der Außenluft. Gegenwärtig werden für die Regelung des Reisebetriebszustandes elektronische Triebwerkregler eingesetzt. Sie ermöglichen eine optimale Schubsteuerung und damit einen optimalen Brennstoffverbrauch in Abhängigkeit von der Flughöhe, Flugmachzahl, Umgebungstemperatur und Stellung des Leistungshebels.

Das Bild 5/75 zeigt das Schema des Reglers mit zwei Eingriffsmöglichkeiten für den Piloten:

- Abstellhebel und
- Drehzahlsollwerteinstellung (Leistungshebel).

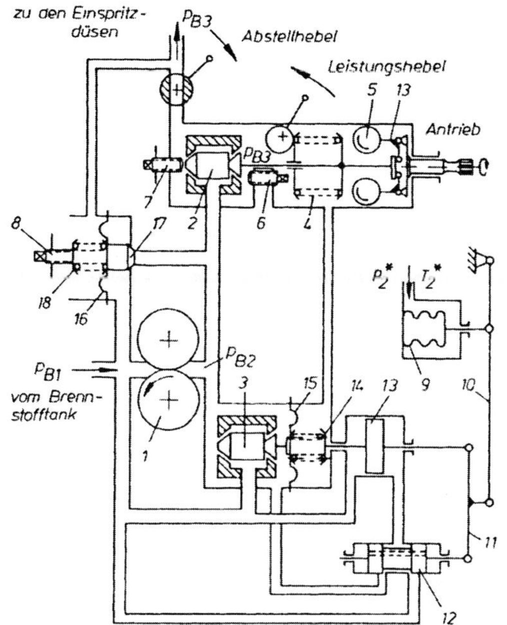

1 Zahnrad-Brennstoffpumpe
2 Drosselventil
3 Drosselventil
4 Reglerfeder
5 Fliehgewicht
6 Stellschrauben
7 Stellschrauben
8 Stellschrauben
9 barometrische Dose
10 Übertragungshebel
11 Übertragungshebel
12 Steuerschieber
13 Servokolben
14 Federn
15 Membranen
16 Membranen
17 Ventil
18 Federn

Bild 5/75: *Schema eines Proportionaldrehzahlregler mit Störgrößenaufschaltung und Zahnrad-Brennstoffpumpe an einem Triebwerk der 2.Generation*

Die Zahnradpumpe 1 fördert eine der Drehzahl proportionale Brennstoffmenge. Wenn der Abströmquerschnitt der Pumpe konstant ist, wird auch der Brennstoffdruck p_{B2} proportional der Drehzahl sein. Die dem Triebwerk pro Zeiteinheit zugeführte Brennstoffmenge ist proportional der Wurzel aus der Druckdifferenz vor und hinter den Einspritzdüsen. Die wichtigste Einflussgröße ist also der Brennstoffdruck p_{B2} . Er wird durch die beiden gleichartigen Drosselventile 2 und 3 entsprechend der Drehzahlabweichung vom eingestellten Sollwert und entsprechend dem Zustand der Luft (p_1^*, T_1^*) beeinflusst.

Arbeitsweise des dargestellten Fliehkraftreglers:
Bei konstanter Drehzahl besteht Kräftegleichgewicht zwischen der von der Stellung des Leistungshebels abhängigen Kraft der Feder 4 und der durch die Fliehkraft der Fliehgewichte 5 erzeugten Axialkraft. Damit gehört zu einer bestimmten Stellung des Leistungshebels und zu einer bestimmten Drehzahl eine ganz bestimmte Stellung der Nadel des Drosselventils 2. Sobald sich die Drehzahl aus beliebigen Gründen verkleinert, verkleinert sich auch die Fliehkraft. Dadurch überwiegt die Federkraft, die den Drosselquerschnitt des Ventils 2 vergrößert. In der Folge erhöhen sich der Brennstoffdruck p_{B3}, die Brennstoffzufuhr, die Temperatur in der Brennkammer und das für die Turbine zur Verfügung stehende Wärmegefälle.

5.15.4 Steuerung und Regelung instationärer Betriebszustände

Zu *instationären Betriebszuständen* gehören:

- Anlassen,
- Beschleunigen,
- Leistungsänderungen und
- Abstellen.

Bei der Steuerung und Regelung dieser Vorgänge kommt es darauf an, dass sie einerseits möglichst rasch ablaufen, andererseits jedoch ein Überhitzen der Turbine und das Pumpen des Verdichters bzw. ein Verlöschen der Brennkammer verhindert wird.

Für die Beschleunigung eines Rotors mit einem Massenträgheitsmoment 10 kgm^2 in 8 s von 7 000 U/min auf 12 000 U/min ist zusätzlich zum erforderlichen Antriebsmoment des Verdichters ein mittleres Beschleunigungsdrehmoment von 650 Nm erforderlich. Dem entspricht z. B. bei 10 000 U/min eine. erforderliche Beschleunigungsleistung von 685 kW, die durch Erhöhung der Turbineneintrittstemperatur zusätzlich aufgebracht werden muss. Als Beispiel wird die prinzipielle Arbeitsweise für die Steuerung eines *Beschleunigungsvorganges* bis auf Leerlaufdrehzahl beschrieben.

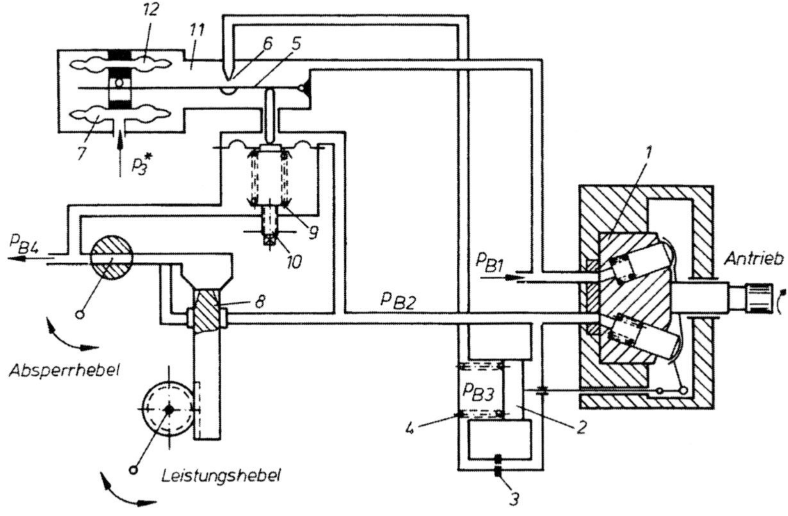

1	Axialkolben-Brennstoffpumpe	8	Drosselnadel
2	Steuerkolben	9	Federn
3	Drossel	10	Einstellschraube
4	Federn	11	Dosengehäuse, mit Brennstoffvordruck beaufschlagt
5	Hebel	12	barometrische Dosen
6	Düse		
7	barometrische Dosen		

Bild 5/76: Steuerung der Beschleunigung eines Triebwerkes der 2. Generation durch Verdichteraustrittsdruck und Axialkolbenpumpe

Neben einer Vielzahl von Schalt- und Steuerfunktionen beim Anlassen kommt es beim Beschleunigungsvorgang darauf an, die zuzuführende Brennstoffmenge im Verhältnis zum Luftdurchsatz so zu dimensionieren, dass einerseits die zulässige Höchstgrenze der Temperatur im Interesse kurzer Beschleunigungszeiten ausgenutzt und andererseits ein Pumpen des Verdichters und das Überschreiten der Höchsttemperatur sicher vermieden wird.

Ein Maß für den Luftdurchsatz durch das Triebwerk ist die Rotordrehzahl. Weiterhin ist der Verdichterenddruck p_3^* etwa dem Quadrat der Drehzahl proportional. Zur Steuerung der Brennstoffzufuhr beim Beschleunigungsvorgang kann also sowohl die Drehzahl als auch der Verdichterenddruck benutzt werden. Bild 5/76 zeigt das Schema einer Beschleunigungssteuerung durch den Verdichterenddruck p_1^*. Es gibt für diese Steuerungsaufgabe eine Vielzahl von Systemen und konstruktiven Ausführungsarten.

Im Gegensatz zum vorangegangenen Beispiel, bei dem die Brennstoffmenge durch eine größere oder kleinere Drosselung des Rückflussquerschnittes geregelt wurde, soll auch die *Steuerung der Brennstoffmenge durch Veränderung der Pumpenfördermenge* prinzipiell erläutert werden (Bild 5/76).

Durch die Axialkolbenpumpe l wird der Brennstoffdruck vom Vordruck p_{B1} auf p_{B2} erhöht. Der Steuerkolben 2 der Axialpumpe wird rechts vom Brennstoffdruck p_{B2} und links von dem durch die Drossel 3 auf p_{B3} reduzierten Pumpendruck beaufschlagt. Die Stellung des Steuerkolbens 2 und damit die Fördermenge der Pumpe wird durch das Kräftegleichgewicht am Steuerkolben aus der Kraft der Feder 4 und den Kräften der hydraulischen Drücke links und rechts vom Kolben bestimmt.
Der Druck p_{B3} wird durch die Stellung des Hebels 5 beeinflusst, der den Abfluss des Brennstoffes aus der Düse 6 steuert. Mit wachsendem Verdichterenddruck p_1^* dehnt sich die barometrische Dose 7 aus und drosselt den Brennstoffrückfluss aus der Düse 6. Der Druck p_{B3} steigt an, verschiebt den Steuerkolben 2 nach rechts und erhöht die Fördermenge der Pumpe l. Damit wächst trotz konstanter Stellung der Drosselnadel 8 die zu den Düsen geförderte Brennstoffmenge.

Durch Veränderung der Vorspannung der Feder 9 mit Hilfe der Stellschraube 10 kann die Ausgangslage des Hebels 5 und damit die Beschleunigungszeit reguliert werden. Um den Rücklauf des aus der Steuerdüse 6 austretenden Brennstoffes zu gewährleisten, wird der Raum 11 mit dem Brennstoffzulaufdruck beaufschlagt. Deshalb muss der Einfluss von Schwankungen des Brennstoffdruckes p_{B1} auf die Lage des Hebels 5 über die barometrische Dose 7 ausgeschaltet werden Es ist notwendig eine zweite barometrische Dose 12 mit der gleichen Kraftcharakteristik anzuordnen, damit sich die aus Brennstoffdruckschwankungen entstehenden Dosenkräfte gegenseitig aufheben und nicht zu einer Veränderung der Drosselung der Steuerdüse 6 führen.

In der Praxis werden die Signale der verschiedenen Steuer- und Regeleinrichtungen (Drehzahlregler, Beschleunigungsregler, Temperaturregler, Höhenkorrektor usw.) in sinnvoller Weise kombiniert und dem Kolben 2 zugeführt, der über die Schrägstellung der Taumelscheibe die Fördermenge der Pumpe steuert. Dazu sind in diesem Beispiel eine große Anzahl weiterer Rechen- und Dämpfungs-Glieder sowie Begrenzungseinrichtungen, Stellglieder und Dosiernadeln notwendig.

5.15.5 Sicherheitseinrichtungen

Im Interesse der allgemeinen Flugsicherheit und im Interesse der Betriebssicherheit des Triebwerkes sind Einrichtungen notwendig die häufig mit der Triebwerkregelung im Zusammenhang stehen:

- Drehzahl- und Temperaturbegrenzungen,
- Leistungs-, Drehmoment- oder Schubbegrenzungen,
- Schwingungsmessanlagen,
- Leckventile,
- Schubumkehrverriegelungen,
- Metallabriebsignalisation für Schmierstofffilter

Alle *Begrenzungsanlagen* arbeiten automatisch, indem sie in die Regelung der Brennstoffzufuhr eingreifen.
Drehzahl- und Temperaturbegrenzung sind die wichtigsten Sicherheitseinrichtungen. Aus Gründen der Festigkeit, insbesondere des Turbinenschaufelmaterials, ist es erforderlich, Höchstwerte

von Turbineneintrittstemperatur und Rotordrehzahl nicht zu überschreiten. Die zulässige Maximaltemperatur ist bei höheren Drehzahlen geringer. Meistens wird die Temperaturbegrenzung nicht drehzahlabhängig, sondern nach einem Festwert ausgelegt. Drehzahl- und Temperaturbegrenzungseinrichtungen werden bei Störungen am Drehzahl- oder am Beschleunigungsregler wirksam.

Die *Schwingungsmessanlage* zeigt die Schwingungsgeschwindigkeit des Triebwerkes aufgrund von Unwuchten an. Bei Überschreitung bestimmter Grenzwerte muss das Triebwerk gedrosselt bzw. abgestellt werden, um größere Schäden zu vermeiden.

Automatisch gesteuerte *Leckventile* ermöglichen den Abfluss des unverbrannten Brennstoffes aus den Brennkammern nach Fehlstarts und verhüten dadurch eine Überhitzung beim nachfolgenden Anlassvorgang.

Die *Schubumkehrverriegelung* verhindert das selbständige Verstellen der Schubumkehrklappen und damit eine Schubumkehr während des Fluges.

Temperaturbegrenzungsanlagen

Es besteht die Aufgabe, die Turbineneintrittstemperatur sowohl beim Anlassen als auch in den oberen Leistungsstufen zu begrenzen. Da die zuverlässige Erfassung dieser Temperatur Schwierigkeiten bereitet (bei Startleistung über 1400 °C), verwendet man oft die erheblich niedrigere Turbinenaustrittstemperatur aus der HD-Turbine als Hilfsregelgröße. Sie liegt bei modernen mehrstufigen Turbinen in der Größenordnung 700 - 900 °C.

Leistungs- bzw. Drehmomentbegrenzung

Die mechanischen Bauelemente der Kraft- und Drehmomentübertragung sind bei PTL-Triebwerken für eine bestimmte Flughöhe ausgelegt. Für konstante Drehzahl sind in einem bestimmten Leistungsbereich Triebwerksdrehmoment und Turbineneintrittstemperatur einander etwa proportional.

Bei Einwellen-PTL, die in der Regel mit konstanter Drehzahl betrieben werden, entspricht demzufolge einem bestimmten, an der Luftschraube übertragenem Drehmoment gleichzeitig eine bestimmte Leistung und eine bestimmte Turbineneintrittstemperatur bei vorgegebenen Außenbedingungen. Entsprechend der natürlichen Höhencharakteristik von Gasturbinentriebwerken besteht bei PTL-Triebwerken unterhalb der Auslegungshöhe bzw. unterhalb einer bestimmten Außentemperatur die Gefahr einer Überschreitung des maximal zulässigen Drehmomentes bzw. der maximal zulässigen Leistung (vgl. Kapitel 5. 20. 2 und 5. 20. 3).

Auch aus diesem Grunde sind *Drehmomentmesseinrichtungen* eingebaut (vgl. Kapitel 5.11. 3). Der in dieser Messeinrichtung erzeugte hydraulische Druck ist dem Drehmoment und damit auch der Leistung des Triebwerkes und der Turbineneintrittstemperatur bei vorgegebenen Außenbedingungen proportional.

✦ Prinzipielle *Funktionsweise der Drehmomentbegrenzungsanlage* bei PTL:

Am Boden wird das maximal zulässige Drehmoment bei einer Turbineneintrittstemperatur erreicht, die noch deutlich unter der maximal zulässigen liegt. Vom hydraulischen Druck der Drehmomentmessanlage wird ein Ventil freigegeben, durch das ein erheblicher Anteil des bereits dosierten Brennstoffes in den Rücklauf abfließen kann. Mit wachsender Flughöhe sinken entsprechend dem geringeren Durchsatzleistung und Drehmoment. Im Brennstoffdosierungsautomat wird über den Druck in der Drehmomentmessanlage die Drosselung des Rücklaufbrennstoffes vergrößert. Damit erhöht sich die Brennstoffzufuhr und bei nunmehr höherer Turbineneintrittstemperatur stellt sich das maximale Drehmoment wieder ein.

Dieser Vorgang wiederholt sich mit wachsender Flughöhe so lange, bis die maximal zulässige Turbineneintrittstemperatur erreicht ist und die Temperaturbegrenzungsanlage in Funktion tritt.

Ab dieser Höhe fallen Leistung und Drehmoment des Triebwerkes mit zunehmender Flughöhe entsprechend dem natürlichen Höhenverhalten. Von der Drehmoment- und Temperaturbegrenzung wird die Höhencharakteristik eines PTL in zwei charakteristische Bereiche geteilt:

- konstantes Drehmoment, steigende Turbineneintrittstemperatur bis zum Erreichen der maximal zulässigen Temperatur,
- konstante Turbineneintrittstemperatur, abfallendes Drehmoment.

Die *Grenzhöhe* für konstantes Drehmoment bzw. der Arbeitsbeginn der Temperaturbegrenzung ist vom Gesamtdruck am Verdichtereingang abhängig. Ein Gesamtdruck von z. B. 750 hPa (vgl. Anhang 6), der als Grenzwert festgelegt sein könnte, entspricht bei der Geschwindigkeit v = 0 einer Höhe H = 2, 5 km. Bei einer Geschwindigkeit von 630 km/h tritt dieser Gesamtdruck erst in etwa 4 km Höhe auf (vgl. Kapitel 5. 20. 3).

Durch diesen Einfluss ist die Grenzhöhe geschwindigkeitsabhängig, und es ergeben sich geschwindigkeitsabhängige Maximaltemperaturen. Bei TL-Triebwerken wird die Leistungsbegrenzung meist durch Festlegung der maximalen Brennstoffzufuhr realisiert. Sie entspricht einer Schubbegrenzung. Theorie und Dynamik der Regelung werden allgemein und speziell für die Flugzeuggasturbinen in der Fachliteratur behandelt.

5.15.6 Baugruppen der Regelungs- und Steuerungsanlagen

Die hydromechanischen Regel- und Steuerungsanlagen von Gasturbinentriebwerken bestehen z.B. aus:

- Mess- und Übertragungsgliedern,
- elektrischen oder hydraulischen Schaltern und Verstärkern,
- Brennstoffregler
- Zündanlage,
- Reglerpumpen, Düsen und
- Begrenzungsanlagen.

✦ *Axialkolbenpumpe*

Die Axialkolbenpumpe, die zur Gruppe der Verdrängerpumpen gehört, wird häufig als Hochdruckbrennstoffpumpe eingesetzt.

Gegenüber einer Zahnradpumpe hat die Axialkolbenpumpe folgende Vorteile:

- regelbare Fördermenge bei konstanter Drehzahl,
- Fördermenge sinkt bei wachsendem Gegendruck nur geringfügig ab.

Von Nachteil ist bei gleicher Fördermenge, daß die Axialkolbenpumpe

- größer,
- schwerer und
- wesentlich komplizierter als eine Zahnradpumpe ist.

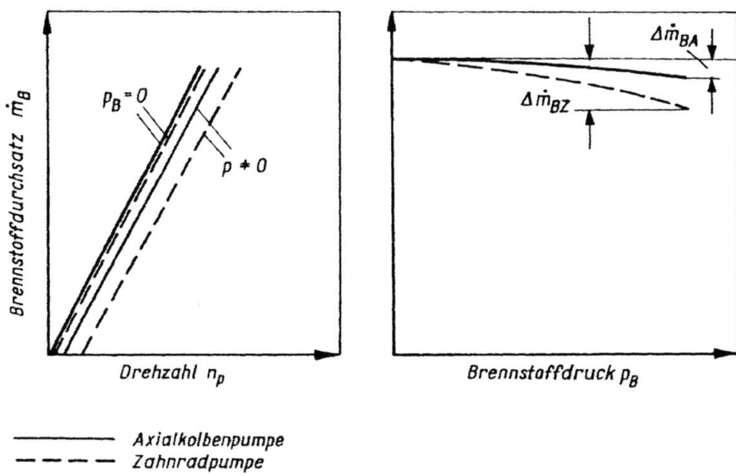

Bild 5/77: *Vergleich der Förderchararakteristiken von Axialkolben- und Zahnradpumpe*

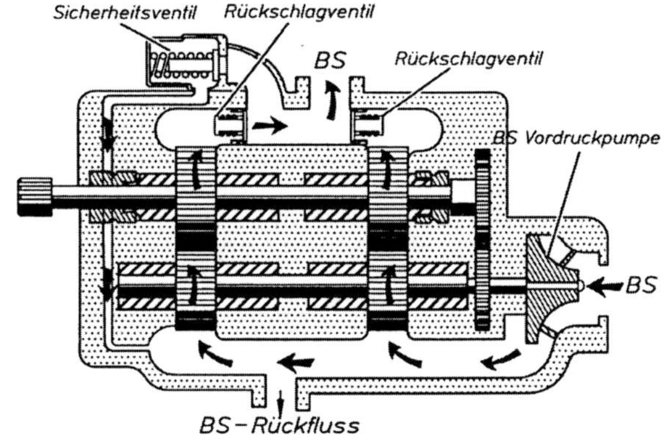

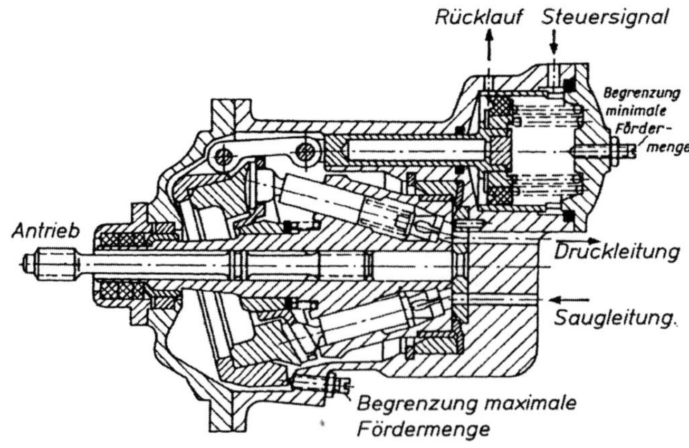

Bild 5/78: *Aufbau einer Hochdruck-Zahnradpumpe und - Axialkolbenpumpe*

Im Gehäuse der Axialkolbenpumpe ist der Zentralkörper 2 enthalten, in dem schräg ringförmig die einzelnen Pumpenzylinder angeordnet sind. Er ist zweimal gelagert und wird vom Triebwerk über die Antriebswelle angetrieben. Die Taumelscheibe ist mit Hilfe zweier Zapfen drehbar im Gehäuse gelagert und dient zum Antrieb der Pumpenkolben, die in den Zylindern des Zentralkörpers gleiten.

Sobald die Antriebsscheibe mit der Antriebswelle einen Winkel von 90° bildet, ist der Hub der einzelnen Pumpenkolben gleich Null. Wenn durch Verschiebung des Steuerkolbens über den Verbindungshebel die Taumelscheibe gedreht wird, so vergrößert sich der Hub und damit bei gleicher Antriebsdrehzahl die Fördermenge der Pumpe.

Durch die regulierbaren Anschläge werden mit dem Drehwinkelbereich der Taumelscheibe die minimale und maximale Fördermenge der Pumpe für eine bestimmte Drehzahl begrenzt. Die Stellung des Steuerkolbens wird durch die überlagerten hydraulischen Steuer- und Regelsignale (z.B. vom Drehzahlregler, vom Höhenkorrektor oder von der Drehmomentbegrenzungsanlage) bestimmt.

Die Konstruktion der Pumpe ist so ausgeführt, dass ein ständiger Kraftschluss zwischen Taumelscheibe und Pumpenkolben (bei einigen Konstruktionen sogar ein Formschluss) gewährleistet ist. Sie benötigt keine besondere Schmierung, soweit sie mit den üblichen Turbinenbrennstoffen (Viskosität etwa 1,5 cSt bei 20 °C) betrieben wird.

Wenn Brennstoffe mit schlechteren Schmiereigenschaften verwendet werden sollen, sind sie mit Schmierstoff zu mischen, oder es sind Pumpenkonstruktionen mit eigenem Schmiersystem notwendig.

■ *Technische Daten:*

- Förderströme bis zu 2 kg/s,
- Förderdrücke 50 - 100 daN/cm^2,
- Höchstdrehzahlen im Bereich von 4500 U/min,
- maximale Antriebsleistungen 20 - 30 kW.

Die gleiche Pumpenbauart wird auch als Hydraulikpumpe für geringere Fördermenge und größeren Druck angewendet.

✦ *Zweistufendüsen-Schaltung*

Das Verhältnis des Brennstoffdurchsatzes zwischen Startleistung und Leerlauf liegt bei TL-Triebwerken in der Größenordnung von 10. Die zum Anlassbeginn erforderliche Brennstoffmenge ist ebenfalls sehr gering. Die Einspritzdüsen sollen daher so konstruiert sein, dass sie sowohl beim Anlassen und Leerlauf eine gute Brennstoffzerstäubung gewährleisten, als auch den erforderlichen Brennstoffdurchsatz bei Startleistung mit 60 - 90 daN/cm^2 Druck ermöglichen. Sofern besondere Anlasseinspritzdüsen vermieden werden sollen, ist diese Forderung nur mit Mehrstufendüsen zu erfüllen.

Beim Anlassen sowie bei Drehzahlen, die einem Brennstoffdruck bis zu 14 daN/cm^2 entsprechen wird der Brennstoff über den Kanal I zugeführt und von der inneren Düse 1 zerstäubt Bei höheren Drehzahlen und Brennstoffdrücken fließt der Brennstoff über die Kanäle I und II zu den Düsen 1 und 2.

Die druckabhängige Zuschaltung des Kanals II bei größerem Brennstoffbedarf erfolgt über ein Steuerventil im Kommandogerät oder der Düse selbst. Es ist schematisch im Bild 5/83 dargestellt. Im Stillstand des Triebwerkes befinden sich beide Steuerkolben 3 und 4 in der rechten Grenzlage. Bereits bei geringerem Brennstoffdruck, eingestellt von den verschiedenen Dosierungseinrichtungen, wird der Steuerkolben 4 gegen die Kraft der Feder 6 nach links geschoben. Er verschließt dabei den Rücklaufkanal und gibt gleichzeitig den Weg über die Mittelbohrung des Steuerkolbens 3 zur I. Stufe der Einspritzdüse frei. Bei größerem Brennstoffdruck, entsprechend höherer Drehzahl oder Laststufe, wird der Steuerkolben 3 durch die hydraulische Kraft entgegen der Kraft der Feder 2 nach links geschoben und gibt dadurch zusätzlich den Weg zur II. Stufe der Einspritzdüsen frei.

Damit kann bei geringerer Druckerhöhung die Brennstoffzufuhr zu den Brennkammern wesentlich vergrößert werden. Die Charakteristik ist qualitativ im gleichen Bild dargestellt. Die Zweistufendüsen-Schaltung entlastet die Einspritzdüsen nach dem Abstellen des Triebwerkes. Durch Verlagerung des Steuerkolbens 3 aufgrund der Kraft der Feder 2 werden beide Einspritzleitungen mit dem Rücklauf verbunden.

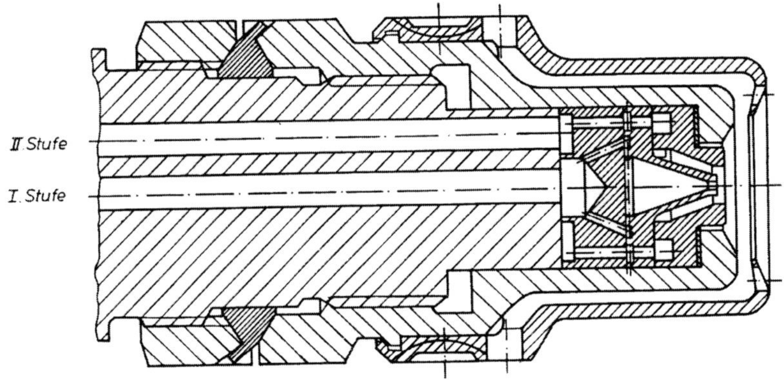

Bild 5/79: Längsschnitt durch eine Zweistufeneinspritzdüse

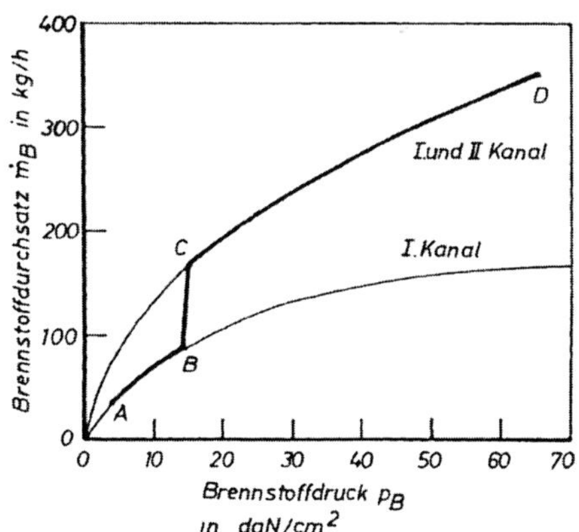

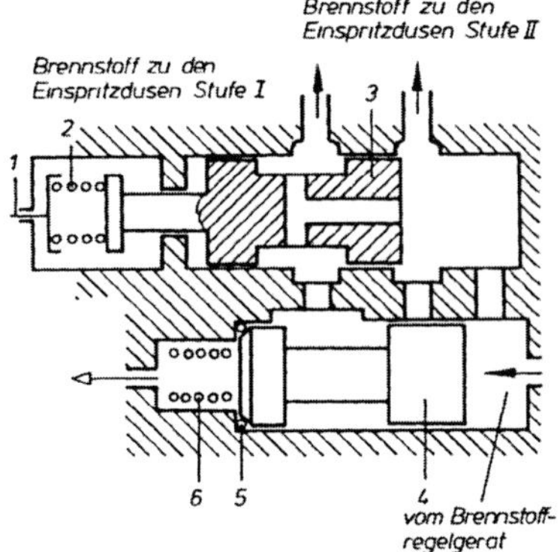

1 Regulierung der Federvorspannung
2 Feder
3 Steuerkolben
4 Steuerkolben
5 Dichtungsring
6 Feder

Bild 5/80: Zweistufenschaltung und ihre Charakteristik

Durch Einstellung der Federvorspannungen über Regulierungsschrauben können die Schaltdrücke für beide Steuerkolben beeinflusst werden.

✦ *Drehzahlregler*

Der Außenzustand der Luft, die Flughöhe und die Fluggeschwindigkeit beeinflussen die Rotordrehzahl von Gasturbinentriebwerken. Die Drehzahlverringerung von nur 1 % bewirkt bei Strahltriebwerken bereits eine Schubminderung bis 7 %. Eine der wichtigsten Aufgaben der Triebwerksregelung besteht daher in der automatischen exakten Einhaltung einer vorgegebenen Drehzahl (± 0, 5 % vom Sollwert) innerhalb des Betriebsbereiches (etwa ab 80 % der Startschubdrehzahl).

5.15.7 Anzeigen für die Leistungsüberwachung

Bei ZTL mit hohen By-pass-Verhältnissen erfolgt je nach Hersteller die Leistungseinstellung, -anzeige und -überwachung nach verschiedenen Parametern (Engine Indication and Crew Alerting System – *EICAS*) z. B.:

GENERAL ELECTRIC: (CF6-80)	Primäre Triebwerksparameter:	*N1* und *EGT*
	Sekundäre Triebwerksparameter:	*N2, FF, pSS, tSS, mSS* und *Vibration*
PRATT&WHITNEY: (PW 4000, PW 2000)	Primäre Triebwerksparameter:	*EPR, N1* und *EGT*
	Sekundäre Triebwerksparameter:	*N2, FF, pSS, tSS* und *mSS*
CFM International: (CFM56-7)	Primäre Triebwerksparameter:	*N1, EGT, N2* und *FF*
	Sekundäre Triebwerksparameter:	*pSS, tSS, mSS* und *Vibration*

5.16 Einstromtriebwerke (ETL) – turbojet

5.16.1 Aufbau, Arbeitsweise und Konzeption

Einstromtriebwerke sind Gasturbinentriebwerke mit vorgeschaltetem Eingangsteil und nachgeschalteter Schubdüse. Verdichter und Turbine sind über eine gemeinsame Welle miteinander verbunden. Zwischen Verdichter und Turbine ist die Brennkammer mit der Brennstoffzuführung angeordnet.

Die Baugruppe Verdichter, Brennkammer und Turbine wird häufig auch als *Gaserzeuger* für den Schubwandler Schubdüse bezeichnet. Die Vortriebsleistung wird ausschließlich in der Schubdüse durch Umwandlung der hinter dem Gaserzeuger vorhandenen potentiellen und Wärmeenergie in kinetische Energie erzeugt. Einstromtriebwerke benötigen je nach erforderlicher Verdichterleistung ein bis drei Turbinenstufen. Einstromtriebwerke, ursprünglich als Unterschalltriebwerke entwickelt, dienen heute auch als Antrieb für Überschallflugzeuge.

Für diese Einsatzzwecke kommen ausschließlich Triebwerke mit Axialverdichter und Nachverbrennung in Ein- und Zweiwellenbauart in Frage. Die derzeitig eingesetzten Triebwerke sind oft aus Gasturbinentriebwerken der fünfziger Jahre entstanden (SNECMA ATAR, GE 4, ROLLS - ROYCE RA.29/6, Olympus 602).

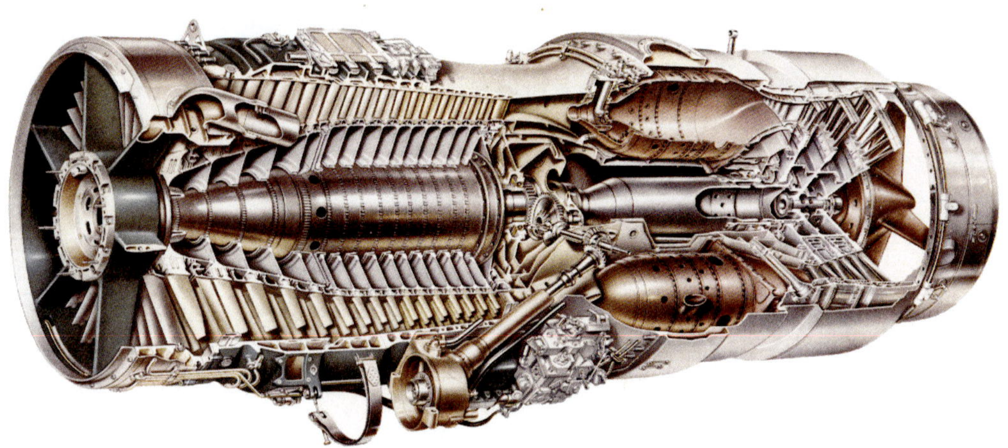

Bild 5/81: Einwellen-ETL AVON RA29/6 (ROLLS-ROYCE)

Einwellen-Triebwerke der größeren Schubklasse erreichten Verdichterdruckverhältnisse bis 15. Das machte umfangreiche Einrichtungen zur Erweiterung des Verdichterbetriebsbereiches erforderlich. So wurden z.B. beim Triebwerk J-79 die ersten sechs Leiträder des Verdichters verstellbar ausgeführt. Beim Triebwerk GE 4 waren mit Ausnahme der zweiten und dritten Verdichterstufe z.B. alle Leitschaufeln verstellbar.

In der Tabelle 5/14 sind einige Daten und Kennwerte von Einstromtriebwerken zusammengestellt (vgl. Anhang 15). Alle Angaben beziehen sich auf den Startschub am Boden unter INA - Bedingungen.

Tabelle 5/14: Daten und Kennwerte von Einstromtriebwerken

Schub	S	50 - 14 000	daN
Schub mit NB	S_{NB}	1 500 - 22 000	daN
spezifischer Schub (ohne NB)	s	50 - 80	daN·s/kg
Luftmassendurchsatz		1 - 287	kg/s
Verdichterdruckverhältnis		3 - 15	
spezifischer Brennstoffverbrauch (ohne NB)	b_s	1, 4 - 0, 7	kg/daN·h
Schub-Masse-Verhältnis (Schub ohne NB, Masse mit NB)	S/m	2, 5 - 7	daN/kg
Schub-Stirnflächen-Verhältnis (Schub ohne NB)	S/A	1500 - 5000	daN/m^2
Verhältnis der spezifischen Verbräuche	b_{sNB}/b_s	1, 5 - 3, 5	

5.16.2 Allgemeines zum Betriebsverhalten

Unter dem *Betriebsverhalten* eines ETL versteht man das Verhalten der wichtigsten Betriebsdaten und -kennwerte:

- Schub und spezifischer Brennstoffverbrauch bei verschiedenen Drehzahlen und konstantem Flugzustand (H = konstant, v = konstant), verschiedenen Flugzuständen und konstanter Drehzahl (n = konstant),
- Turbineneintrittstemperatur
- Luftmassendurchsatz
- Verdichterdruckverhältnis
- spezifischer Schub

Zum Betriebsverhalten zählen im allgemeinen auch

- Anlassverhalten
- Beschleunigungsverhalten
- Wiederzündverhalten und
- Verhalten bei großen Anstellwinkeln (Schräganblasung)

Das Betriebsverhalten eines Gasturbinentriebwerkes wird wesentlich durch das seiner Baugruppen bestimmt. Hierbei ist die Regelung des Verdichters im Gegensatz zur Turbine von besonderer Bedeutung. Bei der Turbine kommt es vor allem auf die Begrenzung der Eintrittstemperatur an. Die Darstellung des Betriebsverhaltens erfolgt in Drehzahl- Geschwindigkeits- und Höhencharakteristiken.

5.16.3 Drehzahlcharakteristik

In der Drehzahlcharakteristik (Bild 5/83a) ist der Verlauf von Schub und spezifischem Brennstoffverbrauch bei konstantem Flugzustand in Abhängigkeit von der Triebwerksdrehzahl dargestellt. Je nach Größe des Triebwerkschubs unterscheidet man im gesamten Drehzahlbereich im allgemeinen mehrere *Betriebszustände* bzw. *Leistungsstufen:*

- *Volllast: (Dry takeoff)*
  Der maximale Schub wird bei höchster Drehzahl erreicht. Dabei tritt die maximal zulässige Turbineneintrittstemperatur auf.
- *Maximale Dauerlast: (Maximum continuous)*
  Schub und Turbineneintrittstemperatur sind etwa 5 - 10 % geringer als bei Volllast, die Drehzahl ist etwa 3 % geringer. Dieser Betriebszustand liegt meist der thermodynamischen, strömungstechnischen und festigkeitsmäßigen Auslegung des Triebwerkes zugrunde . Er wird in der Regel bei Ausfall eines Triebwerkes benutzt.
- *Maximallast für den Steigflug: (Maximum climb)*
  Einhaltung einer bestimmten Turbineneintrittstemperatur während des Steigfluges durch Reduzierung des Brennstoffdurchsatzes.
- *Maximale Reiselast: (Maximum cruise)*
  Der Schub ist etwa 20 - 50 % und die Drehzahl etwa 10 % geringer als bei Volllast.
- *Leerlauf: (idle)*
  Der Schub beträgt etwa 3 - 7 % des Vollastschubs und die Drehzahl etwa 20 - 40 % der Maximaldrehzahl. Dieser Schub ist meist für das Rollen des Flugzeuges am Boden ausreichend. Die maximal zulässige Turbineneintrittstemperatur ist begrenzt.

Zu jedem Betriebszustand gehört eine bestimmte Turbineneintrittstemperatur. Die höchsten Werte für T_4^* stellen sich bei Volllast und bei Drehzahlen n < Leerlauf ein (vgl. Bild 5/36). Die jeweilige Größe ist u.a. für die Festlegung der maximal zulässigen Betriebsdauer in den einzelnen Betriebszuständen des Triebwerkes von Bedeutung (vgl. Kapitel 5.7.6). Deshalb kommt es darauf an, eine Überschreitung von T_{4max}^* im Bereich der maximalen und minimalen Drehzahl durch besondere Regeleinrichtungen zu verhindern.

Für den *Schub* eines Triebwerkes gilt:

$$S = \dot{m}_L \cdot s \qquad (5/78)$$

Da sich der Luftdurchsatz etwa mit der ersten und der spezifische Schub s etwa mit der zweiten Potenz der Drehzahl ändert, steigt der Schub eines Triebwerkes etwa proportional mit der 3. Potenz der Drehzahl

$$S \sim n^3 \qquad (5/79)$$

Erfahrungsgemäß trifft diese Abhängigkeit nur für den Drehzahlbereich $N_{LL} < n < n_{nenn}$ zu. Im Bereich $n > n_{nenn}$ verringert sich der Anstieg des Schubs mit zunehmender Drehzahl.

Der *spezifische Brennstoffverbrauch* ist:

$$b_s = \frac{\dot{m}_B}{\dot{m}_L \cdot s} \qquad (5/80)$$

Die Größe des Brennstoff-Luft-Verhältnisses $\dot{m}_B / \dot{m}_L$ bestimmt die Turbineneintrittstemperatur. Das Verhältnis sinkt zunächst mit zunehmender Drehzahl auf einen bestimmten Wert und steigt dann wieder. Analog ist der Verlauf der Turbineneintrittstemperatur, während der spezifische Schub ständig zunimmt. Aus diesen Abhängigkeiten ergibt sich der Verlauf des spezifischen Brennstoffverbrauches. Mit steigender Drehzahl sinkt der spezifische Brennstoffverbrauch zunächst ab, erreicht zwischen Reise- und maximaler Dauerlast sein Minimum und steigt dann infolge der schnelleren Zunahme des Brennstoff-Luft-Verhältnisses gegenüber dem spezifischen Schub wieder an.

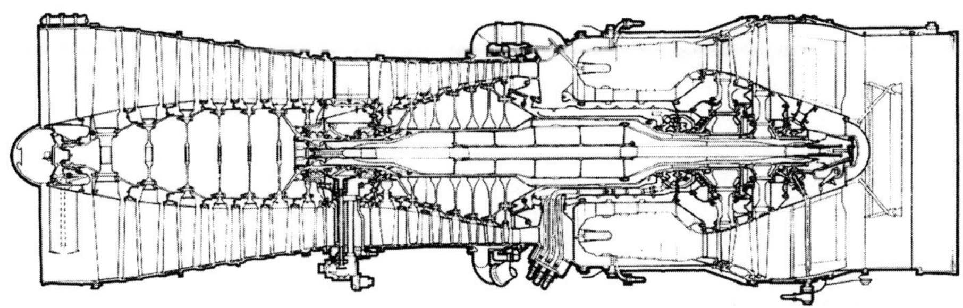

Bild 5/82: Zweiwellen-ETL Olympus 593 mit Nachbrenner (Rolls-Royce SNECMA) des Überschallverkehrsflugzeuges CONCORDE

Der Unterschied in der Drehzahlcharakteristik des Einwellen-ETL zum Zweiwellen-ETL liegt hauptsächlich im Teillastbereich durch den besseren Wirkungsgrad des Zweiwellen-Verdichters und damit im günstigerem spezifischen Brennstoffverbrauch bei gleichen Ausgangsdaten (Bild 5/83b).

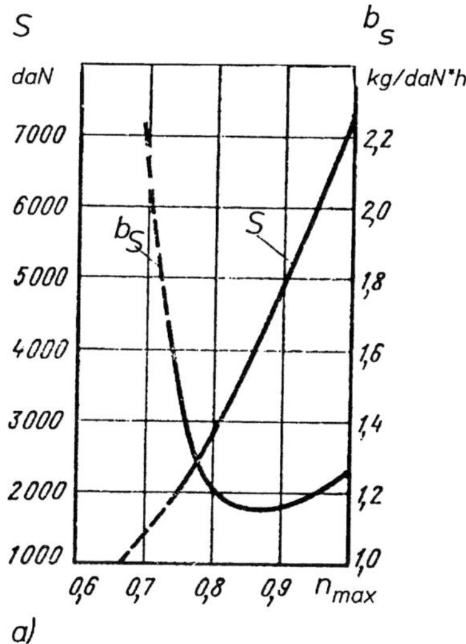

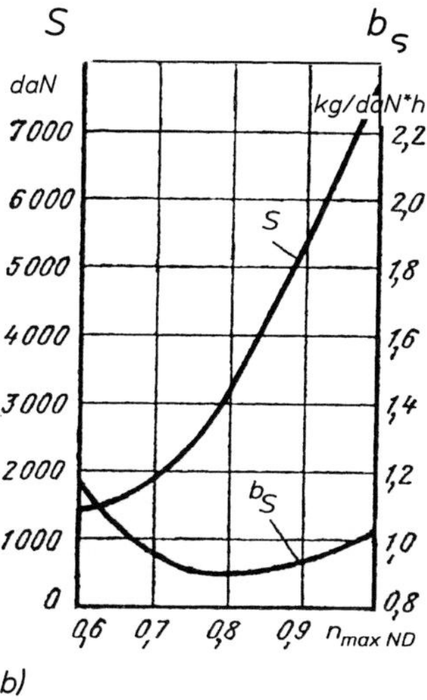

Bild 5/83: a) Drehzahlcharakteristik eines Einwellen-ETL (H=0, M=0,)
b) Drehzahlcharakteristik eines Zweiwellen-ETL (H=0, M=0, $\pi_V^*=12$, $T_4^*= 1400$ K)

Besonderheiten der Drehzahlcharakteristik von Zweiwellen-Triebwerken gegenüber Einwellen -Triebwerken:

- Jede Laststufenänderung (durch Veränderung der Brennstoffzufuhr oder des Schubdüsenaustrittsquerschnittes) führt zu einer Änderung des Drehzahlverhältnisses von Hoch- und Niederdruckrotor. Die Ursache liegt in der unterschiedlichen Änderung der Anstellwinkel an der Verdichterbeschaufelung bei Veränderung der Drehzahl. Bei Verringerung der Brennstoffzufuhr verkleinert sich das Drehzahlverhältnis n_{ND}/n_{HD} und umgekehrt.

- Zweiwellenverdichter haben besonders im mittleren Drehzahlbereich einen bedeutend besseren Wirkungsgrad. Die Triebwerke erreichen deshalb einen besseren spezifischen Brennstoffverbrauch als Einwellentriebwerke.
- Die Verringerung des Schubdüsenaustrittsquerschnittes bei Zweiwellentriebwerken führt unabhängig vom Regelungsprogramm n_{HD} = konstand oder n_{ND} = konstant immer zu einer Vergrößerung der Stabilitätsreserve des Niederdruckverdichters. Die Ursache dafür liegt in der Vergrößerung von $(c_{ax}/u)_{ND}$ und damit in der Verringerung der Anstellwinkel der Niederdruckverdichterbeschaufelung.

Die Angaben in der Drehzahlcharakteristik erfolgen bei Zweiwellen-Triebwerken auch in Abhängigkeit von der Drehzahl des Hochdruckrotors.

5.16.4 Geschwindigkeits- und Höhencharakteristik

Die *Geschwindigkeitscharakteristik* stellt den Verlauf von Schub und spezifischem Brennstoffverbrauch bei konstanter Drehzahl und Flughöhe in Abhängigkeit von der Fluggeschwindigkeit dar. Zusätzlich wird oft der Geschwindigkeitseinfluss auf die Turbineneintrittstemperatur, den stündlichen Brennstoffverbrauch, den Luftdurchsatz und den spezifischen Schub angegeben.

Die Fluggeschwindigkeit beeinflusst den Luftdurchsatz, den spezifischen Schub und nach Gl. (5/78) und (5/80) den Schub und den spezifischen Brennstoffverbrauch des Triebwerkes.

Im Bereich kleiner Flugmachzahlen ($M < 0,4 - 0,5$) nimmt der Schub mit zunehmender Fluggeschwindigkeit zunächst ab, da die Zunahme des Luftdurchsatzes die Verringerung des spezifischen Schubs noch nicht kompensiert. Erst mit höherer Fluggeschwindigkeit überwiegt die Zunahme des Luftdurchsatzes, der Schub steigt wieder an und kann bei geringen Verdichterdruckverhältnissen wesentlich über dem Standschub liegen.

Bei sehr großen Fluggeschwindigkeiten ($c_9 \approx v$) wird infolge der weiteren Abnahme des spezifischen Schubs der absolute Schub immer kleiner und verschwindet schließlich ganz.

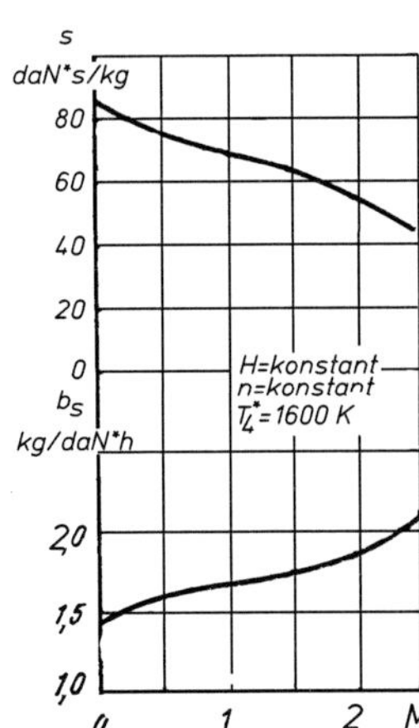

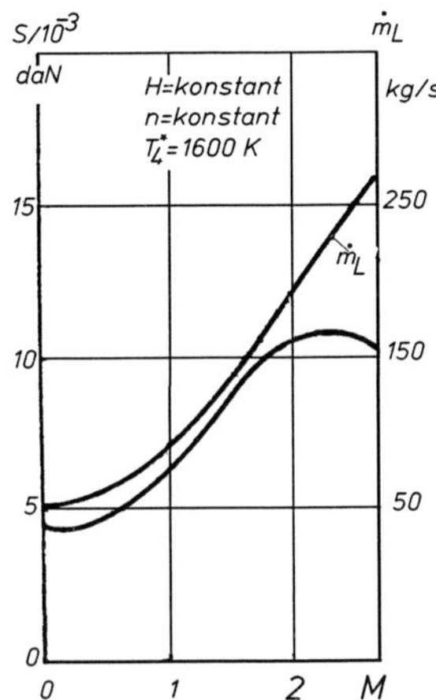

Bild 5/84: Einfluss der Fluggeschwindigkeit (Machzahl M) auf Schub S, spezifischen Schub s, Luftdurchsatz $\dot{m}_L$ und spezifischen Brennstoffverbrauch b_s eines Einwellen-ETL

Nach Gl. (5/80) ist der spezifische Brennstoffverbrauch umgekehrt proportional dem spezifischen Schub und dem Luftdurchsatz. Er nimmt mit zunehmender Geschwindigkeit zunächst stark zu. Im mittleren Geschwindigkeitsbereich wird der Anstieg geringer. Bei sehr hohen Geschwindigkeiten ($c_9 \approx v$) strebt er gegen Unendlich.

Die Geschwindigkeitscharakteristik für ein *Zweiwellen-Triebwerk* weist zusätzlich einige Besonderheiten auf: Entsprechend dem Regelungsprogramm n_{HD} = konstant und A_9 = konstant kommt es bei Vergrößerung der Fluggeschwindigkeit zu einer Vergrößerung von $(c_{ax}/u)_{ND}$ und damit zu einer Vergrößerung des Druckverhältnisses des Niederdruckverdichters.

Die Verringerung der erforderlichen HD-Verdichterleistung führt bei n_{HD} = konstant zu einer Verringerung der Brennstoffzufuhr, um ein Ansteigen von n_{HD} zu verhindern. Dadurch sinkt die Turbineneintrittstemperatur T_4^* und die Niederdruckverdichterdrehzahl n_{ND}.

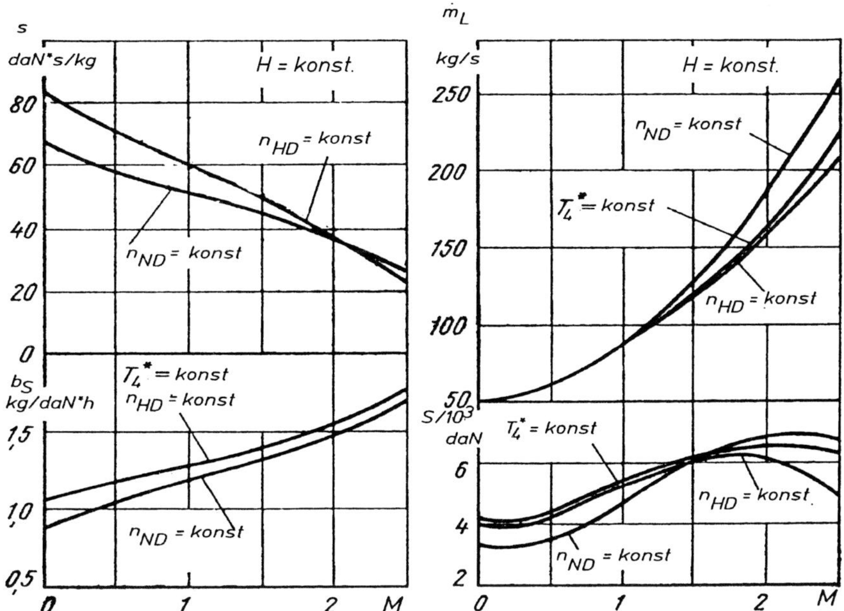

Bild 5/85: Geschwindigkeitscharakteristik eines Zweiwellen-ETL bei verschiedenen Regelungsprogrammen

Im Fall des Regelungsprogramm n_{ND} = konstant und A_9 = konstant liegen die Verhältnisse umgekehrt. Mit zunehmender Fluggeschwindigkeit vergrößern sich Turbineneintrittstemperatur T_4^* und Hochdruckverdichterdrehzahl n_{HD}.

In der *Höhencharakteristik* ist der Verlauf von Schub und spezifischem Brennstoffverbrauch bei konstanter Drehzahl und Geschwindigkeit in Abhängigkeit von der Flughöhe dargestellt. Oftmals wird auch der Höheneinfluss auf T_4^*, den stündlicher Brennstoffverbrauch, den Luftdurchsatz und den spezifischen Schub angegeben. Die Flughöhe beeinflusst den Luftdurchsatz, den spezifischen Schub und nach Gl. (5/78) und (5/80) den Schub und den spezifischen Brennstoffverbrauch des Triebwerkes.

Man unterscheidet für die Höhencharakteristik zwei Höhenbereiche, die Troposphäre mit T = f (H) und die Stratosphäre mit T = konstant. Beide werden von der Tropopause getrennt. Die Höhe der Tropopause ist von den Jahreszeiten und den geographischen Breiten abhängig. In der ISO-Normatmosphäre wurde die Tropopause bei H = 11 km und die Temperatur darüber mit T = 216,65 K (-56, 5 °C) festgelegt.

Aus Bild 5/86 ist ersichtlich, dass mit zunehmender Flughöhe bis 11 km die Luftdichte langsamer als der Luftdruck abnimmt, da auch die Temperatur der Luft ständig abnimmt. Infolge der Temperaturabnahme erhöht sich mit zunehmender Flughöhe die Flugmachzahl und damit nach Gl. (5/26) das Gesamtstaudruckverhältnis.

Gleichzeitig erhöht sich auch das Verdichterdruckverhältnis und damit das Gesamtdruckverhältnis π_{ges}^*. Dadurch fällt bis zu einer Flughöhe von 11 km der Luftmassendurchsatz im Triebwerk langsamer als die Luftdichte und damit auch langsamer als der Luftdruck.

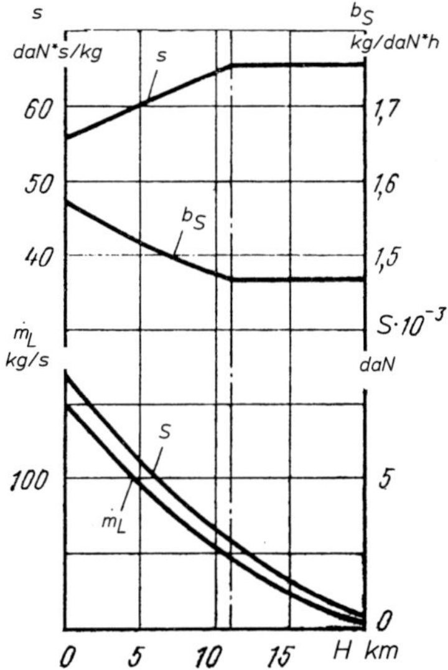

Bild 5/86: Höhencharakteristik eines ETL

Der *spezifische Schub* ist bei v = konstant von der Schubdüsenaustrittsgeschwindigkeit abhängig. Durch Vergrößerung von c_9 kann der spezifische Schub um 40 - 50 % bis zu einer Flughöhe von 11 km zunehmen. Bei unvollständiger Entspannung ist die Zunahme geringer.

Damit ergibt sich mit zunehmender Höhe bis 11 km nach Gl. (5/78) ein Schubabfall, der geringer ist als die Abnahme des Luftdurchsatzes. Sinkt z.B. der Luftdruck auf 1/5 ab, so sinkt der Luftdurchsatz auf 1/3 und der Schub nur etwa auf die Hälfte seines Ausgangwertes.

Nach Gl. (5/80) verringert sich der spezifische Brennstoffverbrauch, da sich der spezifische Schub stärker erhöht als das Brennstoff-Luftverhältnis abnimmt. Im Höhenbereich H = 11 - 20 km bleibt die Temperatur der Atmosphäre und damit der spezifische Schub und spezifische Brennstoffverbrauch etwa konstant.

Der *Luftdurchsatz* ändert sich proportional dem Luftdruck. Damit ändert sich nach Gl. (5/78) der Schub proportional dem Luftdruck. Der spezifische Brennstoffverbrauch bleibt zunächst unverändert, nimmt jedoch wegen der Verschlechterung des *Umsetzungsgrades* in der Brennkammer in größeren Höhen wieder zu.

Bei Zweiwellen-Triebwerken mit dem Regelungsprogramm n_{ND} = konstant und A_9 = konstant verringern sich mit zunehmender Flughöhe bis H = 11 km die Temperatur T_4^* und die Drehzahl des Hochdruckrotors. Mit abnehmender Außentemperatur T_H^* verringert sich die erforderliche Niederdruckverdichterleistung.

Zur Aufrechterhaltung von n_{ND} = konstant muss die Brennstoffzufuhr verringert werden. Dies führt zum Absinken der Hochdruckverdichterdrehzahl. Über 11 km bleiben Turbineneintrittstemperatur und Drehzahlen konstant, wenn die Temperatur T_H* konstant bleibt. Im Fall n_{HD} = konstant und A_9 = konstant sind die Verhältnisse umgekehrt. Die erforderliche Hochdruckverdichterleistung erhöht sich. Zur Sicherung von n_{HD} = konstant muss die Brennstoffzufuhr erhöht werden. Damit steigen die Turbineneintrittstemperatur T_4^* und die Niederdruckverdichterdrehzahl N_{ND}. Über H = 11 km bleiben sie ebenfalls konstant.

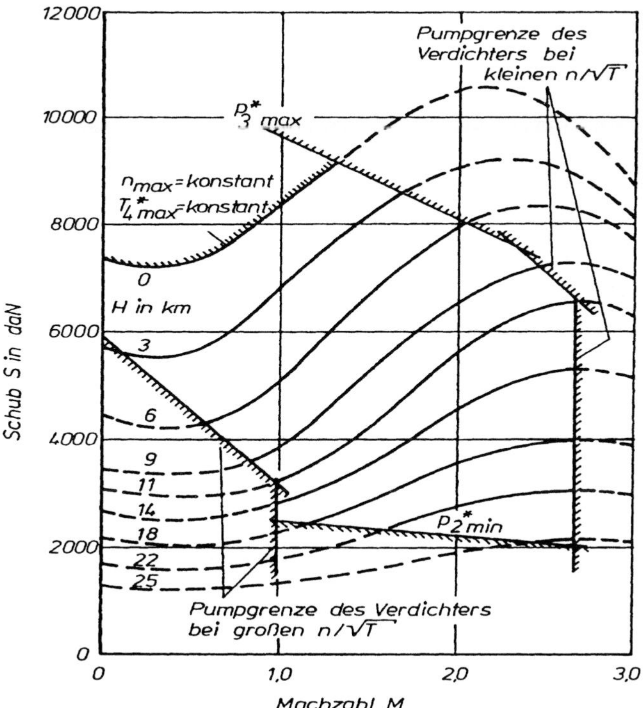

Bild 5/87: Beispiel für den möglichen Betriebsbereich eines Triebwerkes in der Geschwindigkeits- und Höhen-Charakteristik

Aus Bild 5/87 ist zu erkennen, dass nicht der gesamte theoretisch mögliche Schubbereich genutzt werden kann, da ein Triebwerk den folgenden Betriebseinschränkungen unterliegt.

- *Festigkeitsbegrenzung einzelner Baugruppen:*
  Die erforderliche Festigkeit einzelner Baugruppen wird hauptsächlich von der Drehzahl, der Turbineneintrittstemperatur, der Fluggeschwindigkeit und der Flughöhe bestimmt. Die Belastung kann nach Parametern wie Gesamtdruck hinter dem Verdichter, Luftmassendurchsatz, Drehmoment usw. beurteilt werden. In der Praxis hat sich der Gesamtdruck hinter dem Verdichter als Kriterium bewährt, da er leicht messbar ist.
  Der maximale Gesamtdruck hinter dem Verdichter tritt meist mit der maximalen Drehzahl und der maximalen Turbineneintrittstemperatur auf.
  Die entsprechende Begrenzung von $p_{2\,max}^*$ erfolgt durch Verringerung der Drehzahl. Besonders in geringen Flughöhen wird dadurch der verfügbare Schub eingeschränkt.
- *Konstruktive Begrenzungen:*
  Konstruktive Einschränkungen bezüglich der Förderleistung von Brennstoffpumpen (besonders der Nachbrennerpumpen) ergeben sich aus den erforderlichen Konstruktionsmassen und Abmessungen für hohe Geschwindigkeiten in niedrigen Höhen.
  Für die Einhaltung aller genannten Begrenzungen sind besonders an Triebwerken für große

Flughöhen und -geschwindigkeiten umfangreiche Steuerungs- und Regeleinrichtungen erforderlich.

- Stabilitätsbegrenzungen einzelner Baugruppen zur Vermeidung eines instabilen Betriebs der Brennkammer und des Verdichters:
  - Bei Vergrößerung der Flugmachzahl und Verringerung der Flughöhe stellen sich kleine Bezugsdrehzahlen $n / \sqrt{T}$ ein. Das kann zum Überschreiten der Pumpgrenze des Verdichters führen.
  - Bei Verringerung der Flugmachzahl und Vergrößerung der Flughöhe kommt es zu einem Anstieg der Bezugsdrehzahl $n / \sqrt{T}$ und ebenfalls zum möglichen Überschreiten der Pumpgrenze des Verdichters.
  - Zur Sicherung eines stabilen Brennkammerbetriebs darf in keinem Flugzustand ein bestimmter minimaler Brennkammereintrittsdruck p_{3min} unterschritten werden. Durch diese Stabilitätsbegrenzung erfolgt z.B. eine weitere Einschränkung des verfügbaren Schubs auf einen „minimalen Kleinstwert“ (der nicht unterschritten werden kann).

5.17 Zweistromtriebwerke (ZTL) – turbofan

5.17.1 Aufbau, Arbeitsweise und Konzeption

Mit der Einführung des Einstromtriebwerkes wurden im Luftverkehr Vergrößerungen der Fluggeschwindigkeit und des Leistungs-Masse-Verhältnisses erreicht. Besonders für Fluggeschwindigkeiten M< 1 blieben einige Wünsche unerfüllt. Die Verbesserung der Wirkungsgrade konnte nur mit sehr hohem Aufwand erzielt werden.

Der große Unterschied zwischen Fluggeschwindigkeit und Schubdüsenaustrittsgeschwindigkeit wirkte sich ungünstig auf den äußeren Wirkungsgrad aus (vgl. Kapitel 5.2.4). Das führte zur Entwicklung von PTL und ZTL.

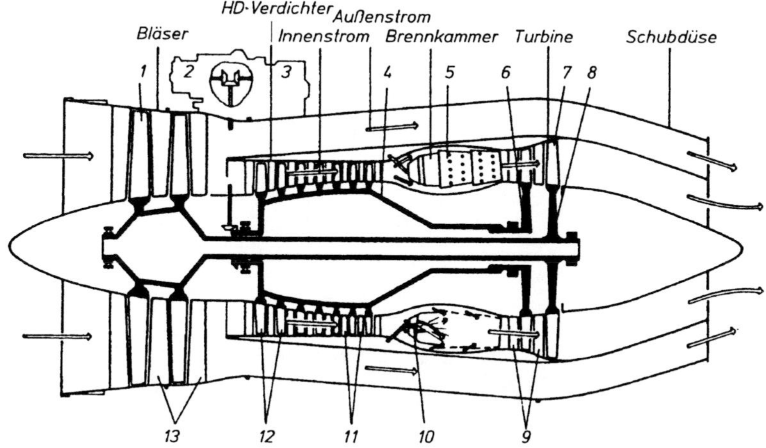

a) ZTL-Schema ohne Abgasstrahlmischung

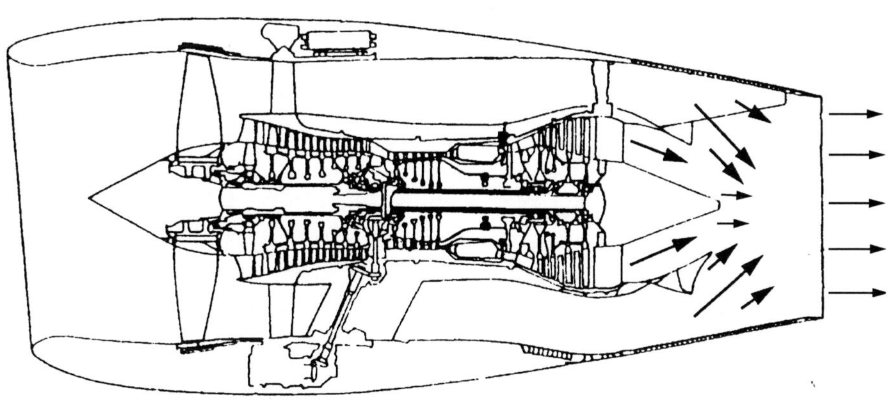

b) ZTL-Schema mit Abgasstrahlmischung

1 Gebläse-Laufschaufeln
2 Startergenerator
3 Brennstoffpumpe und Regler
4 Verdichter-Rotor
5 Flammrohr
6 HD-Turbine zum Verdichterantrieb
7 Turbinen-Laufschaufeln
8 ND-Turbine zum Gebläseantrieb
9 Turbinen-Leitschaufeln
10 Brennstoff-Einspritzdüse
11 Verdichterleitschaufeln
12 Verdichter-Laufschaufeln
13 Fan-Leitschaufeln

Bild 5/88: ZTL mit und ohne Abgasstrahlmischung

Die Entwicklung der ZTL wurde durch die weitere Vergrößerung der Turbineneintrittstemperatur und des Verdichterdruckverhältnisses möglich. ZTL sind Gasturbinentriebwerke, bei denen nicht das gesamte freie Wärmegefälle hinter dem Gaserzeuger den Gasstrom in der Schubdüse beschleunigt. Der andere Teil des freien Wärmegefälles wird zum Antrieb einer weiteren Turbine verwendet, die über eine Welle einen Niederdruckverdichter oder Bläser (Fan) antreibt.

Der dadurch erzeugte Außenluftstrom umströmt je nach Auslegung den Gaserzeuger frei oder in einem geschlossenen Kanal. Er gelangt bei Triebwerken mit *Strahlmischung* aus der gemeinsamen Schubdüse, bei Triebwerken ohne Strahlmischung aus einer eigenen Schubdüse ins Freie.

Vorteile des ZTL gegenüber dem ETL:

- geringerer spezifischer Brennstoffverbrauch,
- besserer äußerer Wirkungsgrad,
- trotz Schubsteigerung eine Verminderung der Lärm- und Abgasrauchentwicklung.

Unabhängig vom *By-pass-Verhältnis* Λ (Verhältnis zwischen Außenstrom- und Gaserzeuger-Luftdurchsatz) können ZTL in mehrere Schubklassen eingeordnet werden:

- kleine Triebwerke $S < 6\,000$ daN
- mittlere Triebwerke $S = 6\,000 - 12\,000$ daN
- große Triebwerke $S > 12\,000$ daN

Tabelle 5/16: Daten und Kennwerte von Zweistromtriebwerken

Daten bzw Kennwerte	Symbol	Zahlenwerte	Maßeinheiten
Startschub	S	200 - 55 000	daN
Gesamtluftmassendurchsatz	$\dot{m}_L$	20 - 1450	kg/s
Verdichter- Druckverhältnis	π_v^*	5 - 45	
spezifischer Brennstoffverbrauch	b_s	0,5 – 0,26	kg/daN · h
By-pass-Verhältnis	Λ	0,3 - 10	

Alle Angaben beziehen sich auf den Startschub am Boden unter INA-Bedingungen

ZTL werden in l-, 2- und 3-Wellen-Bauart ausgeführt. 2-Wellen-Triebwerke sind am meisten verbreitet. Bei ZTL mit großen Verdichterdruckverhältnissen wird neben der 2-Wellen-Bauart auch die 3-Wellen-Ausführung verwendet. Bei dieser Konzeption werden Niederdruck-, Mitteldruck- und Hochdruckverdichter über drei konzentrische Wellen von drei getrennten Turbinen angetrieben (Bild 5/89).

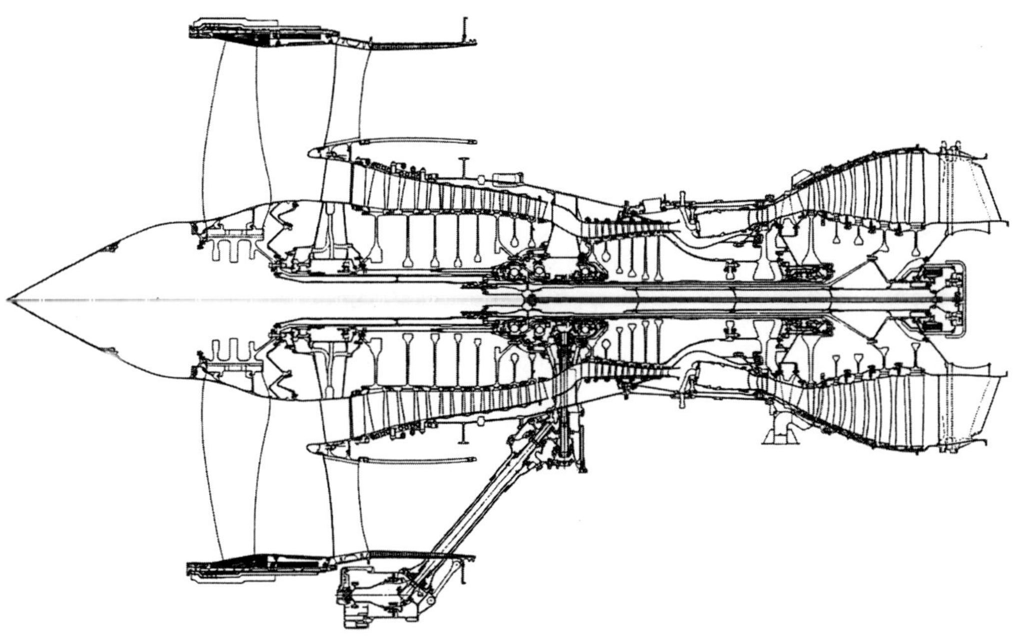

Bild 5/89: Dreiwellen-ZTL TRENT 700 (Rolls-Royce) für den A330

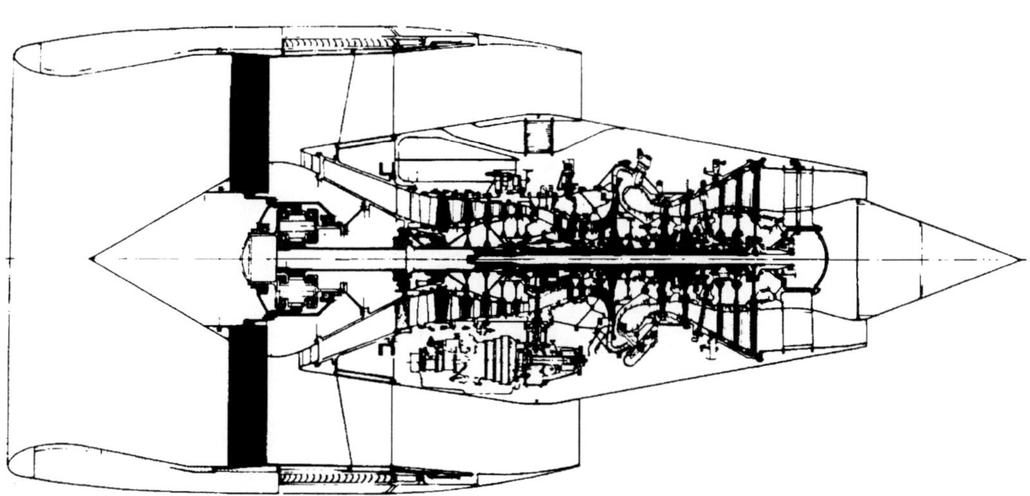

Bild 5/90: ZTL D-727 mit Untersetzungsgetriebe für den Bläser und einem By-pass-Verhältnis $\Lambda \approx 13$

Die 3-Wellen-Bauart erfordert nur unter bestimmten Umständen eine Verdichterleitschaufelverstellung, da sich die drei Verdichter jeweils an die verschiedenen Betriebs- und Flugzustände durch unterschiedliche Drehzahlen anpassen.

Bei der 2-Wellen-Bauart sind Bläser und Niederdruckverdichter bzw. nur der Niederdruckverdichter über eine Welle mit der mehrstufigen Niederdruckturbine verbunden Der Hochdruckverdichter, oft mit Leitschaufelverstellung in mehreren Stufen, ist über eine zweite Welle (Hohlwelle) mit der Hochdruckturbine gekoppelt.

Aus Bild 5/91 sind die wichtigsten ZTL-Bauweisen ersichtlich Die *front-fan -Bauart* (Bläsertriebwerk, Bild 5/91 b) besitzt einen gemeinsamen Lufteinlauf, einen gemeinsamen Bläser oder Niederdruckverdichter für den Außen- und Innenstrom. Hinter dem Bläser oder Niederdruckverdichter wird die verdichtete Luft in den Außen- und Innenstrom geteilt Der Außenstrom expandiert in einer eigenen Schubdüse. Beide Ströme werden nicht gemischt.

Bei der *By-Pass-Bauart* (Mantelstromtriebwerk, Bild 5/91 a) ist ebenfalls für den Außen- und Innenstrom ein gemeinsamer Lufteinlauf und ein Niederdruckverdichter vorhanden. Der Außenstrom wird in einem geschlossenen Mantel um den Gaserzeuger geführt. Er expandiert dann meist mit dem Innenstrom in einer gemeinsamen Schubdüse. Beide Ströme werden vorher gemischt.

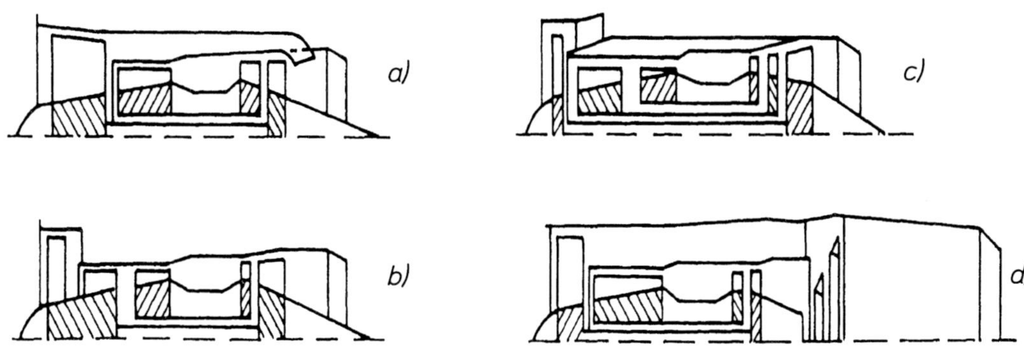

Bild 5/91: ZTL-Bauarten

Eine wesentliche Schubsteigerung wird beim ZTL durch *Nachverbrennung* im Innenstrom oder durch Aufheizung des Außenstroms erreicht. Die Aufheizung des Außen- und Innenstroms kann sowohl in getrennten Brennkammern als auch in einer gemeinsamen Nachbrennkammer erfolgen (Bild 5/91d).

Weitere konstruktive Möglichkeiten ergeben sich beim ZTL mit der Vergrößerung des By-pass-Verhältnisses.

Der Durchmesser des Bläsers bzw. des Niederdruckverdichters vergrößert sich im Vergleich zum Durchmesser des Gaserzeugers. Wegen der hohen Umfangsgeschwindigkeiten verringert sich zwangsläufig auch die Drehzahl und die Anzahl der erforderlichen Turbinenstufen des Niederdruckrotors wird dadurch größer (vgl. Bild 5/89).

Zur Vergrößerung der Drehzahl der Niederdruckturbine wird bei einigen Triebwerken ein *Untersetzungsgetriebe* zwischen Bläser bzw. Niederdruckverdichter und Niederdruckturbine verwendet (geplant z.B. für das ZTL PW8000 und D-727). Triebwerke sehr großer Leistung müssen wegen der erheblichen Getriebemasse und des erforderlichen Schmierstoffkühlervolumens möglicherweise darauf verzichten.

Durch zusätzliche Veränderung des Einstellwinkels der Bläserschaufeln kann der Schub nahezu optimal an alle Flugzustände, einschließlich der Schubumkehr beim Ausrollen nach der Landung, angepasst werden.

Für Überschallfluggeschwindigkeiten sind Triebwerke mit Aufheizung des Außenstroms und wesentlich geringeren By-pass-Verhältnissen (Λ = 0,3 - 0,8) und Gesamtdruckverhältnissen (π_V^*= 22 - 28) im Einsatz.

5.17.2 Allgemeines zum Betriebsverhalten

Die Daten und Kennwerte des Zweistromtriebwerkes verändern sich ähnlich wie beim ETL mit dem Flugzustand, der Drehzahl und den atmosphärischen Bedingungen (vgl. Kapitel 5.17 3 und 5.17.4).

Neben der Darstellung des Betriebsverhaltens in der Drehzahl-, Geschwindigkeits- und Höhencharakteristik ist die Flugcharakteristik für das Flug- und Technikpersonal von Bedeutung. Sie stellt das Betriebsverhalten eines Triebwerkes dar, das in einem Flugzeugtyp eingebaut ist und nach einem bestimmten Flugprogramm betrieben wird.

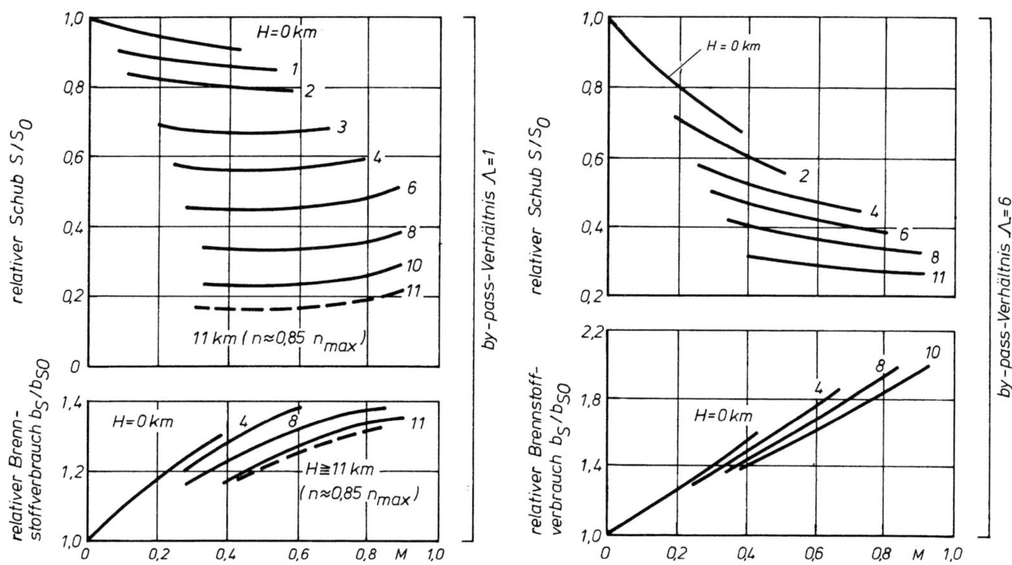

Bild 5/92: Geschwindigkeits- und Höhencharakteristik eines ZTL mit By-pass-Verhältnissen 1 und 6

Die dimensionslose Darstellung im Bild 5/92 gestattet die Ermittlung von S = f(M, H) und b_s = f(M, H) für beliebig gewählte Größen von S_0 und b_{s0}.

5.17.3 Drehzahlcharakteristik

In der Drehzahlcharakteristik ist der Verlauf von Schub und spezifischem Brennstoffverbrauch bei konstantem Flugzustand in Abhängigkeit von der Drehzahl eines bestimmten Triebwerkrotors angegeben. Meistens wird die HD- Rotordrehzahl gewählt. Oftmals werden auch andere Größen wie Temperatur, Druck, Luftdurchsatz, By-pass-Verhältnis und das Drehzahlverhältnis n_{ND}/n_{HD} als Parameter verwendet.

Die Verringerung des Schubes mit abnehmender Drehzahl ist beim ZTL mit kleinen By-pass-Verhältnissen ähnlich der des ETL. Mit großen By-pass-Verhältnissen ist die Abnahme des Schubes geringer, da eine Umverteilung zwischen Innen-und Außenstrom erfolgt. Bei Verringerung der Drehzahl vergrößert sich das Geschwindigkeitsverhältnis c_{9II}/c_{9I} und erreicht bereits bei n_{HD}/n_{NDnenn} ≈ 0,9 die Größe von 1.

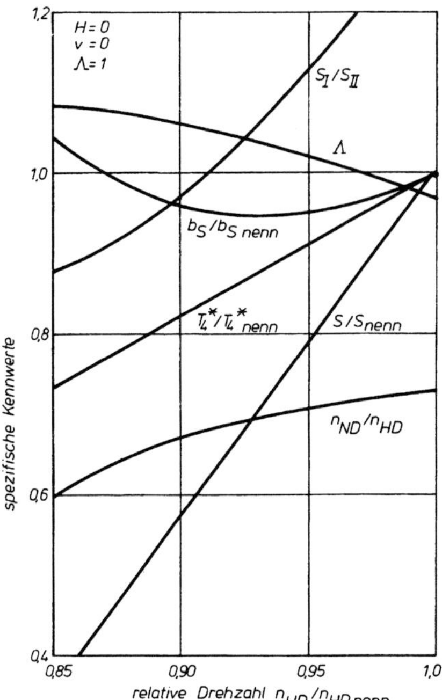

Bild 5/93: Drehzahlcharakteristik eines ZTL

Außerdem beträgt der Schubanteil des Außenstroms bei hohen By-pass-Verhältnissen ($\Lambda = 5 - 10$) ohnehin bis zu 85 % des Gesamtschubs.

Die Vergrößerung des By-pass-Verhältnisses bei Verringerung der Drehzahl im oberen Bereich liegt an der schnelleren Verminderung des Luftmassendurchsatzes im Innenstrom im Vergleich zum Außenstrom, da $\pi_{V\,I}^*$ wesentlich größer ist als $\pi_{V\,II}^*$.

Eine weitere Drehzahlverringerung beschleunigt über den Abfall der Niederdruckdrehzahl die Abnahme von $\pi_{V\,II}^*$ und verringert damit die Zunahme des By-pass-Verhältnisses.

Der Unterschied zwischen den Turbineneintrittstemperaturen, die der Volllast und der Reiselast entsprechen, ist beim ZTL wesentlich geringer als beim ETL. Folglich ist die Verringerung des spezifischen Brennstoffverbrauches bei Verminderung der Drehzahl von n_{max} auf n_{Reise} beim ZTL geringer als beim ETL. Bei weiterer Verringerung der Drehzahl führt die Abnahme des Verdichterdruckverhältnisses und die Verschlechterung des Verdichter- und Turbinenwirkungsgrades zu einem Wiederanstieg des spezifischen Brennstoffverbrauchs. Hierbei nimmt der spezifische Brennstoffverbrauch des ZTL stärker zu als der des ETL.

Der minimale spezifische Brennstoffverbrauch des ZTL liegt bei höheren Drehzahlen als beim ETL, sofern gleiche Startdrehzahl vorausgesetzt wird.

Bild 5/94: Dreiwellen – ZTL TRENT 800 (ROLLS – ROYCE) für das Flugzeug B777

5.17.4 Flugcharakteristik eines großen ZTL

In der *Flugcharakteristik* (Geschwindigkeits- und Höhencharakteristik zusammengefasst) ist der Verlauf von Schub und spezifischem Brennstoffverbrauch in Abhängigkeit von Flughöhe und Fluggeschwindigkeit dargestellt.

Die *Geschwindigkeitscharakteristik* der ZTL unterscheidet sich erheblich von der des ETL. Die Abhängigkeit des Luftdurchsatzes und des Schubes von der Fluggeschwindigkeit bestimmen beim ZTL wesentlich den Verlauf des spezifischen Schubes in Abhängigkeit von der Fluggeschwindigkeit. Im Stand ist der spezifische Schub des Innenstroms größer als der des Außenstroms. Die Ursache liegt darin, dass selbst bei gleichen Entspannungsverhältnissen in den Schubdüsen des Außen- und Innenstroms die Turbinenaustrittstemperatur wesentlich größer ist als die Lufttemperatur am Austritt des Außenstromverdichters. Deshalb gilt:

$$s_I > s_{II} \qquad (5/81)$$

Mit zunehmender Fluggeschwindigkeit sinkt der spezifische Schub des Außen- und Innenstroms. Der spezifische Schub des Außenstroms sinkt langsamer, weil mit zunehmender Fluggeschwindigkeit nicht nur der Druck, sondern auch die Temperatur hinter dem Außenstromverdichter ansteigen und dadurch die Düsenaustrittsgeschwindigkeit des Außenstroms schneller anwächst als die des Innenstroms. Insgesamt sinkt der spezifische Schub mit zunehmender Fluggeschwindigkeit beim ZTL intensiver als beim ETL.

Da sich mit zunehmendem By-pass-Verhältnis auch die Düsenaustrittsgeschwindigkeiten des Außen- und Innenstroms verringern, wird die Abnahme des spezifischen Schubs ebenfalls intensiver. Der Luftdurchsatz erhöht sich mit zunehmender Fluggeschwindigkeit im Außen- und Innenstrom umgekehrt proportional zu den Druckverhältnissen. Infolgedessen erhöht sich das By-pass-Verhältnis mit zunehmender Fluggeschwindigkeit.

Der Luftdurchsatz erhöht sich mit zunehmender Fluggeschwindigkeit im Außen- und Innenstrom umgekehrt proportional zu den Druckverhältnissen. Infolgedessen erhöht sich das By-pass-Verhältnis mit zunehmender Fluggeschwindigkeit. Bereits beim Start beträgt der Schubabfall für Triebwerke mit hohen By-pass-Verhältnissen ($\Lambda = 5 - 8$) bis zu 20 % (siehe Bild 5/3, 5/95).

Deshalb müssen schuberhöhende Mittel eingesetzt werden (z.B. Vergrößerung der Turbineneintrittstemperatur), um einen möglichst geringen Abfall des Startschubs zu gewährleisten.

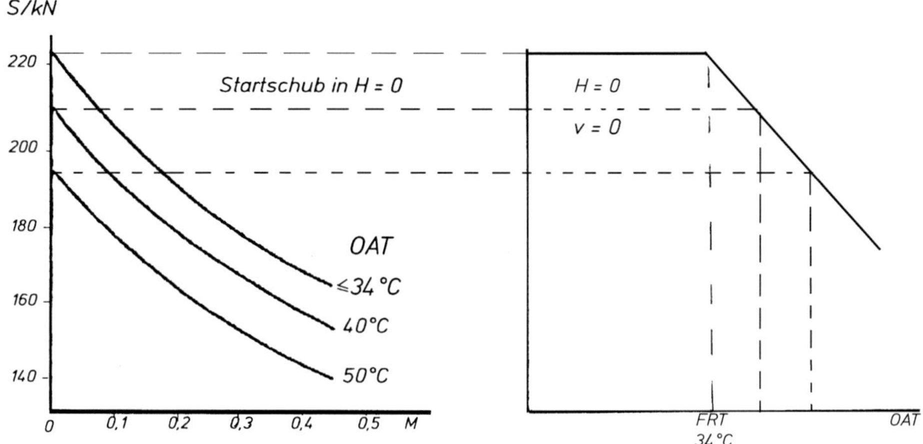

Bild 5/95: Startschub und FRT (Flat Rated Temperature) eines großen ZTL

Aus den obigen Kennlinien ist zu erkennen:

- Der Startschub sinkt mit zunehmender Geschwindigkeit stark ab
- Der Startschub bleibt konstant bei Außentemperaturen unter 34° C (Flat rated Temperature)

Der spezifische Brennstoffverbrauch, bezogen auf den Schub, nimmt bei Vergrößerung der Fluggeschwindigkeit intensiver zu als beim ETL. Der Anstieg wird mit wachsendem By-pass-Verhältnis größer. Die Ursache liegt in der stärkeren Abnahme des spezifischen Schubs beim ZTL. Durch den stärkeren Anstieg des spezifischen Brennstoffverbrauches beim ZTL wird bei einer bestimmten Fluggeschwindigkeit der Wert des ETL erreicht und bei weiterer Geschwindigkeitserhöhung überschritten. Das Verhalten der Drehzahlen mit Änderung der Flug-geschwindigkeit ist analog zum 2-Wellen -ETL (vgl. Kapitel 5.16.4).

In der *Höhencharakteristik* ist der Verlauf von Schub und spezifischem Brennstoffverbrauch bei konstanter Leistungsstufe des Triebwerkes in Abhängigkeit von der Flughöhe dargestellt. Sie unterscheidet sich qualitativ nicht und quantitativ nur wenig von der des ETL (vgl. Kapitel 5.17.4).Obwohl mit zunehmender Flughöhe der spezifische Schub infolge wachsender Druckverhältnisse im Außen- und Innenstrom geringfügig ansteigt, verringert sich der Schub, da die Abnahme des Gesamtluftdurchsatzes überwiegt. In 20 km Höhe ist z.B. der Luftdurchsatz etwa 10mal kleiner als am Boden.

Der Luftdurchsatz im Außenstrom sinkt entsprechend dem geringeren Druckverhältnis mit zunehmender Höhe intensiver als im Innenstrom. Dadurch verringert sich das By-pass-Verhältnis mit zunehmender Höhe bis H = 11 km.

Der Gesamtluftdurchsatz des ZTL verringert sich mit zunehmender Höhe intensiver als der des ETL. Insgesamt verringert sich damit der Schub des ZTL mit zunehmender Flughöhe langsamer als beim ETL.

Reduktion wichtiger Betriebsparameter am Beispiel eines großen ZTL

Drehzahl: $\dfrac{N_1}{\sqrt{\Theta_2}}$; $\qquad \Theta_2 = \dfrac{T_H^*}{288{,}15}$

Schub: $\dfrac{F}{\delta}$; $\qquad \delta = \dfrac{p_H}{1013{,}25}$

Brennstoffverbrauch: $\dfrac{B}{\Theta_2^{0,61} \cdot \delta_2}$; $\qquad \delta_2 = \dfrac{p_H^*}{1013{,}25}$

Reduzierte Kennfelder auf $p_H = 1013{,}25$ hPa und $T_H = 288{,}15$ K:

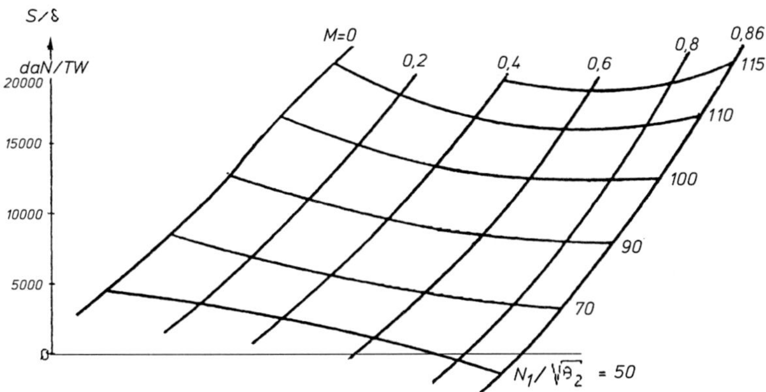

Bild 5/96: Reduzierter Schub in Abhängigkeit von der Fluggeschwindigkeit und reduzierter Drehzahl

Aus Bild 5/96 ist ersichtlich, dass z.B. der Schub im Flugleerlauf bei hohen Fluggeschwindigkeiten (M > 0,8) bereits negative Werte annehmen kann.

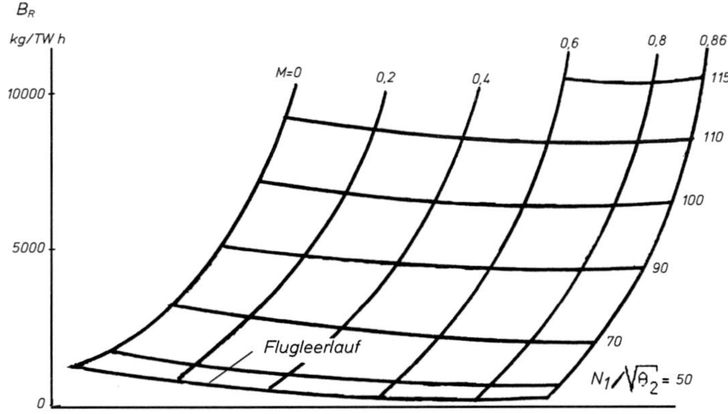

Bild 5/97: Reduzierter Brennstoffverbrauch in Abhängigkeit von der Fluggeschwindigkeit und der reduzierten Drehzahl

Für eine beliebige Flughöhe kann nun z.B. der tatsächliche Brennstoffverbrauch bestimmt werden:

$$B = B_R \cdot \Theta_2^{\;0,61} \cdot \delta_2 (1 + 2.10^{-6} \Delta Z) \qquad\qquad \Delta Z = H - H_R$$

Berechnung des tatsächlichen Brennstoffverbrauches:

Beispiel: $H = 33000$ ft, $M = 0{,}8$, $N_1/\sqrt{\Theta_2} = 100$ %
$\delta = 0{,}2568$
aus Diagramm: $B_r = 6500$ kg/h TW
$H_R = 30000$ ft (Höhenkorrektur), $\Delta Z = 3000$ ft
$\delta_2 = 0{,}3942$

B = <u>*2371 kg/h TW*</u>

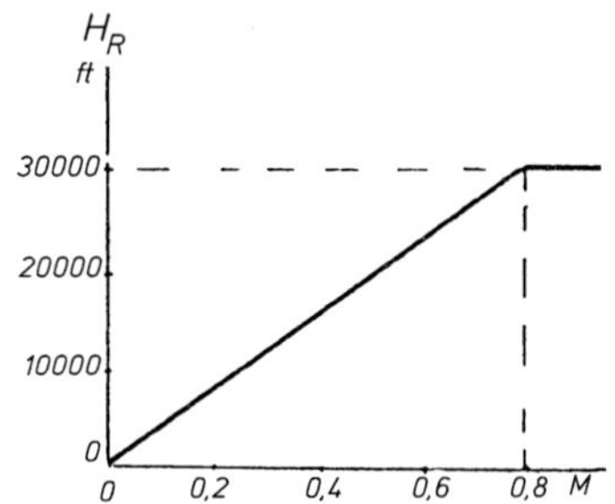

Bild 5/98: Bestimmung der reduzierten Flughöhe

Maximale Flugdauer und maximale spezifische Reichweite

Zur Bestimmung der Geschwindigkeiten (Flugmachzahlen) für maximale Flugdauer und spezifische Reichweite müssen die Funktionen $S_{verf.}$, $P_{verf.} = f(v)$ und $S_{erf.}$, $P_{erf.} = f(v)$ miteinander verglichen werden.

$S_{verf.}$ und $P_{verf.}$ sind der Schub bzw. die Leistung, die von der Triebwerksanlage für eine bestimmte Leistungsstufe, Flughöhe und Fluggeschwindigkeit abgegeben wird.

$S_{erf.}$ und $P_{erf.}$ sind der Schub und die Leistung, die erforderlich sind, um einen stationären Horizontalflug für eine bestimmte Flughöhe und Fluggeschwindigkeit durchführen zu können (Widerstandslinien).

Da der spez. Brennstoffverbrauch b_S von der Triebwerksdrehzahl, Fluggeschwindigkeit und Flughöhe abhängig ist, gilt folgende Beziehung z.B. für den minimalsten *stündlichen Brennstoffverbrauch*:

$$B_{h\,min} = (b_S \cdot S_{erf})_{min} \qquad \text{bzw.} \qquad B_{h\,min} = \left(b_S \cdot P_{erf} \cdot \frac{1}{\eta_{LS}}\right)_{min} \qquad (5/82)$$

Daraus lässt sich die *maximale Flugdauer* t_F ableiten:

$$t_{F\,max} = \frac{m_B}{(b_S \cdot S_{erf})_{min}} \qquad \text{bzw.} \qquad t_{F\,max} = \frac{m_B}{(b_S \cdot P_{erf})_{min}} \qquad (5/83)$$

Für den *Streckenverbrauch* gilt:

$$B_{km} = \frac{B_h}{w} \qquad (5/84)$$

w = Weggeschwindigkeit, (Ground speed GS)

Da hier die Rückenwind- oder Gegenwindkomponente berücksichtigt werden muss, ergibt sich folgender Streckenverbrauch:

$$w \approx v \pm u_C \qquad (5/85)$$

Rückenwind: $$B_{km} \approx \frac{B_h}{v + u_C} \qquad (5/86)$$

Gegenwind: $$B_{km} \approx \frac{B_h}{v - u_C} \qquad (5/87)$$

Bedingungen für Geschwindigkeiten der besten Reichweite:

$$B_{km\,min} = b_S \cdot \frac{m \cdot g}{\left[K(v \pm u_C)\right]_{max}} \quad ; \qquad K = \frac{c_A}{c_W} \qquad (5/88)$$

Aus $\left[K(v \pm u_C)\right]_{max}$ lässt sich dann die vorteilhafteste Flughöhe und Fluggeschwindigkeit bezüglich günstigsten Streckenverbrauches ermitteln

$\frac{1}{B_{km}} =$ *spezifische Reichweite*

5.18 Propeller-Turbinen-Luftstrahltriebwerke (PTL) – turboprop

5.18.1 Aufbau, Arbeitsweise und Konzeption

PTL-Triebwerke sind Gasturbinentriebwerke, die den größten Teil ihrer Leistung in Form einer Wellenleistung abgeben. Das wird dadurch ermöglicht, dass hinter der Gasturbine, die für den Antrieb der Verdichter notwendig ist, weitere Turbinenstufen angeordnet sind, die das vorhandene freie Wärmegefälle größtenteils in mechanische Arbeit umwandeln. Diese bei hoher Drehzahl erzeugte mechanische Überschussleistung wird über ein Getriebe auf die Luftschraube bzw. bei Hubschraubern auf die Trag- und Heckschraube übertragen (Bild 5/102).

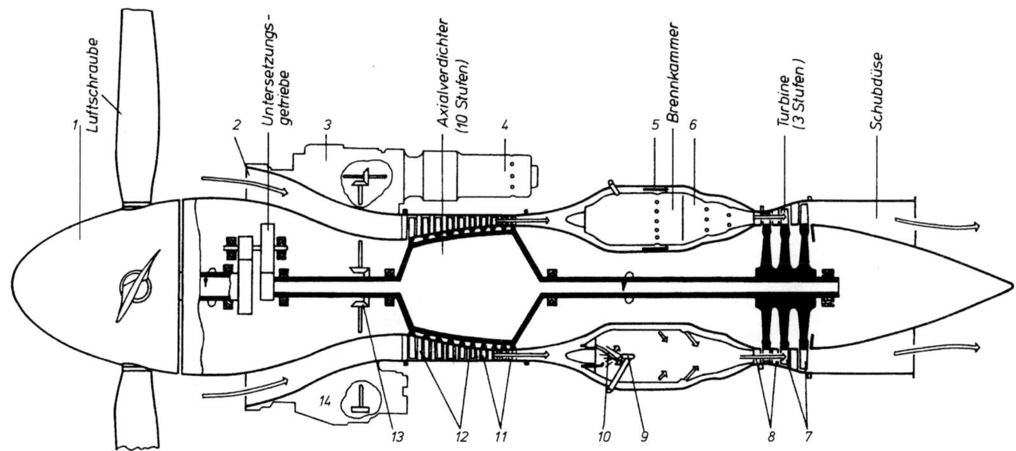

1 Luftschraubennabe
2 Lufteinlauf
3 Geräte des Brennstoff- und Regelsystems
4 Startergenerator
5 Sekundärluft
6 Flammrohr
7 Turbinen-Laufschaufeln
8 Turbinen-Leitschaufeln
9 Gegenstrom-Einspritzdüse für Brennstoff
10 Primärluft
11 Verdichter-Laufschaufeln
12 Verdichter-Leitschaufeln
13 Kegeltrieb zum Geräteantrieb
14 Geräte der Schmierstoffanlage

Bild 5/99: Schema und Beispiel für ein Einwellen-PTL

Für die Umsetzung in der Schubdüse verbleibt nur ein relativ geringer Betrag des freien Wärmegefälles. Er ist um so kleiner, je geringer die beabsichtigte Fluggeschwindigkeit für das Triebwerk ist. Die Ursache für diese konstruktive Auslegung ist darin zu suchen, dass mit abnehmender Geschwindigkeit der äußere Wirkungsgrad des Strahlantriebs stetig schlechter wird, der Luftschraubenwirkungsgrad jedoch häufig sogar ansteigt.

PTL-Triebwerke existieren gegenwärtig in einem *Wellenleistungsbereich* von etwa 100 - 12 000 kW (Tab. 5/17).

Von Bedeutung sind gegenwärtig und zukünftig besonders kleine PTL bis 1000 kW für Reise- und Zubringerflugzeuge, PTL für Militärtransporter bis 10 000 kW sowie Wellenleistungstriebwerke von 200 - 10 000 kW für den Hubschrauberantrieb (vgl. Kapitel 6).

Tabelle 5/17: Daten und Kennwerte von Propellerturbinentriebwerken

Daten und Kennwerte	Symbol	Zahlenwerte	Maßeinheiten
Wellenleisung	P_W	100 - 11200	kW
äquivalente Leistung	$P_ä$	100 - 12000	kW
Drehzahl	n	8000 - 80 000	U/min
Masse (mit Getriebe)	M	60 - 2900	kg
Luftdurchsatz	$\dot{m}_L$	1 - 65	kg/s
spezifischer Brennstoffverbrauch	$b_ä$	0,2 - 0,4	kg/kWh
Leistung-Masse-Verhältnis	$P_ä/M$	3 - 5	kW/kg
Leistung-Stirnflächen-Verhältnis	$P_ä/A$	1500 - 10500	kW/m^2
Druckverhältnis		3,5 - 14	
Temperaturverhältnis		3,5 - 5,3	

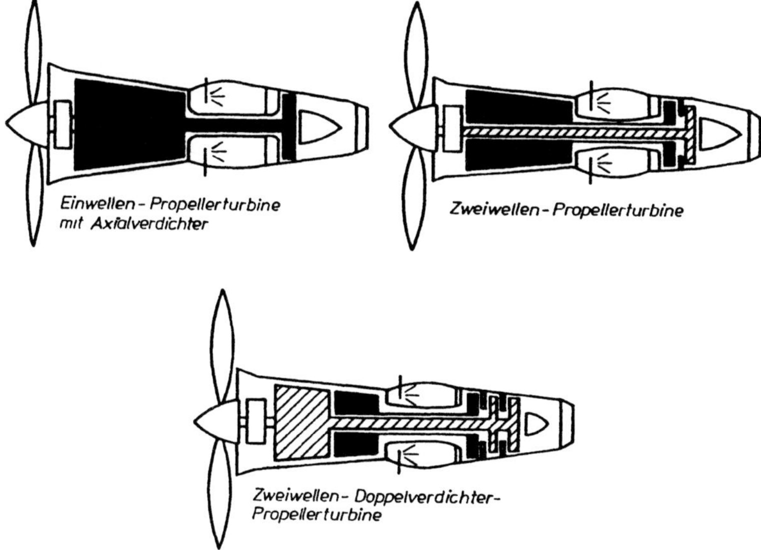

Bild 5/100: PTL –Konzeptionen

Im Vergleich zu Kolbentriebwerken haben PTL folgende *Vorteile*:

- mindestens doppelt so großes Leistungs-Masse-Verhältnis,
- mindestens dreimal so großes Leistungs-Stirnflächen-Verhältnis und wesentlich höhere absolute Leistung
- billigere und weniger feuergefährliche Brennstoffe,
- ruhigerer Lauf und größere Zuverlässigkeit
- schnellere Betriebsbereitschaft
- günstigeres Betriebsverhalten, insbesondere bessere Geschwindigkeitskennlinie
- größere Laufzeiten

Nachteile im Vergleich mit modernen Zweistromtriebwerken:

- bei gleicher äußerer Reiseleistung schwerer,
- wegen des hochbelasteten Luftschraubengetriebes und der notwendigen Luftschraubenanlagen störanfälliger.

In der grundsätzlichen Arbeitsweise unterscheidet sich das PTL vom ZTL nur durch ein wesentlich größeres By-pass-Verhältnis. Wenn die durch das Triebwerk strömende Luftmasse gegenüber der von der Luftschraube geförderten Luftmasse klein ist und der Luftschraubenförderstrom als Außenstrom aufgefasst wird, so liegt das By-pass-Verhältnis in der Größenordnung von 20.

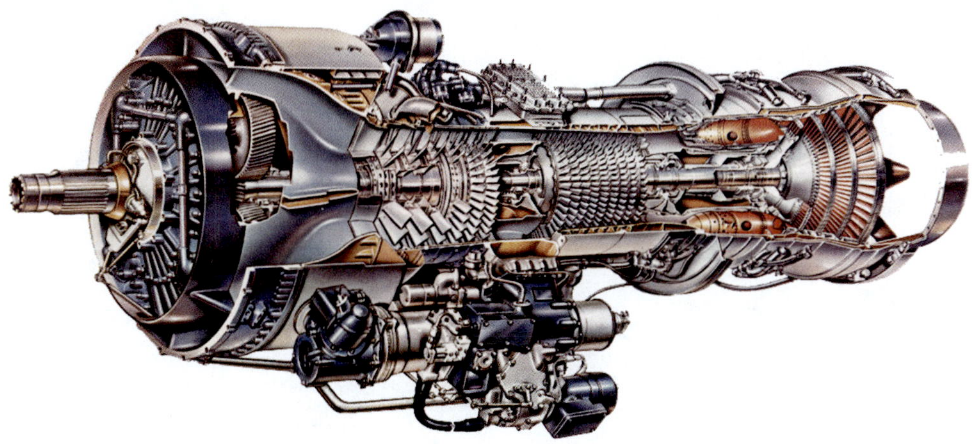

Bild 5/101: Zweiwellen - PTL TYNE (ROLLS - ROYCE) des Flugzeuges Transall C - 160

Das komplizierte und aufwendige *Luftschraubenuntersetzungsgetriebe* ist bei PTL in jedem Fall vorhanden, da eine Luftschraubendrehzahl von 850 bis 2500 U/min ohne Getriebe bei den erforderlichen Turbinendrehzahlen nicht möglich ist. Bild 5/100 zeigt die gebräuchlichen Konzeptionen von PTL. Die *Einwellenbauweise* zeichnet sich durch Einfachheit, Zuverlässigkeit und geringe Masse aus. Die *Zweiwellenbauweise* ohne oder mit geteiltem Verdichter zeichnet sich durch gutes Teillastverhalten (höherer Wirkungsgrad), geringere erforderliche Anlassleistung, geringeren negativen Schub bei Triebwerkausfall und geringere Pumpneigung des Verdichters aus. Neuere PTL werden in Zwei- und Drei-Wellenbauweise ausgeführt.

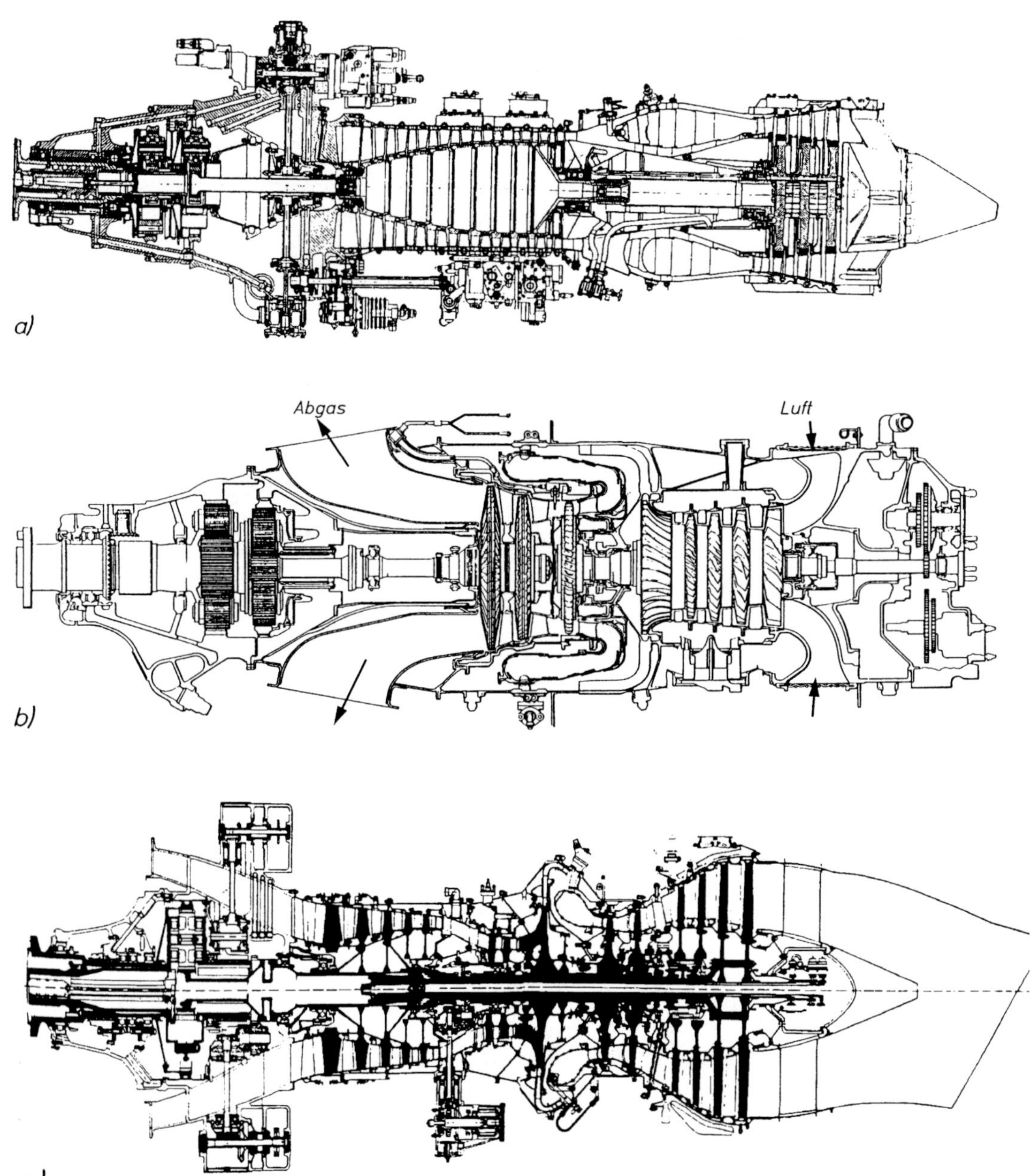

a) Einwellen – PTL AI-20, äquivalente Startleistung 3863 kW
b) Zweiwellen – PTL PT6 , äquivalente Startleistung 553 kW
c) Dreiwellen – PTL D-27, mit Doppelluftschraube, äquivalente Startleistung 10440 kW

Bild 5/102: Bauarten von PTL-Triebwerken

5.18.2 Drehzahlcharakteristik

Die Drehzahlcharakteristik stellt die Abhängigkeit des an der Luftschraubenwelle verfügbaren Drehmoments und anderer Kennwerte von der Drehzahl dar. Als Parameter können Höhe, Fluggeschwindigkeit und Turbineneintrittstemperatur verwendet werden.

Mit wachsender Höhe verringert sich das verfügbare Drehmoment; mit wachsender Turbineneintrittstemperatur steigt es. Bei den nachfolgenden Betrachtungen werden Außenluftparameter, Fluggeschwindigkeit und die Turbineneintrittstemperatur bei Nenndrehzahl als konstant vorausgesetzt.

Die Drehzahlcharakteristiken der Ein- und Zweiwellenmaschinen unterscheiden sich grundsätzlich. Bild 5/103 zeigt die typische Drehzahlcharakteristik einer Einwellenmaschine. Das verfügbare Drehmoment ist gleich der Differenz zwischen dem von der Turbine erzeugten und dem vom Verdichter aufgenommenen Drehmoment. Das von der Turbine erzeugte Drehmoment ist in erster Linie vom Massendurchsatz durch die Turbine abhängig, der sich aus der Verdichterkennfeld ergibt. Der Massendurchsatz bestimmt die Umströmungsgeschwindigkeit der Turbinenschaufeln. Die aerodynamischen Kräfte an den Schaufeln sind dem Quadrat dieser Geschwindigkeit proportional. Mit wachsender Drehzahl steigt also das verfügbare Drehmoment, beginnend bei etwa 0,4 n_{nenn} zunächst langsam und später steil an. Vergleichbar dem wachsenden Drehmoment und der wachsenden Drehzahl steigt die verfügbare Leistung mit der Drehzahl.

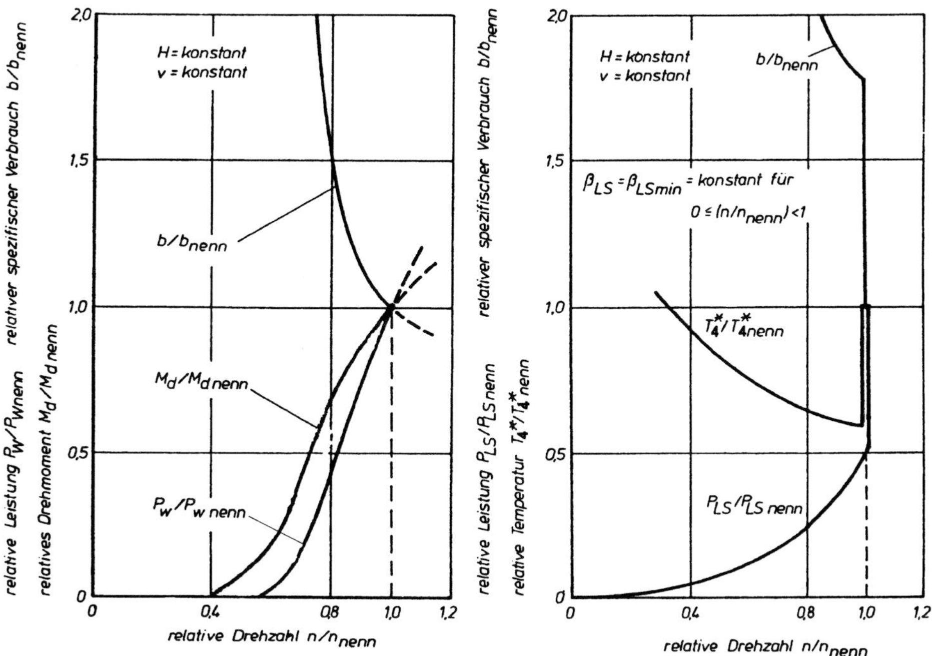

Bild 5/103: Drehzahlcharakteristik eines Einwellen-PTL

Entsprechend dem mit der Drehzahl wachsenden Massendurchsatz und der wachsenden Ausströmgeschwindigkeit steigt der Restschub der Schubdüse. Der auf die verfügbare Leistung bezogene Brennstoffverbrauch sinkt mit wachsender Drehzahl rasch ab, d.h., der Triebwerkwirkungsgrad wächst. Die Hauptursache dafür liegt in der Verbesserung des thermischen Wirkungsgrades infolge der Vergrößerung des Druckverhältnisses.

Weiterhin verbessern sich die Einzelwirkungsgrade, insbesondere der Verdichterwirkungsgrad. Die Auslegungsdrehzahl ergibt sich in erster Linie aus Festigkeitsgründen der Turbine. Durch

Verwendung besserer Turbinenwerkstoffe können also Leistung und Wirkungsgrad einer vorhandenen Maschine durch Drehzahlerhöhung verbessert werden.

Neuartige Werkstoffe und Schaufelherstellungsverfahren, wie intermetallische Phasen oder Pulvermetallurgie werden zu weiteren Schaufelgewichtsreduktionen und damit zu besserem Belastungsverhalten führen.

Besonders erwähnenswert ist auch z.B. die Möglichkeit der Stufenzahlreduzierung durch schnelllaufende Niederdruckturbinen. Bild 5/103 zeigt den qualitativen Verlauf von Turbineneintrittstemperatur, spezifischem Brennstoffverbrauch und verfügbarer bzw. erforderlicher Leistung in Abhängigkeit von der Drehzahl bei Zusammenarbeit einer Einwellenmaschine mit einer automatischen Verstellluftschraube. Der Luftschraubeneinstellwinkel ist von der Drehzahl Null bis zur Betriebsdrehzahl konstant. Bei Betriebsdrehzahl vergrößert ein Regler den Blatteinstellwinkel, wenn die Brennstoffzufuhr erhöht wird. Dadurch bleibt die Drehzahl konstant. Turbineneintrittstemperatur, Leistung und Wirkungsgrad steigen jedoch weiter. Das Diagramm stellt keinen Anlassvorgang dar, sondern gilt nur für jeweils stationären Betriebszustand.

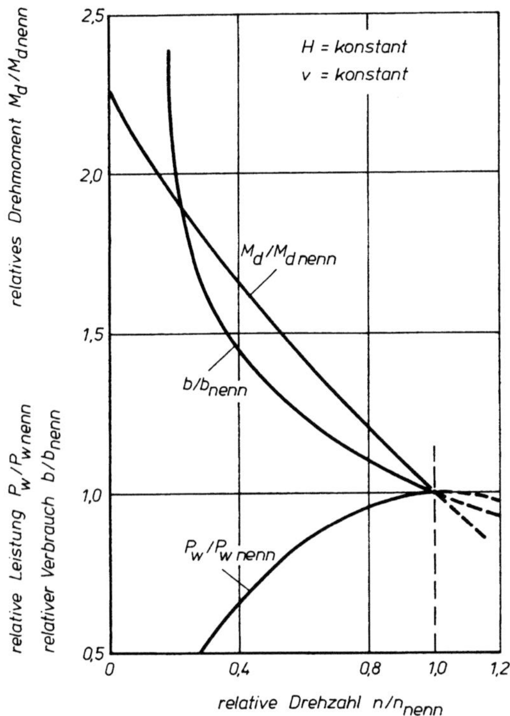

Bild 5/104: Drehzahlcharakteristik eines Zweiwellen-PTL

Bild 5/104 zeigt das typische Drehzahlverhalten einer Zweiwellenmaschine. Das verfügbare Drehmoment ist bei diesem Triebwerk ohne geteilten Verdichter gleich dem Drehmoment der Nutzleistungs- oder Losturbine. Für konstante Drehzahl des Gaserzeugersatzes (Verdichter und Verdichterturbine) kann auch der Gasdurchsatz durch die Nutzleistungsturbine als konstant angesehen werden. Bei gleichbleibender Zuströmgeschwindigkeit zur Turbine und abnehmender Umfangsgeschwindigkeit (abnehmender Drehzahl) vergrößert sich der Anstellwinkel der Turbinenlaufschaufel. Es vergrößert sich die Umfangskraft an den Laufschaufeln und damit das Drehmoment der Turbine.

5.18.3 Geschwindigkeits- und Höhencharakteristik

Die *Geschwindigkeitscharakteristik* stellt die Abhängigkeit der äquivalenten oder Wellenleistung, des spezifischen Brennstoffverbrauches und anderer Betriebsgrößen von der Fluggeschwindigkeit dar. Als Parameter kann die Flughöhe verwendet werden.

Mit wachsender Fluggeschwindigkeit steigt der Luftdurchsatz. Dadurch erhöht sich das verfügbare Drehmoment an der Luftschraubenwelle und infolgedessen die Leistung. Diese Leistungserhöhung kann bei einer Geschwindigkeitserhöhung von 0 auf 700 km/h über 30 % betragen. Mit Hilfe der Drehmomentbegrenzung (vgl. Kapitel 5.16.5) wird ein Überschreiten des maximal zulässigen Drehmomentes durch Verminderung der Turbineneintrittstemperatur beim Überschreiten der Auslegungsgeschwindigkeit AV verhindert.

Mit wachsender Fluggeschwindigkeit steigt das Gesamtdruckverhältnis des Kreisprozesses. Dadurch verbessert sich der thermische Wirkungsgrad, und der spezifische Brennstoffverbrauch sinkt. Der spezifische Brennstoffverbrauch kann sich bei einer Geschwindigkeitserhöhung von 0 auf 700 km/h um mehr als 20% verringern.

Der Restschub sinkt mit wachsender Fluggeschwindigkeit. Der Betrag kann bei einer Geschwindigkeitserhöhung von 0 auf 700 km/h über 20 % liegen.

Die *Höhencharakteristik* stellt die Abhängigkeit der Wellenleistung, des spezifischen Brennstoffverbrauches und anderer Betriebsgrößen von der Flughöhe dar. Als Parameter kann die Fluggeschwindigkeit verwendet werden.

Die natürliche Höhencharakteristik eines PTL würde mit zunehmender Höhe einen Abfall der Wellenleistung aufweisen, der etwa dem Abfall der spezifischen Masse der Luft proportional ist. Weiterhin würde der spezifische Brennstoffverbrauch etwa proportional der Temperatur mit zunehmender Höhe sinken.

Bild 5/105 zeigt den prinzipiellen Verlauf der drei wichtigsten Betriebsgrößen eines PTL in Abhängigkeit von der Flughöhe unter Berücksichtigung der Temperatur- und Leistungsbegrenzungseinrichtungen. Oberhalb 11 km Höhe, wo PTL-Triebwerke allerdings selten betrieben werden, steigt die Wellenleistung bei abnehmender Höhe entsprechend der Druckzunahme bis 11 km an. Da die Temperatur konstant bleibt, nimmt die spezifische Masse der Luft proportional dem Druck zu. Der Temperaturregler gewährleistet eine konstante Turbineneintrittstemperatur; daher bleiben auch das Temperaturverhältnis und der spezifische Brennstoffverbrauch konstant (Höhenabschnitt III im Bild 5/105). Bei weiterer Verringerung der Flughöhe zwischen 11 km und der Auslegungshöhe AH (Höhenabschnitt II) ist der Leistungsanstieg geringer, da Dichtezuwachs der Luft infolge Druckzunahme durch Temperaturzunahme teilweise wieder aufgehoben wird. Wegen der Temperaturzunahme verschlechtert sich insbesondere der Verdichterwirkungsgrad und der spezifische Verbrauch steigt an. In diesem Bereich wird die Turbineneintrittstemperatur auch konstant gehalten. Da die Außentemperatur mit abnehmender Höhe ansteigt, sinkt das Temperaturverhältnis des Kreisprozesses. Beim Erreichen der Auslegungshöhe, für PTL-Flugzeuge 4 - 8 km, ist die Belastungsgrenze des Triebwerkes erreicht. Insbesondere die mechanische Kraftübertragung zwischen Triebwerk und Luftschraube wäre einer weiteren Vergrößerung des Drehmomentes in geringen und mittleren Höhen nicht mehr gewachsen. Ein besonderer Regler begrenzt daher in Höhen unterhalb der Auslegungshöhe durch Drosselung der Brennstoffzufuhr das maximale Drehmoment und damit bei Triebwerken mit konstanter Drehzahl auch die maximale Leistung.

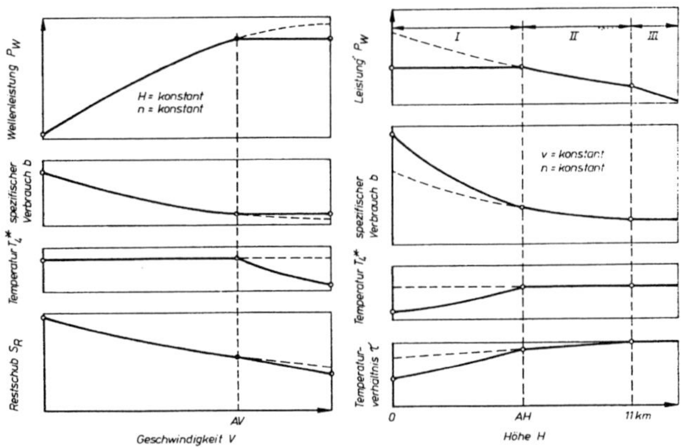

Bild 5/105: Geschwindigkeits- und Höhencharakteristik eines PTL mit Leistungsbegrenzung

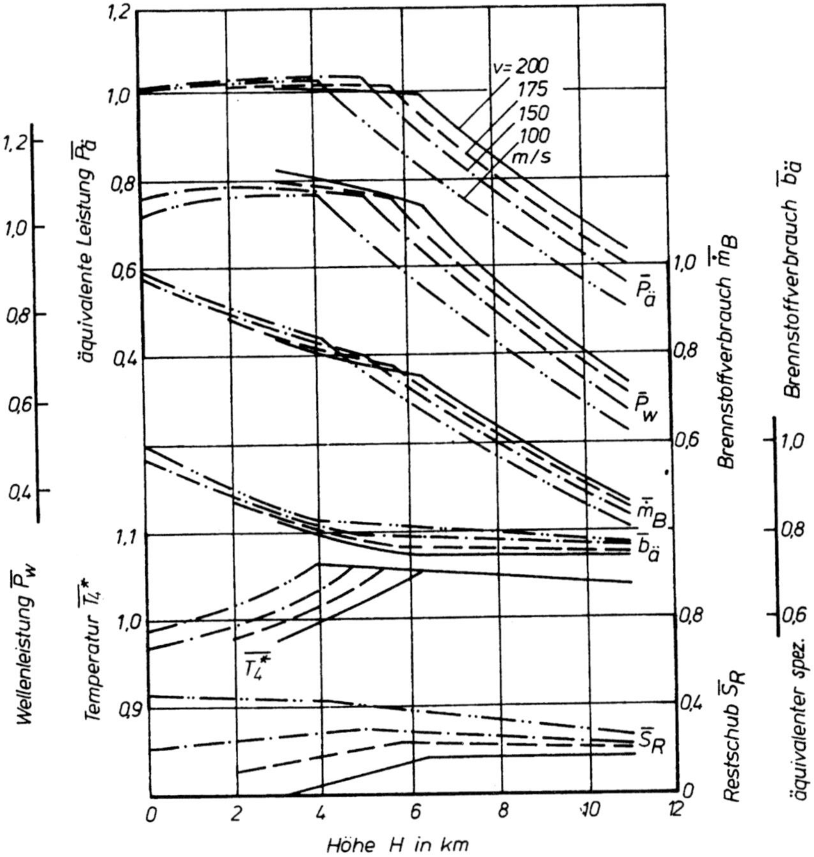

Bild 5/106: Höhen- und Geschwindigkeitscharakteristik eines PTL

Infolge der Drosselung der Brennstoffzufuhr durch die Drehmomentbegrenzung kann im Höhenbereich I die Turbineneintrittstemperatur nicht mehr konstant gehalten werden. Sie sinkt mit abnehmender Höhe. Die zulässige Temperatur des Turbinenmaterials kann nicht mehr ausgenutzt werden. Das Temperaturverhältnis sinkt, der spezifische Brennstoffverbrauch steigt spürbar an.

Die Geschwindigkeitsabhängigkeit des Höhenbereiches, in dem die Leistungsbegrenzung wirksam wird, ist deutlich ersichtlich. Außerdem ist zu erkennen, dass der entsprechende Regler nicht in der Lage ist, das Drehmoment an der Luftschraubenwelle und damit die Wellenleistung im Bereich zwischen 0 und AH exakt konstant zu halten.

Weiterhin fällt die erhebliche Abnahme des stündlichen Brennstoffverbrauches mit wachsender Flughöhe bei konstanter Geschwindigkeit auf. Für 540 km/h verringert sich der stündliche Verbrauch bei einer Höhenvergrößerung von 5 km auf 8 km um etwa 20 % des Bodennennwertes.

Eine Geschwindigkeitserhöhung in 8 km Höhe von 540 km/h auf 630 km/h hat nur eine Vergrößerung des stündlichen Brennstoffverbrauches von etwa 3 % des Bodennennwertes zur Folge.

5.18.4 Betriebszustände

Die wichtigsten Betriebszustände eines PTL sind im Bild 5/116 anhand des Verlaufes der Luftschraubenkennwerte dargestellt und werden im folgenden erläutert werden.

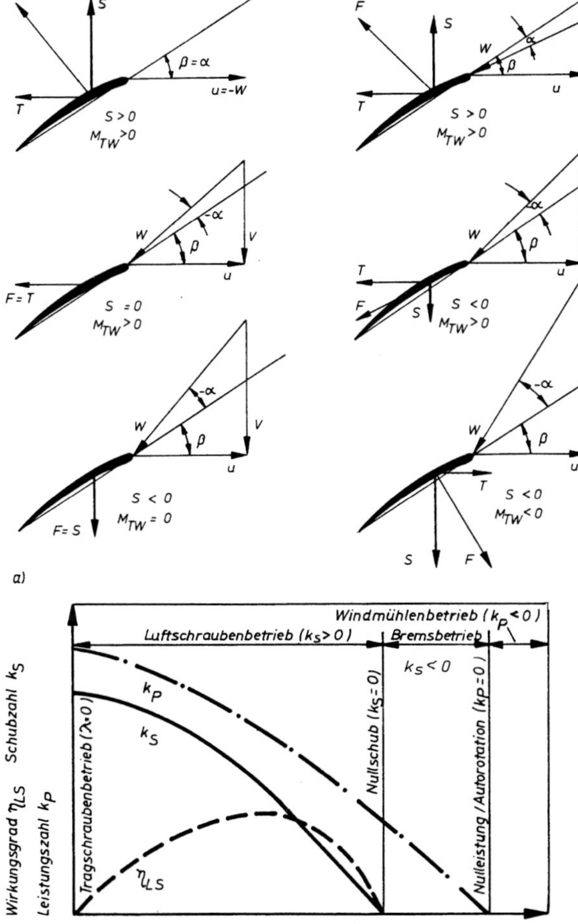

a) Winkel, Geschwindigkeiten und Kräfte am Luftschraubenprofil bei typischen Betriebszuständen

b) Betriebszustände eines PTL

Bild 5/107: Betriebsbereiche und Betriebszustände einer PTL-Luftschraube

✦ *Tragschraubenbetrieb*

Mit Tragschraubenbetrieb wird die Arbeit der Antriebsanlage im Stand bezeichnet. Die Luftschraube wird vom Triebwerk angetrieben und erzeugt einen hohen positiven Schub. Dabei sind die Fortschrittszahl, der Luftschraubenwirkungsgrad und der Gesamtwirkungsgrad der Antriebsanlage gleich Null.

✦ *Luftschraubenbetrieb (Normalbetrieb)*

Der Bereich des Luftschraubenbetriebs ist durch die Bedingung gekennzeichnet, dass die Schubzahl größer als Null ist. Die Luftschraube wird vom Triebwerk angetrieben und erzeugt einen positiven Schub. Innerhalb dieses Bereiches liegt der Betriebspunkt des maximalen Wirkungsgrades der Luftschraube und der gesamten Antriebsanlage. Der Blatteinstellwinkel der Luftschraube bei Reiseflug liegt bei Verkehrsflugzeugen in der Größenordnung von 40 - 50° Nullschub. Mit Nullschub wird der Betriebszustand bezeichnet, bei dem die Schubzahl und damit auch der Schub der Luftschraube Null sind. Die Luftschraube wird vom Triebwerk angetrieben, nimmt jedoch nur eine verhältnismäßig geringe Leistung auf. Der Blatteinstellwinkel liegt bei Verkehrsflugzeugen je nach Fluggeschwindigkeit in der Größenordnung -2 bis -4°. Dieser Betriebszustand tritt bei Leistungsabfall des Triebwerkes auf.

✦ *Bremsbetrieb*

Der Bereich des Bremsbetriebs ist dadurch gekennzeichnet, dass die Luftschraube zwar noch eine geringe Triebwerksleistung aufnimmt, aber keinen Schub, sondern bereits einen Widerstand (negativer Schub) erzeugt. Er liegt im Bereich der Fortschrittszahl zwischen $k_P = 0$ und $k_S = 0$. Dieser Betriebszustand tritt bei Leistungsabfall des Triebwerkes auf. Der Luftschraubenwiderstand kann dabei Werte erreichen, die aus Gründen der Flugsicherheit zum Ansprechen der Segelstellungsanlage führen können.

✦ *Nulleistung (Autorotation)*

Mit Nullleistung wird der Betriebszustand bezeichnet, bei dem kein Leistungsaustausch zwischen Triebwerk und Luftschraube stattfindet. Der Leistungsbeiwert ist Null. Die Luftschraube wird nur vom Luftstrom angetrieben. Sie erzeugt keine Leistung, jedoch einen erheblichen negativen Schub. Dieser Betriebszustand tritt bei Leistungsabfall des Triebwerkes bis auf Leerlauf ein. Das Triebwerk gibt einerseits keine Leistung an die Luftschraube ab und nimmt andererseits keine Leistung von der Luftschraube auf. Dieser außergewöhnlich seltene Sonderfall wird auch mit Autorotation bezeichnet. In der Praxis wird häufig der Begriff „Autorotation“ fälschlicherweise für den gesamten Bereich des Brems- und Windmühlenbetriebs gebraucht.

✦ *Windmühlenbetrieb*

Der Bereich des Windmühlenbetriebs ist dadurch gekennzeichnet, dass von der Luftschraube Leistung auf das Triebwerk übertragen wird. Fast immer handelt es sich um einen vollständigen Triebwerksausfall bzw. um eine Triebwerkstilllegung. Es wird kein Brennstoff in den Brennkammern des Triebwerkes verbrannt. Im Gegensatz zu Zweiwellentriebwerken sind bei Einwellentriebwerken zum Antrieb des Verdichters erhebliche Windmühlenleistungen erforderlich. Es entsteht ein großer negativer Schub, der auch bei mehrmotorigen Flugzeugen zu einem Gefahrenzustand führen kann, wenn die Luftschraube nicht in Segelstellung gebracht wird. Diese Problematik soll im folgenden näher erläutert werden.

Soweit an der Luftschraubenwelle Momentengleichgewicht herrscht, bleibt die Drehzahl konstant. Ist das verfügbare Drehmoment größer als das erforderliche, dann steigt die Drehzahl und umgekehrt.

Der *Luftschraubenregler* (Governor) hat die Aufgabe, eine konstruktiv oder vom Piloten vorgegebene Drehzahl durch Beeinflussung des Blatteinstellwinkels der Luftschraube konstant zu halten. Zur Blattverstellung dient in der Regel ein hydraulischer Servomotor. Durch Leistungserhöhung des Triebwerkes (Vergrößerung der Brennstoffzufuhr) im Normalbetrieb oder durch eine Geschwindigkeitserhöhung im Normal- oder Windmühlenbetrieb kommt es zu kurzzeitigem Drehzahlanstieg. Darauf reagiert der Luftschraubenregler mit einer Vergrößerung des Blatteinstellwinkels. Bei Normalbetrieb sinkt daraufhin die Drehzahl wieder bis auf den Sollwert ab.

Durch eine Leistungsverringerung des Triebwerkes (Drosselung der Brennstoffzufuhr) im Normalbetrieb oder durch eine Geschwindigkeitsverringerung im Normal- oder Windmühlenbetrieb kommt es zu kurzzeitigem Drehzahlabfall. Darauf reagiert der Luftschraubenregler mit Verkleinerung des Blatteinstellwinkels. Bei Normalbetrieb steigt daraufhin die Drehzahl wieder bis auf den Sollwert an.

Die *Reaktion der Antriebsanlage bei ausgefallenem Triebwerk im Windmühlenbetrieb* ist komplizierter. Bild 5/108 zeigt beispielsweise die Abhängigkeit der erforderlichen Leistung für den Antrieb des ausgefallenen Triebwerkes und die Abhängigkeit der verfügbaren Leistung der Luftschraube bei Windmühlenbetrieb vom Blatteinstellwinkel der Luftschraube für verschiedene Fluggeschwindigkeiten.

Die erforderliche Leistung steigt mit größer werdendem Blatteinstellwinkel bis zum Punkt C zunächst geringfügig, danach mit wachsender Fluggeschwindigkeit und mit wachsendem Blatteinstellwinkel aufgrund des höheren Luftdurchsatzes etwas stärker.

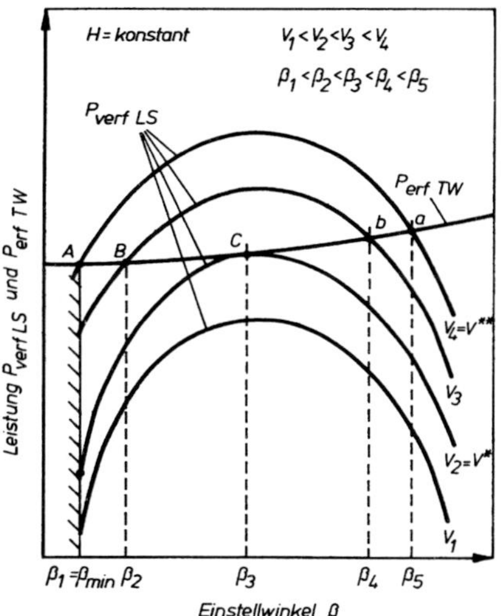

Bild 5/108: *Erforderliche und verfügbare Leistung einer PTL-Antriebsanlage bei Windmühlenbetrieb*

Für konstante Fluggeschwindigkeit wächst die verfügbare Leistung der im Windmühlenbetrieb arbeitenden Luftschraube solange, bis für diesen Betriebszustand der optimale Einstellwinkel erreicht ist. Bei weiter ansteigendem Einstellwinkel sinkt die verfügbare Leistung wieder ab. Für konstanten Einstellwinkel ist die verfügbare Leistung bei größerer Geschwindigkeit ebenfalls größer.

Bei der Fluggeschwindigkeit v_1 wird die für Nenndrehzahl erforderliche Leistung von der Luftschraube bei keinem Einstellwinkel erreicht. Die Drehzahl bleibt in jedem Fall unterhalb der

Nenndrehzahl; der Regler verstellt die Luftschraubenblätter bis auf den Fluganschlag $ß_{min}$. Es stellen sich eine Drehzahl unterhalb der Nenndrehzahl und ein beachtlicher negativer Schub ein, wenn die Luftschraube nicht in Segelstellung gebracht wird.

Für die Fluggeschwindigkeit v* gibt es beim Einstellwinkel $ß_3$ Gleichgewicht zwischen erforderlicher und verfügbarer Leistung im Punkt C. Bei geringfügiger Verkleinerung der Geschwindigkeit sinkt die verfügbare Leistung bedeutend stärker als die erforderliche. Die Drehzahl verringert sich, der Regler verkleinert den Einstellwinkel und vergrößert damit die Differenz zwischen erforderlicher und verfügbarer Leistung.

Der Blatteinstellwinkel verkleinert sich bis zum Fluganschlag. Die Drehzahl ist kleiner als die Nenndrehzahl, und es tritt ein erheblicher negativer Schub auf, wenn die Luftschraube nicht in Segelstellung gefahren wird.

Bei geringfügiger Vergrößerung der Geschwindigkeit wird die verfügbare Leistung größer als die erforderliche. Die Drehzahl steigt, der Regler vergrößert den Blatteinstellwinkel über $ß_3$ hinaus, und die verfügbare Leistung sinkt solange, bis die Drehzahl wieder ihren Nennwert erreicht hat. Der Arbeitspunkt C erweist sich also bei Geschwindigkeits- und Einstellwinkelvergrößerung als stabil, der Windmühlenbetrieb erfolgt mit Nenndrehzahl.

Bei Geschwindigkeits- und Einstellwinkelverkleinerungen ist der Punkt instabil; die Luftschraube fährt auf kleinen Einstellwinkel; der Windmühlenbetrieb erfolgt mit einer Drehzahl unterhalb der Nenndrehzahl.

Im gleichen Sinn sind die Arbeitspunkte a und b stabil, sowohl bei Geschwindigkeitserhöhung und Verringerung, als auch bei Einstellwinkelvergrößerung und Verkleinerung. Der Windmühlenbetrieb erfolgt in jedem Fall mit Nenndrehzahl. Alle Arbeitspunkte links des Punktes C dagegen sind instabil.

Sofern die verfügbare Leistung kleiner ist als die erforderliche, fährt die Luftschraube auf kleine Einstellwinkel bis Fluganschlag. Im umgekehrten Fall stellt sich bei Nenndrehzahl der entsprechende Blatteinstellwinkel $ß_1 > ß_3$ ein. Wenn kein Triebwerkausfall, sondern nur ein Leistungsabfall vorliegt, bleiben die prinzipiellen Zusammenhänge erhalten. Es verlagert sich lediglich die Kurve P_{erfTW} im Bild 5/108 um den Leistungsbetrag nach unten, den das Triebwerk noch liefert.

Der bei *Leistungsabfall* oder Triebwerkausfall auftretende negative Schub kann im ungünstigen Fall ein mehrfaches des normalen Reiseschubs betragen. Er führt nicht allein zu einer erheblichen Störung des Seitengleichgewichtes des Flugzeuges, sondern beeinflusst auch Reichweite, Flughöhe und Fluggeschwindigkeit. Bei Triebwerkausfall im Landeanflug können kritische Situationen entstehen.

Aus diesem Grunde haben die *Luftschraubenanlagen* größerer PTL-Flugzeuge automatisch arbeitende Segelstellungsanlagen, die oft noch durch ein Notsystem dubliert sind. Beim Auftreten eines bestimmten negativen Schubs infolge Leistungsabfall oder Triebwerksausfall, oft signalisiert von der Drehmomentmessanlage, werden die Luftschraubenblätter schnellstmöglich in Segelstellung gebracht. Sie haben dann einen Einstellwinkel, der in Flugrichtung den geringsten Luftschraubenwiderstand gewährleistet.

Bei Triebwerken , bei denen die Luftschraube über ein Untersetzungsgetriebe von einer Losturbine (Freiturbine) angetrieben wird, ist die Größe des möglichen negativen Schubes und damit alle negativen Auswirkungen auf den Flugbetrieb wesentlich geringer, da hier nicht der gesamte Triebwerksrotor von der Luftschraube durchgedreht wird.

Die Leistungsaufnahme der Luftschraube aus dem Luftstrom ist geringer.

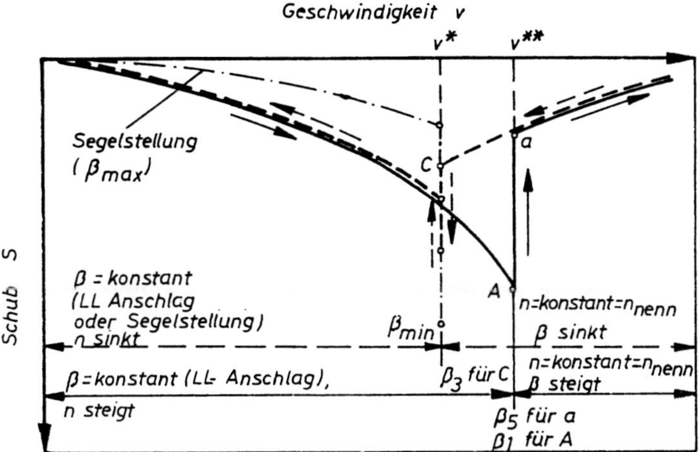

Bild 5/109. *Verlauf des negativen Schubes in Abhängigkeit von der Geschwindigkeit unter Berücksichtigung der Arbeit des Luftschraubenreglers und der Segelstellungsanlage*

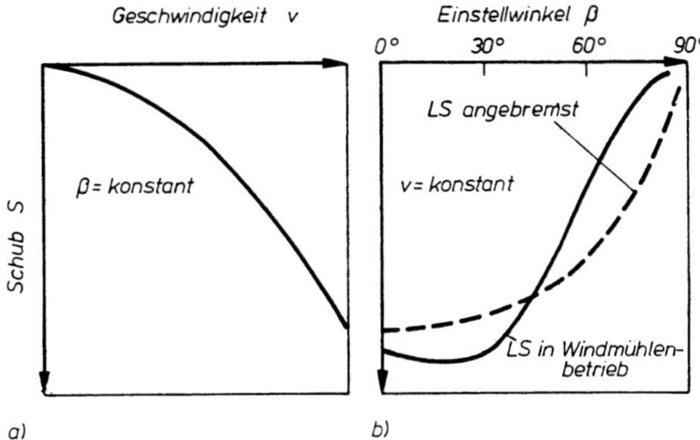

a) in Abhängigkeit von der Fluggeschwindigkeit
b) in Abhängigkeit vom Blatteinstellwinkel

Bild 5/110: *Negativer Schub einer Luftschraube*

Aus Bild 5/110 a und b ist ersichtlich, dass bei kleinem Einstellwinkel der negative Schub der stillstehenden Luftschraube geringer ist als bei einer Luftschraube, die im Windmühlenbetrieb arbeitet. Bei größeren Blatteinstellwinkeln ist der negative Schub bei Windmühlenbetrieb geringer.

✦ *Umkehrschub*

Der Betriebszustand Umkehrschub ist nur mit besonderen Einrichtungen der Luftschraubenanlage möglich. Der Umkehrschub entsteht durch Verstellung der Luftschraubenblätter auf negative Einstellwinkel (z.B. -30°). Die Luftschraube wird vom Triebwerk angetrieben. Der Umkehrschub ermöglicht eine erhebliche Verkürzung der Ausrollstrecke nach der Landung und eine Verbesserung der Manövrierbarkeit des Flugzeuges am Boden.

Der Umkehrschub bei PTL-Triebwerken ist im Verhältnis zum Startschub größer als bei TL- oder ZTL-Triebwerken.

✦ *Zusammenfassende Empfehlungen für den Betrieb von PTL-Triebwerken:*

- Die Möglichkeit, dass negativer Schub auftritt, besteht nur bei genügend kleinem Drehmoment des Triebwerkes. Besonders im letzten Abschnitt des Landeanfluges ist auf die richtige Einstellung des Flugleerlaufes mittels der TW-Bedienhebel zu achten. Die richtige Flugleerlaufstellung ist von der Außentemperatur abhängig.
- Bei Ausfall eines TW mit gleichzeitiger Segelstellung der Luftschraube (automatisch oder manuell) entsteht nur ein sehr geringer negativer Schub. Mit defekter Segelstellungsanlage geht die Luftschraube des ausgefallenen Triebwerkes in Windmühlenbetrieb über. Es kann bei Einwellentriebwerken ein beträchtlicher negativer Schub auftreten.
- Ein längerer Flug mit einer Luftschraube auf Fluganschlag im Windmühlenbetrieb ist ungünstig, da hier der negative Schub größer als bei $ß_{min}$ ist. Beim Lösen des Fluganschlages einer Luftschraube im Windmühlenbetrieb kommt es zu kurzzeitigem Anstieg des negativen Schubs. Nach Drehzahlverringerung der Luftschraube stellt sich ein geringerer negativer Schub ein als vorher.
- Zur Verkürzung der Ausrollstrecke beim Landen des Flugzeuges wird bewusst negativer Schub erzeugt. Dazu wird unmittelbar nach dem Aufsetzen auf der Landebahn z.B. der Fluganschlag der Luftschraube des arbeitenden Triebwerkes gelöst Die TW-Bedienhebel befinden sich dabei in Stellung „Bodenleerlauf".
- Wenn im Flug starkes Sinken erforderlich ist, z.B. Militärtransporter, wird ebenfalls bewusst negativer Schub angewandt indem durch Verringerung der Brennstoffzufuhr die Luftschraube infolge Verringerung der Triebwerksleistung auf Zwischenanschlag fährt. Dabei ist die automatische Segelstellungsanlage außer Betrieb.

5.19 Bordenergieanlagen (APU)

5.19.1 Allgemeines

Um große Flugzeuge am Boden mit Energie zum Anlassen der Triebwerke und zur Kühlung der Kabine, sowie für den Bordbedarf und zum Prüfen von Flugzeugsystemen zu versorgen, sind erhebliche Leistungen und Energiemengen erforderlich.

Beim Einsatz von Bleiakkumulatoren als Energiespeicher ergäbe sich z. B. bei einer Kapazität von 15 kWh eine Masse des Energiespeichers von etwa 500 kg. Diesem Energievorrat entsprechen 510 Ah bei einer Ausnutzung der Kapazität von 75 % und einer Spannung von 24 V. Eine moderne Kleingasturbine mit Generator hat bei 200 kW elektrischer Ausgangsleistung etwa 100 kg Masse und benötigt zur Erzeugung von 15 kWh Elektroenergie bei einem Gesamtwirkungsgrad von 6 % etwa 25 kg Brennstoff.

Unter Berücksichtigung der für die Kleingasturbine notwendigen Sicherheitseinrichtungen beträgt also die Masse der kompletten *Hilfsenergieanlage* (*APU* – Auxiliary Power Unit) weniger als 50 % der sonst erforderlichen Akkumasse. Mit wachsendem Energievorrat wird der Prozentsatz noch günstiger. Häufig entnimmt die Hilfsenergieanlage ihren Brennstoff aus den Haupttanks des Flugzeuges.

APU sind als Ein- und Zweiwellentriebwerke zum Antrieb eines Radialladers und/oder Wechselstromgenerators sowie SS-, BS- und Hydraulikpumpen ausgelegt. Häufig werden auch noch Kühlgebläse für Schmierstoff- Wärmetauscher und Generatorkühlung angetrieben. Moderne Entwicklungen ersetzen das Kühlgebläse durch die Kühlluftzufuhr zum Schmierstoff-Wärmetauscher mittels Ejektorwirkung des Gasaustritts aus der APU. Die Hilfsenergieanlage ist meist so ausgelegt, dass im Bedarfsfalle ein sicheres Anlassen und ein Betrieb bis zur Dienstgipfelhöhe des Flugzeuges gewährleistet ist. Bei Großflugzeugen sind gegenwärtig Bordenergieanlagen mit Leistungen von mehr als 500 kW installiert.

Tabelle 5/18: Daten und Kennwerte von Bordenergieanlagen

Daten und Kennwerte	Symbol	Zahlenwerte	Maßeinheiten
Gesamtleistung	P	100 – 1500	kW
Luftentnahme	m_L	0,4 - 1,5	kg/s
Drehzahl	n	20 000 - 100 000	U/min
Masse (mit Generator und Kraftübertragung)	M	30 - 250	kg
Brennstoffverbrauch	$\dot{m}_B$	50 - 250	kg/h
Druck-Verhältnis	π	4 - 8	
Temperatur-Verhältnis	τ	3,5 - 4,5	

Hilfsenergieanlagen können verschiedene Energieformen liefern und mehrere Funktionen erfüllen:

- Elektroenergie für das Bordnetz und die Startergeneratoren
- Elektroenergie für das Bordnetz und Druckluft für die Turbinenanlasser
- Ölförderung für Hydraulikanlagen,
- Luftversorgung für Klimaanlage

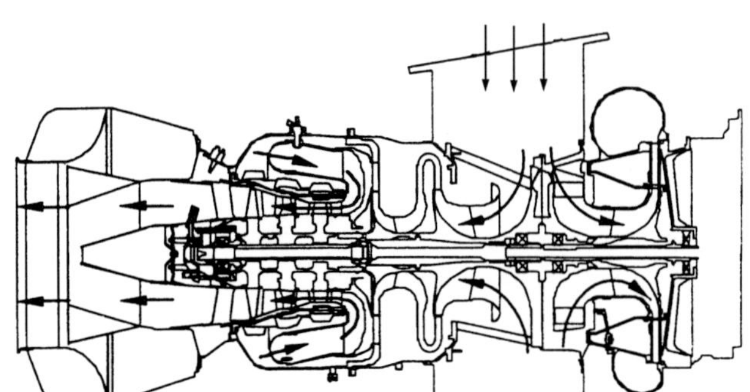

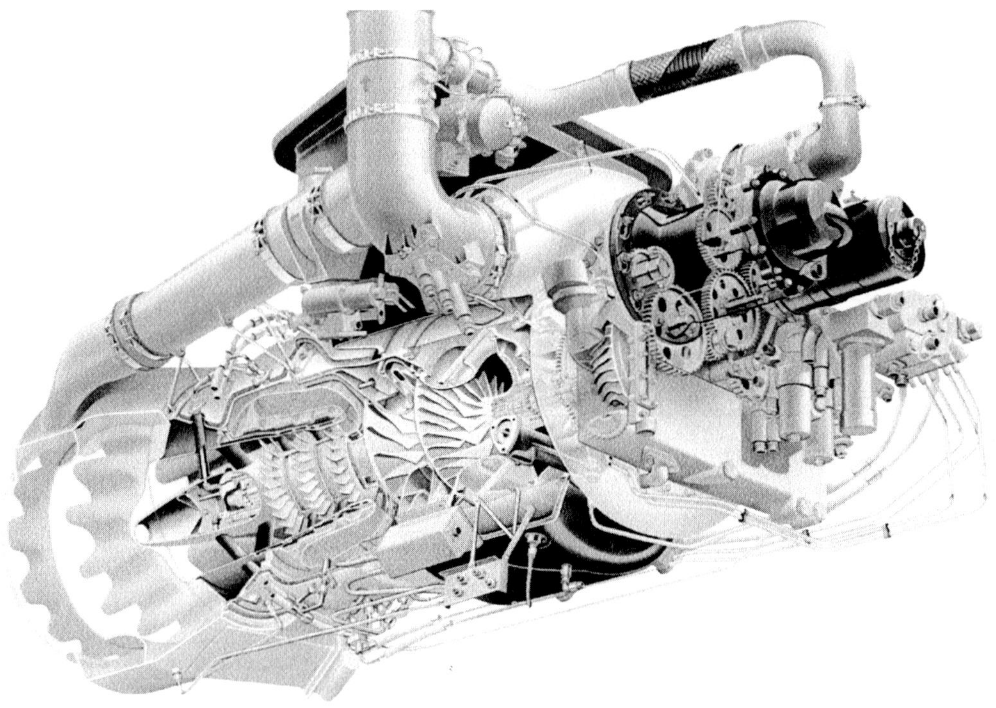

Bild 5/111: Bordenergieanlage Honeywell 331-500 (APU Boeing 777)

5.19.2 Konzeption und Arbeitsweise einer Bordenergieanlage

Für die Erzeugung der Bordenergie werden ausschließlich Kleingasturbinen verwendet. Sie sind, je nach Leistung, als Einwellenmaschinen mit ein-oder zweistufigen Radialverdichtern und ein- bis dreistufigen Axialturbinen für eine konstante Drehzahl ausgelegt. Die Luftentnahme für die Bordversorgung wird dann meist über Lufteintrittsklappen gesteuert.

An eine Bordenergieanlage werden sehr hohe Anforderungen, insbesondere bei 2-motorigen Großraumflugzeugen im Hinblick auf *ETOPS* (Extended Twin Operations), bezüglich Zuverlässigkeit, Betriebssicherheit, niedrigen Betriebskosten und Bedienungsaufwand sowie lange Lebensdauer gestellt.

Bei ETOPS-Flügen werden mindestens zwei voneinander unabhängige Elektroenergiequellen gefordert. Bei einem Triebwerksausfall während des Fluges muss die APU z.B. mit ihrem 3-Phasen-Wechselstromgenerator *IDG* (Integrated Drive Generator) zur Verfügung stehen.

Bezüglich ETOPS ist z.B. die Anlage 331-500 für die B777 mit zwei unterschiedlichen Startern ausgerüstet. Der Turbinenstarter für das normale Anlassen der APU während des Fluges mittels Druckluft von einem Haupttriebwerk, und der Elektrostarter stünde zur Verfügung z.B. bei Ausfall beider Haupttriebwerke.

■ *Anmerkung:* Die APU ist jedoch bereits bei Ausfall eines Triebwerkes in Betrieb.

Bei mehrmotorigen Flugzeugen wird die Bordenergieanlage in der Regel nur am Boden benutzt, da selbst bei Ausfall eines Triebwerkes während des Fluges, die Energieversorgung des Flugzeuges durch die restlichen, noch arbeitenden Triebwerke, gesichert ist.

Das Anlassen der Bordenergieanlage erfolgt über einen Elektrostarter (Startergenerator) von Bordakkus oder über das Bordnetz .

Die Rotordrehzahlen liegen je nach Größe der Maschine zwischen 20 000 - 100000 U/min. Zahnradgetriebe mit unveränderlichem Übersetzungsverhältnis nehmen die Untersetzung auf die notwendige Generatorantriebsdrehzahl vor, die je nach Auslegung in der Größenordnung 5000 bis 10000 U/min liegt. Das Druckverhältnis der Maschinen liegt zwischen 4 und 8, die Turbineneintrittstemperatur beträgt 1 000°C.

Der unter diesen Bedingungen zu erreichende Gesamtwirkungsgrad der Antriebsmaschine bleibt unter 10 %. Der erforderliche Raum für eine moderne Bordenergieanlage liegt unter 0,5 m^3 je 400 kW. Die Konstruktionsmasse ist kleiner als 0,5 kg je kW. Der Luftdurchsatz beträgt 1 - 8 kg/s. Zur Anlage gehören eine Anlassautomatik, spezielle Regel- und Sicherheitseinrichtungen, Schmierstoff- und Brennstoffsystem sowie eine Feuerwarn- und automatische Löschanlage.

Die Anlage ist bei Verkehrsflugzeugen meist im Rumpfheck in einem feuersicheren Raum installiert.

5.20 Umweltbeeinflussung durch Gasturbinentriebwerke

5.20.1 Lärmerzeugung und Lärmbelastung

In den letzten Jahren hatte die Lärmbelastung im Umfeld von Verkehrsflughäfen durch den zunehmenden Einsatz von Triebwerken mit hohen By-pass-Verhältnissen und der Aussonderung älterer Flugzeuge trotz steigender Flugbewegungen stark abgenommen. Im Zeitraum von 1959 bis 1989 konnte beispielsweise der Startlärmpegel um mehr als 40 EPNdB, dagegen der Landelärmpegel nur um etwa 20 EPNdB gesenkt werden. Bei modernen Verkehrsflugzeugen wird der beim Landeanflug und bei der Landung abgestrahlte Lärm zu einem erheblichen Teil nicht von den Triebwerken, sondern von der turbulenten Umströmung des Fahrwerks und der Hochauftriebshilfen der Tragflächen erzeugt.

Da die theoretischen Möglichkeiten der Lärmminderung weitgehend ausgeschöpft sind und kleine praktische Schritte nur noch unter großem Aufwand erzielbar sind, ist in Zukunft aufgrund des prognostizierten steigenden Luftverkehraufkommens eher mit zunehmenden Dauerschallpegeln zu rechnen. Insbesondere bei neuen Propfan- und Mantelpropfan-Triebwerken mit einem By-pass-Verhältnis > 10 ist eine weitere Lärmminderung kaum zu erwarten.

Auch mit Zunahme der Antriebsleistungen ist die Lärmverminderung bei Flugtriebwerken zu einer sehr wichtigen und ernsthaften Aufgabe geworden. Durch das ständige Anwachsen der Flugbewegungen auf den Flughäfen sind Passagiere, Flughafenpersonal und vor allem die Flughafenanwohner in den angrenzenden Gebieten und dort hauptsächlich unter den An- und Abflugschneisen einer gewissen Lärmbelastung ausgesetzt.

Aus diesen Gründen ist für die Zukunft eine umfassende Verbesserung des Gesamtschutzes (Zumutbarkeitsgrenzen, Schutzzonen, Schutzauflagen, Eingriffschwellen und Bewertungsverfahren) sowie eine stärkere Gewichtung von Nachtfluglärm unter Umständen erforderlich.

Die Reaktion des Menschen auf den Lärm hängt nicht nur vom Schalldruckpegel, sondern auch vom Frequenzspektrum und von der Einwirkungsdauer des Lärms ab. Aus dem *Schalldruck* p kann die Schallintensität I abgeleitet werden:

Schallintensität $$I = \frac{p^2}{a \cdot \rho} \quad (\mathrm{W/m^2}) \qquad (5/89)$$

Sowohl für die Schallintensität als auch für den Schalldruck wurde eine *Schallpegelgröße* L definiert als die relative Änderung einer Größe gegenüber einem Bezugswert derselben Größe.

$$L = 10 \lg \frac{I}{I_0} \quad (\mathrm{dB}) \qquad (5/90)$$

$I_0 = 10^{-12}$ W/m² (entspricht der untersten Hörschwelle bei einer Tonfrequenz von 1000 Hz) bzw.

$$L = 20 \lg \frac{p}{p_0} \quad (\mathrm{dB}) \qquad (5/91)$$

$p_0 = 2 * 10^{-5}$ N/m² (entspricht der untersten Hörschwelle bei einer Tonfrequenz von 1000 Hz)

Folglich führt eine Verdopplung der Schallintensität, z.B. durch eine zweite Lärmquelle gleichen Schalldruckes, nur zu einer Erhöhung des Schallpegels um 3 dB, eine Verzehnfachung der Intensität nur zu einer Erhöhung um 10 dB.

Eine Verdopplung des Schalldruckes dagegen bedeutet eine Erhöhung des Schallpegels um 6 dB, eine Verzehnfachung des Schalldruckes eine Erhöhung um 20 dB.

Aufgrund durchgeführter Experimente wurde u.a. die Beurteilung des Lärms mit Hilfe des „NOISE“ eingeführt. Ein „NOISE“ entspricht dem Lärm eines Frequenzbandes von 600 - 1200 Hz bei einem Schallpegel von 40 dB. Entsprechend dem Schallpegel wurde der Lärmpegel definiert:

PNL Perceived Noise Level gemessen in PNdB
(wahrnehmbarer Lärm unter Berücksichtigung der Frequenzzusammensetzung des ausgestrahlten Lärms),

EPNL Effective Perceived Noise Level gemessen in EPNdB
(tatsächlich wahrnehmbarer Lärm unter Berücksichtigung der Frequenzzusammensetzung und der Dauer des ausgestrahlten Lärms).

Gasturbinen als Lärmerzeuger besitzen im wesentlichen drei *Hauptlärmquellen:*

- Abgasstrahl und seine Vermischung mit der Außenluft,
- Verdichter bzw. Bläser bei ZTL mit hohem By-pass-Verhältnis,
- Turbine.

Der durch den Abgasstrahl erzeugte Lärm wird hauptsächlich von der Austrittsgeschwindigkeit des Gases aus der Schubdüse bestimmt. Er ist deshalb stark von der jeweiligen Leistungsstufe und vom By-pass-Verhältnis des Triebwerkes abhängig.

Bei hohen Gasaustrittsgeschwindigkeiten aus der Schubdüse (ETL und ZTL mit geringem By-pass-Verhältnis bei großen Leistungsstufen) entsteht durch Vermischung des Gasstrahls mit der Außenluft eine intensive turbulente Pulsation, die den Lärm hervorruft. Innerhalb des Triebwerkes befinden sich die Lärmquellen Verdichter bzw. Bläser und Turbine.

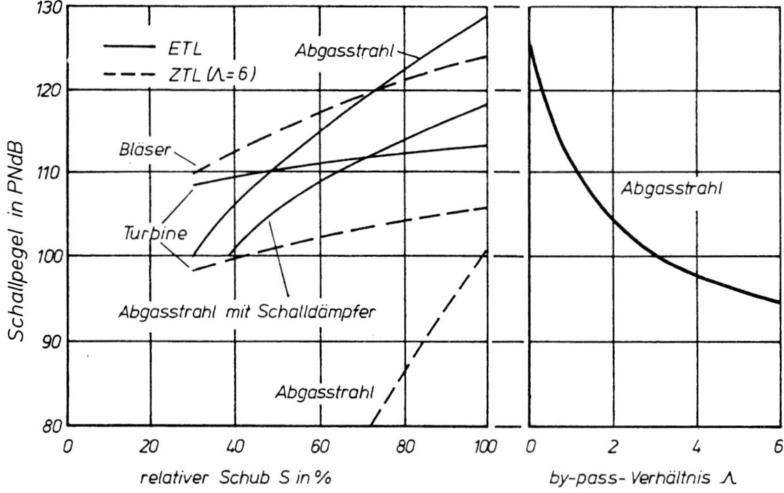

Bild 5/112. Beispiel der Schallpegel einzelner Triebwerkslärmquellen in Abhängigkeit von der Leistungsstufe und vom By-pass-Verhältnis des Triebwerkes

Der entstehende Lärm ist von der Leistungsstufe und vom By-pass-Verhältnis des Triebwerkes abhängig. Er wird hauptsächlich durch die turbulente Strömung und durch die Vermischung des rotierenden Druckfeldes des Laufrades mit dem Druckfeld des Leitrades erzeugt.

Im Laufe der Entwicklung wurde trotz erheblicher Leistungssteigerung eine bemerkenswerte Lärmverminderung durch Verbesserung der aerodynamischen und thermodynamischen Auslegung der Triebwerke und durch konstruktive Maßnahmen erzielt (Bild 5/113). Es darf jedoch nicht übersehen werden, dass hier Grenzen gesetzt sind.

Das eigentliche Problem der Lärmverminderung besteht darin, Schallintensität, die vom Triebwerk erzeugt wird, wesentlich zu verringern. Eine Verminderung des wahrnehmbaren Lärms um 10 dB wird als Halbierung der Lautstärke empfunden. Um das zu erreichen, müsste aber die abgestrahlte Schallintensität auf 10 % verringert werden.

Um den Lärm eines Flugzeuges mit vier arbeitenden Triebwerken von beispielsweise 110 dB auf 104 dB zu verringern, müssten also drei Triebwerke stillgelegt werden.

Das Beispiel zeigt deutlich, welche große Verringerung der Schallintensität notwendig ist, um eine spürbare Lärmverminderung zu erreichen und welche Schwierigkeiten mit der Reduzierung von Fluglärm verbunden sind.

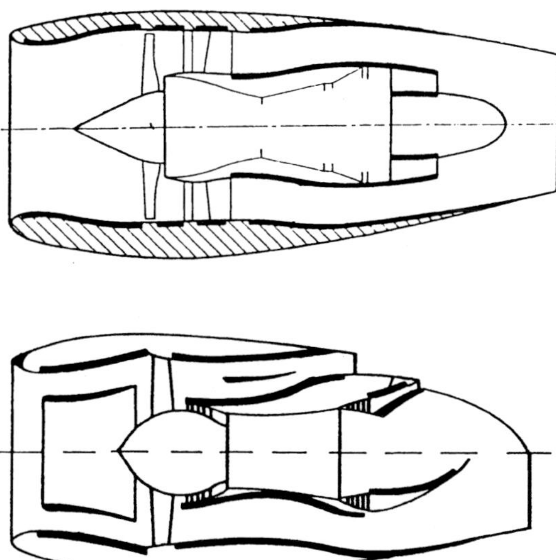

Bild 5/113: Konstruktive Maßnahmen zur Lärmminderung an einem ZTL mit hohem By-pass-Verhältnis

Zur Lärmverminderung bei Gasturbinentriebwerken werden u.a. folgende konstruktive Maßnahmen angewendet, die meist mit Druck- und Schubverlusten und damit auch schlechterem spezifischen Brennstoffverbrauch bei gleichzeitiger Masseerhöhung verbunden sind:

- Verwendung von Schalldämpfern hinter der Schubdüse, hauptsächlich *bei* ETL.
- Mischung des Außen- und Innenstroms bei ZTL.
- Verringerung der Gasaustrittsgeschwindigkeit aus der Schubdüse durch Anwendung des Zweistromprinzips und Vergrößerung des By-pass-Verhältnisses (ZTL).
- Beseitigung des Eintrittsleitapparates.
- Optimierung der Lauf- und Leitschaufelzahl des Verdichters.
- Änderung des Einstellwinkels der Bläserschaufeln.
- Verlängerung des Eingangsteils (Bläsergehäuses) bei ZTL.
- Auskleidung der Strömungskanäle des Triebwerkes mit Lärmdämmstoffen.

Eine andere Möglichkeit zur Verringerung der Lärmbelastung eines bestimmten Personenkreises besteht in der Vergrößerung des Abstandes zur Lärmquelle. Im Freien nimmt die Schallintensität in der Nähe der Lärmquelle mit dem Quadrat der Entfernung zur Schallquelle ab, d.h., die Verdoppelung der Entfernung zur Lärmquelle ist etwa zweimal so wirkungsvoll wie die Verringerung der Schallintensität um 50 %.

Diese Erkenntnis führte im Verkehrsflug zu lärmverminderten Start- und Anflugverfahren durch zweckmäßige Auswahl des Startprofils und der Anflugkonfiguration (s. Bild 5/114).

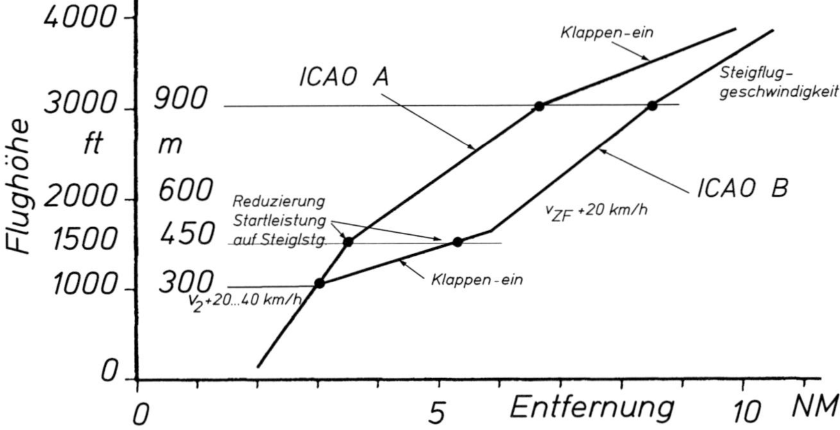

Bild 5/114: Lärmminderungs-Startverfahren nach ICAO

Die *ICAO* (International Civil Aviation Organization) hat im Annex 16 einige Empfehlungen über die Lage der charakteristischen Lärmmesspunkte für den Start, den Steigflug und den Landeanflug und die dazugehörigen maximalen Lärmpegel (EPNdB) in Abhängigkeit von der Startmasse des Flugzeuges festgelegt. (Gültig ab August 1978)

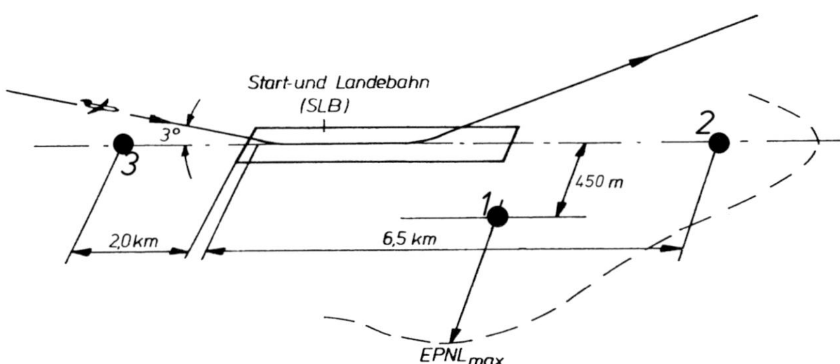

Bild 5/115: Lage der Lärmmesspunkte nach der ICAO

Im Flugbetrieb kann eine Verminderung der Lärmbelastung auch durch folgende Methoden erreicht werden:

Start- und Steigflug:

- Vergrößerung des Anfangssteiggradienten zur Sicherung einer maximal möglichen Höhe über besiedeltem Gebiet durch Einhaltung einer bestimmten Fluggeschwindigkeit (v_2+ 20 km/h). Die erreichbare Lärmverminderung beträgt etwa 4 - 6 PNdB.
- Reduzierung der Triebwerksleistung bei H > 210 m (4 TW), H > 260m (3TW), H > 300m (2TW).Auswahl eines optimalen Flugweges.

Landeanflug und Landung:

- Vergrößerung der Anfangsneigung des Gleitweges.
- Späteres Ausfahren des Fahrwerkes und der Landeklappen.

Die Verringerung des Fluglärms bei Landeanflug und Landung ist problematischer als beim Start, besonders für ZTL mit hohen By-pass-Verhältnissen und Flugzeugen mit Hochauftriebshilfen.

Tabelle 5/19: Max. zulässige Lärmpegel EPNdB nach der ICAO

Maximale Startmasse m in 1000 kg		0	20,2	28,6	35	48,1	280	385	400
Start (alle Flgz. Typen)		94			80,87 + 8,51 lg m				103
Anflug (alle Flgz. Typen)		98			86,03 + 7,75 lg m		105		
	2 TW	89				66,65 + 13,29 lg m		101	
	3 TW	89		69,65 + 13,29 lg m				104	
Steigflug	4 TW	89	71,65 + 13,29 lg m					106	

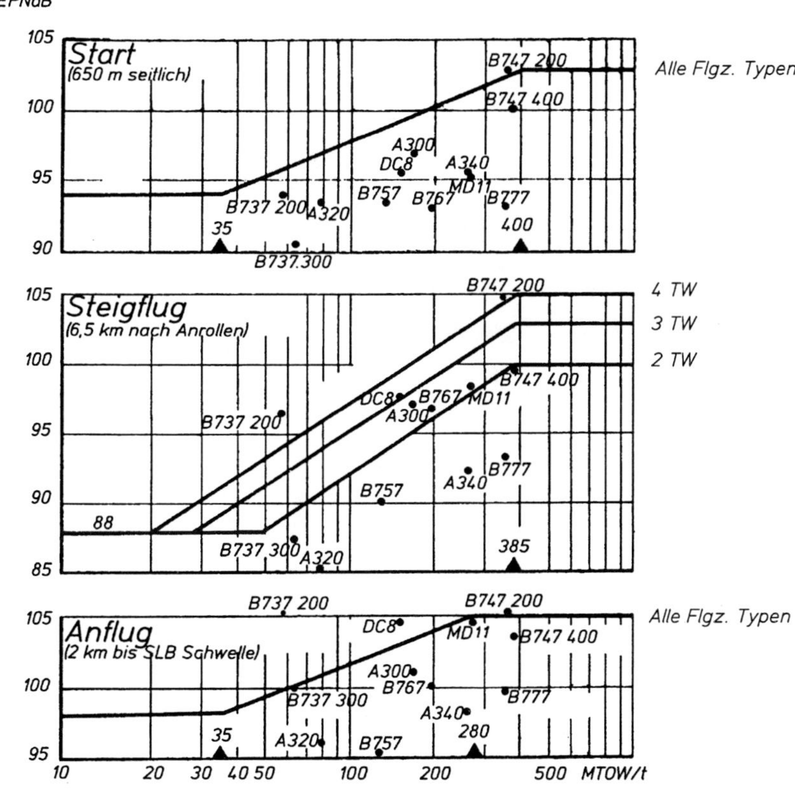

Bild 5/116: Vergleich zwischen tatsächlichem Lärmpegel EPNdB und ICAO –Annex 16, Kap. 3

5.20.2 Abgaserzeugung

Je nach Art des Verbrennungsprozesses sind die Mengen der schädlichen Anteile in den Triebwerkabgasen verschieden. Im Verbrennungsprozess in Gasturbinentriebwerken wird ein Gemisch aus Kohlenwasserstoffen (fossile Brennstoffe) mit dem Sauerstoff der umgebenden Luft verbrannt.

Die Verbrennung verläuft über verschiedene Zwischenstufen ab, die wiederum von den örtlichen Temperatur-, Druck- und Mischungsbedingungen abhängig sind.

Durch unvollständige Verbrennung entstehen unerwünschte, für die Umwelt schädliche Produkte, die etwa 0,04 % des Gesamtdurchsatzes und etwa 3,6 % des Brennstoffdurchsatzes betragen.

Die entstehenden Schadstoffe bestehen dabei hauptsächlich aus:

- Kohlenmonoxid (CO)
- Stickoxid (NO_x)
- unverbranntem Kohlenwasserstoff (UHC)
- und unverbranntem Kohlenstoff (C)

Untersuchungen haben ergeben, dass die Emissionsrate von CO im Leerlauf am höchsten ist und mit zunehmender Leistung abnimmt, während die Emissionsrate von NO_x ein umgekehrtes Verhalten zeigt. Eine Reduzierung von CO- und NO_x-Anteilen erfordert deshalb gegenläufige Maßnahmen und jedes Triebwerk muss deshalb optimal bezüglich dieser beiden Emissionsraten ausgelegt werden. Der unverbrannte Kohlenwasserstoff erreicht ebenfalls bei maximalen Leistungen seine höchste Konzentration. Bei modernen Verkehrsflugzeugen mit großen ZTL beträgt die Emissionsrate für NO_x im Reiseflug etwa 12 g und beim Start etwa 36 g je kg Brennstoffdurchsatz. Dies ist auf niedrigere Turbineneintrittstemperaturen im Reiseflug zurückzuführen. Die Anteil an CO ist relativ unbedeutend, er liegt in der Größenordnung von 0,6 g je kg Brennstoffdurchsatz beim Start sowie im Reiseflug. Der Anteil an Stickoxiden (NO_x) an den Gesamtemissionen liegt bei etwa 85 %. Im Vergleich zum OTTO- und DIESEL-Motor ist der Sauerstoffanteil in den Gasturbinenabgasen aufgrund des hohen Gesamtluftverhältnisses λ = 3, 0 - 4, 5 relativ hoch.

Tabelle 5/20: Erzeugte schädliche Abgasmengen einzelner Verkehrsträger

Verkehrsart	Abgasmenge		
Luftverkehr	Strahlflugzeuge in 9 - 12 km Höhe	≈	1 kg/l 000 Pkm
Eisenbahn	Dieseltraktion	≈	5 kg/l 000 Pkm
Pkw	OTTO-Motor	≈	30 kg/l 000 Pkm

6 Hubschrauberantriebe

6.1 Besonderheiten

Hubschrauber haben sowohl in der Militär-, als auch in der Zivilluftfahrt wegen ihrer besonderen Flugeigenschaften ein breites Anwendungsgebiet gefunden. Die Art der Auftriebserzeugung unterscheidet sie grundsätzlich vom Starrflügler. Der Auftrieb wird durch einen *Hauptrotor* erzeugt und erfordert

- höhere Triebwerksleistung als beim Starrflügler,
- aufwendige, komplizierte und relativ schwere Kraftübertragung,
- Rotorblattsteuerung und
- Drehmomentausgleich.

Der *Hubschrauber* ist deshalb bei gleichem Masse -Leistungs-Verhältnis wesentlich langsamer als ein Starrflügler. Seine Manövrierfähigkeit in der Luft ist jedoch erheblich besser.

Während das Masse-Leistungs-Verhältnis der reinen Antriebsmaschine mit dem bei Starrflüglern übereinstimmt, ist das Masse-Leistungsverhältnis der Drehmomentübertragung und der Schubumwandlung bei Hubschraubern um ein Vielfaches größer. Bei Starrflüglern mit Luftschraubenantrieb beträgt dieses Verhältnis 0, 20 - 0, 30 kg/kW, bei Hubschraubern dagegen bis l kg/kW. Es mussten schwierige technische Probleme bewältigt werden:

- Hohe Beanspruchung der Rotorblätter durch Zentrifugal- und Auftriebskräfte
- Lagerung eines hochbelasteten Rotorsystems
- Hohe Vibrationsbelastung der Rumpfzelle und damit der Piloten und Fluggäste
- Hoher Schwingungsisolationsaufwand

Die Nabe des Hauptrotors ist bei der klassischen Rotortechnik kompliziert und relativschwer, da durch besondere Verstellmechanismen nicht nur die Größe der Hauptrotorkraft, sondern auch ihre Richtung veränderlich sein muss, um einen Schub in Flugrichtung erzeugen zu können. Darüber hinaus muss bei größeren Fluggeschwindigkeiten der Anstellwinkel des voreilenden Hauptrotorblattes kleiner sein als der des rücklaufenden, um eine symmetrische Auftriebsverteilung im Hauptrotorkreis trotz unterschiedlicher Anströmgeschwindigkeit zu gewährleisten um die zunehmende Vibrationsbelastung des Rotors zu begrenzen.

Die Rotorsteuerung erfolgt bei herkömmlichen Rotoren mit Hilfe einer Taumelscheibe, die nur eine kollektive und zyklische Verstellung der Rotorblätter ermöglicht. Das Hauptrotorblatt kann Drehungen um seine Längsachse sowie Schlag- und Schwenkbewegungen ausführen. Moderne, gelenkfreie Blattanschlüsse d.h. ohne Schlag- und Schwenkgelenk, haben sich inzwischen in der kleineren und mittleren Hubschrauberklasse durchgesetzt.

Fortschritte in der Rotortechnologie ermöglichten die Entwicklung Gelenk- und Lagerloser Rotoranlagen. Sie sind kinematisch und konstruktiv einfacher, der Wartungsaufwand , die Kosten und die Zuverlässigkeit konnten damit entscheidend verbessert werden.

Hauptrotorkonstruktionen ohne Schlag- und Schwenkgelenke werden auch als starre Hauptrotoren bezeichnet, sie sind in bestimmten Typen kleinerer und mittlerer Hubschrauber und Militärhubschraubern im Einsatz. Ihr Bau wurde erst nach Bewältigung erheblicher Festigkeitsprobleme möglich.

Die sehr hohe Elastizität und Dauerfestigkeit der neuen GFK-Werkstoffe ermöglichten Schlag- und Schwenkbewegungen durch Biegung des Rotorblattes. Sie zeichnen sich durch geringe Vibration aus, erhöhen die Stabilität des Hubschraubers, erweitern dessen Manövrierfähigkeit (auch Kunstflug) und ermöglichen höhere Fluggeschwindigkeiten. Die Blattverstellung erfolgt bei diesen Rotoren über ein flexibles Faserstrukturelement (Flexbeam), das alle Gelenke ersetzt und die

Fliehkraft aufnimmt. Eine torsionssteife Steuertüte, die das Flexbeam umgibt, verändert über Steuerstangen den Einstellwinkel der GFK-Hauptrotorblätter. Das Flexbeam wird dabei bis zu 40° tordiert. Beispielgebend für diese neue Technologie ist der Eurocopter EC 135.

Sofern ein Hubschrauber nicht mit zwei gegenläufigen Hauptrotoren ausgerüstet ist, muss eine Einrichtung zum Drehmomentausgleich um die Hochachse vorgesehen werden. Dieser sogenannte *Heckrotor* beansprucht bis 10 % der Triebwerksleistung, ohne einen Beitrag zur Tragkraft bzw. zum Vortrieb zu liefern. Sie bewirkt eine bedeutende Vergrößerung der Masse und bringt erhebliche Probleme der Drehmomentübertragung zwischen Triebwerk und Heckschraube durch lange Wellen und Winkelgetriebe mit sich.

Als Antriebsmaschinen kommen gegenwärtig für mittlere und große Hubschrauber bei Neuentwicklungen ausschließlich Gasturbinentriebwerke zum Einsatz. Bei kleinen Hubschraubern werden sowohl Kolbentriebwerke als auch Gasturbinentriebwerke verwendet. Es werden Antriebsanlagen mit einem, vorwiegend jedoch mit zwei Triebwerken angewendet.

Neben dem mechanischen Antrieb der Tragschraube gibt es eine Vielzahl weiterer Möglichkeiten. Die folgenden Ausführungen beschränken sich aber ausschließlich auf Antriebsanlagen mit mechanischer Kraftübertragung zwischen Antriebsmaschine und Haupt- bzw. Heckrotor.

6.2 Aufbau und Wirkungsweise

Der prinzipielle Aufbau der Antriebsanlage eines Hubschraubers mit zwei Gasturbinentriebwerken ist im Bild 6/1 dargestellt.

Das von den Antriebsmaschinen erzeugte Drehmoment wird auf das Hauptgetriebe übertragen. Von dort erfolgt der Antrieb des Hauptrotors, des Heckrotors sowie verschiedener Hilfseinrichtungen wie Kühlgebläse für Getriebe, Generator, Schmierstoff- und Hydraulikpumpen. Das Hauptgetriebe enthält eine Bremsvorrichtung für den Hauptrotor und in vielen Fällen eine schaltbare Kupplung zur Trennung der Kraftübertragung zwischen Triebwerk und Hauptrotor (Anlasserleichterung) bei Kolbentriebwerken.

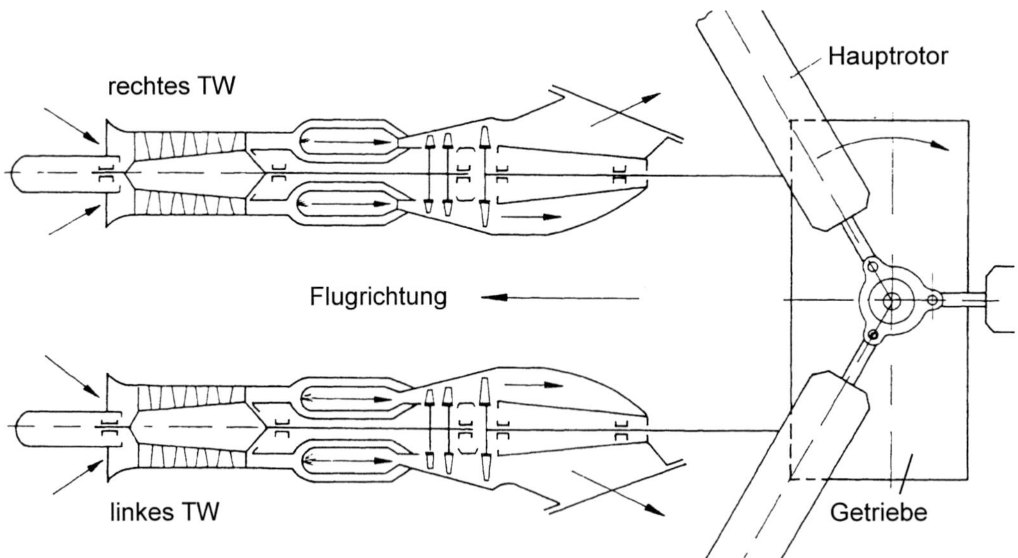

Bild 6/1: Schematischer Aufbau und Ansicht einer Hubschrauberantriebsanlage

Das Gesamtübersetzungsverhältnis wird so gewählt, dass die Umfangsgeschwindigkeit an den Blattspitzen des Hauptrotors etwa 170 bis 230 m/s beträgt. Die notwendigen hohen Untersetzungen bei Gasturbinenantrieb sind nur mit mehrstufigen Getrieben zu erreichen.

Die Übersetzungsverhältnisse des Hauptgetriebes bei Kolbenmotoren sind kleiner, da Drehzahl der Triebwerke kleiner ist und sich am Triebwerk selbst ein Untersetzungsgetriebe befindet.

Vom Hauptgetriebe wird über eine relativ lange Welle und zwei Winkelgetriebe der *Heckrotor* angetrieben. Das ist eine Verstellluftschraube zum Ausgleich des Reaktionsmomentes des Hauptrotors. Sie dient weiterhin zur Drehung des Hubschraubers um die Hochachse bei Rollbewegungen am Boden, in der Standschwebe und bei geringen Geschwindigkeiten. Die Schubregelung erfolgt über Veränderungen der Drehzahl und des Blatteinstellwinkels des Hauptrotors.

Für größere Leistungen besitzt das Hauptgetriebe eine eigene Gebläse-Luftkühlung, die etwa 1,5 bis 2 % der Triebwerksleistung aufnimmt. Die Leistungsaufnahme des Kühlgebläses kann bei Kolbentriebwerken bis 10 % der Triebwerksleistung betragen. Weiterhin kann für jede Zahnradpaarung ein Reibleistungsbedarf von etwa 0,3 - 1 % der übertragenen Leistung veranschlagt werden. Insgesamt ergeben sich erhebliche Verluste innerhalb einer Hubschrauberantriebsanlage.

6.3 Kolbentriebwerk

Gegenwärtig werden nur noch vereinzelt kleine Hubschrauber mit Kolbentriebwerken ausgerüstet. Üblich ist sowohl die Ein- als auch die Zwei-Motorenausführung. Das Gasturbinentriebwerk hat bezogen auf die Leistung, einen hohen Luftdurchsatz. Sofern der Hubschrauber in Bodennähe bei hohem Staubgehalt der Luft arbeitet, ist die Lebensdauer der Gasturbinentriebwerke sehr gering, da die Filterung derartig großer Luftmengen mit kleinen Filtern und geringen Druckverlusten relativ schwierig ist.

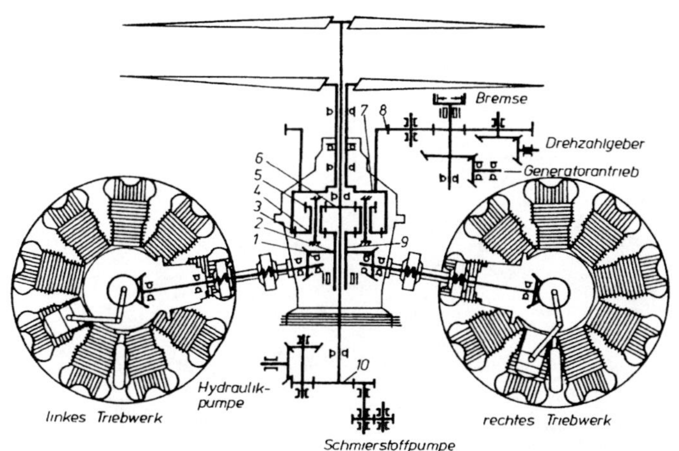

1 Antriebszahnrad
2 angetriebenes Zahnrad
3 Antriebsrad der unteren Tragschraube
4 großer Zahnradblock
5 kleiner Zahnradblock
6 Antriebsrad der oberen Tragschraube
7 Nebenabtrieb der unteren Tragschraube
8 Antriebszahnrad des Nebenabtriebs
9 Antriebskranz
10 Aggregatantrieb

Bild 6/2: Schematische Darstellung der Antriebsanlage des Hubschraubers Ka-26 mit zwei Kolbentriebwerken, zwei gegenläufigen Hauptrotoren und ohne Heckrotor

Kolbentriebwerke haben demgegenüber einen geringen Verbrennungsluftbedarf und sind weniger empfindlich gegenüber Druckverlusten auf der Ansaugseite. Für die Filterung liegen seitens der Fahrzeugmotorenbauer größere Erfahrungen vor. Dieser Gesichtspunkt ist insbesondere beim Agrarflugeinsatz wichtig. Für den Hubschrauberantrieb werden ausschließlich bewährte Kolbentriebwerke, meistens mit Aufladung verwendet. Sie sind anstelle des üblicherweise vorhandenen Luftschraubengetriebes mit einem zweistufigen Winkelgetriebe ausgerüstet, das einen Abtrieb für den Kühlluftventilator besitzt. Diese Getriebe haben eine *Kupplung* zur Trennung des Triebwerkes vom Hauptgetriebe. Das ist beim Anlassen und bei eventuellem Triebwerkausfall zur Gewährleistung der Autorotation des Hauptrotors notwendig.

Die spezifische Masse der kleinen Kolbentriebwerke ist mit 0,8 - 1 ,0 kg/kW etwa drei- bis viermal so hoch wie die der kleinen Gasturbinentriebwerke. Das Masse-Leistungs-Verhältnis der Gesamtantriebsanlage kleiner Hubschrauber mit Kolbentriebwerken liegt etwa bei 1,7 kg/kW oder höher. Die im Kapitel 4 dargelegten grundsätzlichen Zusammenhänge gelten auch für kleine Hubschrauberkolbentriebwerke.

6.4 Gasturbinentriebwerk

Für den Leistungsbereich 200 - 7 500 kW stehen bewährte Gasturbinentriebwerke zur Verfügung. Es werden ausschließlich Zweiwellenanlagen verwendet. Das Triebwerk besteht aus Gaserzeugerteil (Verdichter, Brennkammer, Turbine) und Nutzleistungsturbine.

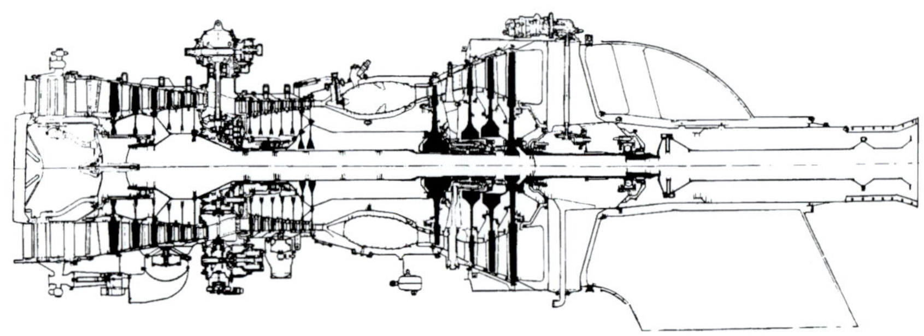

Bild 6/3: Triebwerk D-136 (Wellenleistung 7 500 kW) des Großhubschraubers Mi-26

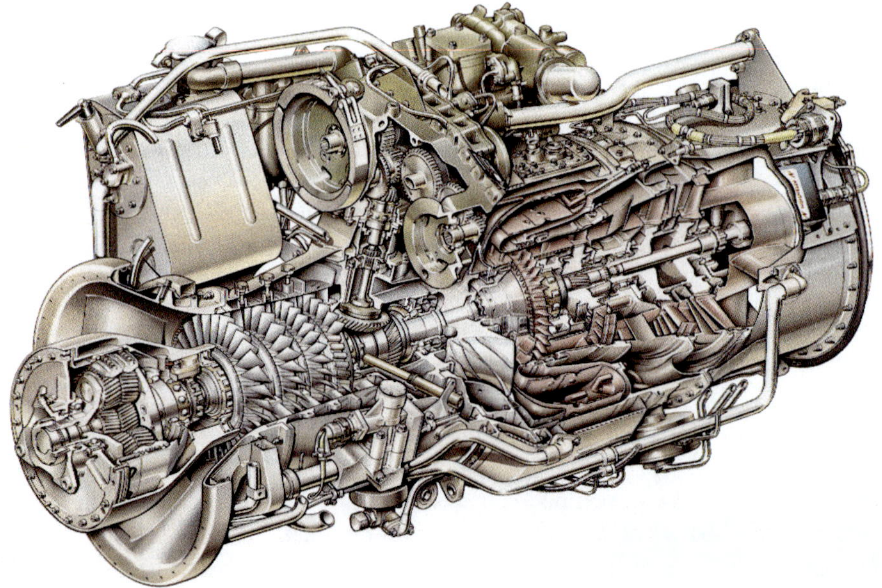

Bild 6/4: Zwei-Wellen-Triebwerk GEM 42 (ROLLS – ROYCE) des Hubschraubers Westland Super Lynx

Hubschraubergasturbinen zeichnen sich durch Auslegungsbesonderheiten gegenüber den Zweiwellen-PTL aus. Eine wesentliche Besonderheit besteht in der größeren Ausnutzung des freien Wärmegefälles in der Nutzleistungsturbine (vergl. Abschn. 5.2.1). Wegen der relativ niedrigen Fluggeschwindigkeit ist die Erzeugung der Hub- und Schubkraft mit Hilfe der Wellenleistung an der Hauptrotorwelle energetisch günstiger als mit Hilfe einer Schubdüse als Schubwandler. Die Abströmgeschwindigkeiten aus den Abgasrohren und der Strahlschub sind deswegen anteilmäßig geringer als bei PTL-Triebwerken.

Durch den Hauptrotorstrahl ist es notwendig, dem eigentlichen Triebwerk eine längeren Ansaugkanal zur Beruhigung des Luftstromes vorzuschalten. Die Belastung des Hubschraubertriebwerkes durch Hilfsanlagen, wie Kühlgebläse für das Hauptgetriebe, Luftfilteranlagen, Hydraulik- und Enteisungsanlagen, durch mechanische Verluste in der Kraftübertragung usw. ist größer als bei den PTL-Triebwerken der Starrflügler.

Die *Nutzleistungsturbine* ist mit dem Gaserzeugerteil mechanisch nicht verbunden. Sie hat für den Hubschrauberantrieb ein besonders geeignetes Drehmomentverhalten, denn das Drehmoment steigt mit abfallender Drehzahl an.

Eine *Kupplung* zur Trennung der Nutzleistungsturbine vom Hauptgetriebe ist nicht erforderlich, da die Leistungsaufnahme der Nutzleistungsturbine bei Windmühlenbetrieb außerordentlich klein ist. Wenn ein Anlassen in der Luft durch Antrieb des Gas-Erzeugers vom Hauptrotor vorgesehen werden soll, so ist eine Kupplung zwischen Nutzleistungsturbine und Gas-Erzeugersatz notwendig.

Gasturbinentriebwerke haben im Vergleich zu Kolbentriebwerken einen vibrationsarmen Lauf. Ihr Masse-Leistungs-Verhältnis erreicht bei großen Triebwerken Spitzenwerte von 0,1 kg/kW (vgl. Tabelle 6/1). Das Masse-Leistungs-Verhältnis der Gesamtantriebsanlage mittlerer und großer Hubschrauber mit Gasturbinentriebwerken liegt etwa bei 0,7 - 0,8 kg/kW. Die insbesondere in den Kapiteln 5.3 bis 5.15 und 5.20 dargelegten Zusammenhänge gelten prinzipiell auch für Hubschrauberturbinen.

Im Anhang 19 befindet sich eine tabellarische Zusammenstellung von Hubschraubertriebwerken. Daraus geht hervor, dass die Entwicklung in Richtung extrem leichter Maschinen durch Anwendung hoher Druck- und Temperaturverhältnisse sowie hoher Drehzahlen geht. Weiterhin wird durch Schaufelverstellmechanismen, insbesondere bei den mehrstufigen Axialverdichtern, eine Verbesserung des Teillastwirkungsgrades angestrebt.

Tabelle 6/1: Daten und Kennwerte von Hubschrauberturbinentriebwerken

Daten und Kennwerte	Symbol	Zahlenwerte	Maß einheiten
Wellenleistung	P	80 - 8 500	kW
Drehzahl	n	8 000 - 80 000	U/m
Masse (ohne Getriebe)	M	30 - 1 100	in kg
Luftdurchsatz	$\dot{m}_L$	0,5 - 36	kg/s
Spez.. BS-Verbrauch	b_s	0,25 - 0,65	kg/kWh
Leistungs-Masse-Verhältnis	P/M	4 - 15	kW/kg
Druckverhältnis	π	4 - 18	
Temperaturverhältnis	τ	4 - 6,5	

6.5 Hauptrotor

Der Hauptrotor dient als Schubwandler und Steuerelement für Längs- und Quersteuerung von Hubschraubern.

Er wandelt das Drehmoment der Rotorwelle in eine Kraft um, deren Richtung und Größe durch die Steuerung des Hubschraubers beeinflussbar ist. Die Hauptkomponente der Kraft dient zur Erzeugung des notwendigen Auftriebes. Sie wirkt senkrecht nach oben und ist im stationären Flug so groß wie die Gewichtskraft des gesamten Hubschraubers. Eine zweite Komponente wirkt in Flugrichtung und dient zur Überwindung aller Bewegungswiderstände, im stationären Horizontalflug des Luftwiderstandes, des Hubschraubers.

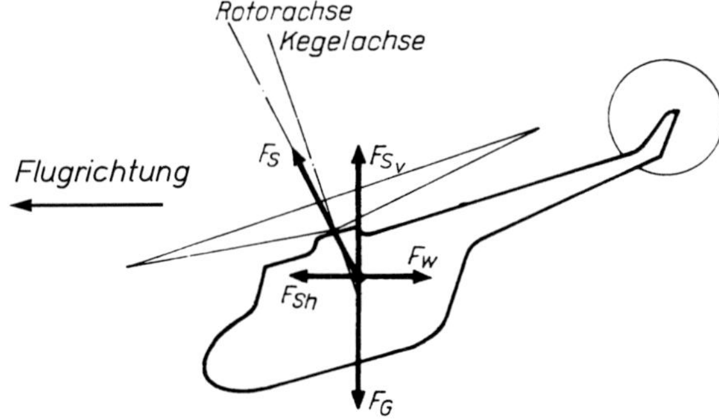

Bild 6/5: Kräfte am Hubschrauber

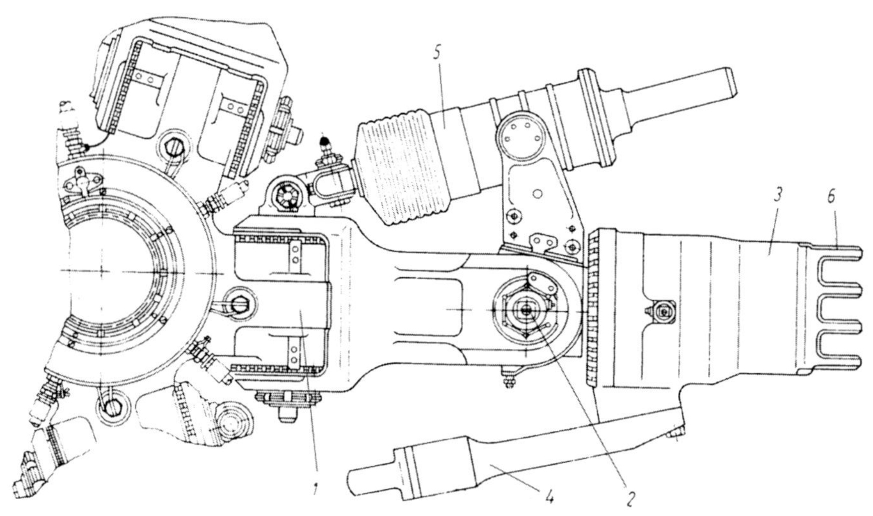

1	Schlaggelenk	4	Hebel zur Blatteinstellwinkeländerung
2	Schwenkgelenk	5	Schlagbewegungsdämpfer
3	Axialgelenk	6	Blattanschluss

Bild 6/6: Beispiel der klassischen Konstruktion einer Hauptrotornabe eines größeren Hubschraubers

Der Hauptrotor besteht in der klassischen Standardausführung aus der Rotornabe mit einer Vielzahl von Gelenken, Dämpfern und Steuereinrichtungen und zwei bis fünf Hauptrotorblättern. Die Hauptrotorblätter können sich außer um die Hauptrotorachse um drei weitere Achsen um bestimmte Winkel drehen:

- das *Schlaggelenk* an der Blattwurzel ermöglicht eine Drehung um eine senkrecht zur Blattlängsachse und horizontal liegende Achse;
- das *Schwenkgelenk* an der Blattwurzel ermöglicht eine Drehung um eine senkrecht zur Blattlängsachse und parallel zur Hauptrotorachse liegende Achse;
- das *Axialgelenk* (Drehgelenk) ermöglicht eine Drehung des Blattes um seine Längsachse zur Einstellwinkelveränderung.

Schlaggelenk und Axialgelenk sind in der klassischen Ausführung notwendig , um die unterschiedlichen Anströmgeschwindigkeiten bei vor- und rücklaufendem Blatt zu berücksichtigen und um Größe und Richtung der Hauptrotorkraft zu ändern. Die Schwenkgelenke sind notwendig, um die Beanspruchung infolge der durch die Schlagbewegungen entstehenden Corioliskräfte zu verringern.

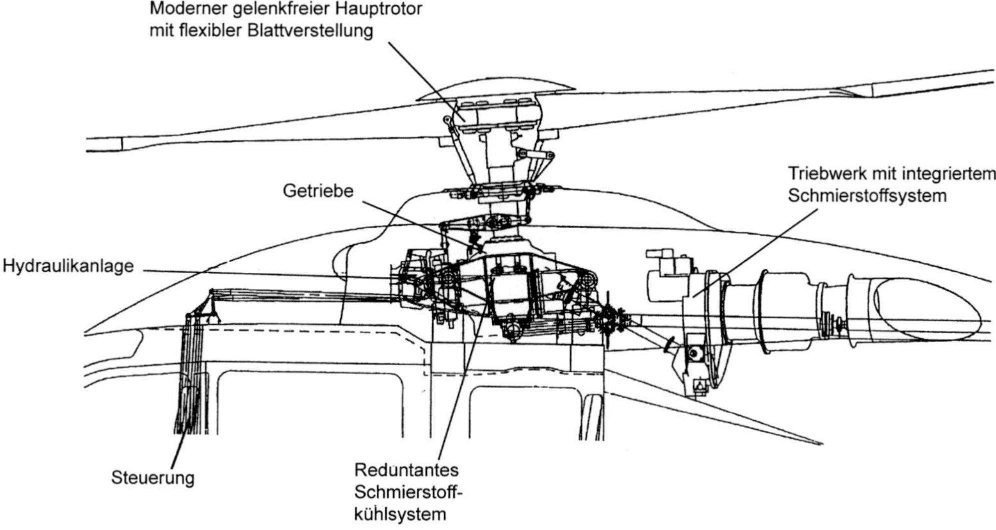

Bild 6/7: Modernes gelenkfreies Hauptrotorsystem des Eurocopters EC135

Anhang

Anhang 1: Umrechnungstabelle Längeneinheiten

	Meter	Zoll	Fuß	Yard	Meile	Seemeile
1 m	1	39,37	3,281	1,094	$6{,}215 \cdot 10^{-4}$	$5{,}4 \cdot 10^{-4}$
1 in	0,0254	1	0,0833	0,0278	$1{,}578 \cdot 10^{-5}$	$1{,}37 \cdot 10^{-5}$
1 ft	0,3048	12	1	0,333	$1{,}89 \cdot 10^{-4}$	$1{,}65 \cdot 10^{-4}$
1 yd	0,9144	36	3	1	$5{,}68 \cdot 10^{-4}$	$4{,}94 \cdot 10^{-4}$
1 mile	1609	63360	5280	1760	1	0,869
1 NM	1852	72913	6076	2025	1,151	1

Anhang 2: Umrechnungstabelle Volumeneinheiten

	Liter	Quart	Gallone (US)	Gallone (UK)	barrel (US)	in^3
1 dm^3	1	0,88	0,264	0,22	$6{,}291 \cdot 10^{-3}$	61,024
1 qt (UK)	1,1364	1	0,3	0,25	$7{,}149 \cdot 10^{-3}$	69,347
1 gal (US)	3,785	3,33	1	0,833	$23{,}810 \cdot 10^{-3}$	$2{,}31 \cdot 10^{2}$
1 gal (UK)	4,546	4	1,2	1	$28{,}60 \cdot 10^{-3}$	$2{,}774 \cdot 10^{2}$
1 barrel (US)	158,97	139,89	42	34,97	1	$9{,}701 \cdot 10^{3}$
1 in^3	0,016387	0,01442	$4{,}329 \cdot 10^{-3}$	$3{,}60 \cdot 10^{-3}$	$1{,}031 \cdot 10^{-4}$	1

Anhang 3: Umrechnungstabelle Krafteinheiten

	Newton	kg-force	Pound-force	Ton-force (UK)
1 N	1	0,1020	0,2248	$1{,}020 \cdot 10^{-4}$
1 kgf	9,80665	1	2,2046	$9{,}842 \cdot 10^{-4}$
1 lbf	4,4482	0,4536	1	$4{,}464 \cdot 10^{-4}$
1 tonf (UK)	$9{,}964 \cdot 10^{3}$	$1{,}016 \cdot 10^{3}$	$2{,}24 \cdot 10^{3}$	1

Anhang 4: Umrechnungstabelle Geschwindigkeiten

	Meter/Sekunde	Kilometer/Stunde	Naut. Meilen/Stunde	Fuß/Minute
1 m/s	1	3,6	1,9438	196,85
1 km/h	0,278	1	0,540	54,68
1 kn	0,514	1,852	1	101,3
1 ft/min	$0{,}508 \cdot 10^{-2}$	0,0183	0,0099	1

Anhang 5: Umrechnungstabelle Leistungseinheiten

	kW	PS	HP	kcal/h	kgf·m/s	kcal/s
1 kW	1	1,36	1,341	859,8	102	0,239
1 PS	0,735	1	0,986	632,4	75	0,176
1 HP	0,746	1,014	1	641,4	76,05	0,178
1 kcal/h	$1{,}163 \cdot 10^{-3}$	$1{,}581 \cdot 10^{-3}$	$1{,}56 \cdot 10^{-3}$	1	0,1186	$2{,}78 \cdot 10^{-4}$
1 kgf·m/s	$9{,}807 \cdot 10^{-3}$	$1{,}333 \cdot 10^{-2}$	$1{,}315 \cdot 10^{-2}$	8,432	1	$2{,}342 \cdot 10^{-3}$

Anhang 6: Umrechnungstabelle Druckeinheiten

	Pa	bar	atm	kgf/cm^2	lbf/in^2
1 Pa = 1 N/m^2	1	10^{-5}	$0{,}987 \cdot 10^{-5}$	$0{,}102 \cdot 10^{-4}$	$1{,}45 \cdot 10^{-4}$
1 bar	10^5	1	0,987	1,02	14,504
1 atm	$1{,}01325 \cdot 10^5$	1,013	1	1,0332	14,7
1 kgf/cm^2	$9{,}807 \cdot 10^4$	0,9807	0,968	1	14,22
1 lbf/in^2 (psi)	$6{,}895 \cdot 10^3$	$6{,}895 \cdot 10^{-2}$	$6{,}805 \cdot 10^{-2}$	$7{,}031 \cdot 10^{-2}$	1

Anhang 7: Normatmosphäre ICAO

Höhe H	Temperatur t	T	Druck p	Dichte ρ	Verhältniszahlen θ	δ	σ	Schallgeschwindigkeit a
in km	in °C	in K	in hPa	in kg/m³	T/T_0	p/p_0	ρ/ρ_0	in m/s
-0,2	16,30	289,45	1037,51	1,2487	1,00451	1,02394	1,01934	340,86
-0,1	15,65	288,80	1025,32	1,2368	1,00226	1,01191	1,00963	340,68
0	15,00	288,15	1013,25	1,2255	1,00000	1,00000	1,00000	340,29
0,1	14,35	287,35	1001,29	1,2138	0,99774	0,98820	0,99044	339,82
0,2	13,70	286,70	989,44	1,2016	0,99549	0,97652	0,98094	339,43
0,3	13,05	286,05	977,71	1,1901	0,99323	0,96494	0,97152	339.05
0,4	12,40	285,40	966,09	1,1786	0,99097	0,95348	0,96216	338,66
0,5	11,75	284,75	954,59	1,1673	0,98872	0,94213	0,95288	338,28
0,6	11,10	284,10	943,19	1,1560	0,98646	0,93089	0,94366	337,89
0,7	10,45	283,45	931,91	1,1448	0,98420	0,91976	0,93451	337,50
0,8	9,80	282,80	920,73	1,1337	0,98194	0,90873	0,92542	337,12
0,9	9,15	282,15	909,66	1,1226	0,97969	0,89782	0,91642	336,73
1,0	8,50	281,50	898,70	1,1121	0,97743	0,88701	0,90746	336,43
1,2	7,20	280,20	877,11	1,0904	0,97292	0,86571	0,88977	335,66
1,4	5,90	278,90	855,93	1,0690	0,96840	0,84483	0,87234	334,88
1,6	4,60	277,60	835,17	1,0480	0,96389	0,82435	0,85518	334,10
1,8	3,30	276,30	814,83	1,0272	0,95938	0,80429	0,83827	333,22
2,0	2,00	275,00	794,88	1,0068	0,95486	0,78462	0,82162	332,53
2,2	0,70	273,70	775,33	0,98674	0,95035	0,76534	0,80523	331,75
2,4	- 0,60	272,40	756,17	0,96695	0,94583	0,74645	0,78909	330.96
2,6	- 1,89	271,10	737,40	0,94747	0,94132	0,72794	0,77319	330,17
2,8	- 3,19	269,80	719,01	0,92829	0,93680	0,70981	0,75754	329,38
3,0	- 4,49	268,50	700,99	0,90940	0,93229	0,69204	0,74214	328,58
3,2	- 5,80	267,20	683,33	0,89081	0,92778	0,67464	0,72698	327.78
3,4	- 7,10	265,90	666,04	0,87252	0,92326	0,65759	0,71205	326,99
3,6	- 8,39	264,60	649,11	0,85451	0,91875	0,64090	0,69736	326,19
3,8	- 9,69	263,30	632,53	0,83679	0,91424	0,62455	0,68290	325,38
4,0	-11,00	262,00	616,28	0,81935	0,90972	0,60822	0,60858	324,58
4,5	-14,25	258,75	577,16	0,77697	0,89844	0,56961	0,63400	322,56
5,0	-17,50	255,50	540,07	0,73629	0,88715	0,53300	0,60081	320,53
5,5	-20,75	252,25	594,93	0,69725	0,87587	0,49833	0,56895	318,48
6,0	-24,00	249,00	471,67	0,65982	0,86458	0,46550	0,53841	316,43
6,5	-27,25	245,75	440,20	0,62395	0,85330	0,43445	0,50914	314,36
7,0	-30,50	242,50	410,46	0,58959	0,84201	0,40509	0,48110	312,27
7,5	-33,75	239,25	382,36	0,55669	0,83073	0,37737	0,45426	310,17
8,0	-37,00	236,00	355,84	0,52522	0,81944	0,35120	0,42858	308,06
8,5	-40,25	232,75	330,84	0,49512	0,80816	0,32651	0,40401	305,93
9,0	-43,50	229,50	307,27	0,46637	0,79688	0,30325	0,38055	303,69
9,5	-46,75	226,25	285,08	0,43891	0,78525	0,28136	0,35815	301,63
10,0	-50,00	223,00	264,21	0,41270	0,77431	0,26075	0,33676	299,36
10,5	-53,25	219,75	244,59	0,38771	0,76302	0,24139	0,31637	297,17
11,0	-56,50	216,50	226,17	0,36398	0,75134	0,22321	0,29693	294,96
12,0	-56,50	216,50	193,16	0,31078	0,75134	0,19063	0,25359	294,96
13,0	-56,50	216,50	164,97	0,26542	0,75134	0,16282	0,21658	294,96
14,0	-56,50	216,50	140,89	0,22668	0,75134	0,13905	0,18497	294,96
15,0	-56,50	216,50	120,32	0,19359	0,75134	0,11875	0,15797	294,96
16,0	-56,50	216,50	102,76	0,16534	0,75134	0,10142	0,18492	294,96
18,0	-56,50	216,50	74,953	0,12059	0,75134	0,073974	0,098401	294,06
20,0	-56,50	216,50	54,670	0,087959	0,75134	0,053955	0,071774	294,96

$p_0=101{,}325 \cdot 10^3$ Pa, $T_0=288{,}15$ K, $\rho=1{,}225$ kg/m³

Anhang 8: Umrechnungstabelle Arbeits-, Energieeinheiten

	Joule	kW·h	kcal	kgf·m	PS·h	Btu
1 J = 1 N·m = 1 W·s	1	$2{,}78 \cdot 10^{-7}$	$2{,}388 \cdot 10^{-4}$	0,102	$3{,}777 \cdot 10^{-7}$	$9{,}478 \cdot 10^{-4}$
1 kW·h	$3{,}6 \cdot 10^{6}$	1	859,8	$3{,}671 \cdot 10^{5}$	1,36	$3{,}409 \cdot 10^{3}$
1 kcal	$4{,}187 \cdot 10^{3}$	$1{,}163 \cdot 10^{-3}$	1	427	$1{,}58 \cdot 10^{-3}$	3,968
1 kgf·m	9,80665	$2{,}724 \cdot 10^{-6}$	$2{,}342 \cdot 10^{-3}$	1	$3{,}704 \cdot 10^{-6}$	$9{,}295 \cdot 10^{-3}$
1 PS·h	$2{,}648 \cdot 10^{6}$	0,7355	632,4	$2{,}7 \cdot 10^{5}$	1	$2{,}509 \cdot 10^{3}$
1 Btu	$1{,}055 \cdot 10^{3}$	$2{,}931 \cdot 10^{-4}$	0,252	$1{,}0759 \cdot 10^{2}$	$3{,}985 \cdot 10^{-4}$	1

Anhang 9: Umrechnung für Temperatureinheiten

°C = K – 273,15	K = °C + 273,15	°F = 1,8 K – 459,7
°C = (°F – 32)/ 1,8	K = (°F + 459,7)/ 1,8	°F = 1,8·°C + 32

Anhang: 10 Umrechnungstabelle spezifische BS-Verbräuche

	kg/kW·h	kg/PS·h	lb/hp·h	kg/N·h	kg/daN·h	lb/lbf·h
kg/kW·h	1	0,7355	1,644	-	-	-
kg/PS·h	1,3596	1	2,2352	-	-	-
lb/hp·h	0,60828	0,44739	1	-	-	-
kg/N·h	-	-	-	1	10	9,80665
kg/daN·h	-	-	-	0,1	1	0,90681
lb/lbf·h	-	-	-	0,10197	1,0197	1

Anhang 11: Flugbrennstoffe

	Benzine			Kerosine				
Brennstoffsorte US-Bezeichnung Nato-Symbol (BRD) Gefahrenklasse	82 UL Avgas 80 A1	B95/130 Avgas 95 A1	100LL Avgas 100 F-18 A1	JET A-1 (JP-1A) F-34 A2	JET A (JP-1) F-30 A2	JET B (JP-4) F-40 A1	HFP (JP-5) F-44 A3	 (JP-8) A3
Spez. Masse (kg/dm^3)	0,72	0,72	ca. 0,72	0,78... 0,83	0,78... 0,83	0,75... 0,79	0,79... 0,85	0,78... 0,84
Flammpunkt (°C)	-25	- 25	- 25	+ 40	+ 40	- 20	+ 65	+ 38
Kristallisationspkt. (°C)	-58	- 60	- 60	- 47	- 40	- 60	- 48	- 47
Heizwert (kWh/kg)	12,1	12,1	12,1	12	12	12,1	12	12
Siedebereich (°C)	66 ... 190	40 ... 180	40 ... 180	160 ... 250	170 ... 250	50 ... 270	170 ... 325	205 ... 300
Oktanzahl	87	95	100					
Schwefelgehalt (Gewichts-%)	0,05	0,05	0,05	0,2	0,2	0,3	0,03	< 0,30

Anhang 12: Flugschmierstoffe

	Kolbentriebwerke		Gasturbinentriebwerke	
Schmierstoffsorte US-Bezeichnung Nato-Symbol (BRD)	Mineral-SS Aero 80	Mineralischer-SS Aero 100 O-117	Synthetischer-SS Aeroturbine 535 MIL-L-23699E-STD O-156	Synthetischer-SS Mobil Jet Oil II
Spez. Masse (kg/dm^3)	0,887	0,889	0,991	1,004
Mindestviskosität bei 40 °C (mm^2/s)	159	227	25,6	
Mindestviskosität bei 100 °C (mm^2/s)	15	19	5,2	5
Viskositätsindex	96	97	128	
Flammpunkt (°C)	250	274	262	268
max. Stockpunkt (°C)	- 15	- 12	- 54	- 54
Neutralisationszahl (mg/KOH/g)			< 0,1	0,8

Anhang 13: Bordenergieanlagen (APU)

Typ	Bauart	P_W	P_{el}	$\dot{m}_L$	$\dot{m}_{LEntn.}$	p_L	n	m	Anwendung
		kW	kW	kg/s	kg/s	bar	U/min	kg	
AI-9	1W;1R-1A			1,5	0,4			45	Jak 40
TA-8	1W;1R-1R		12	3,0	0,86			173	TU-134A
Honeywell 131-9(B)	2W;1R+1R-1A+1A	450	90		1,16	3,53		155 (ohne Starter-generator)	A318, A319, A320 (Startergenerator, Ejektor-SS-Kühlung)
Honeywell 131-9(A)	2W;1R+1R-1A+1A	450	90		1,17	3,58		164	A319, A320, A321 (Elektrostarter)
Honeywell 331-200(ER)	2W;2R+1R-1A+2A		≈100		1,9	3,5	40 142	227	B757, B767
Honeywell 331-400(B)	2W;2R+1R-1A+2A		≈150		2,1	3,5	41730	263	B767-400
Honeywell 331-600		895			3,25	3,7			

Anhang 14: Kolbentriebwerke (Viertakt, Luftkühlung)

Typ	Bauart	P_e	V_H	n	p_e	M
		kW	dm^3	U/min	daN/cm^2	kg
AI-14 R	9SA	193,9	10,160	2350	9,75	192,0
ASCH-21	7SA	515,0	20,600	2300	13,04	495,0
Asch-62 IR	9SA	735,0	29,870	2200	13,42	580,0
Lycoming						
O360B	4B	132,0	5,920	2700	10,06	138,0
Lycoming						
TIO-540AB1	6BA	230,0	8,860	2575	12,10	232,0
M-337 A	6R	193,6	5,970	2750	14,15	153,0
PZL-3 SR	7SA	447,0	20,600	2200	11,84	446,0
PFM 3200 T03	6BA	180,0	3,164	5300	12,88	220,0
Rotax 912-1V	4B	59,0	1,211	5500	10,63	61,0
Tel. Cont.						
TSIO550-L	6BA	230,0	8,500	2700	12,03	245,0

Ziffer = Zylinderzahl, B = Boxer, R = Reihenanordnung, S = Stern, A = Aufladung

Anhang 15: Einstromtriebwerke (ETL)

Typ	Bauart	Baujahr	S	n	$\dot{m}_L$	π_V	T_4^*	b_S	M
			daN	U/min	kg/s		K	kg/daNh	kg
Pirna 016	1W;12A-3A	1960	3430	8700	60,0	10,0	1040	0,72	1060
RD-3M	1W;8A-2A	1956	9320	4700	164,0	6,4	1073	1,02	3100
ATAR 8C1	1W;9A-2A	1959	4310	8400	68,0	5,8	1160	0,99	1100
Avon RA3	1W;12A-2A	1950	2900	7800	54,0	6,2		0,90	1110
J79-GE-3	1W;17A-3A	1957	4350		73,0	12,0		0,86	1480
J79-MTU-J	1W;17A-3A	1972	4650	7460	74,4	12,4	1220	0,87	1685
AL-21F-3	1W;14A-3A	1970	7650	8310	104,0	14,9	1380	0,90	1800
JT3C-12	2W;9/7-1/2	1962	5790	6350	85,0	13,8		0,79	1615
R35	2W;5/6-1/1	1982	8390	8480	110,5	13,1	1510	0,98	1930
Olympus 593	2W;7/7-1/1	1970	13940 ohne NB		186,0	15,5	1480		3390
GE4	1W;9A-2A		22400 mit NB		287				5100

Ziffer W = Wellenanzahl, 12A-3A = 12Axialverdichterstufen – 3Axialturbinenstufen, 9/7-1/2 = 9 ND-Verdichter- / 7 HD-Verdichterstufen – 1 HD-Turbinenstufe / 2 ND-Turbinenstufen

Anhang 16: Propellerturbinentriebwerke (PTL)

Typ	Bauart	Baujahr	$P_ä$	P_W	$\dot{m}_L$	π	$b_ä$	M	P_M
			kW	kW	kg/s		kg/kW·h	kg	kW/kg
BMW 028	1W;12A-4A	1945	5200	4830	44,0			3600	1,34
Jumo 022	1W;11A-3A	1945	3650	3380	50,0			2600	1,30
AI-20M	1W;10A-3A	1958	3126	2870	20,7	7,6	0,322	1040	3,0
AI-24T	1W;10A+3A	1964	2260	2103	14,4	7,55	0,290	600	3,50
Rty.20Mk.21	2W;6A+9A-1A+3A	1961	4552		21,1	13,97	0,29	1005	4,1
AE 2100J	2W; 14A-2A+2A	1988		3424	16,3	16,6	0,25	702	4,88
PT6A-65B	2W;3A+1R	1983	875,5	820	4,3	10	0,326	218,2	3,76
NK-12MV	1W;14A-5A	1955	11182	11033	65,0	13	0,305	2590	4,32
D-27	3W;5A+2A+1R-1A+1A+4A	1994		10440		29,25	0,232	1650	4,54

Anhang 17: Zweistromtriebwerke (ZTL)

Typ	Bauart	Jahr	S	$\dot{m}_L$	Λ	π_V	T_4^*	b_S	M
			daN	kg/s			K	kg/daN·h	kg
Conway 540	2W;4F+7A+9A - 1A+2A	1959	9650	165	0,6	15,6		0,82	2265
D-30	2W,2F+4A+10A -2A+2A	1965	6800	128	1,0	18,4	1340	0,63	1550
D-36	3W;1F+1A+6A+ 7A– 1A+1A+3A	1975	6400	253	5,5	20,0	1454	0,36	1110
TF-39	2W;1F+2A+16A- 2A+6A	1968	18300	710	8,0	26	1590	0,32	3320
RB 211-22C	3W;1F+1A+7A+6A -1A+1A+3A	1972	18700	600	5,0	27	1550	0,34	3267
JT9D-7	2W;1F+3A+11A- 2A+4A	1970	20900	698	5,2	23	1420	0,36	3980
CF6-80E1	2W;1F+4A+14A- 2A+5A	1985	31100	796	5,3	32,4	1580	0,341	4869
V2533 –A5	2W;1F+4A+10A- 2A+5A	1993	13967	389	4,6	31,6			2359
CFM56-7B26	2W;1F+3A+9A- 1A+4A	1996	11699	353,3	5,1	27,9		0,38	2384
CFM56-5C4	2W;1F+4A+9A- 1A+5A	1994	15125	483,1	6,4	33,9		0,33	2644
GE90-92B	2W;1F+3A+10A- 3A+6A	1995	40930	1461	9,0	40,0		0,278	7559
PW4098	2W;1F+7A+11A- 2A+7A	1998	43610	1292	5,8	42,8		0,329	7484
RR Trent 895	3W;1F+8A+6A- 1A+1A+5A	1995	42260	1208	5,8	41,6			5942
BR 715-58C1	2W;1F+2A+10A- 2A+3A	1998	9342	283,5	4,7	32,0			2085
GP7200	2W;1F+4A+9A- 2A+5A	1999	35570	1179		≈45			5854

Alle Angaben beziehen sich auf den Start (H = 0, v = 0)

Anhang 18: Hubschraubertriebwerke (Gasturbinen)

Typ	Bauart	P_{max}	n_{HD}	$\dot{m}_L$	π_V	τ	M	b_s
		kW	U/min	kg/s			kg	g/kWh
D-136	2W;6A+7A-2A+3A	8500	14170	36	17,6	≈5,1	1080	265
TV2-117AG	2W;10A-2A+2A	1250	21200	8,4	6,6	3,95	338	369
T58-GE-16	2W;10A-2A+2A	1394	19500	6,3	8,3	≈ 4,5	201	322
GEM42	3W;4A+1R-1A+1A+2A	835	27000	3,41	12,0		183	395
Astazou XX	1W;3A+1R-3A	675		4,2	9,4		195	309
Turmo IV C	1W;1A+1R-2A+2A	1163	33800	5,9	5,9		225	382
Turbomeca-Arriel 1C2	1W;1A+1R-1A+1A	550			9,0		120	385
Arrius 2B1	2W;1R-1A+1A	500			9,0		111	370
GE T700-T6	1W;5A+1R-2A+1A	1760	44700	4,5	15,0	3,9	220	270
250-C20B	1W;6A+1R-2A+2A	313	50970	1,56	7,1		72	400
PW206B	2W;1R-1A+1A	500			8,0		112	334
Makila 1A2	2W;3A+1R-2A+2A	1376		5,5	10,4	5,0	247	335

Anhang 19: Abkürzungen in englischer Sprache

engl. Abk.	*englische Bedeutung*	*deutsche Bedeutung*
AIA	anti-icing-additives	Enteisungszusätze
A/B	afterbumer (auch AB)	Nachbrenner
A/C	aircraft (auch a/c)	Flugzeug
APP	auxiliary power plant	Hilfsenergieanlage
APU	airborne power plant	Bordenergieanlage
	auxiliary power unit	Hilfsenergieanlage
	airborne powerplant unit	Bordenergieanlage
AS	airscrew (auch a s)	Luftschraube
ASA	antistatic additives	Antistatikzusätze
ATC	automatic throttle control	automatischer Schubregler
BHP	brake horse power	Brems-PS, Bremsleitung
BMEP	brake mean effective pressure	effektiver mittlerer Arbeitsdruck
BPR	bypass ratio	By-pass-Verhältnis
BTU	British thermal unit	britische Wärmeeinheit
C	clockwise	Uhrzeigerrichtung
CAS	calibrated airspeed	korrigierte angezeigte Geschwindigkeit
CC	counterclockwise (auch c.c.w.)	Gegenuhrzeigerrichtung
CCM	chemically correct mixture	stöchiometrisches Luftverhältnis
CFR	Cooperative Fuel Research	Vereinigung für Brennstoffforschung
CHT	cylinder head temperature	Zylinderkopftemperatur
CI	compression ignition	Verdichtungszündung
CR	compression ratio	Verdichtungsverhältnis
c/s	cycles per second (auch cps)	Zyklen pro Sekunde
CSD	constant speed drive	Gleichdrehzahlgetriebe
EEC	electronic engine control	elektronische Triebwerkssteuerung
EGT	exhaust gas temperature	Abgastemperatur
EHP	equivalent horse power	äquivalente Leistung
EPR	engine pressure ratio	Triebwerksdruckverhältnis
ESHP	equivalent shaft horse power	equivalente Wellenleistung
F/A	fuel air ratio	Brennstoff-Luft-erhältnis
FADEC	Full authority Digital Engine Control	Digitale Triebwerksregelung
FCU	fuel control unit	Brennstoffregler
FIS	flight idies stop	Flugleerlaufanschlag
FOD	foreign object damage	Fremdkörperschaden
FPR	fan pressure ratio	Bläserdruckverhältnis
GPU	ground power unit	Bodenanlassgerät
GPH	gallons per hour (auch g.p.h.)	Gallonen pro Stunde
GPM	gallons per minute (auch g.p.m.)	Gallonen pro Minute
GPS	gallons per second	Gallonen pro Sekunde
HP	high pressure	Hochdruck
HPC	high pressure compressor	HD-Verdichter
HPT	high pressure turbine	HD-Turbine
IAS	indicated airspeed	angezeigte Geschwindigkeit
IDG	integrated drive generator	Gleichdrehzahlgenerator
IFS	integrated fuel System	Brennstoffanlage
IFSD	In-flight shutdown (rate)	Triebwerksausfallrate im Fluge

IGV	inlet guide vanes	Eintrittsleitrad
IHP	indicated horse power	indizierte Leistung
IMEP	indicated mean effective pressure	indizierter Mitteldruck
JP	jet petrol	Turbinenbrennstoff
Kph	kilometres per hour	Kilometer pro Stunde
LAP	low-altitude performance	Bodenleistung
LP	low pressure	Niederdruck
LPC	low pressure compressor	ND-Verdichter
LPT	low pressure turbine	ND-Turbine
MAP	manifold air pressure	Ladedruck
m. p. g.	miles per galion	Meilen pro Gallone
mph	miles per hour (auch mph)	Meilen pro Stunde
MTBF	mean time between failures	mittlere Lebensdauer
MTBM	mean time between maintenance	mittleres Überholungsintervall
NGV	nozzle guide vane	Turbinenleitrad
NTS	negative torque sensing System	Messeinrichtung für negatives Drehmoment
NTP	normal temperature and pressure	Normaltemperatur und -druck
OAT	outside air temperature	Außentemperatur
OHV	overhead valves	hängendes Ventil
OHC	overhead camshaft	obenliegende Nockenwelle
ON	octane number	Oktanzahl
OPR	Overall pressure ratio	Gesamtdruckverhältnis
PC	power control	Leistungssteuerung
PCU	prop control unit	Luftschraubenregler
PN	performance number	Leistungszahl
PN	perceived noise	wahrgenommener Lärm
psi	pounds per square inch	engl. Druckeinheit
PSIA	pounds per square inch absolute	engl.Einheit für den absoluten Druck
PSIG	pound per square inch gauge	engl. Einheit zur Angabe des Überdruckes
PT	power turbine	Nutzleistungsturbine
RPM	Revoluüons per minute	Umdrehungen pro Minute (Drehzahl)
s/c	supercharger	Lader
sfc	specific fuel consumption	spezifischer Brennstoffverbrauch
shp	shaft horse power	Wellen-PS (Wellenleistung)
S/L	sea level	Meereshöhe
STOL	short take off and landing	Kurzstart und - landung
TAS	true airspeed	Wahre Geschwindigkeit
TBO	time between overhaules	Zeit zwischen den Überholungen
TEL	tetra ethyl lead	Bleitetraethyl
TGT	turbine gas temperature	Turbineneintrittstemperatur
THP	thrust horse power	Schub-PS (äußere Leistung)
TO	take-off	Start
TOAT	true outside temperature	wahre Außentemperatur
TOT	turbine outlet temperature	Turbinenaustrittstemperatur
T/R	thrust reverser	Schubumkehranlage
V/B	vibration indication	Schwingungsanzeige
VIGV	variable inlet guide vane	Verstellbares Eintrittsleitrad
VP	variable pitch	Verstellbare Steigung (LS)
VTOL	vertical take off and landing	Senkrechtstartflugzeug

Abbildungsverzeichnis

Tabellenverzeichnis

Literaturzeichnis

ANDERSON, J.D.: Aircraft performance and design, WCB/McGraw-Hill, 1999

BAUERFEIND, K.: Steuerung und Regelung der Turboflugtriebwerke, Birkhäuser, 1999

BESSER, R.: Technik und Geschichte der Hubschrauber, Bernard & Graefe Verlag, Bonn, 1996

BONIN, v. I.: Entwicklungsstand der Turbostrahltriebwerke. Analyse einer Kenngrößenstatistik. LRT (1970) Bd. 16, Nr. 11/12

BRÄUNLING, W.: Flugzeugtriebwerke, Springer-Verlag Berlin Heidelberg , 2001

CERTKOV, J. B. / SPRKIN. V. G.: Primenenie reaktivnych topliv v aviacii. Transport. Moskva 1974

CUMPSTY, N.: Jet Propulsion, CAMBRIDGE University Press, 1999

DETTMERING, W.: Entwicklungslinien der luftansaugenden Strahltriebwerke. Westdeutscher Verlag. Köln und Opladen, 1967

ECKERT, B./SCHNELL, E.: Axial-und Radialkompressoren . Springer-Verlag Berlin Göttingen Heidelberg, 1961

GRIEBEL, P.: Untersuchung zur schadstoffarmen, atmosphärischen Verbrennung in einem Fett-Mager-Brennkammersektor für Flugtriebwerke, DLR 97-48

GUNSTON: Jane´s AERO-ENGINES, 2001

HARBERS, SCHESKY: Bedarf für eine neue Generation von Kolbentriebwerken für Kleinflugzeuge; Status, Probleme, Konzeption und Möglichkeiten, DLR – TU Dresden, 1994

IHDE, H.: Flugmotorengetriebe und ihre Berechnung, Luftfahrtforschung Bd. 17, S. 130 bis 153. Verlag von R. Oldenburg, München/Berlin 1940

ICAO, Annex 16 to the Convention on International Civil Organisation, Vol. I

ISERMANN, SCHMID: Bewertung und Berechnung von Fluglärm. DLR Institut für Strömungsmechanik, Göttingen, 1999

KAC, B. M.: Puskovye sistemy aviacionnych gazoturbinnych dvigateiej. Masinostroenie. Moskva,1976

KLJACKIN, A . L.: Teorija vozdusno - reaktivnych dvigatelej. Masinostroenie. Moskva, 1969

KLOTTER, K.: Technische Schwingungslehre, 2. Aufl. Springer-Verlag. Berlin/ Göttingen/Heidelberg,1960

KOCAB, ADAMEC: Letadlove motory, KANT cz s.r.o., Praha, 2000

KORDIK, E.: Regelung der Strahltriebwerke. Jahrbuch der DGLR, 1968

LANG, O.B.: Triebwerke schnelllaufender Verbrennungsmotoren. Springer-Verlag. Berlin, 1966

LYCOMING FLYER – KEY REPRINTS, Textron Lycoming, 1996

MATTINGLY: Elements of Gas Turbine Propulsion, McGraw-Hill, 1996

MCHITARJAN, A. M.: Snizenie suma samoletov s reaktivnymi dvigatel'jami. Masinostroenie, Moskva, 1 975

MICHEL,U.: Untersuchung der Lärmquellen an landenden Verkehrsflugzeugen mit einer, akustischen Richtantenne. Deutsches Zentrum für Luft- und Raumfahrt e.V. DLR

MÜLLER, R. : Luftstrahltriebwerke, Vieweg & Sohn Verlagsgesellschaft, Braunschweig, 1997

MÜNZBERG, H.G.: Flugantriebe. Springer-Verlag. New York/Berlin/Heidelberg, 1972

OPPELT, W.: Kleines Handbuch technischer Regelvorgiinge. VEB Verlag Technik. Berlin, 1967

PAVLOVSKI, N.I.: Vspomogalel'nye silovye ustanovki samoletov. Transport. Moskva, 1977

PONOMAREV. B. A .: Dvuchkonturnye turboreaktivnye dvigateli. Vojenizdat. Moskva, 1973

RAAB, ARTMEIER, WILFERT: Technologieerprobung für schnelllaufende ND-Turbinen für wirtschaftliche und umweltschonende Triebwerke, Vortrag DGLR-Jahrestagung , 2000

ROGERS, MAYHEW: Gas Turbine Theory, Pearson Education, 1996

SCHEEL. W. S.: Technische Betriebsstoffe. VEB Deutscher Verlag für Grundstoff-industrie. Leipzig, 1968

SCHLJACHTENKO: Teorija i rastschot bosduschno-reaktivnych-dwigatelej, Masinostroenie, Moskva, 1987

SCHMIDT. F. A . F.: Verbrennungskraftmaschinen. 4. Aufl. Springer-Verlag. Berlin/Heidelberg/ New York, 1967

SCHMIDT. R.: Über den Einfluss des Luftzustandes auf den Vortriebsschub neuzeitlicher Triebwerke , Zeitschrift für Flugwissenschaften 5 (1957) Nr. 5. Verlag Vieweg & Sohn. Braunschweig

SMITH, M.J.T.: Aircraft Noise, CAMBRIDGE University Press, 1989

SCHWAMM,F:. Moderne KS-Zumessung bei Flugtriebwerken, DGLR-JT99

STEFFENS, SCHÄFFLER, BUCKL: Entwicklungstendenzen im Luftfahrttriebwerksbau, DGLR-JT99

STEFFENS, SCHÄFFLER: Triebwerksverdichter-Schlüsseltechnologie für den Erfolg bei Luftfahrtantrieben, MTU Aero Engines, München

TRAUPEL, W.: Thermische Turbomaschinen. l. Band. 2. Aufl. Springer-Verlag. Berlin/Heidelberg/New York, 1966

URLAUB, A.: Flugtriebwerke, Springer, 1995

WAGENMAKERS, J.: Aircraft Performance Engineering, Prentice Hall International (UK) Ltd, 1991

WALSH, FLETCHER: Gas Turbine Performance, 1998

WEINIG, F.: Aerodynamik der Luftschrauben. Springer-Verlag. Berlin, 1940

WILSON, D.G., KORAKIANITIS, TH.: The Design of high-efficiency Turbomachinery and Gas Turbines, Prentice Hall, 1998

Index

A

B

D

E